建模篇

建模，顾名思义就是建立模型，建模是制作作品的第一步，也是最重要的一步。在3ds Max中可以使用多种建模方式进行模型的制作，其中包括几何体建模、二维图形建模、修改器建模、多边形建模、网格建模和NURBS建模。

Chapter 02
几何体建模

• 布尔制作螺丝帽

• 创建直线楼梯

• 放样制作欧式吊顶

• 放样制作欧式装饰画

• 切角长方体制作双人沙发

• 长方体制作电视

Chapter 03
二维图形建模

• 圆制作圆形茶几

• 线制作照片墙

Chapter 04
修改器建模技术

• FFD修改器制作收纳袋

• 车削修改器制作碗

Chapter 05
多边形建模技术

- 多边形建模制作创意吊灯

- 多边形建模制作笔筒

- 多边形建模制作奢华软包床

- 简约风格别墅

Chapter 06
网格建模和 NURBS建模技术

- NURBS建模制作艺术花瓶

- 网格建模制作桌子

灯光和摄影机篇

3ds Max中的灯光有很多属性，其中包括颜色、形状、方向、衰减等。通过选择合适的灯光类型，设置准确的灯光参数，可以模拟出真实的照明效果。并且可以通过多种类型灯光的搭配使用，模拟出精致的灯光层次。3ds Max的灯光类型包括标准灯光、光度学灯光、VRay灯光。3ds Max中也有摄影机的功能，通过创建摄影机可以确定作品画面的角度、制作景深效果、制作运动模糊、增强透视效果等。

Chapter 07
标准灯光技术

- 泛光灯制作球体地灯

- 目标灯光制作床头灯

- 目标灯光制作射灯

- 目标聚光灯制作餐厅灯光
- 目标平行光制作阳光
- 自由灯光制作筒灯

Chapter **08**

VRay灯光技术

- VR-灯光（球体）制作台灯灯光

- VR-灯光（球体）制作烛光

- VR-灯光制作柔和灯光

- VR-太阳制作黄昏

- VR-灯光制作夜景别墅

Chapter **09**

摄影机技术

- 创建一台目标摄影机
- 目标摄影机制作景深效果
- 让空间看起来更大

材质和贴图篇

材质是3ds Max中非常重要的一个部分，通过在建立模型后，就需要为模型设置相应的材质，使模型展现出应有的质地，让画面的效果更真实、质感更准确。贴图，顾名思义就是指贴上一张图片。当然，在3ds Max中的贴图不仅指图片（位图贴图），也可以是程序贴图，将这些贴图加载在贴图通道中，使其产生一定的贴图效果。贴图和材质是无法分割的，通常会在一起使用，当然两者是有区别的。

Chapter 10 标准材质技术

● Ink'n Paint材质制作卡通电话

● 标准材质制作凹凸墙面

● 标准材质制作壁纸

● 顶底材质制作雪山

● 混合材质制作地面

● 双面材质制作双面胶带

Chapter 11 VRay材质技术

● VRayMtl材质制作大理石和镜子

● VRayMtl材质制作金属

● VRayMtl材质制作磨砂金属

● VRayMtl材质制作皮革

● VR-灯光材质制作发光LED字

● VRayMtl材质制作饮料

Chapter 12

贴图技术

● 渐变贴图制作花瓶

● 衰减贴图制作被罩

● 位图贴图制作壁画

环境和特效与渲染器篇

环境和效果是3ds Max中非常重要的部分。通过设置【环境和效果】面板，可以更准确地把握作品营造的氛围，让画面更具冲击力。比如大雾弥漫的山岭、熊熊燃烧的烈火、虚幻的模糊效果、刺眼的星形光斑等。渲染器是通过参数的设置，可以将设置的灯光、所应用的材质及环境设置（如背景和大气）产生场景的几何体着色效果，从而呈现最终的画面。

Chapter 13

3ds Max环境和效果

● 利用火效果制作火焰

● 利用胶片颗粒效果制作复古效果

● 利用色彩平衡效果调整色调

Chapter 14

渲染器设置

● 家具商业艺术展厅

● 简约欧式风格厨房

粒子系统与空间扭曲篇

粒子系统和空间扭曲的关系是密不可分的。粒子系统主要用来模拟粒子效果，如下雨、下雪、暴风等，常用来在3ds Max中制作特效效果。而空间扭曲是用来辅助粒子系统的，可以让粒子系统产生变化，比如让下雨产生风的效果，让风变成龙卷风。

Chapter 15

3ds Max粒子系统与空间扭曲

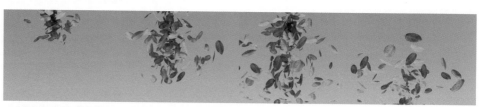

● 超级喷射制作飞舞的树叶

● 超级喷射制作立方体飞舞

● 粒子流源制作汽车飞驰树叶飞舞

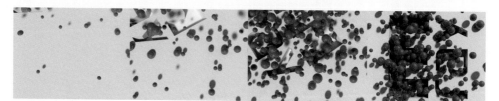

● 粒子流源制作球体动画

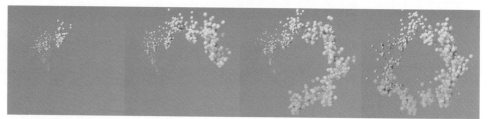

● 路径跟随制作星形跟随粒子

动力学与毛发篇

动力学是物体和物体直接的、自然的、真实的作用，而非虚幻的、不切实际的。在3ds Max 2015版本中，MassFX就是指动力学模块。毛发是指各种带有毛发状的效果，比如人的头发、动物的皮毛、牙刷的毛刷、地毯等，这类效果几乎覆盖了我们生活的方方面面。

Chapter **16**
动力学

● mCloth对象制作变形的茶壶

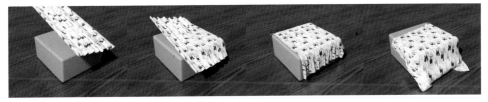

● mCloth对象制作衣服下落

● 动力学刚体制作下落的积木

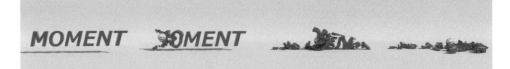

● 运动学刚体制作球体撞击文字

Chapter **17**
3ds Max毛发技术

● Hair和Fur制作草地

● Hair和Fur制作地毯

● Hair和Fur制作玩偶

动画技术篇

动画是3ds Max中难度较大的一个模块,通过学习3ds Max动画技术,可以创建多种动画效果,包括关键帧动画、骨骼动画、Biped动画、CAT角色动画等。这些动画技术可以应用于广告设计、动画设计、游戏设计、建筑浏览动画等行业中。

Chapter **18**

3ds Max动画技术

● CAT对象制作行走动画

● 关键帧动画制作台灯晃动

● 金鱼骨骼动画

● 楼房生长动画

● 摄影机动画

3ds Max 2015

中文版从入门到精通

李 际/编著

中国青年出版社
CHINA YOUTH PRESS
中青雄狮

侵权举报电话

全国"扫黄打非"工作小组办公室　　　　中国青年出版社

010-65233456 65212870　　　　　　010-59521012

http://www.shdf.gov.cn　　　　　　　E-mail: editor@cypmedia.com

图书在版编目（CIP）数据

3ds Max 2015 中文版从入门到精通 / 李际编著 . 一 北京：中国青年出版社，2015.5

ISBN 978-7-5153-3170-6

I.①3… Ⅱ.①李… Ⅲ.①三维动画设计 Ⅳ.①TP391.41

中国版本图书馆 CIP 数据核字（2015）第 046017 号

3ds Max 2015中文版从入门到精通

李际 编著

出版发行：　中国青年出版社

地　　址：　北京市东四十二条 21 号

邮政编码：　100708

电　　话：　（010）59521188 / 59521189

传　　真：　（010）59521111

企　　划：　北京中青雄狮数码传媒科技有限公司

策划编辑：　张　鹏

责任编辑：　刘冰冰

封面制作：　六面体书籍设计　孙素锦

印　　刷：　中国农业出版社印刷厂

开　　本：　787×1092　1/16

印　　张：　38.5

版　　次：　2015 年 5 月北京第 1 版

印　　次：　2015 年 5 月第 1 次印刷

书　　号：　ISBN 978-7-5153-3170-6

定　　价：　69.90 元（附赠 1DVD，含语音视频教学 + 案例素材）

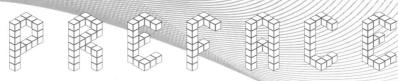

3ds Max是Autodesk公司出品的一款优秀的三维软件，3ds Max以其强大的建模、材质、灯光、动画等功能深受用户喜爱，是全球范围内使用人数最多的三维软件。当前市场上的3ds Max图书非常多，但是质量参差不齐，为了使读者能更好地了解和使用3ds Max进行三维制作，我们编写了本书。

本书特点

（1）从零基础开始，完全针对新手，易学易懂。

（2）整体章节结构完整且合理，完全适合自学。

（3）案例精美实用。选取实际工作中最为常用的案例进行讲解，案例效果美观。

（4）案例讲解从易到难，逐渐深入，最终完成大型项目实例。

内容概要

第一部分	第1章	带领大家初识3ds Max 2015，这为后面学习3ds Max奠定了基础
第二部分	第2~6章	主要讲解了各种建模技术，包括几何体建模、二维图形建模、修改器建模、多边形建模、网格建模和NURBS建模。这部分内容是学习3ds Max的第一步
第三部分	第7~12章	主要讲解了灯光材质摄影机，包括标准灯光、VRay灯光、摄影机、标准材质、VRay材质、贴图
第四部分	第13~14章	主要讲解了环境和效果、VRay渲染，通过对这两章的学习可以制作出较为完整的大型项目静帧作品
第五部分	第15~18章	主要讲解了粒子系统与空间扭曲、动力学、毛发、动画，通过对这4章的学习，可以掌握3ds Max动画等有一定难度的知识，制作出有一定难度的动画作品

光盘内容

本书光盘内容包括本书案例的案例文件（本书案例的制作文件和素材）、视频文件（本书案例的视频教学）、赠送素材。

读者对象

本书针对初中级专业从业人员（包括装饰设计从业人员、效果图制图员、三维动画师等）、各大院校的设计类专业学生、三维设计爱好者等，同时也适合作为高校教材、社会培训教材使用。

本书由李际编写。参与本书编写和整理的还有柳美余、苏晴、郑鹊、李木子、矫雪、胡娟、马鑫铭、王萍、董辅川、杨建超、马啸、孙雅娜、李路、曹明、于燕香、杨力、曹玮、孙芳、丁仁雯、张建霞、马扬、杨宗香、王铁成、崔英迪、张玉华、高歌。由于时间仓促，加之水平有限，书中难免存在错误和不妥之处，敬请广大读者批评和指出。

目录

CONTENTS

Chapter 01 初识3ds Max 2015

Chapter 02 几何体建模

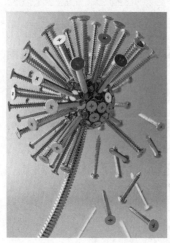

Chapter 03　二维图形建模

Chapter 04　修改器建模

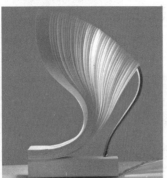

Chapter 05　多边形建模

Chapter 06　网格建模和NURBS建模

Chapter 07　标准灯光技术

Chapter 08　VRay灯光技术

Chapter 09　摄影机技术

Chapter 10　标准材质技术

Chapter 11　VRay材质技术

Chapter 12　贴图技术

Chapter 13　环境和效果

Chapter 14　VRay渲染器设置及应用

Chapter 15　粒子系统和空间扭曲

Chapter 16　动力学

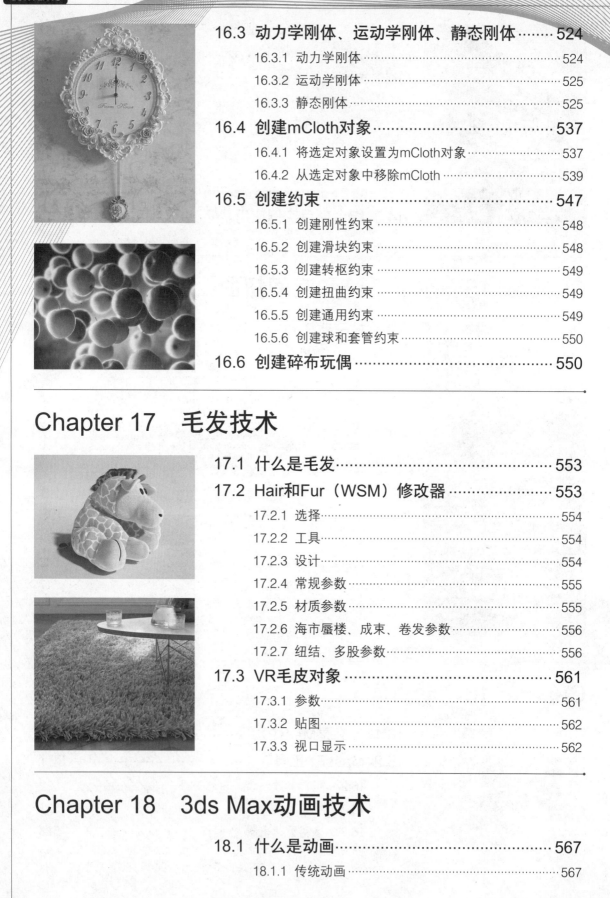

Chapter 17　毛发技术

Chapter 18　3ds Max动画技术

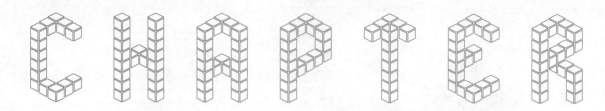

CHAPTER

01

初识3ds Max 2015

本章学习要点

- 初识3ds Max 2015
- 3ds Max 2015的界面

本书中出现的案例全部使用3ds Max 2015和VRay 3.00.07进行制作，读者朋友需使用3ds Max 2015或更高版本才可以打开文件。3ds Max是三维软件中应用最为广泛的软件，可被应用于各种领域。本书将带您了解三维制作的一切知识，带您进入3D的世界。

1.1 初识3ds Max 2015

Autodesk 3ds Max 2015是一款非常强大的三维软件，以其强大的建模、材质、灯光、渲染、动画、特效等功能著称，是世界范围内使用最为广泛的三维软件。

3ds Max 2015包括两个版本，分别是Autodesk 3ds Max 2015和Autodesk 3ds Max Design 2015，两个版本区别不大，本书的案例制作和编写使用的是Autodesk 3ds Max 2015版本。3ds Max 2015的应用范围非常广泛，主要包括室内设计、建筑设计、工业设计、广告设计、动画游戏设计等。

1. 室内设计。室内设计是根据室内的使用性质、所处环境和相应标准，运用物质技术手段和建筑设计原理，创造功能合理、舒适优美、满足人们物质和精神生活需要的室内环境，如下左图和下右图所示。

2. 建筑设计。建筑设计就是将"虚拟现实"技术应用在城市规划、建筑设计等领域，如下左图和下右图所示。

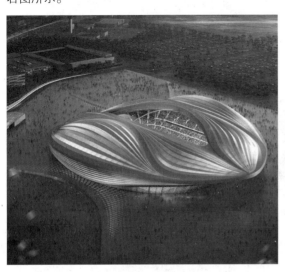

3. 工业设计。工业设计又称工业产品设计，工业设计涉及心理学、社会学、美学、人机工程学、机械构造、摄影、色彩学等，如下页左图和下页右图所示。

4. **广告设计**。广告设计是为了实现广告目的和意图，在计算机上通过相关设计软件，并结合广告媒体的使用特征，对图像、文字、色彩、版面、图形等表达广告的元素进行艺术创意的一种设计活动或过程，如下左图和下右图所示。

5. **动画游戏设计**。动画游戏设计是3ds Max中较为高端复杂的技术，通过利用软件模拟动画、游戏，为人们创造娱乐生活，如下左图和下右图所示。

1.2 3ds Max 2015的界面

3ds Max 2015的界面与之前版本几乎没有变化，因此对于老用户来说操作是比较方便的。双击3ds Max 2015图标，可以看到正在启动的界面，如下左图所示。

等待一段时间后，就可以看到3ds Max的工作界面了，如下右图所示。

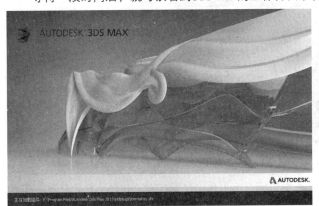
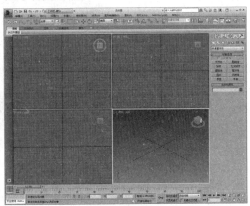

提示：怎么找到中文版的3ds Max 2015

安装3ds Max 2015后，在桌面上会出现相应的图标，但是有时候双击该图标后，可能会发现打开的3ds Max 2015是英文版的，此时不要认为是安装3ds Max 2015时出现了错误。

因为默认在安装3ds Max 2015后，桌面自动生成的是英文版。要找到中文版也非常简单，只需要单击【开始/所有程序/Autodesk/Autodesk 3ds Max 2015/3ds Max 2015-Simplified Chinese】即可，如右图所示。

3ds Max 2015的工作界面，如下页图所示。

① 快速访问工具栏：快速访问工具栏提供文件处理功能和撤销/重做命令，以及一个下拉列表，用于切换不同的工作空间界面。

② 主工具栏：主工具栏提供 3ds Max 中许多常用命令。

③ 功能区：功能区包含一组工具，可用于建模、绘制对象及填充。

④ 视口布局：这是一个特殊的选项卡栏，可用于在不同的视口配置之间快速切换，可使用软件提供的默认布局，也可以创建自定义布局。

⑤ 状态栏控件：状态栏包含有关场景和活动命令的提示和状态信息。提示信息右侧的坐标显示字段可用于手动输入变换值。

⑥ 视口标签菜单：单击视口标签可打开用于更改各个视口显示内容的菜单，其中包括观察点（POV）和明暗样式。

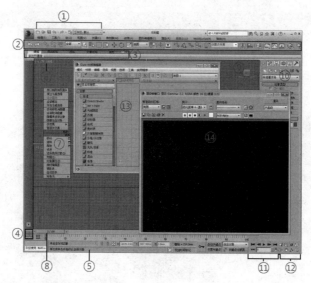

⑦ 四元菜单：在活动视口中任意位置（除了在视口标签上）单击鼠标右键，将显示四元菜单。四元菜单中可用的选项取决于选择的对象。

⑧ 时间滑块：时间滑块允许您沿时间轴导航，并跳转到场景中的任意动画帧。可以通过右键单击时间滑块，然后从"创建关键点"对话框选择所需的关键点，快速设置位置和旋转或缩放关键点。

⑨ 视口：使用视口可从多个角度构想场景，并预览照明、阴影、景深和其他效果。

⑩ 命令面板：通过命令面板的6个面板，可以访问提供创建和修改几何体、添加灯光、控制动画等功能的工具。尤其是"修改"面板上包含大量工具，可用于增加几何体的复杂性。

⑪ 动画播放：状态栏和视口导航控件之间的是动画控件，以及用于在视口中进行动画播放的时间控件。使用这些控件可随时间影响动画。

⑫ 视口导航：使用这些按钮可以在活动视口中导航场景。

⑬ Slate材质编辑器：可使用M键打开的"Slate材质编辑器"提供了创建和编辑材质与贴图的功能。将材质指定给对象，并使用不同的贴图在场景中创建更逼真的效果。

⑭ 渲染帧窗口：该窗口显示场景的渲染，并可轻松进行重新渲染。使用此处的其他控件可以更改渲染预设、锁定渲染至特定视口、渲染区域以加快反馈速度，以及更改mental ray设置。

下面重点对标题栏、菜单栏、主工具栏、命令面板和视口进行讲解。

1.2.1 标题栏

标题栏主要包括6部分，分别为【应用程序按钮】【快速访问工具栏】【工作区】【版本信息】【文件名称】和【信息中心】，如下图所示。

1.2.2 菜单栏

菜单栏位于工作界面的顶端，其中包含12个菜单，分别为【编辑】【工具】【组】【视图】【创建】【修改器】【动画】【图形编辑器】【渲染】【自定义】【MAXScript（MAX脚本）】和【帮助】，如下图所示。

| 编辑(E) | 工具(T) | 组(G) | 视图(V) | 创建(C) | 修改器(M) | 动画(A) | 图形编辑器(D) | 渲染(R) | 自定义(U) | MAXScript(X) | 帮助(H) |

1.2.3　主工具栏

主工具栏由很多个按钮组成，每个按钮都有相应的功能，比如可以通过单击【选择并移动工具】按钮，对物体进行移动。当然，主工具栏中的大部分按钮都可以在其他位置找到，如菜单栏中。熟练掌握主工具栏，会使3ds Max的操作更顺手、更快捷。3ds Max 2015的主工具栏如下图所示。

1.2.4　命令面板

命令面板是3ds Max最基本的面板，创建长方体、修改参数等都需要使用到该面板。命令面板由6个子面板组成，分别是【创建】面板、【修改】面板、【层次】面板、【运动】面板、【显示】面板和【工具】面板，如右图所示。

1.2.5　视口

3ds Max默认状态包括四个视图，分别是顶视图、前视图、左视图、透视视图，如下左图所示。可以看到在视图中左上方有符号，单击鼠标右键会出现菜单，如下右图所示。

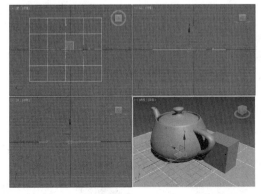

在视图左上方符号处单击鼠标右键会出现菜单，包括切换视图等参数，如下左图所示。
在视图左上方符号处单击鼠标右键会出现菜单，如下右图所示。

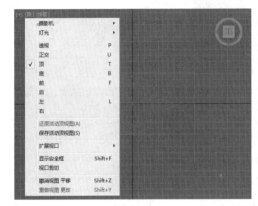
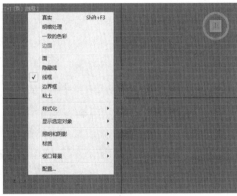

在创建完模型后，会看到视图中的模型有阴影效果。可以将显示的阴影取消，这样更方便进行建模，如下图所示。

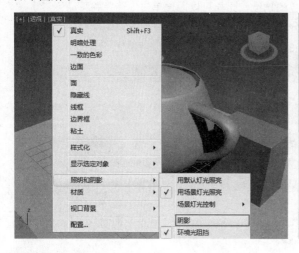 

进阶案例　　打开场景文件

场景文件	01.max
案例文件	进阶案例——打开场景文件.max
视频教学	视频/Chapter 01/进阶案例——打开场景文件.flv
难易指数	★☆☆☆☆
技术掌握	掌握打开场景文件的 5 种方法

打开场景文件的方法一般有以下5种。

方法 1　直接找到文件并双击，如下图所示。

方法 2　直接找到文件，使用鼠标左键将其拖曳到3ds Max 2015的图标上，如下图所示。

方法 3　启动3ds Max 2015，然后单击界面左上角的应用程序按钮，并在弹出的菜单中选择【打开】命令，接着在弹出的对话框中选择本书配套光盘中的【场景文件/Chapter 01/01.max】文件，最后单击【打开】按钮，如下页左图所示，打开场景后的效果如下页右图所示。

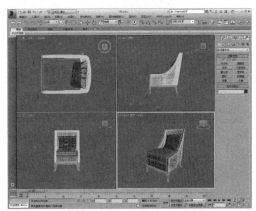

方法 4　启动3ds Max 2015，选择本书配套光盘中的【场景文件/Chapter 01/01.max】文件，然后按住鼠标左键将其拖曳到视口区域中，如右图所示，接着释放鼠标并在弹出的菜单中选择相应的操作方式。

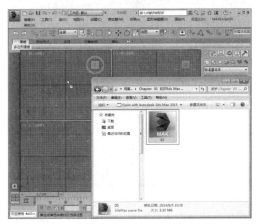

方法 5　启动3ds Max 2015，按Ctrl＋O组合键。

进阶案例　　保存场景文件

场景文件	02.max
案例文件	进阶案例——保存场景文件.max
视频教学	视频/Chapter 01/进阶案例——保存场景文件.flv
难易指数	★☆☆☆☆
技术掌握	掌握保存场景文件的两种方法

打开本书配套光盘中的【场景文件/Chapter 01/02.max】文件。

方法 1　单击界面左上角的应用程序按钮，然后在弹出的菜单中选择【保存】命令，接着在弹出的对话框中为场景文件命名，最后单击【保存】按钮，如右图所示。

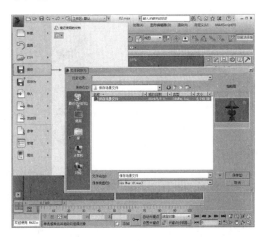

方法 2 按Ctrl+S组合键打开【文件另存为】对话框，然后为场景文件命名，接着单击【保存】按钮，如右图所示。

进阶案例 归档场景

场景文件	03.max
案例文件	进阶案例——归档场景.max
视频教学	视频/Chapter 01/进阶案例——归档场景.flv
难易指数	★☆☆☆☆
技术掌握	掌握如何归档场景文件

　　归档场景可以将场景中的所有文件压缩成一个压缩包，非常方便。

操作步骤

Step 01 打开本书配套光盘中的【场景文件/Chapter 01/03.max】文件，如右图所示。

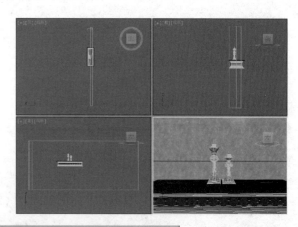

Step 02 单击界面左上角的应用程序按钮，并在弹出的菜单中选择【另存为】命令，然后在右侧的列表中选择【归档】选项，接着在弹出的对话框中输入文件名，最后单击【保存】按钮，如下左图所示。归档后的效果如下右图所示。

归档场景

进阶案例	导入外部文件
场景文件	04.3ds
案例文件	进阶案例——导入外部文件.max
视频教学	视频/Chapter 01/进阶案例——导入外部文件.flv
难易指数	★☆☆☆☆
技术掌握	掌握如何导入外部文件

使用3ds Max时经常需要将外部文件（常用的格式包括.3ds、.obj等文件）导入到场景中进行操作，下面介绍一下导入外部文件的方法。

操作步骤

Step 01 打开3ds Max 2015，单击界面左上角的应用程序按钮■，然后在弹出的菜单中选择【导入】命令，并在右侧的列表中选择【导入】选项，如下左图所示。

Step 02 此时系统会弹出【选择要导入的文件】对话框，在该对话框中选择本书配套光盘中的【场景文件/Chapter 01/04.3DS】文件，如下中图所示。导入之后的效果如下右图所示。

进阶案例	导出场景对象
场景文件	05.max
案例文件	进阶案例——导出场景对象.max
视频教学	视频/Chapter 01/进阶案例——导出场景对象.flv
难易指数	★☆☆☆☆
技术掌握	掌握如何导出场景对象

导出场景对象是指将场景中的模型导出，以备之后使用，通常会导出.obj或.3ds格式的文件。

操作步骤

Step 01 打开本书配套光盘中的【场景文件/Chapter 01/05.max】文件，如下页左图所示。

Step 02 选择场景中的所有模型，然后单击界面左上角的应用程序按钮■，在弹出的菜单中单击【导出】选项后面的▸按钮，接着选择【导出选定对象】选项，并在弹出的对话框中将导出文件命名为【导出场景对象.obj】，最后单击【保存】按钮，如下页右图所示。

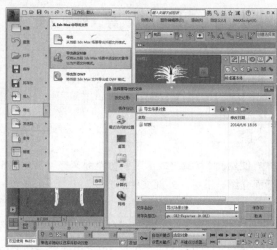

进阶案例　　　合并场景文件

场景文件	06.max、06（花瓶）.max
案例文件	进阶案例——合并场景文件.max
视频教学	视频/Chapter 01/进阶案例——合并场景文件.flv
难易指数	★☆☆☆☆
技术掌握	掌握如何合并外部场景文件

合并文件是指将.max格式的文件合并到当前的场景中。

操作步骤

Step 01 打开本书配套光盘中的【场景文件/Cha-pter 01/06.max】文件，如右图所示。

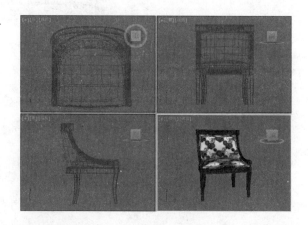

Step 02 单击界面左上角的应用程序按钮，在弹出的菜单中单击【导入】选项后面的　按钮，并在右侧的列表中选择【合并】选项，接着在弹出的对话框中选择本书配套光盘中的【场景文件/Chapter 01/06（花瓶）.max】文件，最后单击【打开】按钮，如下图所示。

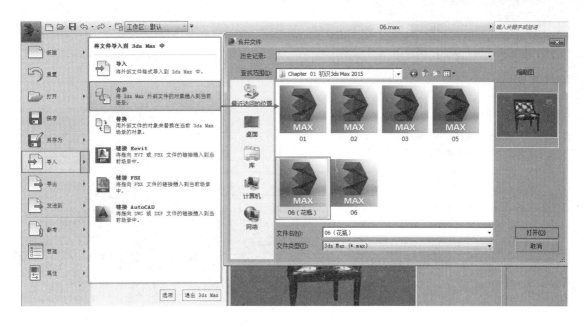

Step 03 系统弹出【合并】对话框，用户可以选择需要合并的文件类型，这里选择全部的文件，然后单击【确定】按钮，如下左图所示。合并文件后的效果如下右图所示。

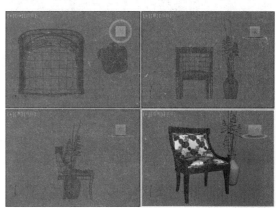

进阶案例	使用过滤器选择场景中的灯光

场景文件	07.max
案例文件	进阶案例——使用过滤器选择场景中的灯光.max
视频教学	视频/Chapter 01/进阶案例——使用过滤器选择场景中的灯光.flv
难易指数	★☆☆☆☆
技术掌握	掌握如何使用过滤器选择对象

3ds Max中包括很多类型的对象，如几何体、样条线、灯光等。通过在过滤器中设置某一类型，就可以单独只选择该类型的对象。

操作步骤

Step 01 打开本书配套光盘中的【场景文件/Chapter 01/07.max】文件，从视图中可以观察到本场景包含6盏灯光，如右图所示。

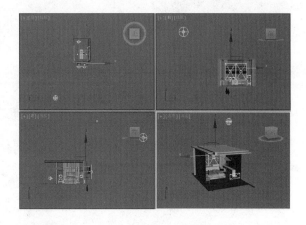

Step 02 如果要选择灯光，可以在主工具栏的【过滤器】 全部 下拉列表中选择【L - 灯光】选项，然后使用【选择并移动】工具 框选视图中的灯光，框选完毕后会发现只选择了灯光，而模型并没有被选中，如下图所示。

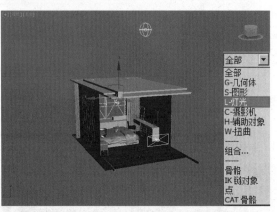

Step 03 如果要选择场景中的模型，可以在主工具栏的【过滤器】 全部 下拉列表中选择【G-几何体】选项，然后使用【选择并移动】工具 框选视图中的模型，框选完毕后会发现只选择了模型，而灯光并没有被选中，如下图所示。

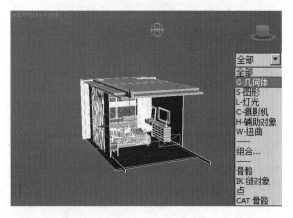

进阶案例	使用套索选择区域工具选择对象

场景文件	08.max
案例文件	进阶案例——使用套索选择区域工具选择对象.max
视频教学	视频/Chapter 01/进阶案例——使用套索选择区域工具选择对象.flv
难易指数	★☆☆☆☆
技术掌握	掌握如何使用套索选择区域工具选择场景中的对象

套索选择区域工具可以通过设置选择的方式来选择对象。

操作步骤

Step 01 打开本书配套光盘中的【场景文件/Chapter 01/08.max】文件，如右图所示。

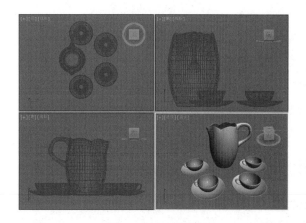

Step 02 在主工具栏中单击【套索选择区域】按钮，然后在视图中绘制一个形状区域，将左下角的茶杯模型框选在其中，如下左图所示。这样就选中了左下角的茶杯模型，如下右图所示。

进阶案例 使用选择并移动工具制作花瓶

场景文件	09.max
案例文件	进阶案例——使用选择并移动工具制作花瓶.max
视频教学	视频/Chapter 01/进阶案例——使用选择并移动工具制作花瓶.flv
难易指数	★☆☆☆☆
技术掌握	掌握移动复制功能的运用

选择并移动工具不仅可以选择和移动对象，而且可以将对象进行复制。本案例最终效果如右图所示。

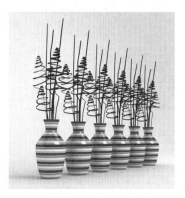

操作步骤

Step 01 打开本书配套光盘中的【场景文件/Chapter 01/09.max】文件，如下图所示。

Step 02 选择花瓶模型，在主工具栏中单击【选择并移动】按钮，然后在按住Shift键的同时将花瓶在顶视图中沿X轴向右进行移动拖曳复制，接着在弹出的【克隆选项】对话框中设置【对象】为【复制】，最后单击【确定】按钮完成操作，如下图所示。

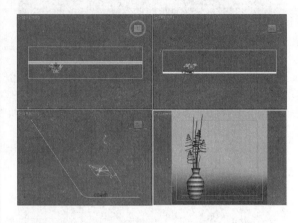

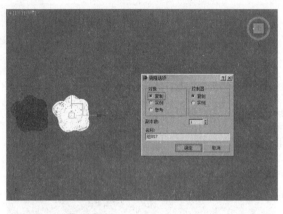

Step 03 复制后的效果如下图所示。

Step 04 使用同样的方法再次在顶视图中沿X轴方向移动复制多个花瓶，最终效果如下图所示。

进阶案例　　　　使用镜像工具镜像沙发

场景文件	10.max
案例文件	进阶案例——使用镜像工具镜像沙发.max
视频教学	视频/Chapter 01/进阶案例——使用镜像工具镜像沙发.flv
难易指数	★☆☆☆☆
技术掌握	掌握镜像工具的运用方法

镜像工具可以将对象镜像为像照镜子一样的对称效果。本案例最终效果如右图所示。

操作步骤

Step 01 打开本书配套光盘中的【场景文件/Chapter 01/10.max】文件，可以观察到场景中有一个沙发模型，如下图所示。

Step 02 选中沙发模型，然后在主工具栏中单击【镜像】按钮 ，接着在弹出的【镜像】对话框中设置【镜像轴】为X、【偏移】值为125mm，再设置【克隆当前选择】为【复制】方式，最后单击【确定】按钮，如下图所示。

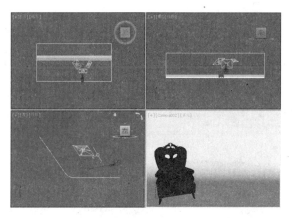

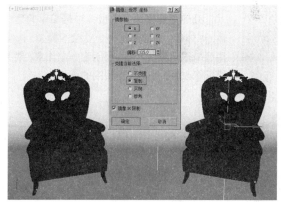

Step 03 最终效果如右图所示。

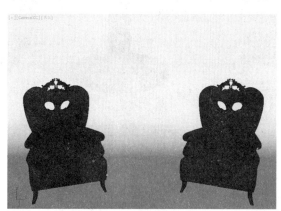

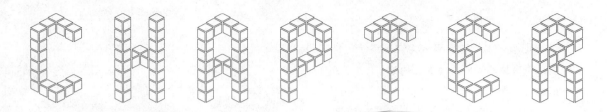

CHAPTER

02 几何体建模

本章学习要点

- 创建面板
- 几何基本体建模
- 复合对象建模
- 建筑对象建模
- VRay对象

　　几何体建模是3ds Max中最简单的建模方式，3ds Max中有很多基本的几何体类型，如长方体、球体等。通常制作一个复杂的模型，都需要从最简单的模型开始，因此最开始选择一个合适的模型是很重要的。比如要创建一个圆桌，最原始的模型就可以选择圆柱体，然后通过对圆柱体模型进行修改，从而得到更精细的模型。

2.1　建模是什么

　　3ds Max建模是一件有意思的事情，就像盖一栋大楼首先要确定好整体方案，然后打地基，一层一层搭建，最后将细节处理好一样，建模也需要一步步制作，直到越来越接近令我们满意的作品效果。建模是3ds Max中最基础的一步，是任何优秀作品的根基。

2.1.1　建模的概念

　　建模，顾名思义就是建立模型，建模是制作作品的第一步，也是最重要的一步。在3ds Max中可以使用多种建模方式进行模型的制作，其中包括几何体建模、二维图形建模、修改器建模、多边形建模、网格建模和NURBS建模。下图所示为优秀的模型。

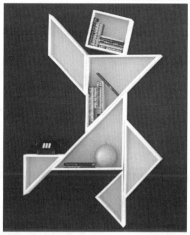

2.1.2　建模的步骤

　　模型的制作有其规律性，大致可以分为这样几个步骤，如下图所示。

1. 确定建模方式和最基础的模型。

2. 对基本模型进行调整。

3. 进一步细化模型。

4. 最终制作完成模型。

2.2 建模离不开【创建面板】

【创建面板】包括7个类型，分别为几何体◎、图形◎、灯光◣、摄影机◙、辅助对象◙、空间扭曲对象◢和系统◢，如右图所示。

- 几何体◎：几何体是最基本的模型类型。其中包括多种类型，如长方体、球体等。下图所示为使用几何体制作的模型效果。

- 图形◎：图形是二维的线，包括样条线和NURBS曲线，其中包括多种类型。下图所示为使用图形制作的效果。

● 灯光■：灯光可以照亮场景，并且可以增加真实感。下图所示为使用灯光的场景效果。

● 摄影机■：摄影机提供场景视图，可对摄影机位置设置动画。下图为使用摄影机制作的效果。

● 辅助对象■：辅助对象有助于构建场景。下图所示为使用辅助对象制作的效果。

● 空间扭曲对象 ：可在围绕其他对象的空间中产生各种不同的扭曲效果。下图所示为使用空间扭曲对象制作的效果。

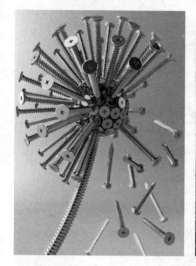

● 系统 ：可将对象、控制器和层次组合在一起，提供与某种行为关联的几何体。下图所示为使用系统制作的效果。

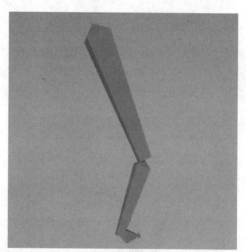

2.3 标准基本体和扩展基本体

在几何基本体下面一共包括14种类型，分别为标准基本体、扩展基本体、复合对象、粒子系统、面片栅格、实体对象、门、NURBS曲面、窗、mental ray、AEC扩展、动力学对象、楼梯、VRay。右图所示为标准基本体和扩展基本体。

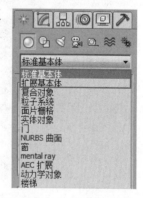

2.3.1 标准基本体

标准基本体是3ds Max中最常用的基本模型，如长方体、球体、圆柱体等。在3ds Max中，可以使用单个基本体对很多这样的对象建模，还可以将基本体结合到更复杂的对象中，并使用修改器进一步进行优化。10种标准基本体如右图所示。

下左图和下右图所示为使用标准基本体制作的作品。

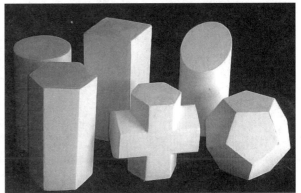

1. 长方体

【长方体】是最常用的基本体，可以制作长度、宽度、高度不同的长方体，如下左图和下右图所示。

● 长度、宽度、高度：设置长方体对象的长度、宽度和高度。
● 长度分段、宽度分段、高度分段：每个轴的分段数量会影响到模型的修改以及面数。
● 生成贴图坐标：生成将贴图材质应用于长方体的坐标。
● 真实世界贴图大小：控制应用该对象的纹理贴图材质所使用的缩放方法。

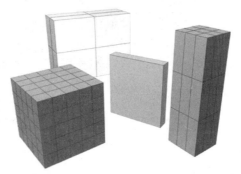

> **🔊 提示：分段的重要性**
>
> "长度""宽度"和"高度"这3个参数直接影响到长方体的形状和大小。修改"长度分段""宽度分段"和"高度分段"的数值可以改变长方体本身的长宽高分段数，也就是边的数量。对于模型来讲，分段数越少，渲染速度越快，但是过少的分段数将出现模型精度不够的现象。

进阶案例	利用长方体制作电视

案例文件	进阶案例——长方体制作电视.max
视频教学	视频/Chapter 02/进阶案例——长方体制作电视.flv
难易指数	★★☆☆☆
技术掌握	掌握【长方体】【切角长方体】和【编辑多边形】的运用

本例就来学习使用【长方体】【切角长方体】和【编辑多边形】命令来完成模型的制作，最终渲染和线框效果如下左图和下右图所示。

建模思路

01 使用长方体和编辑多边形制作模型
STEP

02 使用切角长方体和编辑多边形制作模型
STEP

制作电视的流程图如下左图和下右图所示。

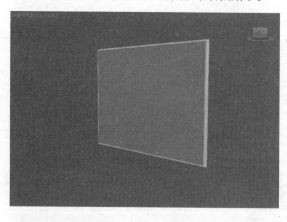 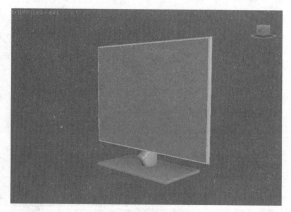

🔊 **提示：单位设置**

3ds Max单位设置是在建模之前就需要提前设置好的。比如要制作室内模型，可以将系统单位设置为【毫米】；要制作室外大型场景，可以将系统单位设置为【米】。这么做的目的是使创建的模型更加准确。一般来说只需设置一次，下次开启3ds Max时会自动设置为上次的单位，因此一般不用重复进行设置。

操作步骤

Part 1　使用长方体和编辑多边形制作模型

Step 01 启动3ds Max 2015中文版，单击菜单栏中的【自定义】|【单位设置】命令，弹出【单位设置】对话框，将【显示单位比例】和【系统单位比例】设置为【毫米】，如下图所示。

Step 02 单击 ■（创建）|◎（几何体）| 长方体 按钮，在顶视图中拖曳并创建一个长方体，接着设置【长度】为200mm，【宽度】为280mm，【高度】为5mm，如下图所示。

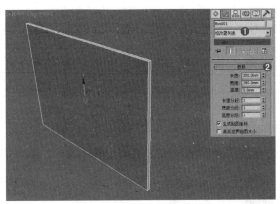

Step 03 选择长方体，并在【修改器列表】中加载【编辑多边形】命令，进入【边】级别 ⬦，选择下左图所示的边。单击 切角 按钮后面的【设置】按钮■，设置【数量】为1mm，【分段】为6，如下右图所示。

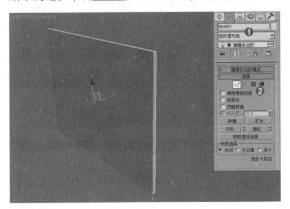

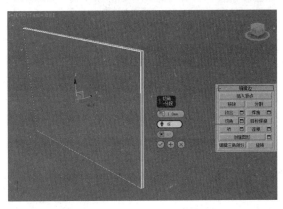

Step 04 进入【顶点】级别 ⬖，选择下左图所示的顶点。使用 ■（选择并均匀缩放）工具，进行适当缩放，如下右图所示。

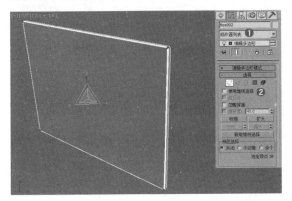

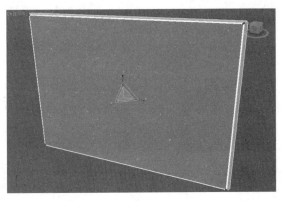

Part 2　使用切角长方体和编辑多边形制作模型

Step 01 单击 ■ （创建）｜ ◎ （几何体）｜
扩展基本体 ▼｜ 切角长方体 按钮，在顶视图中拖曳并
创建一个切角长方体，设置【长度】为80mm，
【宽度】为20mm，【高度】为40mm，【圆角】
为6mm，【圆角分段】为3，如右图所示。

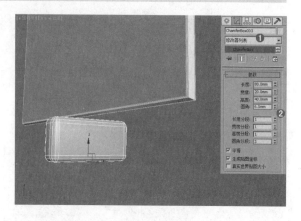

Step 02 选择切角长方体，并在【修改器列表】中加载【编辑多边形】命令，进入【顶点】级别 ■，选
择下左图所示的顶点。然后使用 ■ （选择并移动）工具将顶点调整到下右图所示的位置。

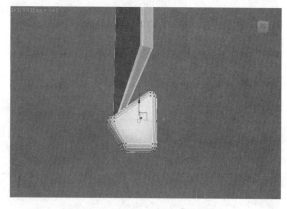

Step 03 单击 ■ （创建）｜ ◎ （几何体）｜
扩展基本体 ▼｜ 切角长方体 按钮，在顶视图中拖曳并
创建一个切角长方体，设置【长度】为100mm，
【宽度】为180mm，【高度】为5mm，【圆角】
为2mm，【圆角分段】为3，如下图所示。

Step 04 最终模型效果如下图所示。

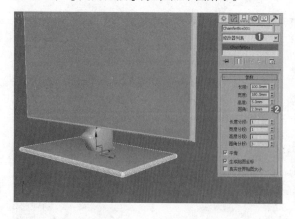

2. 球体

【球体】可以制作完整的球体、半球体或球体的其他部分，如下左图和下右图所示。

● 半球：过分增大该值将"切断"球体，如果从底部开始，将创建部分球体。

● 切除：通过在半球断开时将球体中的顶点和面"切除"来减少它们的数量。

● 挤压：保持原始球体中的顶点数和面数，将几何体向着球体的顶部"挤压"，直到体积越来越小。

● 启用切片：使用"从"和"到"切换可创建部分球体。启用切片后可以制作部分球体模型。

● 切片起始位置、切片结束位置：设置起始角度、设置停止角度。

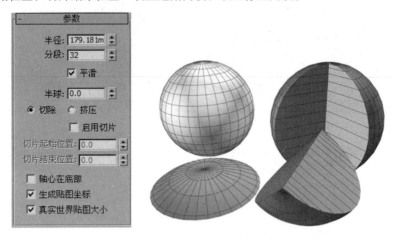

3. 圆柱体

【圆柱体】可以创建完整或部分圆柱体，可以围绕其主轴进行"切片"修改，如下左图和下右图所示。

● 高度：设置沿着中心轴的维度。负数值将在构造平面下方创建圆柱体。

● 高度分段：设置沿着圆柱体主轴的分段数量。

● 端面分段：设置围绕圆柱体顶部和底部的中心的同心分段数量。

● 边数：设置圆柱体周围的边数。

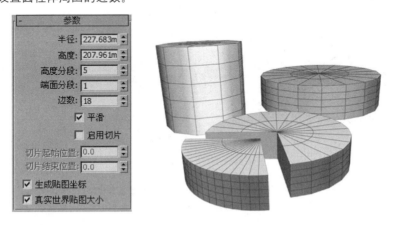

4. 圆锥体

【圆锥体】可以制作完整或部分圆锥体，如下页左图和下页右图所示。

● 半径1、半径2：设置圆锥体的第一个半径和第二个半径。两个半径的最小值都是0。如果您输入负值，则3ds Max会将其转换为0。可以组合这些设置以创建直立或倒立的尖顶圆锥体和平顶圆锥体。

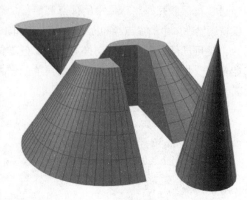

5. 平面

【平面】可以创建平面多边形网格，可在渲染时无限放大，如下左图和下右图所示。

- 长度、宽度：设置平面对象的长度和宽度。
- 长度分段、宽度分段：设置沿着对象每个轴的分段数量。
- 缩放：指定长度和宽度在渲染时的倍增因子。将从中心向外执行缩放。
- 密度：指定长度和宽度分段数在渲染时的倍增因子。

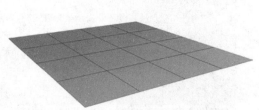

6. 圆环

【圆环】可以创建完整的圆环或带有横截面的圆环，如下页左图和下页右图所示。

- 半径 1：设置从环形的中心到横截面圆形的中心的距离。这是环形的半径。
- 半径 2：设置横截面圆形的半径。每当创建环形时就会替换该值。默认设置为10。
- 旋转、扭曲：设置旋转、扭曲的度数。
- 分段：设置围绕环形的分段数目。
- 边数：设置环形横截面圆形的边数。

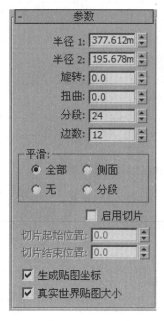

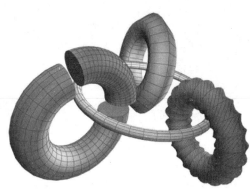

7. 几何球体

【几何球体】可以创建三类规则多面体制作球体和半球,如下左图和下右图所示。

- 半径:设置几何球体的大小。
- 分段:设置几何球体中的总面数。
- 平滑:将平滑应用于球体的曲面。
- 半球:创建半个球体。

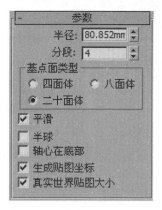

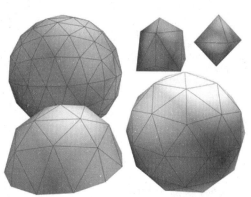

🔊 **提示: 球体和几何球体有什么区别?**

当设置【分段】为较大数值时,球体和几何球体的效果没有什么区别,但是当设置较少的分段时,可以看到球体多是以四边形组成的网格,而几何球体则多是以三角形组成的网格。

8. 管状体

【管状体】可以创建圆形和棱柱管道。管状体类似于中空的圆柱体,如下页左图和下页右图所示。

- 半径 1、半径 2:较大的设置将指定管状体的外部半径,而较小的设置则指定内部半径。

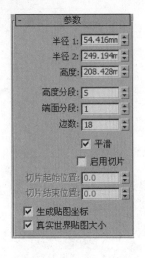

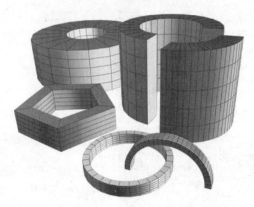

9. 四棱锥

【四棱锥】可以创建方形或矩形底部和三角形侧面，如下左图和下右图所示。

- 宽度、深度和高度：设置四棱锥对应面的维度。
- 宽度分段、深度分段和高度分段：设置四棱锥对应面的分段数。

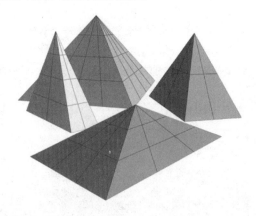

10. 茶壶

【茶壶】可以创建完整或部分茶壶模型，如下左图和下右图所示。

- 半径：设置茶壶的半径。
- 分段：设置茶壶或其单独部件的分段数。

2.3.2　扩展基本体

扩展基本体与标准基本体比较接近，也包括多种常用的几何体类型。其中包括13种对象类型，分别是异面体、环形结、切角长方体、切角圆柱体、油罐、胶囊、纺锤、L-Ext、球棱柱、C-Ext、环形波、棱柱和软管，如右图所示。

下左图和下右图所示为使用扩展基本体制作的作品。

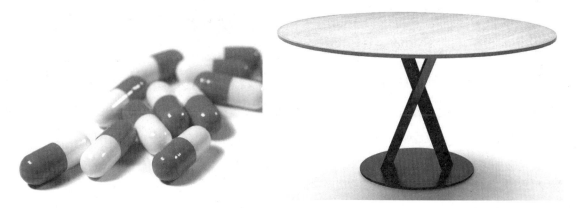

1. 切角长方体

【切角长方体】可以创建具有倒角或圆形边的长方体，如下左图和下右图所示。

● 圆角：用来控制切角长方体边上的圆角效果。
● 圆角分段：设置长方体圆角边的分段数。

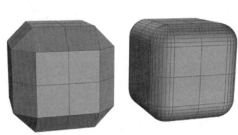

进阶案例	利用切角长方体制作双人沙发

案例文件	进阶案例——切角长方体制作双人沙发.max
视频教学	视频/Chapter 02/进阶案例——切角长方体制作双人沙发.flv
难易指数	★★★☆☆
技术掌握	掌握【圆柱体】【切角长方体】【FFD 2×2×2】【FFD 4×4×4】和【编辑多边形】的运用

本例就来学习使用【圆柱体】【切角长方体】【FFD 2×2×2】【FFD 4×4×4】和【编辑多边形】命令来完成模型的制作，最终渲染和线框效果如下左图和下右图所示。

建模思路

01 使用圆柱体、切角长方体、FFD 2×2×2和编辑多边形制作模型
STEP

02 使用切角长方体、FFD 4×4×4和编辑多边形制作模型
STEP

制作双人沙发流程图如下左图和下右图所示。

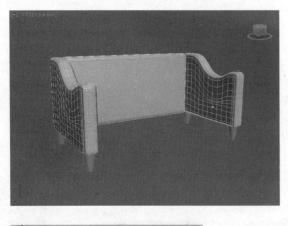

🔊 **提示：复杂模型的制作流程是什么？**

在制作较为复杂的模型之前，先要考虑好制作思路。比如本案例要制作一个沙发模型，而且这个沙发是对称的，也就是说有一些部分可以通过复制完成制作，这样整个制作过程就变得简单了，只需要按照由主到次的顺序依次创建就可以了。

操作步骤

Part 1 使用圆柱体、切角长方体、FFD 2×2×2和编辑多边形制作模型

Step 01 单击 ✦ (创建) | ◎ (几何体) | [扩展基本体 ▼] | [切角长方体] 按钮,在顶视图中拖曳并创建一个切角长方体,设置【长度】为25mm,【宽度】为300mm,【高度】为140mm,【圆角】为8mm,【圆角分段】为5,如下图所示。

Step 02 继续在顶视图中拖曳并创建一个切角长方体,设置【长度】为25mm,【宽度】为180mm,【高度】为140mm,【圆角】为8mm,【长度分段】为1,【宽度分段】为11,【高度分段】为9,【圆角分段】为5,如下图所示。

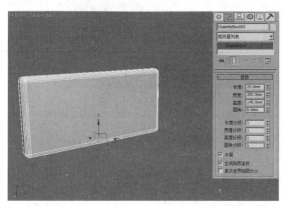

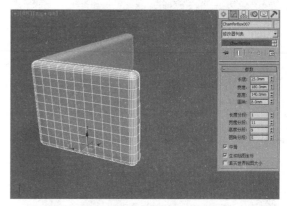

Step 03 选择上一步创建的模型,并在【修改器列表】中加载【FFD长方体】命令修改器,【设置点数】为10×10×4,进入【控制点】级别,使用【选择并移动】工具✦,在透视视图中调节控制点的位置,如右图所示。

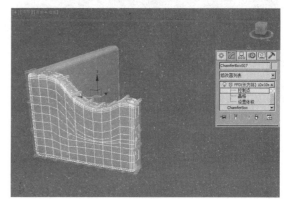

Step 04 选择上一步创建的模型,并在【修改器列表】中加载【编辑多边形】命令,进入【边】级别◁,选择下左图所示的边。单击 [创建图形] 按钮后面的【设置】按钮▫,在弹出的对话框中设置【图形类型】为线性,单击【确定】按钮,如下右图所示。

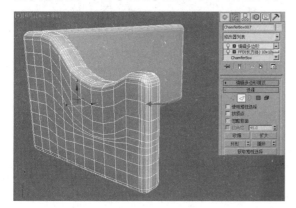

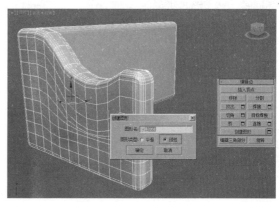

Step 05 选择上一步创建的样条线，在【渲染】卷展栏下分别勾选【在渲染中启用】和【在视口中启用】，激活【径向】选项组，设置【厚度】为1mm，如下图所示。

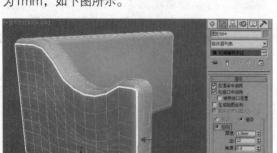

Step 06 选择切角长方体，并在【修改器列表】中加载【网格平滑】命令，设置【迭代次数】为2，如下图所示。

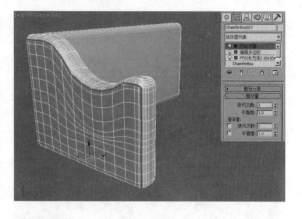

Step 07 选择样条线，加载【网格平滑】命令，设置【迭代次数】为2，如下图所示。

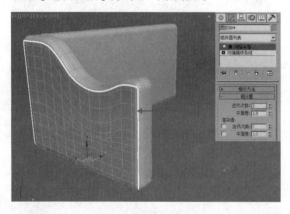

Step 08 用同样的方法制作出另一侧的样条线，效果如下图所示。

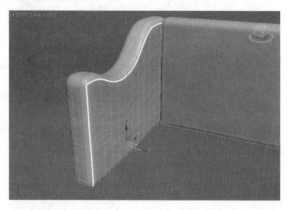

Step 09 选择这3个模型，并使用 ✥（选择并移动）工具按住Shift键进行复制，在弹出的【克隆选项】对话框中选择【复制】，单击【确定】按钮，如下图所示。

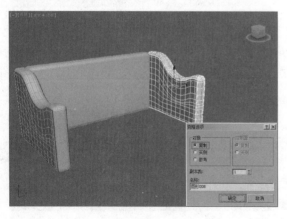

Step 10 单击 ✥（创建）|◯（几何体）| 圆柱体 按钮，在顶视图中拖曳并创建一个圆柱体，接着在【修改】面板下设置【半径】为10mm，【高度】为30mm，【高度分段】为1，如下图所示。

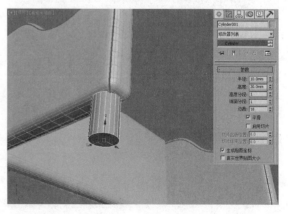

Step 11 选择上一步的模型，并在【修改器列表】中加载【FFD 2×2×2】命令修改器，进入【控制点】级别，使用 ▣（选择并均匀缩放）工具进行适当缩放，如下图所示。

Step 12 选择上一步创建的模型，并使用 ✥（选择并移动）工具按住Shift键进行复制，在弹出的【克隆选项】对话框中选择【复制】，单击【确定】按钮，复制出若干个模型，如下图所示。

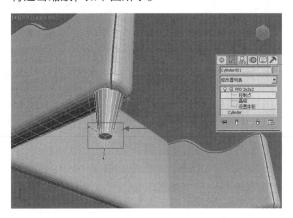
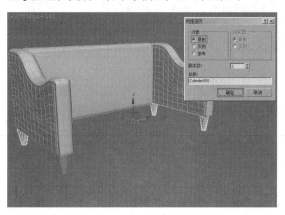

Part 2　使用切角长方体、FFD 4×4×4和编辑多边形制作模型

Step 01 单击 ✥（创建）|○（几何体）| [扩展基本体 ▼] | [切角长方体] 按钮，在顶视图中拖曳并创建一个切角长方体，设置【长度】为160mm、【宽度】为300mm、【高度】为37mm、【圆角】为10mm、【长度分段】为4、【宽度分段】为7、【高度分段】为1、【圆角分段】为5，如下图所示。

Step 02 选择上一步创建的模型，为其加载【FFD 4×4×4】修改器，进入【控制点】级别，调整点的位置如下图所示。

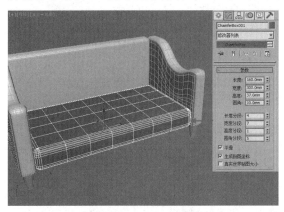
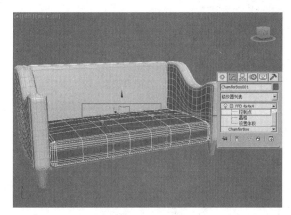

🔊 **提示：FFD修改器在什么时候使用？**

FFD修改器是一种可以对模型外观产生变化的修改器，可以通过调整控制点的位置来调整模型的凹凸情况，比如可以制作沙发的起伏或凹陷效果。这比在多边形建模的顶点级别下调整顶点要更快捷和高效。

Step 03 选择上一步的模型，并在【修改器列表】中加载【编辑多边形】命令，进入【边】级别 ◁，选择下页左图所示的边。单击 [　创建图形　] 按钮后面的【设置】按钮 ▣，在弹出的对话框中设置【图形类型】为线性，单击【确定】按钮，如下页右图所示。

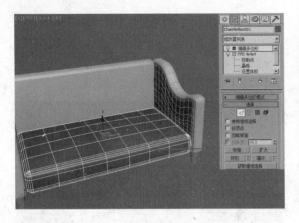

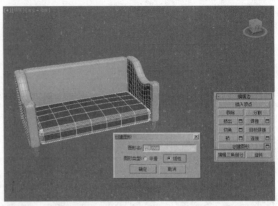

Step 04 选择上一步创建的样条线，在【渲染】卷展栏中分别勾选【在渲染中启用】和【在视口中启用】，激活【径向】选项组，设置【厚度】为1mm，如下图所示。

Step 05 单击 （创建）| ◎ （几何体）| 扩展基本体 ▼ | 切角长方体 按钮，在顶视图中拖曳并创建一个切角长方体，设置【长度】为160mm，【宽度】为150mm，【高度】为37mm，【圆角】为10mm，【长度分段】为7，【宽度分段】为7，【高度分段】为1，【圆角分段】为5，如下图所示。

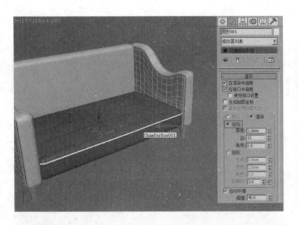

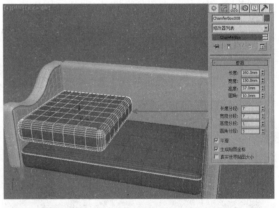

Step 06 选择上一步创建的模型，为其加载【FFD 4×4×4】修改器，进入【控制点】级别，调整点的位置如下图所示。

Step 07 选择上一步创建的模型，并在【修改器列表】中加载【编辑多边形】命令，进入【边】级别 ◢ ，选择如下图所示的边。

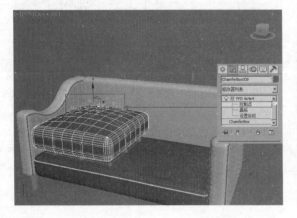

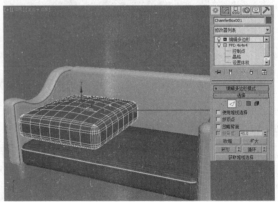

Step 08 单击 ░░░创建图形░░░ 按钮后面的【设置】按钮□，在弹出的对话框中设置【图形类型】为线性，单击【确定】按钮，如下图所示。

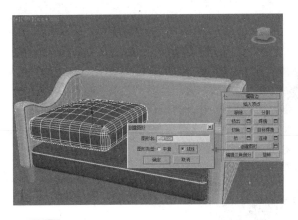

Step 09 选择上一步的样条线，在【渲染】卷展栏中分别勾选【在渲染中启用】和【在视口中启用】，激活【径向】选项组，设置【厚度】为1mm，如下图所示。

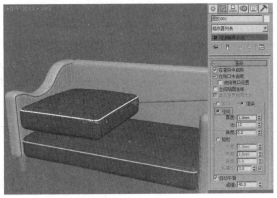

Step 10 在顶视图中拖曳并创建一个切角长方体，设置【长度】为72mm，【宽度】为150mm，【高度】为37mm，【圆角】为10mm，【长度分段】为7，【宽度分段】为14，【高度分段】为1，【圆角分段】为5，如下图所示。

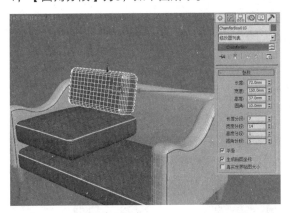

Step 11 选择上一步创建的模型，为其加载【FFD 4×4×4】修改器，进入【控制点】级别，使用▣（选择并均匀缩放）工具进行适当缩放，如下图所示。

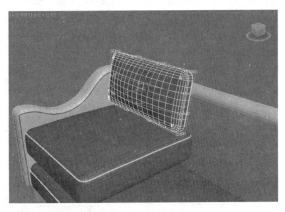

Step 12 选择这3个模型，并使用✛（选择并移动）工具按住Shift键进行复制，在弹出的【克隆选项】对话框中选择【复制】，如下图所示。

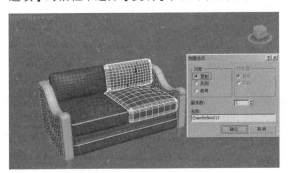

Step 13 最终模型效果如下图所示。

2. 切角圆柱体

【切角圆柱体】可以创建具有倒角或圆形封口边的圆柱体，如下左图和下右图所示。

- 圆角：斜切切角圆柱体的顶部和底部封口边。
- 圆角分段：设置圆柱体圆角边时的分段数。

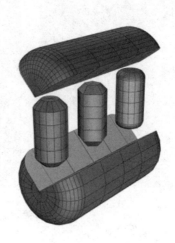

3. 异面体

【异面体】可以创建几个系列的多面体对象，如下左图和下右图所示。

- 系列：使用该组可选择要创建的多面体的类型。
- 系列参数P、Q：为多面体顶点和面之间提供两种方式变换的关联参数。
- 轴向比率P、Q、R：控制多面体一个面反射的轴。

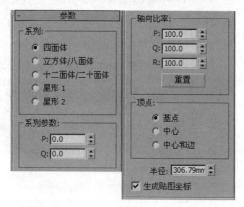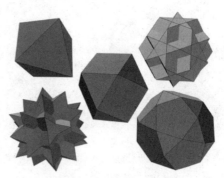

4. 环形结

【环形结】可以通过在正常平面中围绕3D曲线绘制2D曲线来创建复杂或带结的环形，如下左图和下右图所示。

- 结/圆：使用"结"时，环形将基于其他各种参数自身交织。使用"圆"时，可以出现围绕圆形的环形结效果。
- P、Q：描述上下（P）和围绕中心（Q）的缠绕数值。
- 扭曲数/扭曲高度：设置曲线周围的星形中的"点"数和扭曲的高度。
- 偏心率：设置横截面主轴与副轴的比率。
- 扭曲：设置横截面围绕基础曲线扭曲的次数。

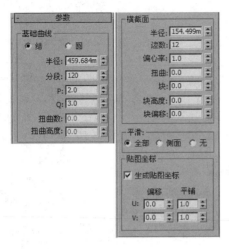

5. 油罐

　　【油罐】可以创建带有凸面封口的圆柱体，如右1图和右2图所示。

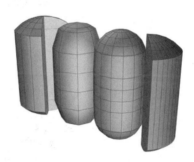

6. 胶囊

　　【胶囊】可以创建带有半球状封口的圆柱体，如下左图和下右图所示。

- 半径：设置油罐的半径。
- 高度：设置沿着中心轴的高度。
- 封口高度：设置凸面封口的高度。
- 总体/中心：决定"高度"值指定的内容。

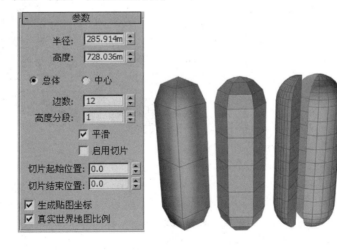

7. 纺锤

【纺锤】可以创建带有圆锥形封口的
圆柱体，如右1图和右2图所示。

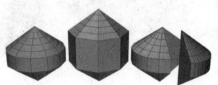

8. L形挤出

【L形挤出】可以创建挤出的 L 形对
象，如右1图和右2图所示。

- 侧面长度/前面长度：指定L每个
  "脚"的长度。
- 侧面宽度/前面宽度：指定L每个
  "脚"的宽度。
- 高度：指定对象的高度。
- 侧面分段/前面分段：指定该对
  象特定"脚"的分段数。
- 宽度分段/高度分段：指定整个
  宽度和高度的分段数。

9. 球棱柱

【球棱柱】可以创建一定边数的球棱
柱模型，如右1图和右2图所示。

10. C形挤出

【C形挤出】可以创建挤出的C形对象，如下页右1图和右2图所示。

- 背面长度/侧面长度/前面长度：指定三个面的长度。
- 背面宽度/侧面宽度/前面宽度：指定三个面的宽度。

- 高度：指定对象的总体高度。
- 背面分段/侧面分段/前面分段：指定对象特定侧面的分段数。
- 宽度分段/高度分段：设置宽度和高度的分段数。

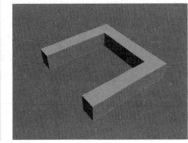

11. 环形波

【环形波】可以创建一个环形，产生不规则内部和外部边，它的图形可以设置为动画，如右1图和右2图所示。

- 半径：设置环形波的外半径。
- 径向分段：沿半径方向设置内外曲面之间的分段数目。
- 环形宽度：设置环形宽度，从外半径向内测量。
- 边数：给内、外和末端（封口）曲面沿圆周方向设置分段数目。

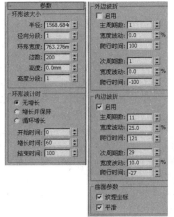

12. 棱柱

【棱柱】可以创建带有独立分段面的三面棱柱，如右1图和右2图所示。

- 侧面（n）长度：设置三角形对应面的长度（以及三角形的角度）。
- 高度：设置棱柱体中心轴的高度。
- 侧面（n）分段：指定棱柱体每个侧面的分段数。
- 高度分段：设置沿着棱柱体主轴的分段数量。

13. 软管

【软管】可以创建一个能连接两个对象的弹性对象，因而能反映这两个对象的运动，如下左图和下右图所示。

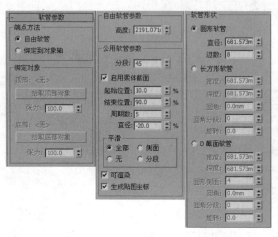

2.3.3 运用概述

前面的小节介绍了长方体、球体、圆柱体、圆锥体、切角长方体、切角圆柱体、异面体和环形结的创建，这些模型都是日常生活中较常见到的，熟练掌握这些知识可以完成以下模型的创建。

几何体类型	应用列举	几何体类型	应用列举

2.4 创建复合对象

【复合对象】是一种非常规的建模方式，适用于特殊造型的模型制作。【复合对象】包含12种类型，分别是【变形】【散布】【一致】【连接】【水滴网格】【图形合并】【布尔】【地形】【放样】【网格化】【ProBoolean】和【ProCutter】，如下页图所示。

- 变形：可以通过两个或多个物体间的形状来制作动画。
- 一致：可以将一个物体的顶点投射到另一个物体上，使被投射的物体产生变形。
- 水滴网格：【水滴网格】是一种实体球，它能够将近距离的水滴网格融合到一起，用来模拟液体。
- 布尔：运用【布尔】运算方法对物体进行运算。
- 放样：可以将二维图形转化为三维物体。
- 散布：可以将对象散布在对象的表面，也可以将对象散布在指定的物体上。
- 连接：可以将两个物体连接成一个物体，同时也可以通过参数来控制这个物体的形状。

- 图形合并：可以将二维造型融合到三维网格物体上，还可以通过不同的参数来切掉三维网格物体的内部或外部对象。
- 地形：可以将一个或多个二维图形变成一个平面。
- 网格化：一般情况下都配合粒子系统一起使用。
- ProBoolean：可以将大量功能添加到传统的3ds Max布尔对象中。
- ProCutter：可以执行特殊的布尔运算，主要目的是分裂或细分体积。

2.4.1　图形合并

【图形合并】工具可以将图形快速添加到三维模型表面。其参数面板如下图所示。

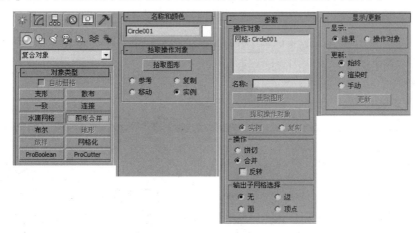

- 拾取图形：单击该按钮，然后单击要嵌入网格对象中的图形。
- 参考/复制/移动/实例：指定如何将图形传输到复合对象中。
- 【操作对象】列表：在复合对象中列出所有操作对象。
- 删除图形：从复合对象中删除选中图形。
- 提取操作对象：提取选中操作对象的副本或实例。在列表窗中选择操作对象使此按钮可用。
- 实例/复制：指定如何提取操作对象。可以作为实例或副本进行提取。
- 饼切：切去网格对象曲面外部的图形。
- 合并：将图形与网格对象曲面合并。
- 反转：反转【饼切】或【合并】效果。
- 更新：当选中除【始终】之外的任一选项时更新显示。

进阶案例 | 图形合并制作创意立体名片

案例文件	进阶案例——图形合并制作创意立体名片.max
视频教学	视频/Chapter 02/进阶案例——图形合并制作创意立体名片.flv
难易指数	★★★☆☆
技术掌握	掌握【平面】【线】【图形合并】【编辑多边形】【可编辑多边形】【挤出】【细分】【细化】【弯曲】和【壳】的运用

本例就来学习使用【平面】【线】【图形合并】【编辑多边形】【可编辑多边形】【挤出】【细分】【细化】【弯曲】和【壳】命令来完成模型的制作，最终渲染和线框效果如下左图和下右图所示。

 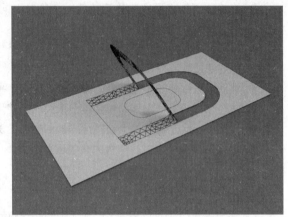

建模思路

01 使用平面、线、图形合并、编辑多边形、细分、细化、弯曲和壳制作模型
STEP

02 使用线、可编辑多边形、壳和挤出制作模型
STEP

制作创意立体名片流程图如下左图和下右图所示。

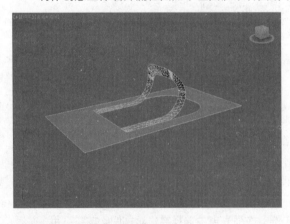 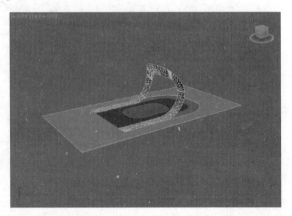

🔊 **提示: 图形合并的原理是什么?**

图形合并在建模中经常会使用到，其工作原理比较特殊。图形合并是通过将二维图形映射到三维模型上，使得三维模型表面产生二维图形的网格效果，因此可以对图形合并之后的模型进行调整。通过使用该工具可以制作很多模型效果，比如可以制作模型表面的花纹纹理、凸起的文字效果等。

操作步骤

Part 1 使用平面、线、图形合并、编辑多边形、细分、细化、弯曲和壳制作模型

Step 01 单击 ▦ (创建) | ◯ (几何体) | 平面 按钮，在透视视图中拖曳并创建一个平面，设置【长度】为4000mm，【宽度】为8000mm，如下图所示。

Step 02 单击 ▦ (创建) | ◲ (图形) | 样条线 ▾ | 线 按钮，在顶视图中创建如下图所示的样条线。

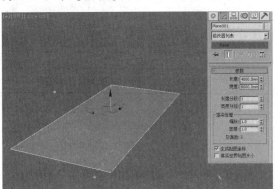 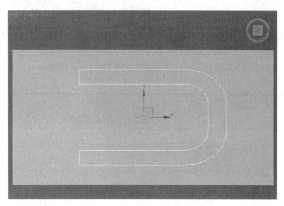

Step 03 选择已创建的平面，单击 ▦ (创建) | ◯ (几何体) | 复合对象 ▾ | 图形合并 按钮，单击拾取操作对象卷展栏下的【拾取图形】按钮，拾取已创建的样条线，如下左图所示。模型的效果如下右图所示。

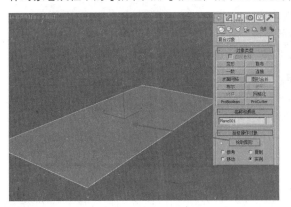 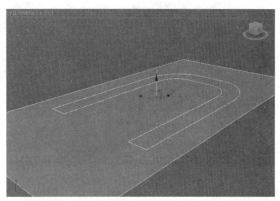

Step 04 选择上一步创建的模型，并在【修改器列表】中加载【编辑多边形】命令，进入【多边形】级别 ▦ ，选择如下左图所示的多边形。单击 分离 按钮后面的【设置】按钮 ▦ ，在弹出的对话框中单击【确定】按钮，如下右图所示。

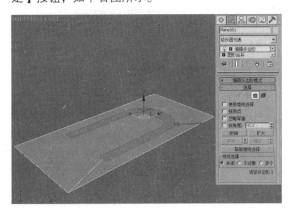 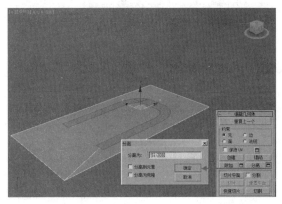

Step 05 选择上一步的模型，并在【修改器列表】中加载【细分】命令，如下图所示。

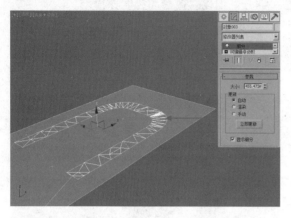

Step 06 选择上一步的模型，并在【修改器列表】中加载【细化】命令，如下图所示。

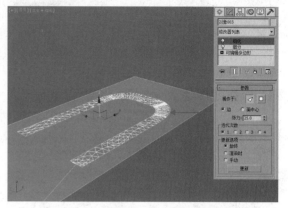

🔊 **提示：【细分】和【细化】修改器的区别**

【细分】修改器提供了一种用于创建网格的算法，这些网格可用来进行光能传递处理。处理光能传递需要网格的元素尽可能地接近等边三角形，如下左图所示。

【细化】修改器会对当前选择的曲面进行细分。它在渲染曲面时特别有用，并可为其他修改器创建附加的网格分辨率，如下右图所示。

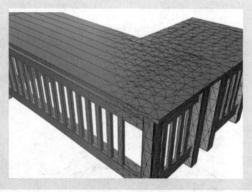
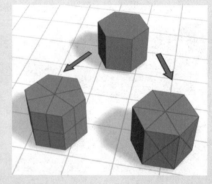

Step 07 选择上一步的模型，并在【修改器列表】中加载【弯曲】命令，在【参数】卷展栏下设置【角度】为-124，【弯曲轴】为X，勾选【限制效果】，设置【上限】为2174mm，如下图所示。

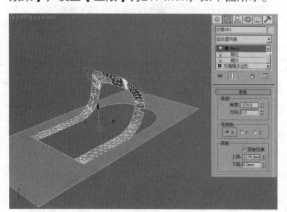

Step 08 选择所有的模型，在【修改器列表】中加载【壳】命令，在【参数】卷展栏下，设置【内部量】为1mm，【外部量】为1mm，如下图所示。

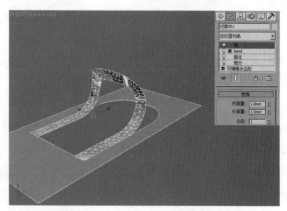

Part 2 使用线、可编辑多边形、壳和挤出制作模型

Step 01 单击 ✛（创建）| ◎（几何体）| 样条线 ▾ | 线 按钮，在顶视图中创建如下左图所示的样条线。选择样条线并右击，选择【转换为】|【转换为可编辑多边形】命令，如下右图所示。

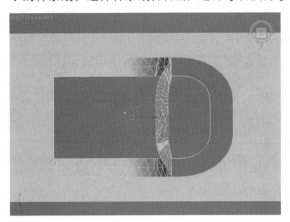 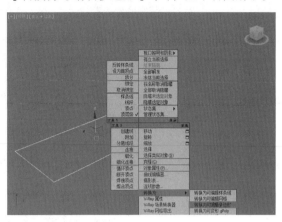

Step 02 选择上一步的模型，在【修改器列表】中加载【壳】命令，设置【内部量】为1mm，【外部量】为1mm，如下图所示。

Step 03 单击 ✛（创建）| ◎（几何体）| 样条线 ▾ | 线 按钮，在顶视图中创建如下图所示的样条线。

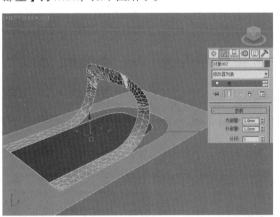 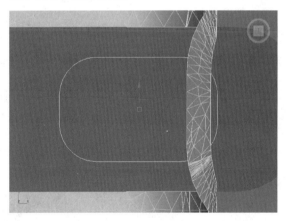

Step 04 选择上一步创建的样条线，加载【挤出】命令，设置【数量】为1mm，如下图所示。

Step 05 最终模型效果如下图所示。

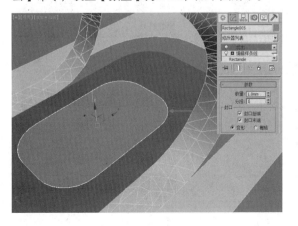 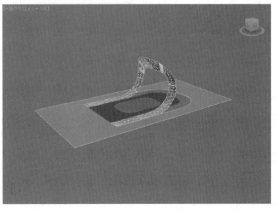

2.4.2 布尔

　　【布尔】通过对两个以上的物体进行并集、差集、交集运算，从而得到新的模型效果。布尔提供了5种操作方式，分别是【并集】【交集】【差集（A-B）】【差集（B-A）】和【切割】。参数设置面板如下图所示。

📢 **提示: 不同的操作方式, 产生不同的效果**

　　创建一个长方体和一个球体, 首先选择长方体, 如右图所示。

　　当设置【操作】为【并集】时, 单击 拾取操作对象B 按钮, 最后单击球体, 如下左图和下右图所示。

 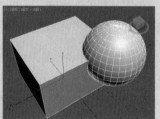

　　当设置【操作】为【交集】时, 单击 拾取操作对象B 按钮, 最后单击球体, 如下左图和下右图所示。

 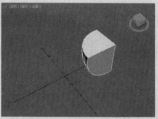

　　当设置【操作】为【差集（A-B）】时, 单击 拾取操作对象B 按钮, 最后单击球体, 如下左图和下右图所示。

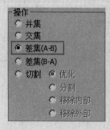 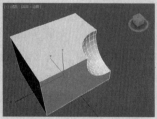

　　当设置【操作】为【差集（B-A）】时, 单击 拾取操作对象B 按钮, 最后单击球体, 如下左图和下右图所示。

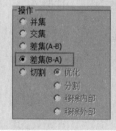 

进阶案例 | 布尔制作螺丝帽

案例文件	进阶案例——布尔制作螺丝帽.max
视频教学	视频/Chapter 02/进阶案例——布尔制作螺丝帽.flv
难易指数	★★★☆☆
技术掌握	掌握【切角圆柱体】【软管】【编辑多边形】【网格平滑】和【布尔】的运用

本例就来学习使用扩展基本体下的【切角圆柱体】【软管】命令以及【编辑多边形】【网格平滑】和【布尔】命令来完成模型的制作，最终渲染和线框效果如下左图和下右图所示。

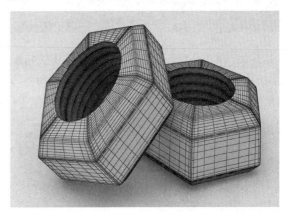

建模思路

01 使用切角圆柱体、软管、编辑多边形、网格平滑和布尔制作模型
STEP

02 通过复制制作模型
STEP

制作螺丝帽流程图如下左图和下右图所示。

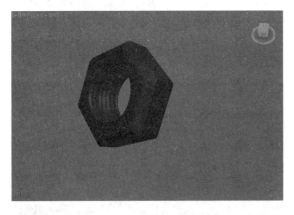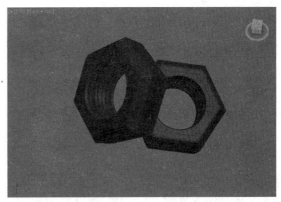

操作步骤

Part 1 使用切角圆柱体、软管、编辑多边形、网格平滑和布尔制作模型

Step 01 在透视视图中拖曳并创建一个切角圆柱体，设置【半径】为1500mm，【高度】为1200mm，【圆角】为240mm，【高度分段】为1，【圆角分段】为1，【边数】为6，【端面分段】为6，如下页图所示。

Step 02 选择上一步的模型，并在【修改器列表】中加载【编辑多边形】命令，进入【边】级别，选择如下页图所示的边。

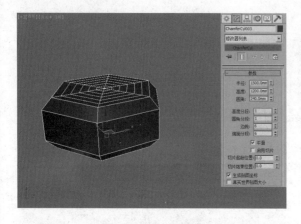
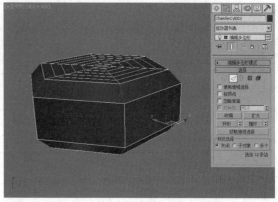

Step 03 单击 连接 按钮后面的【设置】按钮□，并设置【分段】为2，【收缩】为68，如下左图所示。接着进入【边】级别☑，选择如下右图所示的边。

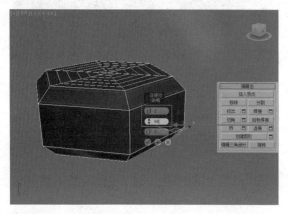
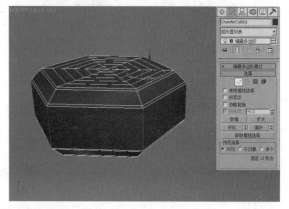

Step 04 单击 连接 按钮后面的【设置】按钮□，并设置【分段】为2，【收缩】为90，【滑块】为0，如下左图所示。接着进入【边】级别☑，选择如下右图所示的边。

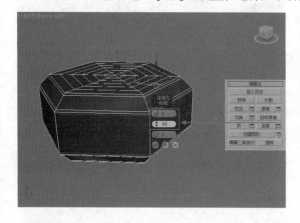
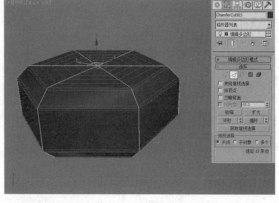

Step 05 单击 连接 按钮后面的【设置】按钮□，并设置【分段】为2，【收缩】为90，【滑块】为0，如下页图所示。

Step 06 选择上一步创建的模型，并在【修改器列表】中加载【网格平滑】命令，设置【迭代次数】为2，如下页图所示。

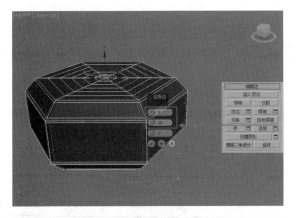

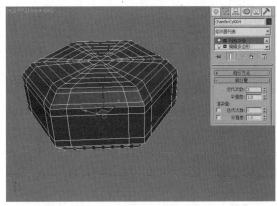

Step 07 单击 ⚙ （创建）｜ 🔘 （几何体）｜ 扩展基本体 ｜ 软管 按钮，在透视视图中拖曳并创建一个软管，设置【高度】为3549mm，【分段】为45，【起始位置】为10，【结束位置】为90，【周期数】为52，【直径】为-10；设置图形软管【直径】为1755mm，【边数】为59，如下图所示。

Step 08 选择上一步创建的模型，并在【修改器列表】中加载【网格平滑】命令，设置【迭代次数】为2，如下图所示。

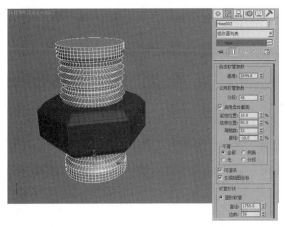

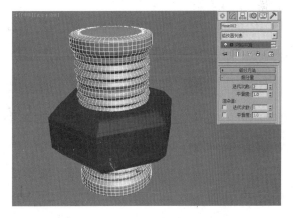

Step 09 选择已创建的切角圆柱体，单击 ⚙ （创建）｜ 🔘 （几何体）｜ 复合对象 ｜ 布尔 按钮，单击【拾取布尔】卷展栏下的【拾取操作对象B】按钮，拾取已创建的软管模型，如下左图所示。模型的效果如下右图所示。

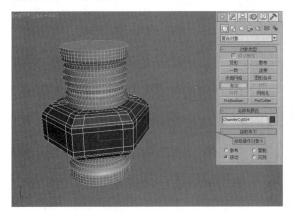

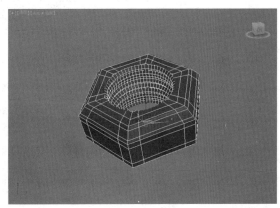

Part 2 通过复制制作模型

Step 01 选择Part 1中的模型，并使用✛（选择并移动）工具按住Shift键进行复制，在弹出的【克隆选项】对话框中选择【复制】，效果如下图所示。

Step 02 最终模型效果如下图所示。

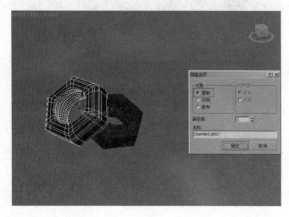

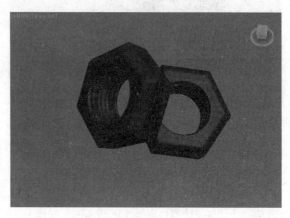

2.4.3 散布

　　【散布】可以将一个模型按一定方式，分布到另外一个模型上，常用来制作地面上散落的石头、高山峻岭上的树木等。下图所示为散布的参数设置面板。

2.4.4 放样

　　【放样】可以通过两条样条线进行运算产生三维效果，两条线中包括一条俯视线和一条截面线，如下左图所示。其参数设置面板如下右图所示。

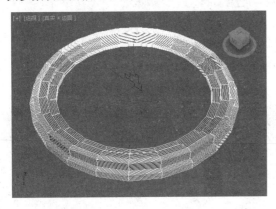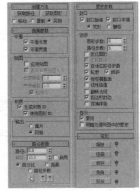

🔊 **提示: 放样后的【轴】很重要!**

　　（1）创建两条线，如下图所示。

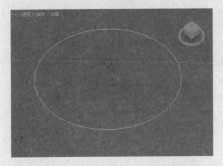

　　（2）制作出放样效果，如下图所示。

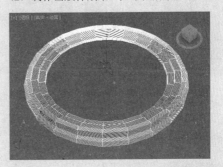

　　（3）此时选择【图形】级别，如右图所示。激活【选择并旋转】按钮◎和【角度捕捉切换】按钮△。

　　（4）此时在Z轴方向进行旋转，即可发现放样的模型发生了变化，如下图所示。

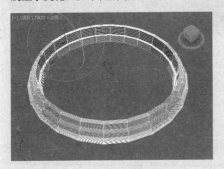

　　（5）当使用【选择并均匀缩放】工具缩放图形时，发现模型的厚度产生了变化，如下图所示。

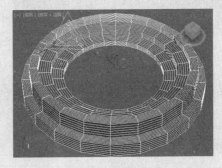

进阶案例	放样制作欧式装饰画
案例文件	进阶案例——放样制作欧式装饰画.max
视频教学	视频/Chapter 02/进阶案例——放样制作欧式装饰画.flv
难易指数	★★★☆☆
技术掌握	掌握【线】【放样】和【平面】的运用

本例就来学习使用样条线下【线】【放样】和【平面】命令来完成模型的制作，最终渲染和线框效果如下左图和下右图所示。

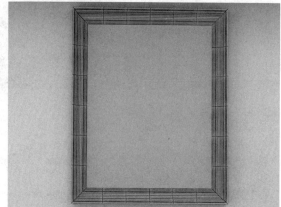

建模思路

01 使用线、放样制作模型
STEP

02 使用平面制作模型
STEP

制作欧式装饰画流程图如下左图和下右图所示。

操作步骤

Part 1 使用线、放样制作模型

Step 01 单击 （创建） | （图形） | 样条线 ▼ | 线 按钮，在左视图中创建如下页图所示的样条线。

Step 02 单击 （创建） | （图形） | 样条线 ▼ | 矩形 按钮，在前视图中创建一个矩形。设置【长度】为300mm，【宽度】为240mm，如下页图所示。

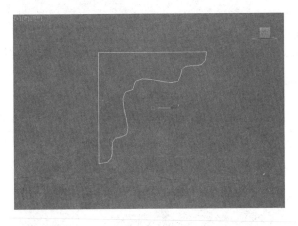
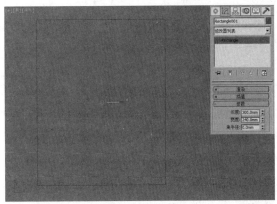

Step 03 选择透视视图中的矩形，然后单击 ▧（创建）| ▣（几何体）| 复合对象 ▾ | 放样 按
钮，单击【创建方法】卷展栏下的 获取图形 按钮，拾取场景中已绘制的图形，如下左图所示。放样后的
效果如下右图所示。

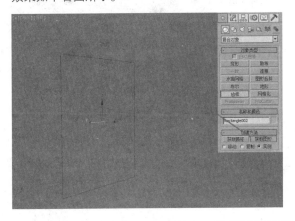

Part 2 使用平面制作模型

Step 01 单击 ▧（创建）| ▣（几何体）| 平面
按钮，在前视图中拖曳并创建一个平面，设置【长
度】为290mm，【宽度】为240mm，如下图
所示。

Step 02 最终模型效果如下图所示。

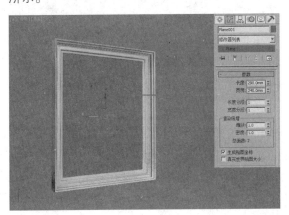
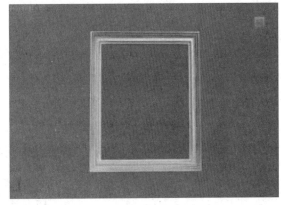

进阶案例	放样制作欧式吊顶
案例文件	进阶案例——放样制作欧式吊顶.max
视频教学	视频/Chapter 02/进阶案例——放样制作欧式吊顶.flv
难易指数	★★★☆☆
技术掌握	掌握【长方体】【线】【矩形】【圆】【编辑多边形】【挤出】和【放样】的运用

本例就来学习使用【长方体】【线】【矩形】【圆】【编辑多边形】【挤出】和【放样】命令来完成模型的制作，最终渲染和线框效果如下左图和下右图所示。

建模思路

01 使用长方体、线、矩形、圆、编辑多边形和放样制作模型
STEP

02 使用线、挤出和放样制作模型
STEP

制作欧式吊顶流程图如下左图和下右图所示。

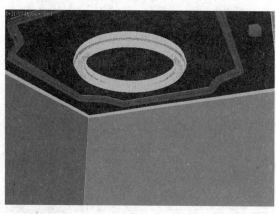

操作步骤

Part 1 使用长方体、线、矩形、圆、编辑多边形和放样制作模型

Step 01 单击　（创建）|　（几何体）|　长方体　按钮，在透视视图中创建一个长方体，设置【长度】为8000mm，【宽度】为8000mm，【高度】为8000mm，如下页图所示。

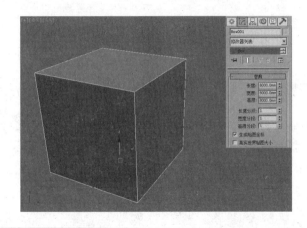

Step 02 选择上一步创建的长方体，并在【修改器列表】中加载【编辑多边形】命令，进入【多边形】级别■，选择如下左图所示的多边形。按Delete键将选中的多边形删除，如下右图所示。

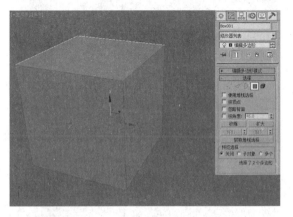

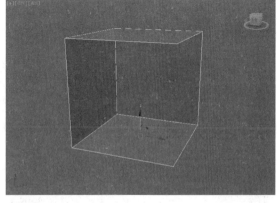

Step 03 单击■（创建）|■（图形）| 样条线 ▼ | 线 按钮，在前视图中创建如下图所示的样条线。

Step 04 单击■（创建）|■（图形）| 样条线 ▼ | 矩形 按钮，在顶视图中创建矩形，在【参数】卷展栏下设置【长度】为8000mm，【宽度】为8000mm，如下图所示。

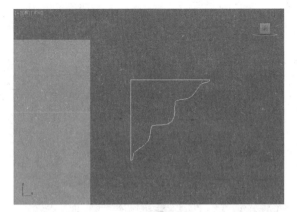

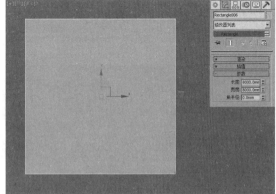

Step 05 选择上一步创建的矩形，单击 ■ （创建）｜ ◎ （几何体）｜ 复合对象 ▼ ｜ 放样 按钮，单击【创建方法】卷展栏下的【获取图形】按钮，拾取已创建的样条线，如下左图所示。模型的效果如下右图所示。

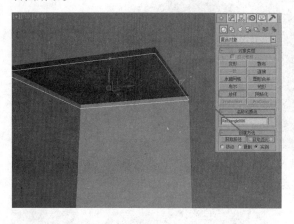 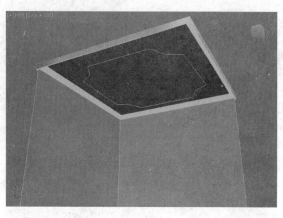

Step 06 单击 ■ （创建）｜ ◎ （图形）｜ 样条线 ▼ ｜ 线 按钮，在顶视图中创建如下图所示的样条线。

Step 07 单击 ■ （创建）｜ ◎ （图形）｜ 样条线 ▼ ｜ 线 按钮，在前视图中创建如下图所示的样条线。

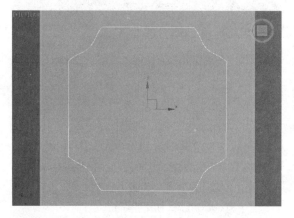 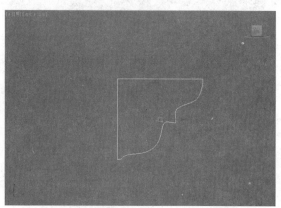

Step 08 选择已创建的样条线，单击 ■ （创建）｜ ◎ （几何体）｜ 复合对象 ▼ ｜ 放样 按钮，单击【创建方法】卷展栏下的【获取图形】按钮，拾取上一步创建的样条线，如下左图所示。模型的效果如下右图所示。

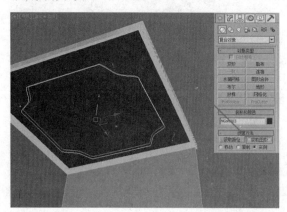 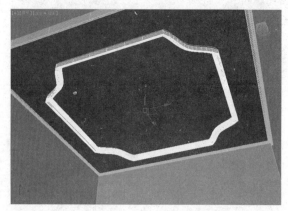

Step 09 单击 ▓ （创建）| ▣ （图形）| 样条线 ▼ | ▓圆▓ 按钮，在顶视图中创建如下图所示的圆。

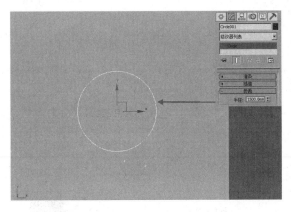

Step 10 单击 ▓ （创建）| ▣ （图形）| 样条线 ▼ | ▓线▓ 按钮，在前视图中创建如下图所示的样条线。

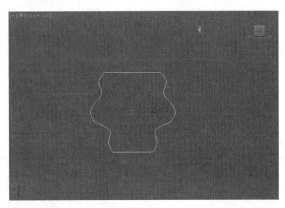

Step 11 选择已创建的圆，单击 ▓ （创建）| ▣ （几何体）| 复合对象 ▼ | ▓放样▓ 按钮，单击【创建方法】卷展栏下的【获取图形】按钮，拾取上一步创建的样条线，在【蒙皮参数】卷展栏下设置【路径步数】为60，如下左图所示。模型的效果如下右图所示。

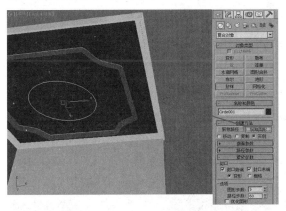
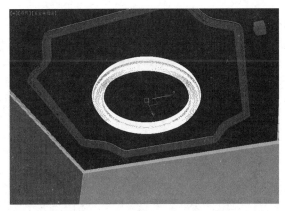

Part 2　使用线、挤出和放样制作模型

Step 01 单击 ▓ （创建）| ▣ （几何体）| 样条线 ▼ | ▓线▓ 按钮，在顶视图中创建如下图所示的样条线。

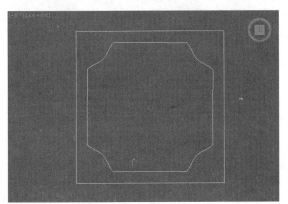

Step 02 选择上一步创建的图形，在【修改器列表】中加载【挤出】命令，在【参数】卷展栏下设置【数量】为1mm，如下图所示。

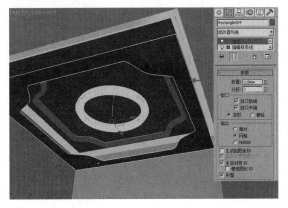

Step 03 选择已创建的吊顶，并使用 ✛（选择并移动）工具按住Shift键进行复制，在弹出的【克隆选项】对话框中选择【复制】，单击【确定】按钮，效果如下图所示。

Step 04 单击 ✛（创建）|❑（图形）|样条线 ▾ |线 按钮，在顶视图中创建如下图所示的样条线。

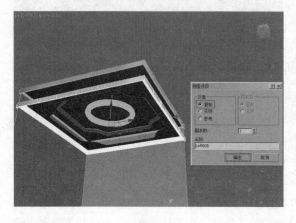

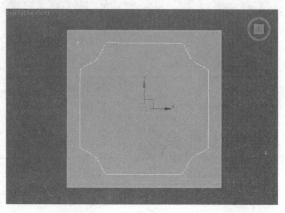

Step 05 单击 ✛（创建）|❑（图形）|样条线 ▾ |线 按钮，在前视图中创建如下图所示的样条线。

Step 06 选择已创建的样条线，单击 ✛（创建）|❍（几何体）|复合对象 ▾ |放样 按钮，单击【创建方法】卷展栏下的【获取图形】按钮，拾取上一步创建的样条线，如下图所示。

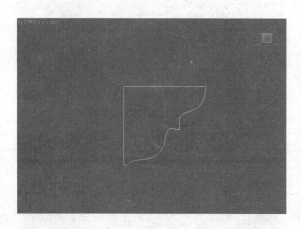

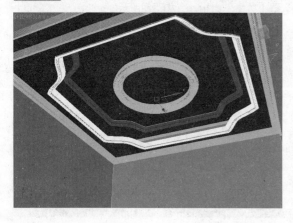

Step 07 模型的效果如下左图所示。最终模型效果如下右图所示。

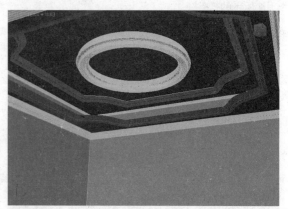

2.4.5 运用概述

本小节介绍了图形合并、布尔、散布、放样的创建，这些模型都是日常生活中最常见到的，熟练掌握这些知识可以完成以下模型的创建。

几何体类型	应用列举	几何体类型	应用列举
图形合并		散布	
布尔		放样	

2.5 创建建筑对象

建筑对象是3ds Max自带的一些用于建筑模型的对象，其中包括AEC扩展、楼梯、门、窗、VRay对象。通过使用这些建筑对象，可以创建很多方便的模型，如旋转楼梯、平开窗、树木花草等。

2.5.1 AEC扩展

【AEC扩展】包括三种类型，分别是【植物】【栏杆】和【墙】，如右图所示。

1. 植物

【植物】是3ds Max中内置的一个工具，可以制作花草树木，但是内置的模型相对比较简单，如下图所示为创建的一个苏格兰松树。下左图和下中图所示为其模型效果。植物参数设置界面如下右图所示。

- 高度：控制植物的近似高度，这个高度不一定是实际高度，它只是一个近似值。
- 密度：控制植物叶子和花朵的数量。值为1表示植物具有完整的叶子和花朵；值为5表示植物具有1/2的叶子和花朵；值为0表示植物没有叶子和花朵。
- 修剪：只适用于具有树枝的植物，可以用来删除与构造平面平行的不可见平面下的树枝。值为0表示不进行修剪；值为1表示尽可能修剪植物上的所有树枝。
- 新建：显示当前植物的随机变体，其旁边是【种子】的显示数值。
- 生成贴图坐标：对植物应用默认的贴图坐标。
- 显示：该选项组中的参数主要用来控制植物的树叶、果实、花、树干、树枝和根的显示情况，勾选相应选项后，与其对应的对象就会在视图中显示出来。
- 视口树冠模式：该选项组中的参数用于设置树冠在视口中的显示模式。

  未选择对象时：当没有选择任何对象时以树冠模式显示植物。

  始终：始终以树冠模式显示植物。

  从不：从不以树冠模式显示植物，但是会显示植物的所有特性。
- 详细程度等级：该选项组中的参数用于设置植物的渲染细腻程度。

  低：这种级别用来渲染植物的树冠。

  中：这种级别用来渲染减少了面的植物。

  高：这种级别用来渲染植物的所有面。

2. 栏杆

【栏杆】对象的组件包括栏杆、立柱和栅栏，可用于制作栏杆效果。下左图和下右图所示为使用栏杆对象制作的模型。

【栏杆】可以模拟创建栏杆模型，其参数面板如下左图所示，效果如下右图所示。

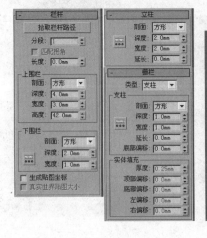
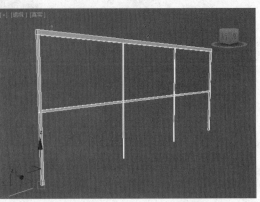

3. 墙

利用【墙】对象可以快速创建墙模型，常用于室内框架模型的制作，如右图所示。

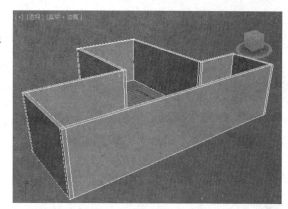

2.5.2 楼梯

【楼梯】在3ds Max 2015中提供了4种内置的参数化楼梯模型，分别是【直线楼梯】【L型楼梯】【U型楼梯】和【螺旋楼梯】，如右1图所示。

右2图中从左到右分别为【直线楼梯】【L型楼梯】【U型楼梯】和【螺旋楼梯】。

进阶案例	创建直线楼梯

案例文件	进阶案例——创建直线楼梯.max
视频教学	视频/Chapter 02/进阶案例——创建直线楼梯.flv
难易指数	★★☆☆☆
技术掌握	掌握【直线楼梯】【长方体】【球体】【线】【车削】和【编辑多边形】的运用

本例就来学习使用【长方体】【直线楼梯】【球体】【线】【车削】和【编辑多边形】命令来完成模型的制作，最终渲染和线框效果如下左图和下右图所示。

建模思路

01 STEP 使用直线楼梯、长方体和编辑多边形制作模型

02 STEP 使用线、车削和球体制作模型

创建直线楼梯流程图如下左图和下右图所示。

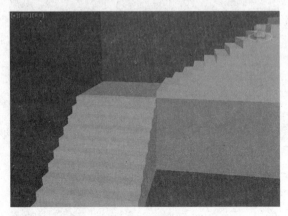 

操作步骤

Part 1 使用直线楼梯、长方体和编辑多边形制作模型

Step 01 单击■（创建）｜◙（几何体）｜ 楼梯 ▼ ｜ 直线楼梯 按钮，在顶视图中拖曳创建楼梯模型，如下图所示。

Step 02 在【修改】面板下设置【类型】为【落地式】，接着在【布局】选项组下设置【长度】为50mm，【宽度】为30mm，在【梯级】选项组下设置【总高】为30mm，【竖板高】为2.5mm，如下图所示。

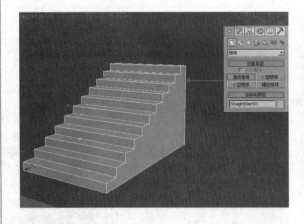 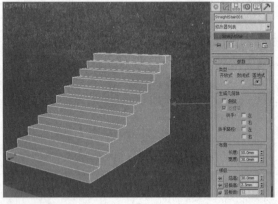

Step 03 单击■（创建）｜◙（几何体）｜ 长方体 按钮，在顶视图中拖曳创建一个长方体，设置【长度】为30mm，【宽度】为30mm，【高度】为27.5mm，如下页图所示。

Step 04 选择长方体，并在【修改器列表】中加载【编辑多边形】命令，进入【多边形】级别■，选择如下页图所示的多边形。

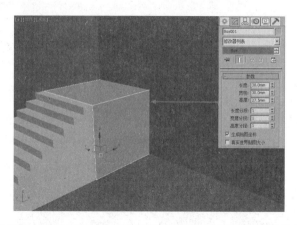 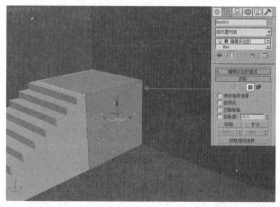

Step 05 单击【编辑多边形】卷展栏中 挤出 按钮后面的【设置】按钮▣，并设置【高度】为45.5mm，如下图所示。

Step 06 选择楼梯模型，并使用✥（选择并移动）工具按住Shift键进行复制，在弹出的【克隆选项】对话框中选择【复制】并确定，然后使用⟳（选择并旋转）工具将其旋转至下图所示的位置。

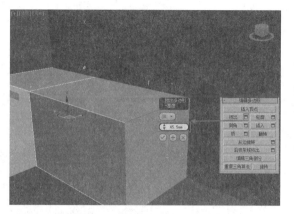

Part 2　使用线、车削和球体制作模型

Step 01 单击▣（创建）|▣（图形）| 样条线 ▾|线 按钮，在前视图中创建如下图所示的样条线。

Step 02 选择上一步创建的样条线，然后在【修改】面板下加载【车削】修改器，接着展开【参数】卷展栏，设置【度数】为360，并设置【对齐】为最小，如下图所示。

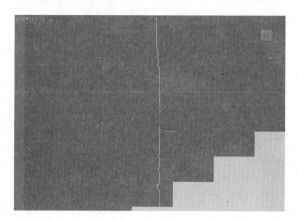 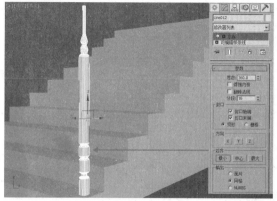

Step 03 选择上一步创建的模型，并使用 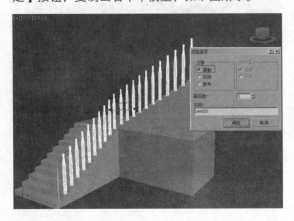（选择并移动）工具按住Shift键进行复制，在弹出的【克隆选项】对话框中选择【复制】，单击【确定】按钮，复制出若干个模型，如下图所示。

Step 04 单击 （创建）| （图形）| 样条线 | 线 按钮，在顶视图中创建如下图所示的样条线。

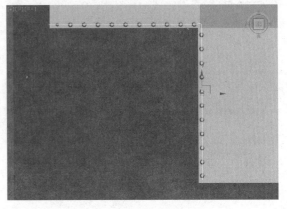

Step 05 选择上一步创建的样条线，在【渲染】卷展栏下分别勾选【在渲染中启用】和【在视口中启用】复选框，激活【径向】选项组，设置【厚度】为0.8mm，如下图所示。

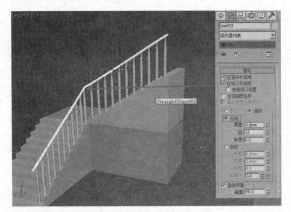

Step 06 单击 （创建）| （几何体）| 球体 按钮，在顶视图中拖曳创建一个球体，接着在【修改】面板下设置【半径】为1mm，如下图所示。

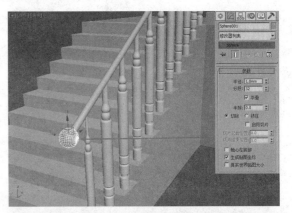

Step 07 最终模型效果如右图所示。

2.5.3　门

3ds Max 2015中包括3种门对象，分别是【枢轴门】【推拉门】和【折叠门】，如下左图所示。其参数面板如下中图所示。下右图中从左到右分别为【枢轴门】【推拉门】和【折叠门】的效果。

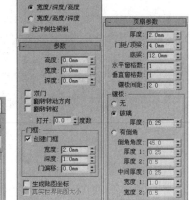

<table>
<tr><td colspan="2">进阶案例　　使用门工具制作三种门</td></tr>
</table>

案例文件	进阶案例——使用门工具制作三种门.max
视频教学	视频/Chapter 02/进阶案例——使用门工具制作三种门.flv
难易指数	★☆☆☆☆
技术掌握	掌握【枢轴门】【推拉门】和【折叠门】的运用

本例就来学习使用【枢轴门】【推拉门】和【折叠门】命令来完成模型的制作，最终渲染和线框效果如下左图和下右图所示。

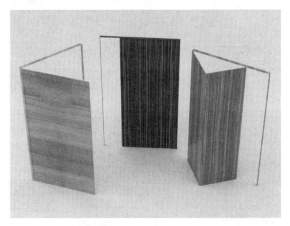
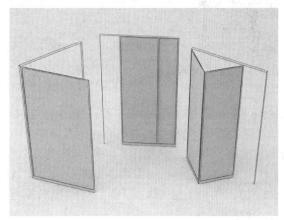

使用门工具制作三种门的流程图如下页左图和下页右图所示。

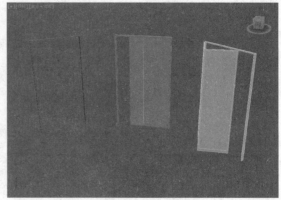

操作步骤

Step 01 单击 ▣ （创建）| ◯ （几何体）| 门 ▼ | 枢轴门 按钮，在透视视图中拖曳创建一个枢轴门，接着在【修改】面板下设置【高度】为12000mm、【宽度】为6000mm、【深度】为280mm，勾选【翻转转动方向】复选框，设置打开【度数】为55，如下图所示。

Step 02 单击 ▣ （创建）| ◯ （几何体）| 门 ▼ | 推拉门 按钮，在透视视图中拖曳并创建一个推拉门，设置【高度】为12000mm，【宽度】为7000mm，【深度】为210mm，勾选【前后翻转】复选框，设置【打开】百分比为50，如下图所示。

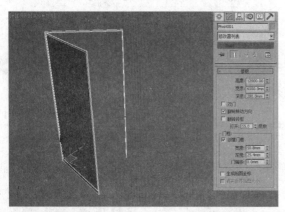
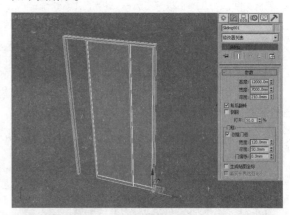

Step 03 单击 ▣ （创建）| ◯ （几何体）| 门 ▼ | 折叠门 按钮，在透视视图中拖曳创建一个折叠门，设置【高度】为12000mm，【宽度】为7000mm，【深度】为280mm，勾选【翻转转动方向】复选框，设置【打开】百分比为50，如右图所示。

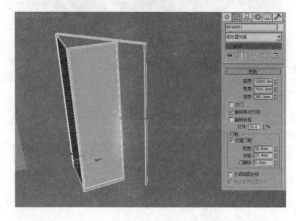

Step 04 最终模型效果如右图所示。

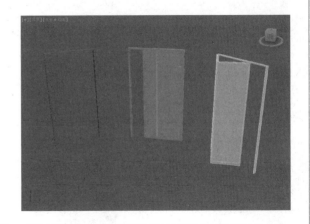

2.5.4　窗

3ds Max 2015中包括6种窗户，分别为【遮篷式窗】【平开窗】【固定窗】【旋开窗】【伸出式窗】和【推拉窗】，如右图所示。

- ●【遮篷式窗】：有一扇通过铰链与其顶部相连的窗框，如下左图所示。
- ●【平开窗】：有一到两扇像门一样的窗框，它们可以向内或向外转动，如下中图所示。
- ●【固定窗】：固定的，不能打开，如下右图所示。

- ●【旋开窗】：轴垂直或水平位于其窗框的中心，如下左图所示。
- ●【伸出式窗】：有三扇窗框，其中两扇窗框打开时像反向的遮篷，如下中图所示。
- ●【推拉窗】：有两扇窗框，其中一扇窗框可以沿着垂直或水平方向滑动，如下右图所示。

2.5.5 运用概述

本小节介绍了AEC扩展、楼梯、门、窗的创建，这些模型都是日常生活中最常见到的，熟练掌握这些知识可以完成以下模型的创建。

几何体类型	应用列举	几何体类型	应用列举
植物		推拉门	
直线楼梯		旋开窗	

2.6 创建VRay对象

安装好VRay渲染器之后，在【创建】面板的几何体类型列表中就会出现VRay选项。VRay物体包括【VR代理】【VR毛皮】【VR平面】和【VR球体】4种，如右图所示。

提示：加载VRay渲染器

按F10键打开【渲染设置】窗口，然后切换到【公用】选项卡，展开【指定渲染器】卷展栏，接着单击【产品级】右侧的【选择渲染器】按钮，在弹出的对话框中选择渲染器为V-Ray Adv 3.00.07（本书的VRay渲染器均采用V-Ray 3.00.07版本），如下图所示。

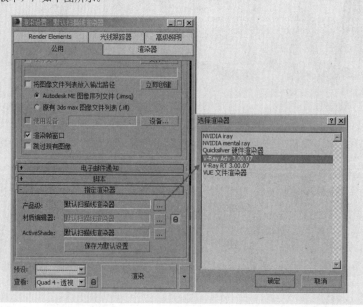

2.6.1 VR代理

【VR代理】物体在渲染时可以从硬盘中将文件（外部）导入到场景中的【VR代理】网格内，场景中代理物体的网格是一个低面物体，可以节省大量内存和显存。具体使用方法是在物体上单击鼠标右键，在弹出的菜单中选择【V-Ray网格导出】命令，接着在弹出的【VRay网格导出】对话框中进行相应设置即可（该对话框主要用来保存VRay网格代理物体的路径），如下左图所示。下右图所示为使用VR代理制作的效果。

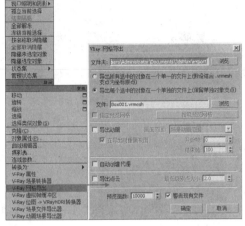 

- 文件夹：代理物体所保存的路径。
- 导出所有选中的对象在一个单一的文件上：可以将多个物体合并成一个代理物体进行导出。
- 导出每个选中的对象在一个单独的文件上：可以为每个物体创建一个文件来进行导出。
- 自动创建代理：设置是否自动完成代理物体的创建和导入，源物体将被删除。如果没有勾选该选项，则需要增加一个步骤，就是在VRay物体中选择VR代理物体，然后从网格文件中选择已导出的代理物体来实现代理物体的导入。

2.6.2 VR毛皮

【VR毛皮】可以模拟毛发效果，一般用于制作地毯、皮草、毛巾、草地、动物毛发等，其参数设置面板如下左图所示，使用VR毛皮制作的效果如下右图所示。

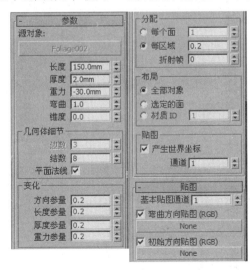 

2.6.3 VR平面

【VR平面】可以用来模拟一个无限长、无限宽的平面。【VR】平面没有任何参数，如右1图所示，效果如右2图所示。

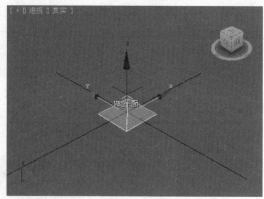

2.6.4 VR球体

【VR球体】可以模拟球体的效果，并且可以设置半径的数值，如右1图所示，效果如右2图所示。

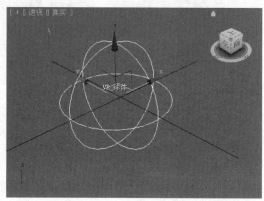

2.6.5 运用概述

本小节介绍了VR代理、VR毛皮、VR平面、VR球体的创建，这些模型都是日常生活中最常见到的，熟练掌握这些知识可以完成以下模型的创建。

几何体类型	应用列举	几何体类型	应用列举
VR代理		VR平面	
VR毛皮		VR球体	

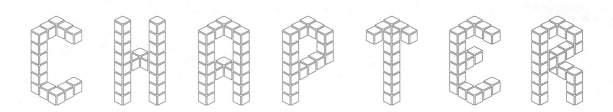

CHAPTER

03

二维图形建模

本章学习要点

- 样条线的创建
- 编辑样条线的方法
- 扩展样条线的创建

　　二维图形不能简单地理解为线，二维图形建模是一种灵活的建模方式，可以单独使用二维图形绘制三维的模型效果，也可以用二维图形与修改器结合制作三维模型，还可以用二维图形与复合对象结合制作特殊的模型效果。二维图形是看似简单实则强大的建模工具。

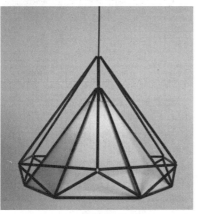

3.1 样条线

二维图形建模，是指借助二维图形对象进行模型的建立。二维图形建模适合制作接近图形的模型，如文字、编制的线等。下图所示为使用样条线制作的优秀模型。

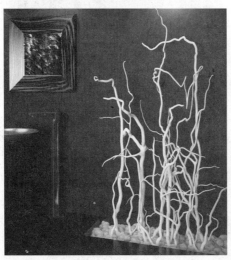

3ds Max 2015中的二维图形包括【样条线】【NURBS曲线】和【扩展样条线】，如右1图所示。

【样条线】是【图形】中应用最为广泛的类型。单击 （创建）|（图形）| 样条线 按钮，可以看到包括12种样条线，分别是【线】【矩形】【圆】【椭圆】【弧】【圆环】【多边形】【星形】【文本】【螺旋线】【卵形】和【截面】，如右2图所示。

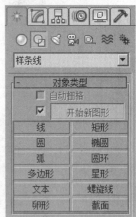

提示：创建一条和多条线

1. 当取消勾选【开始新图形】复选框时，会发现每次创建的样条线都是一条，如下左图所示。

2. 当勾选【开始新图形】复选框时，会发现多次创建的样条线是多条，如下右图所示。

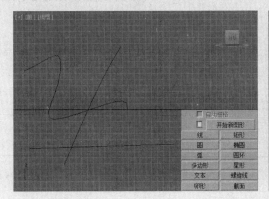 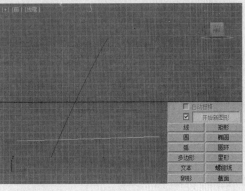

3.1.1　线

　　【线】工具是样条线中应用最为频繁的类型。在创建完成线后切换到【修改】面板，可以看到参数包括5个卷展栏，分别是【渲染】卷展栏、【插值】卷展栏、【选择】卷展栏、【软选择】卷展栏和【几何体】卷展栏，如下左图所示。下右图所示为线的效果。

 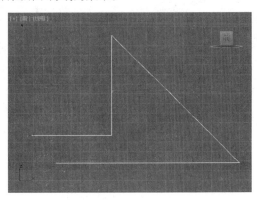

提示：线的几个创建和使用技巧

1. 我们都知道，默认情况下，只要在视图中单击即可创建线，直角、非直角都可以，如下左图所示。

2. 但是如何只创建直角的线呢？很简单，在创建线时，一直按住Shift键，这时即可创建直角线了，如下右图所示。

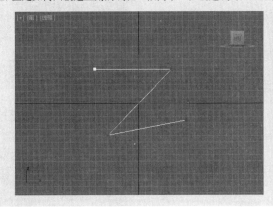 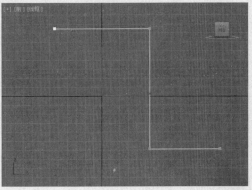

3. 有时候，我们需要捕捉一些对象（如栅格点、物体的顶点等），此时就需要单击开启【捕捉开关】 ，对该按钮单击鼠标右键即可设置捕捉的类型，如下左图所示。下右图所示为捕捉时创建的线效果。

 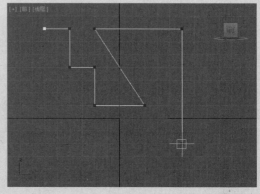

4. 有时候，在创建线时，由于线比较复杂，绘制时我们可能发现视图"不够用了"，如下左图所示。这个时候只需要按快捷键I，即可做到"视图跟随创建的线的位置进行显示"，如下右图所示。

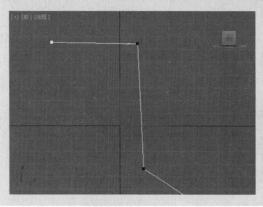 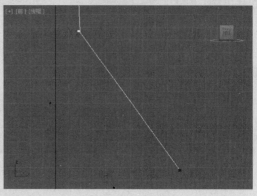

1. 渲染

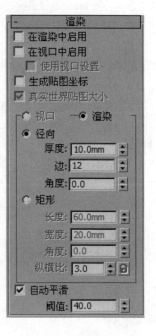

【渲染】卷展栏主要控制线在视图和渲染中的效果，如右图所示。

- 在渲染中启用：勾选该选项才能渲染出样条线。
- 在视口中启用：勾选该选项后，样条线会以三维的效果显示在视图中。
- 生成贴图坐标：控制是否应用贴图坐标。
- 真实世界贴图大小：控制应用于对象的纹理贴图材质所使用的缩放方法。
- 视口/渲染：当勾选【在视口中启用】选项时，样条线将显示在视图中；当同时选中【在视口中启用】和【渲染】选项时，样条线在视图中和渲染中都可以显示出来。

2. 插值

展开【插值】卷展栏，如右图所示。

- 步数：可以手动设置每条样条线的步数。
- 优化：启用该选项后，可以从样条线的直线线段中删除不需要的步数。
- 自适应：启用该选项后，会设置样条线的步数，平滑曲线。

3. 选择

展开【选择】卷展栏，如右图所示。

- 顶点：定义点和曲线切线。
- 分段：连接顶点。
- 样条线：一个或多个相连线段的组合。
- 复制：将命名选择放置到复制缓冲区。
- 粘贴：从复制缓冲区中粘贴命名选择。
- 锁定控制柄：每次只能变换一个顶点的切线控制柄。

4. 软选择

展开【软选择】卷展栏，如右图所示。

- 使用软选择：在可编辑对象或【编辑】修改器的子对象层级上影响【移动】【旋转】和【缩放】功能的操作。
- 边距离：启用该选项后，将软选择限制到指定的面数，该选择在进行选择的区域和软选择的最大范围之间。
- 影响背面：启用该选项后，那些法线方向与选定子对象平均法线方向相反的、取消选择的面就会受到软选择的影响。
- 衰减：用以定义影响区域的距离，用当前单位表示从中心到球体的边距离。
- 收缩：沿着垂直轴提高并降低曲线的顶点。
- 膨胀：沿着垂直轴展开和收缩曲线。

5. 几何体

展开【几何体】卷展栏，如下页右图所示。

- 创建线：向所选对象添加更多样条线。
- 断开：在选定的一个或多个顶点拆分样条线。
- 附加：可以单击该选项后，单击多条线，使其附加变为一条。
- 附加多个：单击此按钮可以在列表中选择需要附加的某些线。
- 横截面：在横截面形状外面创建样条线框架。

- 优化：选择该工具后，可以在线上单击鼠标左键添加点。
- 连接：启用时，通过连接新顶点创建一个新的样条线子对象。
- 自动焊接：自动焊接在一定阈值距离范围内的顶点。
- 阈值：用于控制在自动焊接顶点之前，两个顶点接近的程度。
- 焊接：将两个顶点转化为一个顶点。
- 连接：连接两个端点顶点以生成一个线性线段。
- 反转：单击该按钮可以将选择的样条线进行反转。
- 循环：单击该按钮可以循环选择顶点。
- 圆：选择连续的重叠顶点。
- 相交：在同一个线对象的两个样条线的相交处添加顶点。
- 圆角：允许在线段会合的地方设置圆角，添加新的控制点。
- 切角：允许使用切角功能设置形状角部的倒角。

进阶案例　　利用线制作欧式烛台

案例文件	进阶案例——线制作欧式烛台.max
视频教学	视频/Chapter 03/进阶案例——线制作欧式烛台.flv
难易指数	★★☆☆☆
技术掌握	掌握【线】工具以及【壳】和【车削】修改器的运用

　　本例就来学习使用【线】【壳】和【车削】命令来完成模型的制作，最终渲染和线框效果如下左图和下右图所示。

建模思路

01 使用线、壳和车削制作模型
STEP

02 通过复制制作模型
STEP

制作欧式烛台流程图如下左图和下右图所示。

操作步骤

Part 1 使用线、壳和车削制作模型

Step 01 单击 ⊕（创建）| ◻（图形）| 样条线 ▾ | 线 按钮，在前视图中创建如下图所示的样条线。

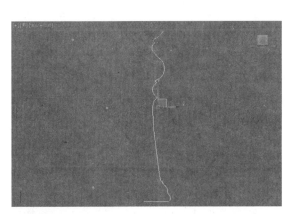

Step 02 选择上一步创建的样条线，然后在【修改】面板下加载【车削】修改器，接着展开【参数】卷展栏，设置【度数】为360，并设置【对齐】为最小，如下图所示。

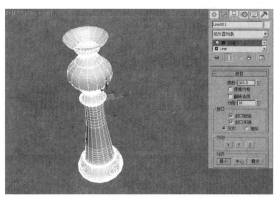

Step 03 选择上一步的模型，在【修改器列表】中加载【壳】修改器，设置【内部量】为1mm、【外部量】为1mm，如下图所示。

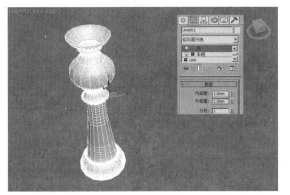

Step 04 选择上一步的模型，并在【修改器列表】中加载【网格平滑】修改器，设置【迭代次数】为2，如下图所示。

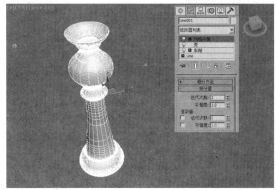

Part 2 通过复制制作模型

Step 01 选择Part 1中完成的模型，并使用 ⊕（选择并移动）工具按住Shift键进行复制，在弹出的【克隆选项】对话框中选择【复制】并确定，然后使用 ▦（选择并均匀缩放）工具将其进行适当缩放，如下图所示。

Step 02 最终模型效果如下图所示。

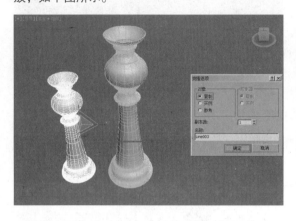

进阶案例　　利用线制作照片墙

案例文件	进阶案例——线制作照片墙.max
视频教学	视频/Chapter 03/进阶案例——线制作照片墙.flv
难易指数	★★☆☆☆
技术掌握	掌握【矩形】【线】【平面】【放样】和【挤出】的运用

　　本例就来学习使用【矩形】【线】【平面】【放样】和【挤出】命令来完成模型的制作，最终渲染和线框效果如下左图和下右图所示。

建模思路

01 使用矩形、线、平面、放样和挤出制作模型
STEP

02 用同样的方法继续制作模型
STEP

制作照片墙流程图如下左图和下右图所示。

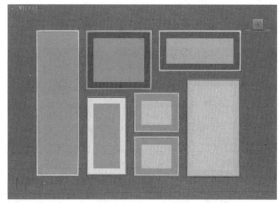

操作步骤

Part 1　使用矩形、线、平面、放样和挤出制作模型

Step 01 单击 ⬚ （创建）| ⬚ （图形）| 样条线 ▾ | 矩形 按钮，在前视图中创建一个矩形图形。设置【长度】为240mm，【宽度】为70mm，如下图所示。

Step 02 单击 ⬚ （创建）| ⬚ （图形）| 样条线 ▾ | 线 按钮，在前视图中创建如下图所示的样条线。

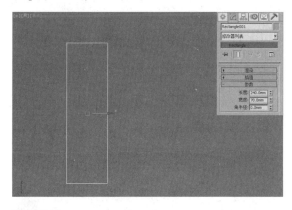
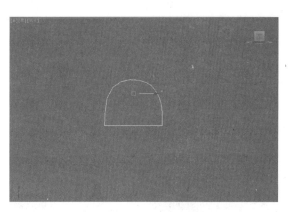

Step 03 选择已创建的矩形，单击 ⬚ （创建）| ⬚ （几何体）| 复合对象 ▾ | 放样 按钮，单击【创建方法】卷展栏下的【获取图形】按钮，拾取上一步创建的样条线，如下左图所示。模型效果如下右图所示。

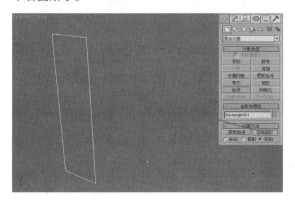
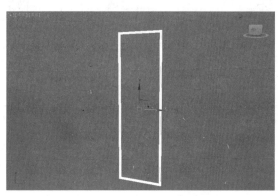

Step 04 单击 ■（创建）┃ ■（图形）┃
样条线 ▼ ┃ 线 按钮，在前视图中创建
如下图所示的样条线。

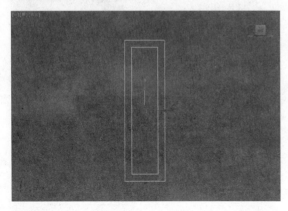

Step 06 单击 ■（创建）┃ ◎（几何体）┃ 平面 按
钮，在前视图中拖曳创建一个平面，设置【长度】
为218mm，【宽度】为48mm，如右图所示。

Step 05 选择上一步创建的图形，在【修改器列
表】中加载【挤出】命令，在【参数】卷展栏下设
置【数量】为0.2mm，如下图所示。

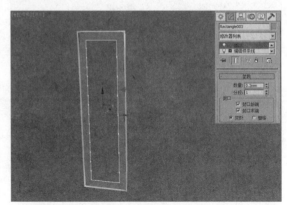

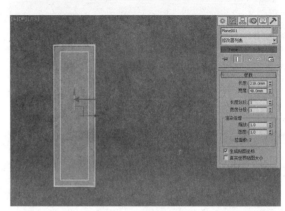

Part 2 用同样的方法继续制作模型

Step 01 用同样的方法制作出其他模型，效果如
下图所示。

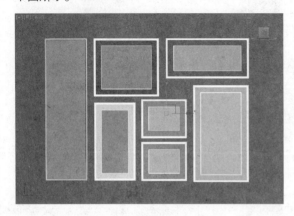

Step 02 最终模型效果如下图所示。

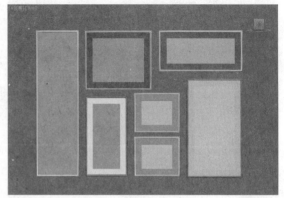

3.1.2　矩形

　　【矩形】工具可以创建正方形、长方形、圆角矩形。【矩形】的参数包括【渲染】【插值】和【参数】3个卷展栏，如下左图所示。创建的矩形样条线效果如下右图所示。

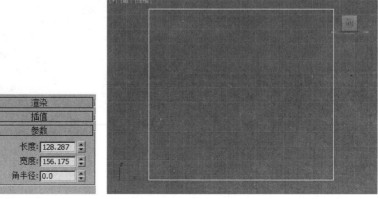

进阶案例	利用矩形制作简易书架

案例文件	进阶案例——矩形制作简易书架.max
视频教学	视频/Chapter 03/进阶案例——矩形制作简易书架.flv
难易指数	★★☆☆☆
技术掌握	掌握【线】【矩形】和【挤出】的运用

　　本例就来学习使用【线】【矩形】和【挤出】命令来完成模型的制作，最终渲染和线框效果如下左图和下右图所示。

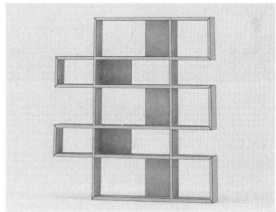

建模思路

01 使用线制作模型
STEP

02 使用矩形、挤出制作模型
STEP

　　制作简易书架流程图如下页左图和下页右图所示。

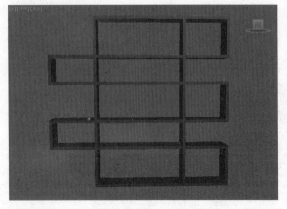
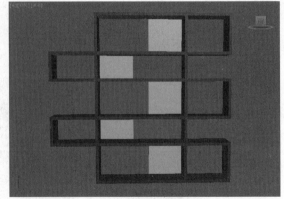

操作步骤

Part 1 使用线制作模型

Step 01 单击 ▒ （创建）｜ ▒ （图形）｜ 样条线 ▾ ｜ 线 按钮，在前视图中创建如下图所示的样条线。

Step 02 选择上一步创建的样条线，在【渲染】卷展栏下分别勾选【在渲染中启用】和【在视口中启用】，激活【矩形】选项组，设置【长度】为30mm，【宽度】为4mm，如下图所示。

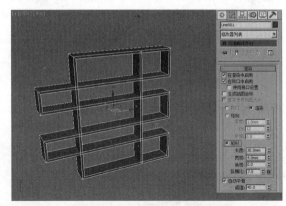

Part 2 使用矩形、挤出制作模型

Step 01 单击 ▒ （创建）｜ ▒ （图形）｜ 样条线 ▾ ｜ 矩形 按钮，在前视图中创建一个矩形图形。设置【长度】为47mm，【宽度】为47mm，如右图所示。

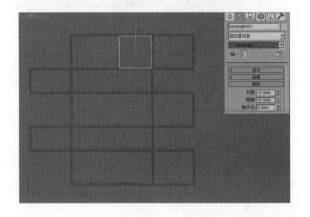

Step 02 选择上一步创建的图形，在【修改器列表】中加载【挤出】命令，设置【数量】为1mm，如右图所示。

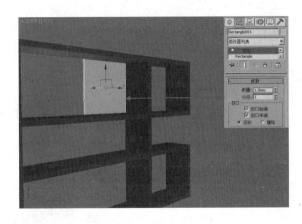

Step 03 单击 ⚙（创建）|　◨（图形）| 样条线 ▼ | 矩形 按钮，在前视图中创建一个矩形图形。设置【长度】为32mm，【宽度】为47mm，如下图所示。

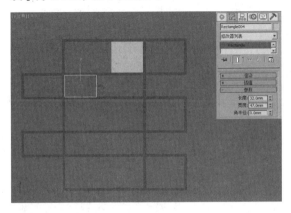

Step 04 选择上一步创建的图形，在【修改器列表】中加载【挤出】命令，设置【数量】为1mm，如下图所示。

Step 05 选择已创建的两个矩形，并使用 ✛（选择并移动）工具按住Shift键进行复制，在弹出的【克隆选项】对话框中选择【复制】并确定，复制出若干个模型，如下图所示。

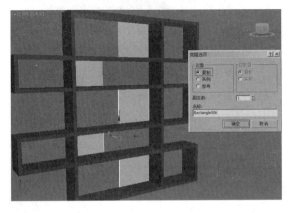

Step 06 最终模型效果如下图所示。

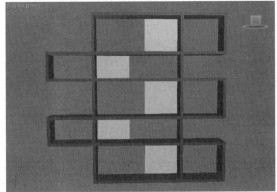

3.1.3 圆

【圆】工具可以创建封闭的圆形。参数包括【渲染】【插值】和【参数】3个卷展栏，如下左图所示。创建的圆的效果如下右图所示。

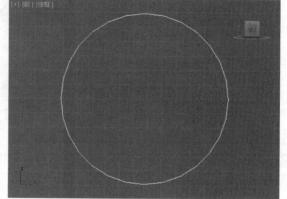

进阶案例	利用圆制作圆形茶几

案例文件	进阶案例——圆制作圆形茶几.max
视频教学	视频/Chapter 03/进阶案例——圆制作圆形茶几.flv
难易指数	★★★☆☆
技术掌握	掌握【切角圆柱体】【线】【圆】【阵列】和【网格平滑】的运用

本例就来学习使用【切角圆柱体】【线】【圆】【阵列】和【网格平滑】命令来完成模型的制作，最终渲染和线框效果如下左图和下右图所示。

建模思路

01 使用切角圆柱体和网格平滑制作模型
STEP

02 使用线、圆和阵列制作模型
STEP

制作圆形茶几流程图如下页左图和下页右图所示。

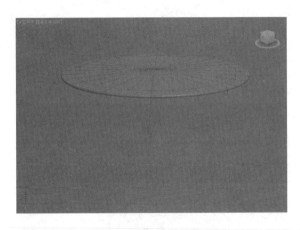

操作步骤

Part 1 使用切角圆柱体和网格平滑制作模型

Step 01 在透视视图中创建一个切角圆柱体，设置【半径】为340mm，【高度】为10mm，【圆角】为4mm，【高度分段】为1，【圆角分段】为2，【边数】为30，【端面分段】为1，如下图所示。

Step 02 选择上一步创建的切角圆柱体，并在【修改器列表】中加载【网格平滑】命令，设置【迭代次数】为3，如下图所示。

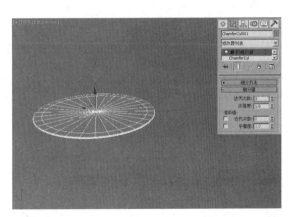

Part 2 使用线、圆和阵列制作模型

Step 01 单击 ⚙ （创建）| ⬚ （图形）| 样条线 ▾ | 线 按钮，在前视图中创建如右图所示的样条线。

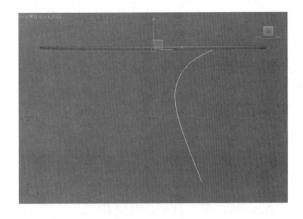

Step 02 选择上一步创建的样条线，在【渲染】卷展栏下分别勾选【在渲染中启用】和【在视口中启用】复选框，激活【径向】选项组，设置【厚度】为4mm，如下图所示。

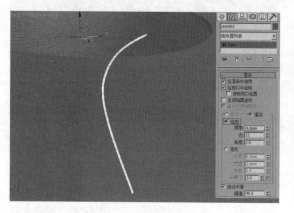

Step 04 单击【工具】命令，在菜单中选择【阵列】，如下图所示。

Step 06 单击 ➕ （创建）｜ ◎ （图形）｜ 样条线 ▼ ｜ 圆 按钮，在顶视图中创建圆，设置【半径】为180mm，如下图所示。

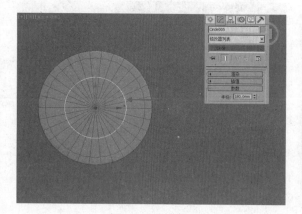

Step 03 切换到顶视图，单击【层次】面板下的 按钮，接着单击 仅影响轴 按钮，将坐标轴移动到下图所示的位置。然后再次单击 仅影响轴 按钮，退出编辑。

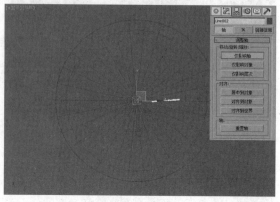

Step 05 在【阵列】对话框中，单击【预览】按钮，接着单击【旋转】后面的 ＞ 按钮，设置【Z轴】为360°，设置【数量】为80，最后单击【确定】按钮，如下图所示。

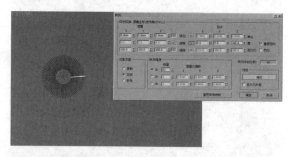

Step 07 选择上一步创建的圆，在【渲染】卷展栏下分别勾选【在渲染中启用】和【在视口中启用】复选框，激活【径向】选项组，设置【厚度】为4mm，如下图所示。

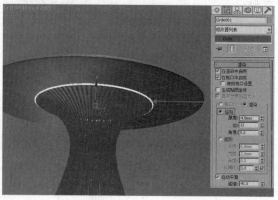

Step 08 用同样的方法制作出其他模型，如下图所示。

Step 09 最终模型效果如下图所示。

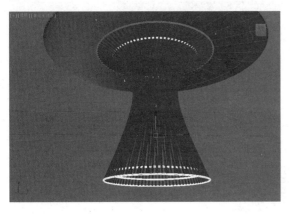

3.1.4 椭圆

　　【椭圆】工具可以创建椭圆形和圆形样条线。其参数面板如下左图所示。创建的椭圆效果如下右图所示。

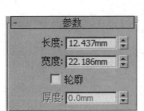

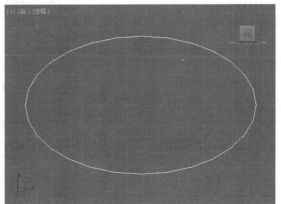

3.1.5 弧

　　【弧】工具可以创建打开或闭合的圆弧。其参数面板包括【渲染】【插值】和【参数】3个卷展栏，如下左图所示。创建的圆弧效果如下右图所示。

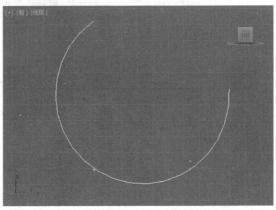

3.1.6 圆环

【圆环】工具可以创建同心圆形状的封闭图形。其参数面板如右1图所示。创建的圆环效果如右2图所示。

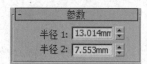

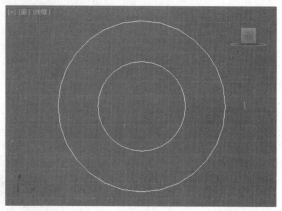

3.1.7 多边形

【多边形】工具可创建有任意面数或顶点数的闭合平面或圆形样条线。【多边形】的参数包括【渲染】【插值】和【参数】3个卷展栏，如右1图所示。创建的多边形效果如右2图所示。

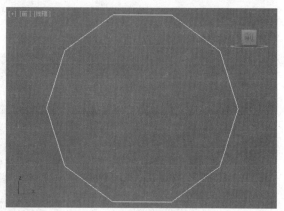

3.1.8 星形

【星形】工具可以创建闭合的星形样条线，并且星形的点数可以进行设置。其参数包括【渲染】【插值】和【参数】3个卷展栏，如右1图所示。创建的星形效果如右2图所示。

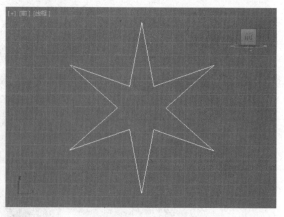

3.1.9 文本

【文本】工具可以创建文字，并且可以对文字的字体类型、大小、间距等属性进行修改，其参数设置面板如下页左图所示。创建的文本效果如下页右图所示。

- 斜体样式 **I**：单击该按钮可以将文本切换为斜体文本。
- 下划线样式 **U**：单击该按钮可以将文本切换为下划线文本。
- 左对齐 ≣：单击该按钮可以将文本对齐到边界框的左侧。
- 居中 ≣：单击该按钮可以将文本对齐到边界框的中心。
- 右对齐 ≣：单击该按钮可以将文本对齐到边界框的右侧。
- 对正 ≣：分隔所有文本行以填充边界框的范围。

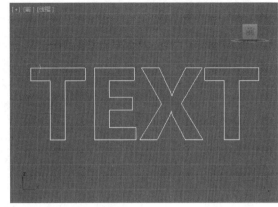

- 大小：设置文本高度，默认值为100mm。
- 字间距：设置文字间的距离。
- 行间距：调整行间的距离。
- 文本：在此可以输入文字，若要输入多行文字，可以按Enter键换行。

3.1.10 螺旋线

【螺旋线】工具可创建螺旋形的样条线效果。其参数包括【渲染】和【参数】两个卷展栏，如右1图所示。创建的螺旋线效果如右2图所示。

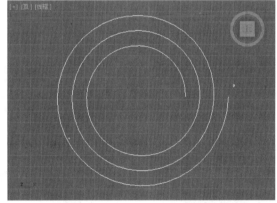

3.1.11 卵形

【卵形】工具可创建鸡蛋形状的同心图形。其参数面板如右1图所示。创建的卵形效果如右2图所示。

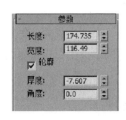

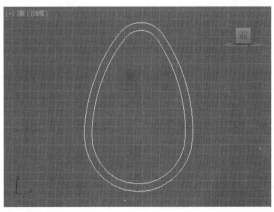

3.1.12 截面

【截面】工具是一种特殊类型的样条线，它可以通过几何体对象基于横截面切片生成图形。其参数面板如右1图所示。创建的截面效果如右2图所示。

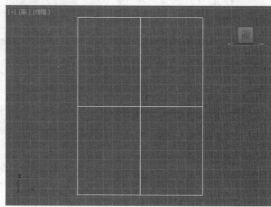

3.1.13 运用概述

本小节介绍了线、矩形、圆、椭圆、圆环、多边形、星形、文本等的创建，这些图形都是日常生活中最常见到的，熟练掌握这些知识可以完成以下模型的创建。

图形类型	应用列举	图形类型	应用列举

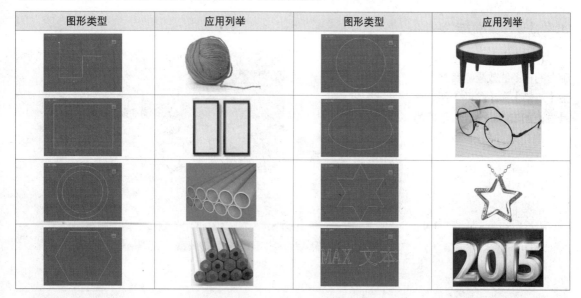

3.2 扩展样条线

【扩展样条线】是相对使用频率较低的样条线类型，共有5种类型，分别是【墙矩形】【通道】【角度】【T形】和【宽法兰】，如右图所示。

3.2.1　墙矩形

　　【墙矩形】工具可以通过两个同心矩形创建封闭的形状。每个矩形都由四个顶点组成。【墙矩形】的参数包括【渲染】【插值】和【参数】3个卷展栏，如下左图所示。效果如下右图所示。

 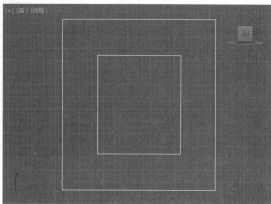

3.2.2　通道

　　【通道】工具可以创建一个闭合形状为"C"的样条线，参数设置面板如右1图所示，效果如右2图所示。

 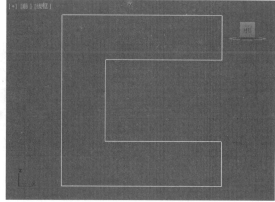

3.2.3　角度

　　【角度】工具可以创建一个闭合形状为"L"的样条线。【角度】的参数包括【渲染】【插值】和【参数】3个卷展栏，如右1图所示。创建的角度样条线效果如右2图所示。

 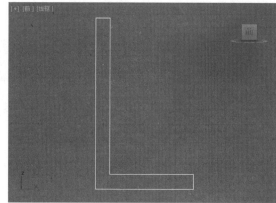

3.2.4　T形

【T形】工具可以创建一个
闭合形状为"T"的样条线，
参数设置面板如右1图所示，
效果如右2图所示。

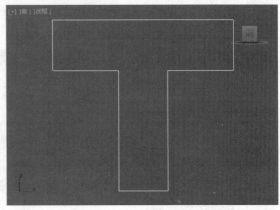

3.2.5　宽法兰

【宽法兰】工具可以创建
一个闭合形状为"I"的样条
线。【宽法兰】的参数包括
【渲染】【插值】和【参数】3
个卷展栏，如右1图所示。绘
制的宽法兰样条线效果如右2
图所示。

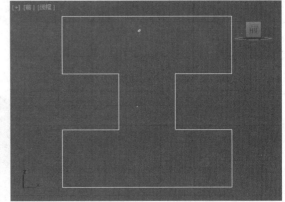

3.2.6　运用概述

本小节介绍了墙矩形、通道、角度、T形和宽法兰的创建，这些模型都是日常生活中最常见到的，熟
练掌握这些知识可以完成以下模型的创建。

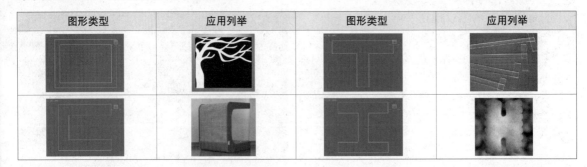

图形类型	应用列举	图形类型	应用列举

3.3　可编辑样条线

不同类型的样条线在创建完成后，切换到【修改】面板会发现参数是不同的，如右1图和右2图所示。但是，仅仅通过这些参数调节样条线的属性是远远不够的。

在【修改】面板中，只能修改样条线图形的基本参数，比如半径、长度、宽度等。那么如何对图形进行更细微的调整呢（比如调整顶点、线段）？

只需选择二维图形，然后单击鼠标右键，在弹出的菜单中选择【转换为】|【转换为可编辑样条线】命令即可，如右1图所示。

可以发现被转换为可编辑样条线的图形参数与【线】工具的参数是一样的。因此可以理解为被转换为可编辑样条线的图形就是一条普通的线，如右2图所示。

3.3.1　编辑可编辑样条线

顶点的类型有4种，分别是【Bezier角点】【Bezier】【角点】和【平滑】，可以通过四元菜单中的命令来转换顶点类型，具体操作方法就是在顶点上单击鼠标右键，在弹出的菜单中选择相应的类型即可，如右图所示。

下图所示为Bezier角点、Bezier、角点、平滑的对比效果。

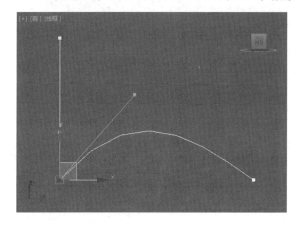
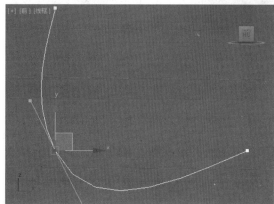

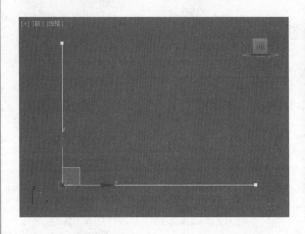
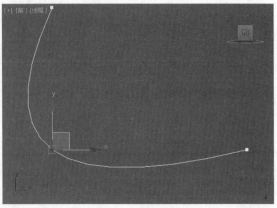

3.3.2 可编辑样条线的常用工具

1. 优化。相当于"添加顶点",单击即可在线上添加顶点,如下图所示。

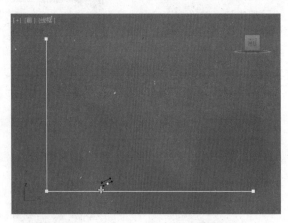
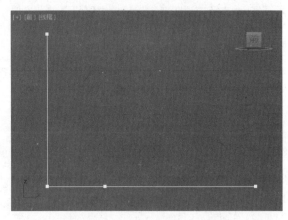

2. 圆角。可以模拟出顶点圆滑的效果,当然一个顶点会变成两个顶点,如下图所示。

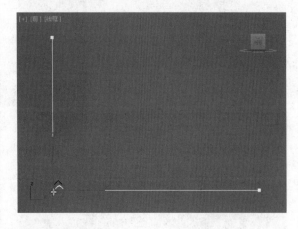
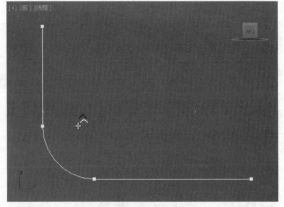

3. 切角。可以模拟出顶点切角的效果，如下图所示。

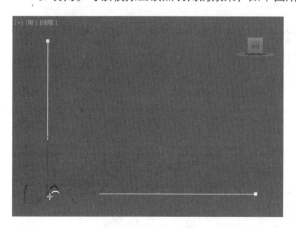 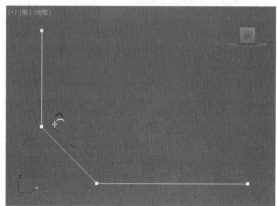

4. 焊接。可以将两个顶点焊接到一起，如下图所示。

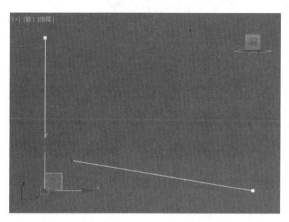 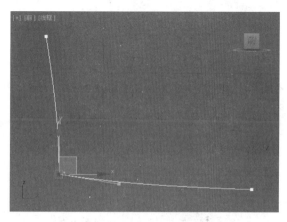

5. 融合。可以将多个顶点融合在一起，但是顶点的个数不会发生变化，如下图所示。

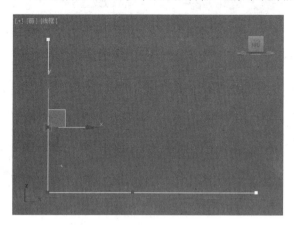 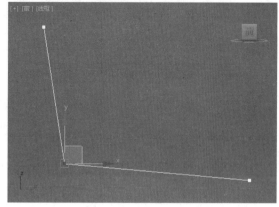

进阶案例	利用样条线制作铁艺椅子

案例文件	进阶案例——样条线制作铁艺椅子.max
视频教学	视频/Chapter 03/进阶案例——样条线制作铁艺椅子.flv
难易指数	★★☆☆☆
技术掌握	掌握【矩形】和【线】的运用

　　本例就来学习使用样条线下的【矩形】和【线】命令来完成模型的制作，最终渲染和线框效果如下左图和下右图所示。

 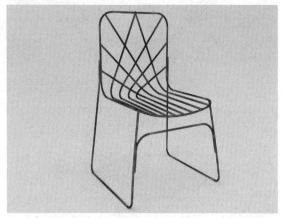

建模思路

01 使用矩形和线制作模型
STEP

02 使用线制作模型
STEP

　　制作铁艺椅子流程图如下左图和下右图所示。

操作步骤

Part 1 使用矩形和线制作模型

Step 01 在前视图中创建一个矩形，设置【长度】为300mm，【宽度】为150mm，如右图所示。

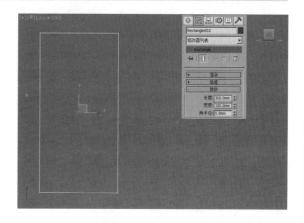

Step 02 选择上一步创建的矩形，在【修改器列表】中加载【编辑样条线】命令，在【分段】级别下，选择下左图所示的分段。设置【拆分】为1，然后单击 拆分 按钮，效果如下右图所示。

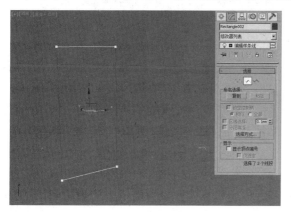
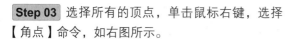
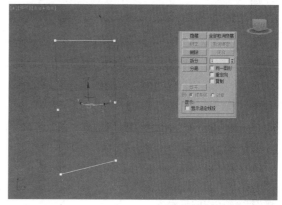

Step 03 选择所有的顶点，单击鼠标右键，选择【角点】命令，如右图所示。

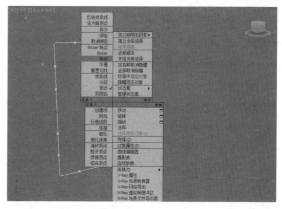

Step 04 进入【顶点】级别下，选择下页左图所示的顶点。使用 （选择并移动）工具将顶点调整到下页右图所示的位置。

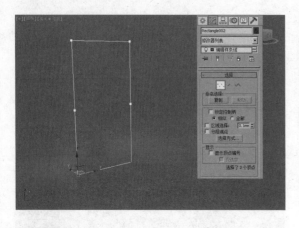 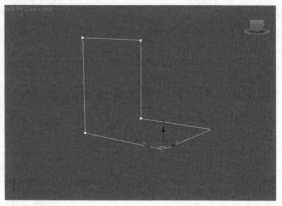

Step 05 进入【顶点】级别 下，选择下左图所示的顶点。设置【圆角】为25mm，然后单击 圆角 按钮，效果如下右图所示。

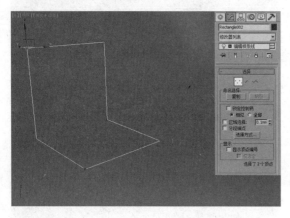 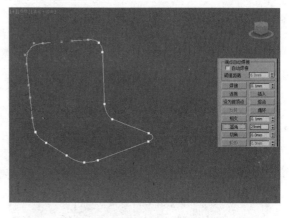

Step 06 单击 （创建）｜ （图形）｜ 样条线 ｜ 线 按钮，在透视视图中创建如下图所示的样条线。

Step 07 选择上一步创建的样条线，在【渲染】卷展栏下分别勾选【在渲染中启用】和【在视口中启用】复选框，激活【径向】选项组，设置【厚度】为1.5mm，如下图所示。

 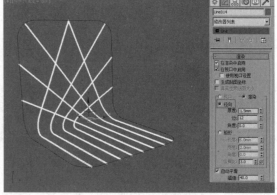

Step 08 选择另一条样条线，在【渲染】卷展栏下分别勾选【在渲染中启用】和【在视口中启用】复选框，激活【径向】选项组，设置【厚度】为3mm，如右图所示。

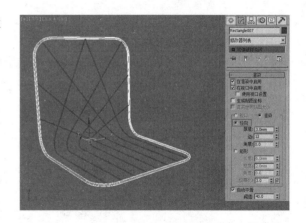

Part 2 使用线制作模型

Step 01 单击■（创建）|■（图形）|样条线 ▼ | 线 按钮，在左视图中创建如下图所示的样条线。

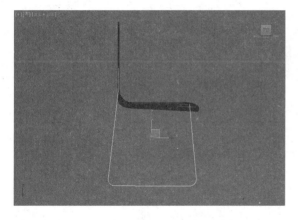

Step 02 选择上一步创建的样条线，在【渲染】卷展栏下分别勾选【在渲染中启用】和【在视口中启用】复选框，激活【径向】选项组，设置【厚度】为3mm，如下图所示。

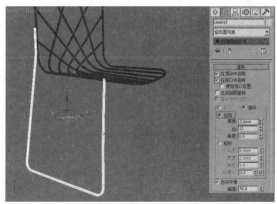

Step 03 选择上一步的模型，使用■（选择并移动）工具按住Shift键进行复制，在弹出的【克隆选项】对话框中选择【复制】，单击【确定】按钮，如下图所示。

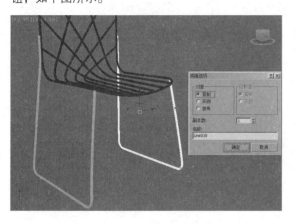

Step 04 单击■（创建）|■（图形）|样条线 ▼ | 线 按钮，在前视图中创建如下图所示的样条线。

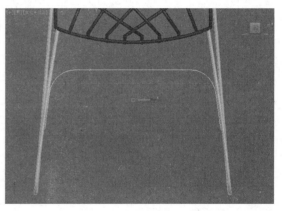

Step 05 选择上一步创建的样条线，在【渲染】卷展栏下分别勾选【在渲染中启用】和【在视口中启用】复选框，激活【径向】选项组，设置【厚度】为3mm，如下图所示。

Step 06 最终模型效果如下图所示。

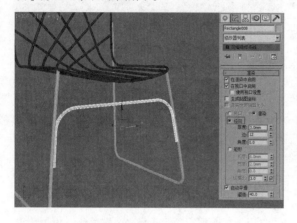

进阶案例	利用样条线制作水晶吊灯

案例文件	进阶案例——样条线制作水晶吊灯.max
视频教学	视频/Chapter 03/进阶案例——样条线制作水晶吊灯.flv
难易指数	★★★★☆
技术掌握	掌握【圆柱体】【线】【圆】【椭圆】【放样】【挤出】【车削】和【编辑多边形】的运用

本例就来学习使用【圆柱体】【线】【圆】【椭圆】【放样】【挤出】【车削】和【编辑多边形】命令来完成模型的制作，最终渲染和线框效果如下左图和下右图所示。

建模思路

01 使用椭圆、线、圆、挤出和车削制作模型
STEP

02 使用线、圆柱体、放样和编辑多边形制作模型
STEP

制作水晶吊灯流程图如下页左图和下页右图所示。

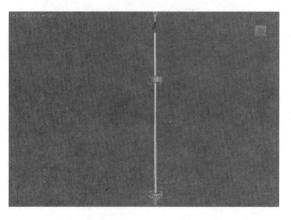

操作步骤

Part 1 使用椭圆、线、圆、挤出和车削制作模型

Step 01 单击 ▦（创建）| ◎（图形）| 样条线 ▾ | 椭圆 按钮，在前视图中创建如下图所示的椭圆。

Step 02 选择上一步创建的椭圆，在【渲染】卷展栏下分别勾选【在渲染中启用】和【在视口中启用】复选框，激活【径向】选项组，设置【厚度】为4mm，如下图所示。

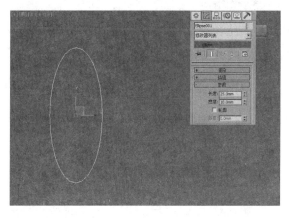

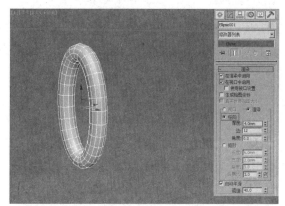

Step 03 选择上一步的模型，并使用 ▦（选择并移动）工具按住Shift键进行复制，在弹出的【克隆选项】对话框中选择【复制】，单击【确定】按钮，然后使用 ◎（选择并旋转）工具将其旋转至右图所示的位置。

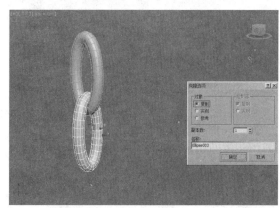

Step 04 单击 ⚙ （创建）| ⚙ （图形）|
样条线 ▼ | 线 按钮，在前视图中创建
右图所示的样条线。

Step 05 选择上一步创建的样条线，在【渲染】
卷展栏下分别勾选【在渲染中启用】和【在视口
中启用】复选框，激活【径向】选项组，设置
【厚度】为3mm，如下图所示。

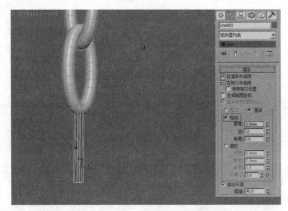

Step 06 单击 ⚙ （创建）| ⚙ （图形）|
样条线 ▼ | 圆 按钮，在前视图中创建
如下图所示的圆。接着在【修改】面板下设置【半
径】为11mm，如下图所示。

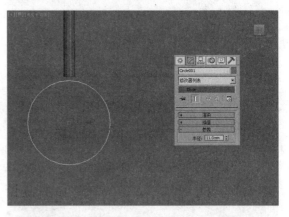

Step 07 选择上一步创建的圆，在【渲染】卷展
栏下分别勾选【在渲染中启用】和【在视口中启
用】复选框，激活【径向】选项组，设置【厚度】
为3mm，如下图所示。

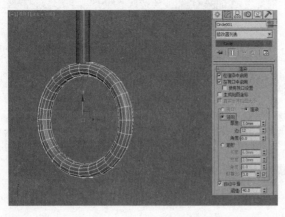

Step 08 单击 ⚙ （创建）| ⚙ （图形）|
样条线 ▼ | 线 按钮，在前视图中创建
下图所示的样条线。

Step 09 选择上一步创建的样条线，在【渲染】卷展栏下分别勾选【在渲染中启用】和【在视口中启用】复选框，激活【径向】选项组，设置【厚度】为6mm，如下图所示。

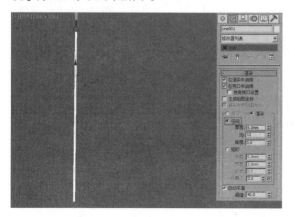

Step 10 单击 ■（创建）|■（图形）| 样条线 ▾ | ■ 圆 ■按钮，在顶视图中创建如下图所示的圆。接着在【修改】面板下设置【半径】为25mm，如下图所示。

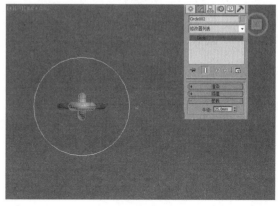

Step 11 选择上一步创建的圆，在【修改器列表】中加载【挤出】命令，在【参数】卷展栏下设置【数量】为20mm，如下图所示。

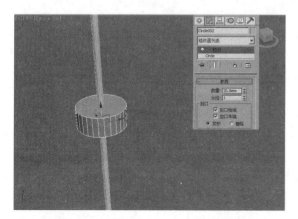

Step 12 单击 ■（创建）|■（图形）| 样条线 ▾ | ■ 圆 ■按钮，在顶视图中创建如下图所示的圆。接着在【修改】面板下设置【半径】为25mm，如下图所示。

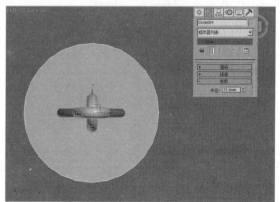

Step 13 选择上一步创建的圆，在【渲染】卷展栏下分别勾选【在渲染中启用】和【在视口中启用】复选框，激活【径向】选项组，设置【厚度】为3mm，如右图所示。

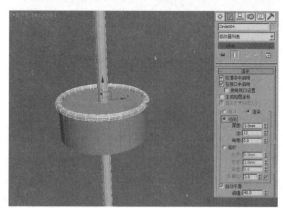

Step 14 选择上一步的模型，使用■（选择并移动）工具按住Shift键进行复制，在弹出的【克隆选项】对话框中选择【复制】，单击【确定】按钮，如下图所示。

Step 15 选择这3个模型，使用■（选择并移动）工具按住Shift键进行复制，在弹出的【克隆选项】对话框中选择【复制】，单击【确定】按钮，如下图所示。

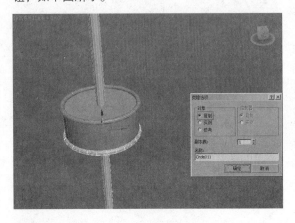

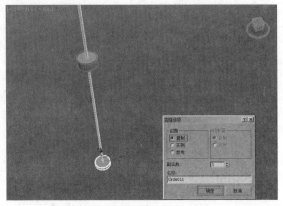

Step 16 选择上一步复制后的模型，在【修改】面板下，选择【挤出】命令，设置【数量】为10mm，如下左图所示。然后使用■（选择并移动）工具，将圆移动到下右图所示的位置。

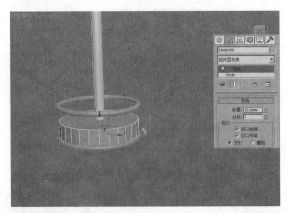

Step 17 单击■（创建）|■（图形）| 样条线 | 线 按钮，在前视图中创建下图所示的样条线。

Step 18 选择上一步创建的样条线，然后在【修改】面板下加载【车削】修改器，接着展开【参数】卷展栏，设置【度数】为360，并设置【对齐】为最小，如下图所示。

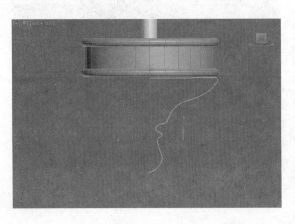

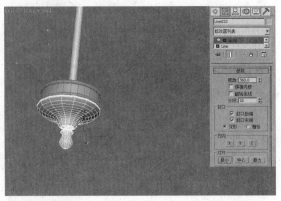

Part 2 使用线、圆柱体、放样和编辑多边形制作模型

Step 01 单击 ■（创建）｜ ◎（图形）｜ [样条线 ▾]｜[线]按钮，在前视图中创建下图所示的样条线。

Step 02 选择上一步创建的样条线，在【渲染】卷展栏下分别勾选【在渲染中启用】和【在视口中启用】复选框，激活【径向】选项组，设置【厚度】为4mm，如下图所示。

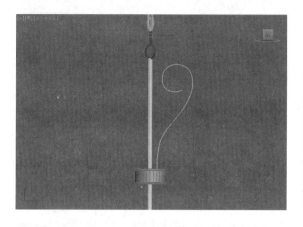
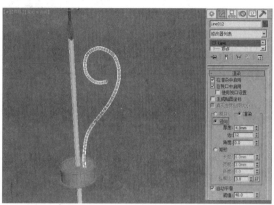

Step 03 选择上一步的模型，并在【修改器列表】中加载【编辑多边形】命令，在【顶点】级别 ⁙ 下，选择下左图所示的顶点。使用 ▦（选择并均匀缩放）工具，进行适当缩放，如下右图所示。

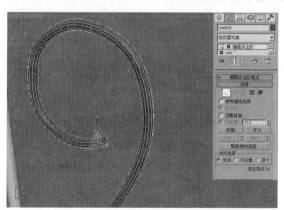
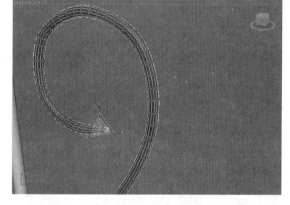

Step 04 单击【层次】面板按钮 ▦，接着单击 [仅影响轴]按钮，将坐标轴移动到右图所示的位置。移动坐标轴后，再单击一下 [仅影响轴]按钮，退出层次模式。

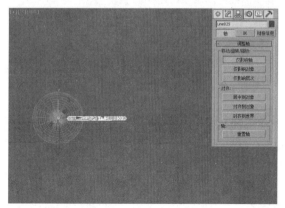

Step 05 单击【工具】命令，在菜单中选择【阵列】，如下图所示。

Step 06 切换到顶视图，在【阵列】对话框中单击【预览】按钮，接着单击【旋转】后面的 **>** 按钮，设置【Z轴】为360°，设置【数量】为4，最后单击【确定】按钮，如下图所示。

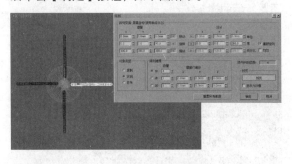

Step 07 单击 ■（创建）｜ ■（图形）｜ 样条线 ▼ ｜ 线 按钮，在前视图中创建下图所示的样条线。

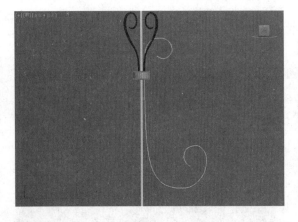

Step 08 选择上一步创建的样条线，在【渲染】卷展栏下分别勾选【在渲染中启用】和【在视口中启用】复选框，激活【径向】选项组，设置【厚度】为4mm，如下图所示。

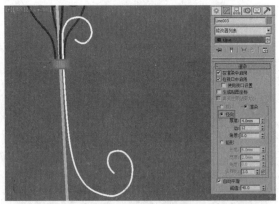

Step 09 选择上一步的模型，在【修改器列表】中加载【编辑多边形】命令，在【顶点】级别 ■ 下，选择下左图所示的顶点。使用 ■（选择并均匀缩放）工具，进行适当缩放，然后将另一端也进行适当缩放，如下右图所示。

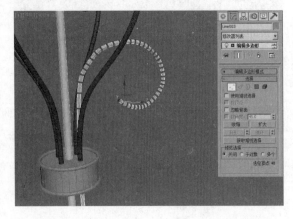

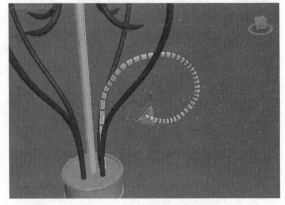

Step 10 选择上一步的模型，在【修改器列表】中加载【网格平滑】命令，设置【迭代次数】为2，如下图所示。

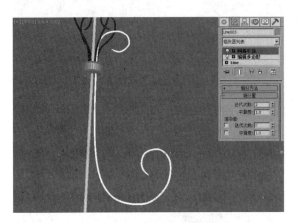

Step 11 单击【层次】面板按钮，接着单击 仅影响轴 按钮，将坐标轴移动到下图所示的位置。移动坐标轴后，再单击一下 仅影响轴 按钮，退出层次模式。

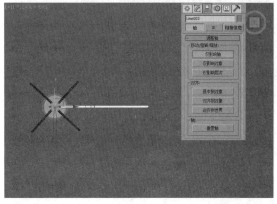

Step 12 单击【工具】命令，在菜单中选择【阵列】，如下图所示。

Step 13 切换到顶视图，在【阵列】对话框中单击【预览】按钮，接着单击【旋转】后面的 > 按钮，设置【Z轴】为360°，设置【数量】为4，最后单击【确定】按钮，如下图所示。

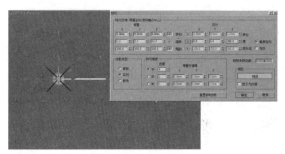

Step 14 单击 （创建）| （图形）| 样条线 | 线 按钮，在前视图中创建下图所示的样条线。

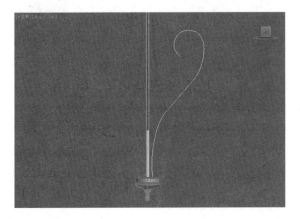

Step 15 选择上一步创建的样条线，在【渲染】卷展栏下分别勾选【在渲染中启用】和【在视口中启用】复选框，激活【径向】选项组，设置【厚度】为4mm，如下图所示。

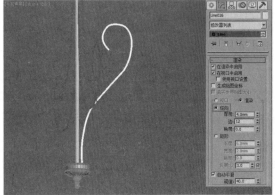

Step 16 选择上一步的模型，在【修改器列表】中加载【编辑多边形】命令，在【顶点】级别下，选择下左图所示的顶点。使用（选择并均匀缩放）工具，进行适当缩放，如下右图所示。

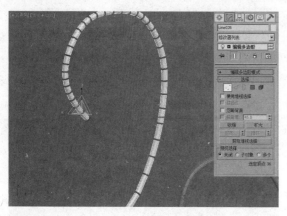 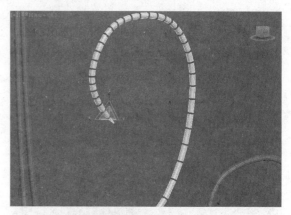

Step 17 单击【层次】面板按钮，接着单击 仅影响轴 按钮，将坐标轴移动到右图所示的位置。移动坐标轴后，再单击一下 仅影响轴 按钮，退出层次模式。

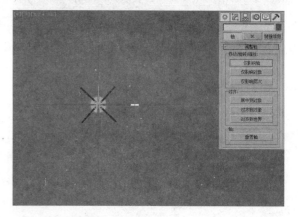

Step 18 单击【工具】命令，在菜单中选择【阵列】，如下图所示。

Step 19 切换到顶视图，在【阵列】对话框中单击【预览】按钮，接着单击【旋转】后面的 > 按钮，设置【Z轴】为360°，设置【数量】为4，最后单击【确定】按钮，如下图所示。

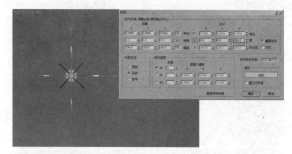

Step 20 单击（创建）|（图形）| 样条线 | 线 按钮，在前视图中创建下页图所示的样条线。

Step 21 选择上一步创建的样条线，在【渲染】卷展栏下分别勾选【在渲染中启用】和【在视口中启用】复选框，激活【径向】选项组，设置【厚度】为4mm，如下页图所示。

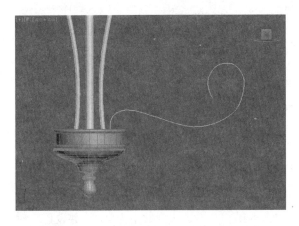
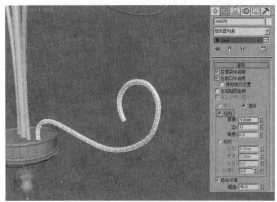

Step 22 选择上一步的模型，在【修改器列表】中加载【编辑多边形】命令，在【顶点】级别 下，选择下左图所示的顶点。使用 （选择并均匀缩放）工具，进行适当缩放，如下右图所示。

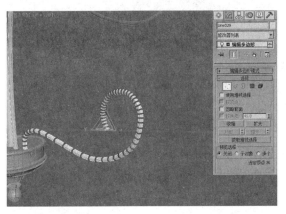
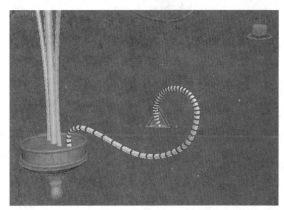

Step 23 单击【层次】面板 按钮，接着单击 仅影响轴 按钮，将坐标轴移动到下图所示的位置。移动坐标轴后，再单击一下 仅影响轴 按钮，退出层次模式。

Step 24 单击【工具】命令，在菜单中选择【阵列】，如下图所示。

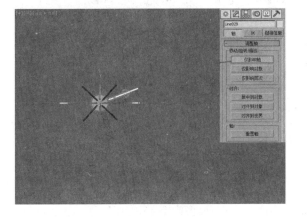

Step 25 切换到顶视图，在【阵列】对话框中单击【预览】按钮，接着单击【旋转】后面的 > 按钮，设置【Z轴】为360°，设置【数量】为4，最后单击【确定】按钮，如右图所示。

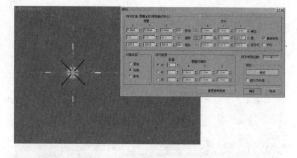

Step 26 单击 ◈（创建）| ⬚（图形）| 样条线 ▾ | 线 按钮，在前视图中创建下图所示的样条线。

Step 27 选择上一步创建的样条线，然后在【修改】面板下加载【车削】修改器，接着展开【参数】卷展栏，设置【度数】为360，并设置【对齐】为最小，如下图所示。

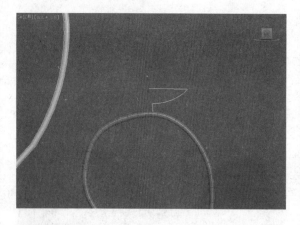

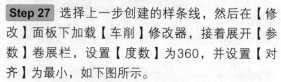

Step 28 单击 ◈（创建）| ◯（几何体）| 圆柱体 按钮，在顶视图中拖曳创建一个圆柱体，接着在【修改】面板下设置【半径】为5mm，【高度】为24mm，【高度分段】为1，如下图所示。

Step 29 单击 ◈（创建）| ⬚（图形）| 样条线 ▾ 下的 线 按钮和 圆 按钮，在视图中创建下图所示的4个图形。

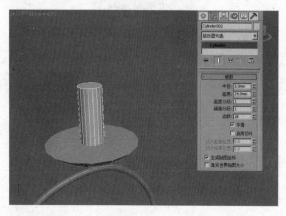

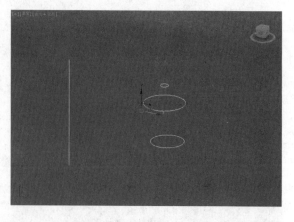

Step 30 选择上一步创建的图形，然后单击 ◈（创建）| ◯（几何体）| 复合对象 ▾ | 放样 按钮，单击【创建方法】卷展栏下的 获取图形 按钮，拾取场景中已绘制的圆图形，如下页左图所示。放样后的效果如下页右图所示。

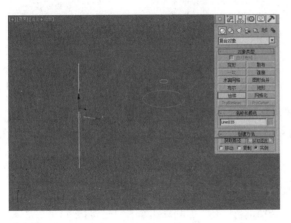 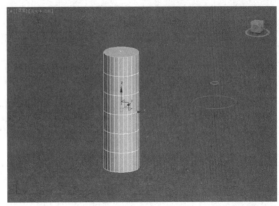

Step 31 在【修改】面板下，设置【路径】为50，然后单击 获取图形 按钮，拾取场景中下左图所示的图形。效果如下右图所示。

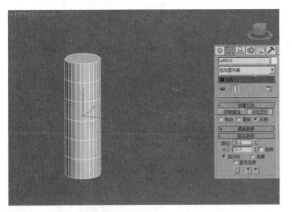 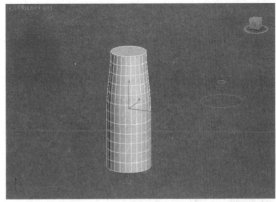

Step 32 在【修改】面板下，设置【路径】为0，然后单击 获取图形 按钮，拾取场景中下左图所示的图形。效果如下右图所示。

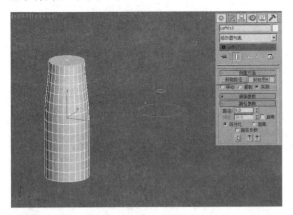 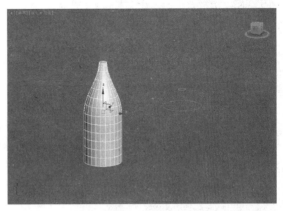

Step 33 在【修改】面板下，展开【变形】卷展栏，单击 缩放 按钮，在弹出的对话框中，使用 （插入角点）工具，为其加点，如下页左图所示。然后使用 （移动控制点）工具调整控制点的位置如下页右图所示。

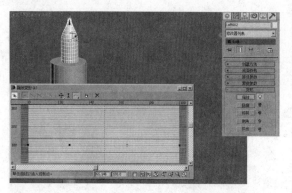

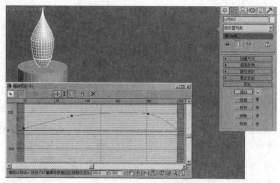

Step 34 选择上一步的模型，为其加载【FFD（长方体）】修改器，进入【控制点】级别，在【FFD参数】卷展栏下单击 设置点数 按钮，在弹出的对话框中设置【长度】为9，单击【确定】按钮，如下图所示。

Step 35 在【控制点】级别下，调整点的位置如下图所示。

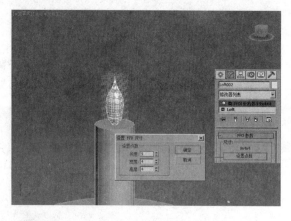

Step 36 选择这3个模型，使用 ✛（选择并移动）工具按住Shift键进行复制，在弹出的【克隆选项】对话框中选择【复制】，单击【确定】按钮。用同样的方法复制出若干个，如下图所示。

Step 37 最终模型效果如下图所示。

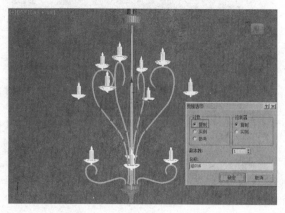

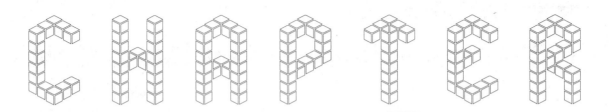

CHAPTER

04

修改器建模

本章学习要点

- 修改器的类型
- 常用修改器的参数
- 使用修改器制作模型

修改器是一种特殊的建模方式，原理是通过为对象加载修改器进行模型的建立。本章将重点对多种常用的修改器类型进行讲解，并为样条线或模型添加修改器，使其产生多种模型效果。

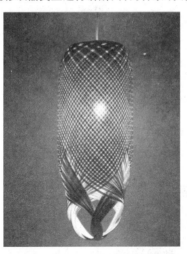

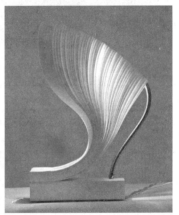

4.1 认识修改器

3ds Max建模方式有很多种，其中几何体建模和样条线建模是较为基础的建模方式，而修改器建模则是建立在这两种建模之上的。配合这两种建模方式进行使用，可以达到很多建模方式达不到的模型效果。

4.1.1 什么是修改器

修改器就是附加到二维图形、三维模型或其他对象上，可以使它们产生变化的工具。通常将修改器应用于建模中。修改器可以让模型的外观产生很大的变化，例如扭曲的模型、弯曲的模型、晶格状的模型等都适合使用修改器建模进行制作。下图所示为使用修改器制作的优秀建模作品。

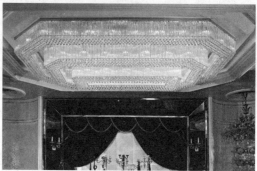

4.1.2 为对象添加修改器

单击【修改】  按钮，在出现的下拉列表中选择需要的修改器，即可完成添加，如右图所示。

- 【锁定堆栈】按钮 ：激活该按钮可将堆栈和【修改】面板的所有控件锁定到选定对象的堆栈中。
- 【显示最终结果】按钮 ：激活该按钮后，会在选定的对象上显示整个堆栈的效果。
- 【使唯一】按钮 ：激活该按钮可将关联的对象修改成独立对象，这样可以对选择集中的对象单独进行编辑。
- 【从堆栈中移除修改器】按钮 ：单击该按钮可删除当前修改器。
- 【配置修改器集】按钮 ：单击该按钮可弹出一个菜单，该菜单中的命令主要用于配置在【修改】面板中如何显示和选择修改器。

4.1.3　修改器的类型

选择二维图像对象，然后单击【修改】按钮，接着单击 修改器列表 按钮，此时会看到很多种修改器，如下左图所示。

选择三维模型对象，然后单击【修改】按钮，接着单击 修改器列表 按钮，此时也会看到很多种修改器，但是我们会发现这两者是有不同的。这是因为三维物体有与之相对应的修改器，而二维图像也有其相对应的修改器，如下中图所示。

修改器类型很多，有几十余种，若安装了部分插件，修改器可能还会相应增加。这些修改器被放置在几个不同类型的修改器集合中，分别为【选择修改器】【世界空间修改器】和【对象空间修改器】，如下右图所示。

1. 选择修改器

- 网格选择：该修改器可以在堆栈中为后续修改器向上传递一个子对象选择。可以选择顶点、边、面、多边形或元素。
- 面片选择："面片选择"修改器可以在堆栈中为后续修改器向上传递一个子对象选择。
- 样条线选择："样条线选择"修改器将图形的子对象选择传到堆栈，传给随后的修改器。
- 多边形选择："多边形选择"修改器可以在堆栈中为后续修改器向上传递一个子对象选择。
- 体积选择："体积选择"修改器可以对顶点或面进行子对象选择，沿着堆栈向上传递给其他修改器。

2. 世界空间修改器

- Hair和Fur（WSM）：用于为物体添加毛发。
- 点缓存（WSM）：使用该修改器可将修改器动画存储到磁盘中，然后使用磁盘文件中的信息来播放动画。
- 路径变形（WSM）：可根据图形、样条线或NURBS曲线路径将对象进行变形。
- 面片变形（WSM）：可根据面片将对象进行变形。
- 曲面变形（WSM）：其工作方式与路径变形（WSM）修改器相同，只是它使用NURBS点或CV曲面来进行变形。
- 曲面贴图（WSM）：将贴图指定给NURBS曲面，并将其投射到修改的对象上。
- 摄影机贴图（WSM）：使摄影机将UVW贴图坐标应用于对象。
- 贴图缩放器（WSM）：用于调整贴图的大小并保持贴图的比例。
- 细分（WSM）：提供用于光能传递创建网格的一种算法，光能传递的对象要尽可能接近等边三角形。
- 置换网格（WSM）：用于查看置换贴图的效果。

4.1.4 编辑修改器

在修改器堆栈上单击鼠标右键会弹出一个修改器堆栈菜单，这个菜单中的命令可以用来编辑修改器，如右图所示。

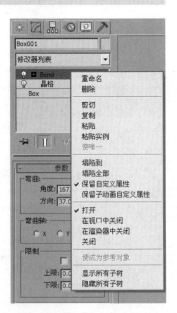

4.2 常用修改器的类型

3ds Max中有很多修改器，有些修改器可以作用于二维图形上，有些修改器可以作用于三维模型上。因此选择二维图形或三维模型，并为其添加修改器时会发现修改器并不是完全相同的。本章我们着重对最为常用的十余个修改器进行讲解。

4.2.1 【挤出】修改器

【挤出】是针对二维图形的修改器，可以将二维图形挤出一定的厚度，产生三维效果。下页左图和下页右图所示为使用样条线并加载【挤出】修改器制作的三维模型效果。

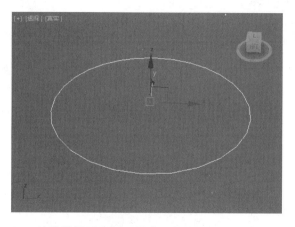 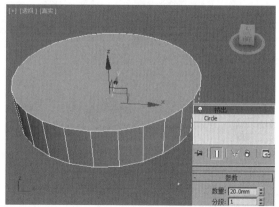

其参数设置面板，如右图所示。

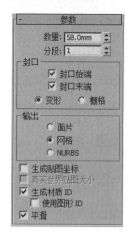

● 数量：设置挤出的深度。

● 分段：指定将要在挤出对象中创建线段的数目。

● 封口始端：在挤出对象始端生成一个平面。

● 封口末端：在挤出对象末端生成一个平面。

● 生成贴图坐标：将贴图坐标应用到挤出对象中。

● 真实世界贴图大小：控制应用于该对象的纹理贴图材质所使用的缩放方法。

● 生成材质ID：将不同的材质ID指定给挤出对象侧面与封口。

　使用图形ID：将材质ID指定给挤出产生的样条线中的线段，或指定给NURBS挤出产生的曲线子对象。

● 平滑：将平滑应用于挤出图形。

进阶案例	利用挤出修改器制作创意挂钩

案例文件	进阶案例——创意挂钩.max
视频教学	视频/Chapter 04/进阶案例——创意挂钩.flv
难易指数	★★★☆☆
技术掌握	掌握【线】和【挤出】的运用

　　本例就来学习使用【线】和【挤出】命令来完成模型的制作，最终渲染和线框效果如下左图和下右图所示。

 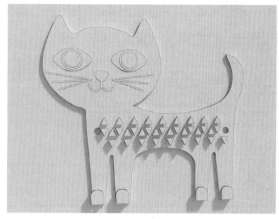

建模思路

01 STEP 使用线和挤出制作模型

02 STEP 用同样的方法继续制作模型

创意挂钩流程图如下左图和下右图所示。

操作步骤

Part 1 使用线和挤出制作模型

Step 01 单击 （创建）| （图形）| 样条线 | 线 按钮，在前视图中创建下图所示的样条线。

Step 02 单击 （创建）| （图形）| 样条线 | 圆 按钮，在前视图中创建下图所示的两个圆图形，在【修改】面板中设置【半径】为8mm。

Step 03 选择上一步创建的样条线，单击鼠标右键，在弹出的菜单中选择【转换为】|【转换为可编辑样条线】命令，如右图所示。

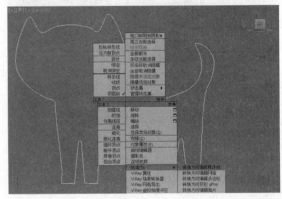

Step 04 接着在【修改】面板下，单击 附加 按钮，拾取场景中的两个图形，如下图所示。

Step 05 选择上一步创建的图形，在【修改器列表】中加载【挤出】命令，在【参数】卷展栏中设置【数量】为5mm，如下图所示。

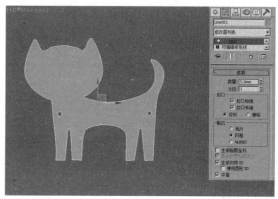

Part 2 用同样的方法继续制作模型

Step 01 单击 ■（创建）|■（图形）| 样条线 ▼ | 线 按钮，在前视图中创建下图所示的样条线。

Step 02 选择上一步创建的图形，在【修改器列表】中加载【挤出】命令，在【参数】卷展栏中设置【数量】为2mm，如下图所示。

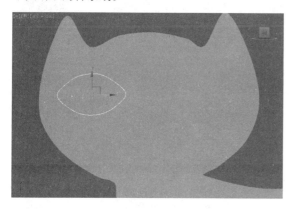

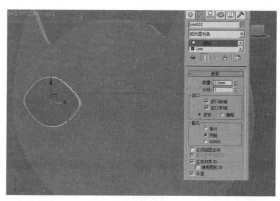

Step 03 单击 ■（创建）|■（图形）| 样条线 ▼ | 线 按钮，在前视图中创建下图所示的样条线。

Step 04 选择上一步创建的图形，在【修改器列表】中加载【挤出】命令，在【参数】卷展栏中设置【数量】为2mm，如下图所示。

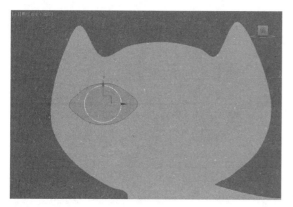

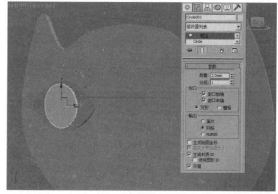

Step 05 单击 ■（创建）| ■（图形）| 样条线 ▼ | ■ 线 按钮，在前视图中创建下图所示的样条线。

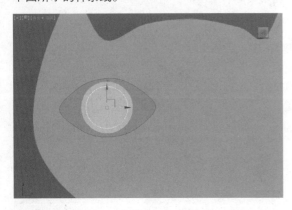

Step 06 选择上一步创建的图形，在【修改器列表】中加载【挤出】命令，在【参数】卷展栏中设置【数量】为2mm，如下图所示。

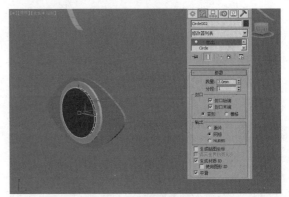

Step 07 用同样的方法绘制出其他样条线并挤出，最终模型效果如右图所示。

进阶案例	利用线和挤出修改器制作书

案例文件	进阶案例——线和挤出修改器制作书.max
视频教学	视频/Chapter 04/进阶案例——线和挤出修改器制作书.flv
难易指数	★★☆☆☆
技术掌握	掌握【线】和【挤出】的运用

本例就来学习使用样条线下的【线】和【挤出】命令来完成模型的制作，最终渲染和线框效果如下左图和下右图所示。

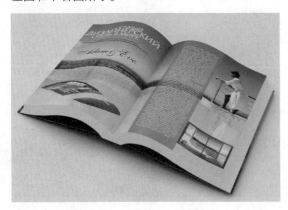

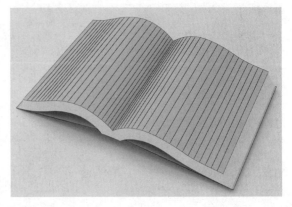

建模思路

01 STEP 使用线和挤出制作模型

02 STEP 用同样的方法继续制作模型

使用线和挤出制作书流程图如下左图和下右图所示。

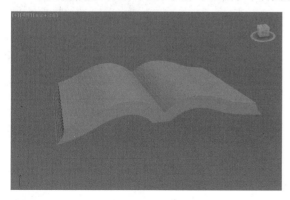 

操作步骤

Part 1 使用线和挤出制作模型

Step 01 单击 ■（创 建）｜ ■（图 形）｜ 样条线 ▼ ｜ 线 按钮，在前视图中创建下图所示的样条线。

Step 02 选择上一步创建的图形，在【修改器列表】中加载【挤出】命令，在【参数】卷展栏中设置【数量】为6000mm，如下图所示。

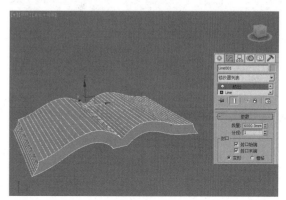

Part 2 用同样的方法继续制作模型

Step 01 单 击 ■（创 建）｜ ■（图 形）｜ 样条线 ▼ ｜ 线 按钮，在前视图中创建右图所示的样条线。

Step 02 选择上一步创建的图形，在【修改器列表】中加载【挤出】命令，在【参数】卷展栏中设置【数量】为6000mm，如下图所示。

Step 03 最终模型效果如下图所示。

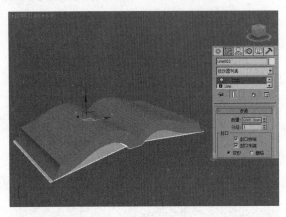

4.2.2 【倒角】修改器

　　【倒角】修改器与【挤出】修改器类似，都可以产生三维效果，而且【倒角】修改器还可以模拟边缘倒角的效果，如下左图和下右图所示。

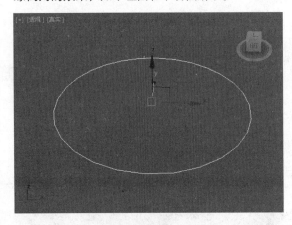

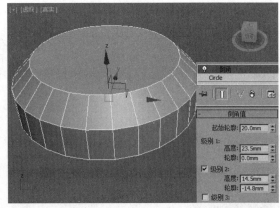

　　其参数设置面板如右图所示。

● 始端/末端：用对象的最低/最高局部 Z 值（底部）对末端进行封口。

● 变形：为变形创建适合的封口面。

● 栅：在栅格图案中创建封口面。封装类型的变形和渲染要比渐进变形封装效果好。

● 线性侧面：激活此项后，级别之间的分段插值会沿着一条直线。

● 曲线侧面：激活此项后，级别之间的分段插值会沿着一条 Bezier 曲线。对于可见曲率，会将多个分段与曲线侧面搭配使用。

　　分段：在每个级别之间设置中级分段的数量。

● 级间平滑：控制是否将平滑应用于倒角对象侧面。封口会使用与侧面不同的平滑组。

● 避免线相交：防止轮廓彼此相交。它通过在轮廓中插入额外的顶点并用一条平直的线段覆盖锐角来实现。

　　分离：设置边之间所保持的距离。最小值为 0.01。

- 起始轮廓：设置轮廓从原始图形的偏移距离。非零设置会改变原始图形的大小。
- 级别1：包含两个参数，它们表示起始级别的改变。
  高度：设置级别1在起始级别之上的距离。
  轮廓：设置级别1的轮廓到起始轮廓的偏移距离。

4.2.3 【车削】修改器

　　【车削】修改器可以通过围绕轴旋转一个图形来创建3D对象。下左图和下右图所示为使用一条线，并加载【车削】修改器制作出的三维模型。

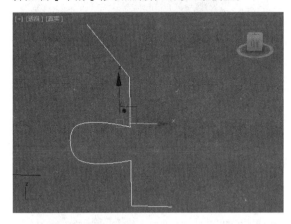
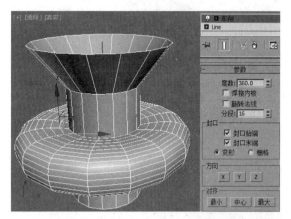

　　其参数设置面板如右图所示。

- 度数：确定对象绕轴旋转多少度（范围0至360，默认值是360）。
  焊接内核：通过将旋转轴中的顶点焊接来简化网格。如果要创建一个变形目标，禁用此选项。
  翻转法线：依赖图形上顶点的方向和旋转方向，旋转对象可能会内部外翻。
  分段：在起始点之间，确定在曲面上创建多少插补线段。
- X/Y/Z：相对对象轴点，设置轴的旋转方向。
- 最小/中心/最大：将旋转轴与图形的最小、中心或最大范围对齐。

进阶案例	利用车削修改器制作碗

案例文件	进阶案例——车削修改器制作碗.max
视频教学	视频/Chapter 04/进阶案例——车削修改器制作碗.flv
难易指数	★★☆☆☆
技术掌握	掌握【线】和【车削】的运用

　　本例就来学习使用样条线下的【线】和【车削】命令来完成模型的制作，最终渲染和线框效果如下页左图和下页右图所示。

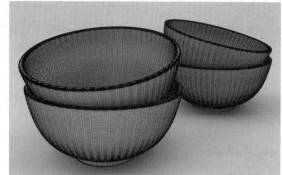

建模思路

01 STEP 使用线和车削制作模型

02 STEP 使用复制制作模型

制作碗流程图如下左图和下右图所示。

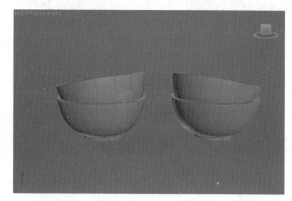

操作步骤

Part 1 使用线和车削制作模型

Step 01 单击 ■ （创建）| ■ （图形）| 样条线 ▼ | ■ 线 按钮，在前视图中创建下图所示的样条线。

Step 02 选择上一步创建的样条线，然后在【修改器列表】中加载【车削】命令修改器，接着展开【参数】卷展栏，设置【度数】为360，并设置【对齐】为最小，如下图所示。

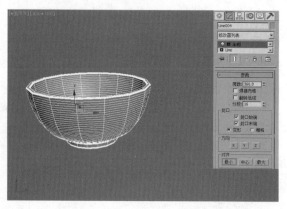

Step 03 选择上一步的模型，并在【修改器列表】中加载【网格平滑】命令，设置【迭代次数】为2，如右图所示。

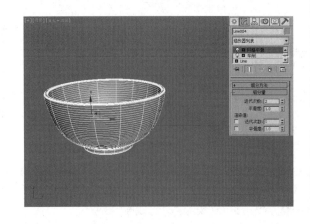

Part 2 使用复制制作模型

Step 01 选择Part 1中完成的模型，并使用 ![]（选择并移动）工具按住Shift键进行复制，在弹出的【克隆选项】对话框中选择【复制】，单击【确定】按钮，然后使用 ![]（选择并旋转）工具将其旋转至如下图所示的位置。

Step 02 选择这两个模型，并使用 ![]（选择并移动）工具按住Shift键进行复制，在弹出的【克隆选项】对话框中选择【复制】，单击【确定】按钮，如下图所示。

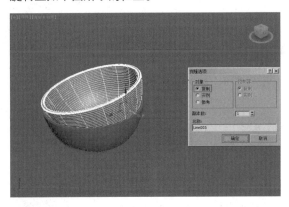

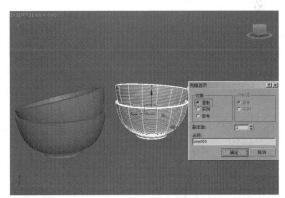

Step 03 最终模型效果如右图所示。

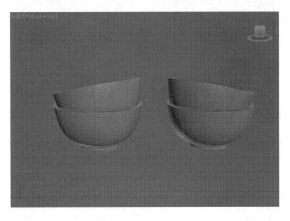

4.2.4 【倒角剖面】修改器

【倒角剖面】修改器需要使用两个图形。为一个图形加载该修改器，并拾取另外一个图形制作出三维模型。下页左图和下页右图所示为使用【倒角剖面】修改器制作三维模型的流程图。

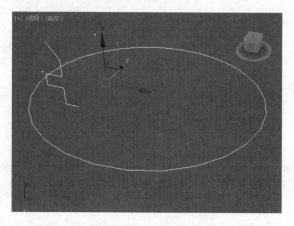 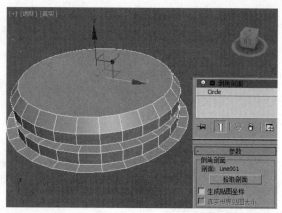

其参数设置面板如右图所示。

- 拾取剖面：选中一个图形或NURBS曲线来用于剖面路径。

4.2.5 【弯曲】修改器

【弯曲】修改器可以将模型在X/Y/Z三个轴向上进行弯曲。【弯曲】修改器可以模拟出三维模型的弯曲变化效果，如下左图和下右图所示。

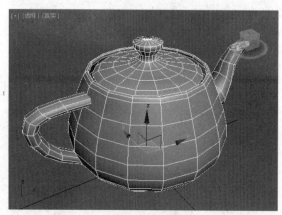 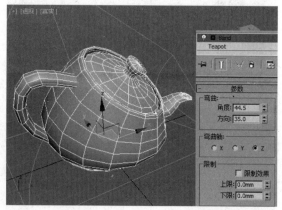

其参数设置面板如右图所示。

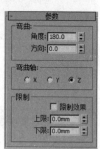

- 角度：从顶点平面设置要弯曲的角度。
- 方向：设置弯曲相对于水平面的方向。
- 限制效果：将限制约束应用于弯曲效果。
- 上限：以世界单位设置上部边界，此边界位于弯曲中心点上方，超出此边界，弯曲不再影响几何体。
- 下限：以世界单位设置下部边界，此边界位于弯曲中心点下方，超出此边界，弯曲不再影响几何体。

提示：弯曲的使用技巧

1. 创建一个圆柱体，如下左图所示。
2. 为圆柱体加载【弯曲】修改器，并适当调整【角度】参数，即可将圆柱体进行弯曲，如下右图所示。

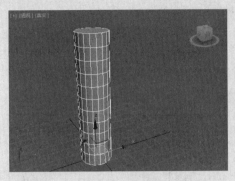
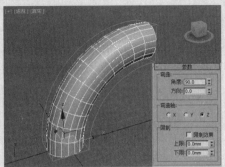
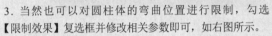

3. 当然也可以对圆柱体的弯曲位置进行限制，勾选【限制效果】复选框并修改相关参数即可，如右图所示。

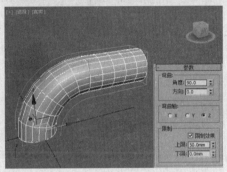

4.2.6　【扭曲】修改器

　　【扭曲】修改器可在对象的几何体中心进行旋转，使其产生扭曲的特殊效果。下左图和下右图所示为模型加载【扭曲】修改器制作出的模型扭曲效果。

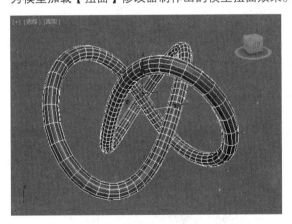
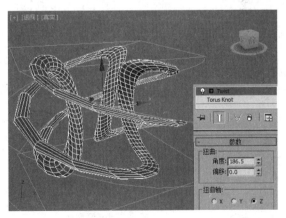

　　其参数设置面板与【弯曲】修改器参数设置面板基本相同，如右图所示。

- 角度：确定围绕垂直轴扭曲的量。
- 偏移：控制扭曲效果的偏移距离。

模型的【分段】数量对于修改器是非常重要的,【分段】数量太少会导致修改器的效果不明显或没有任何效果。下左图所示为创建一个【分段】都为1的长方体。

此时为该模型加载【扭曲】修改器,会发现此时的模型扭曲很奇怪,如下右图所示。

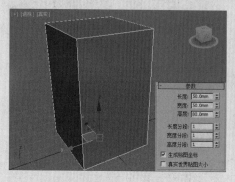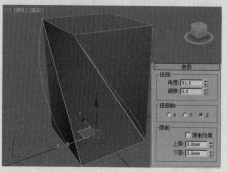

但是假如创建的模型【分段】数值比较合适,如下左图所示。

此时为该模型加载【扭曲】修改器时,会发现模型扭曲的效果是正确的,如下右图所示。

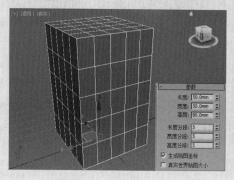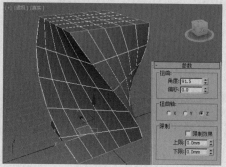

进阶案例   利用扭曲修改器制作落地灯

案例文件	进阶案例——落地灯.max
视频教学	视频/Chapter 04/进阶案例——落地灯.flv
难易指数	★★★☆☆
技术掌握	掌握【球体】【线】【编辑多边形】和【扭曲】的运用

本例就来学习使用标准基本体下的【球体】【线】【编辑多边形】和【扭曲】命令来完成模型的制作,最终渲染效果和线框效果如下左图和下右图所示。

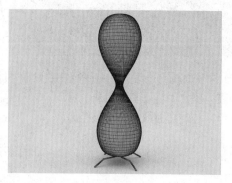

建模思路

01 使用球体、编辑多边形和扭曲制作模型
STEP

02 使用线和编辑多边形制作模型
STEP

制作落地灯流程图如下左图和下右图所示。

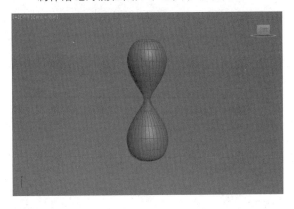
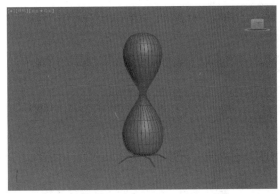

操作步骤

Part 1 使用球体、编辑多边形和扭曲制作模型

Step 01 单击 （创建）| （几何体）| **球体** 按钮，在顶视图中拖曳并创建一个球体，设置【半径】为35mm，【分段】为34，如右图所示。

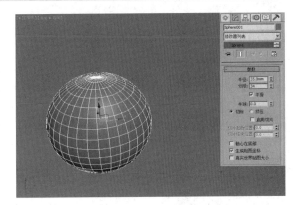

Step 02 选择球体，在【修改器列表】中加载【编辑多边形】命令，进入【顶点】级别，选择下左图所示的顶点。使用 （选择并移动）工具和 （选择并均匀缩放）工具将顶点调整到下右图所示的位置。

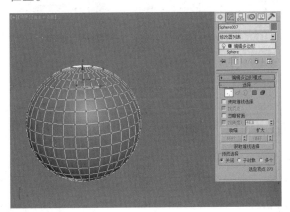
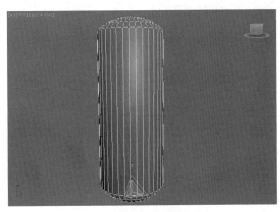

Step 03 在【修改器列表】中加载【扭曲】命令，在【参数】卷展栏中设置【角度】为190，【扭曲轴】为Z，如右图所示。

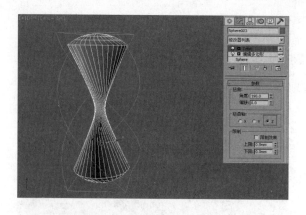

Step 04 选择上一步的模型，并在【修改器列表】中加载【编辑多边形】命令，进入【边】级别，选择下左图所示的边。单击 连接 按钮后面的【设置】按钮，设置【分段】为2，如下右图所示。

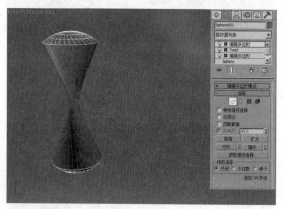
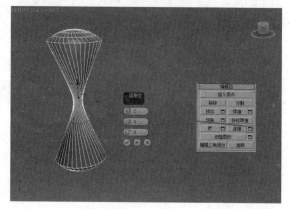

Step 05 进入【顶点】级别，选择下左图所示的顶点。使用（选择并移动）工具和（选择并均匀缩放）工具将顶点调整到下右图所示的位置。

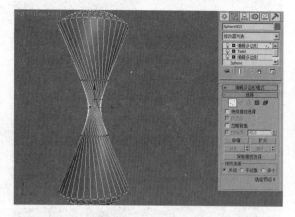
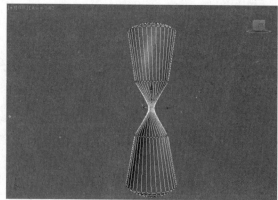

提示：缩放工具可以对顶点进行调节？

在多边形建模时，有时需要对模型的顶点位置进行调整，比如需要将部分顶点进行移动，使模型产生一定的变化。还有些时候需要对模型进行局部的收缩或缩放，此时即可使用缩放工具，然后选择这些顶点，沿着相应的轴线进行缩放即可完成操作。

Step 06 进入【边】级别☑，选择下左图所示的边。单击 连接 按钮后面的【设置】按钮，设置【分段】为2，如下右图所示。

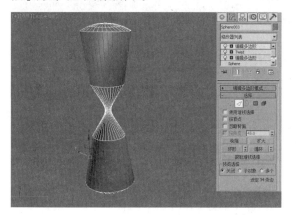 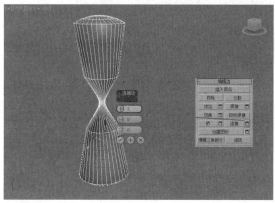

Step 07 进入【顶点】级别⊡，选择下左图所示的顶点。使用✥（选择并移动）工具和▣（选择并均匀缩放）工具将顶点调整到下右图所示的位置。

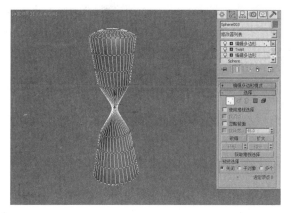 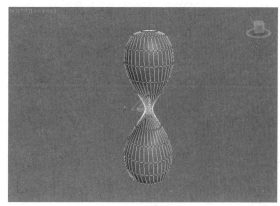

Step 08 选择上一步的模型，并在【修改器列表】中加载【网格平滑】命令，设置【迭代次数】为2，如右图所示。

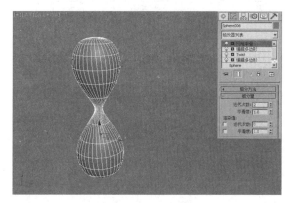

Part 2 使用线和编辑多边形制作模型

Step 01 选择Part 1中完成的模型，在【修改器列表】中返回到【编辑多边形】命令，进入【边】级别☑，选择下页左图所示的边。单击 创建图形 按钮后面的【设置】按钮▣，在弹出的对话框中设置【图形类型】为线性并确定，如下页右图所示。

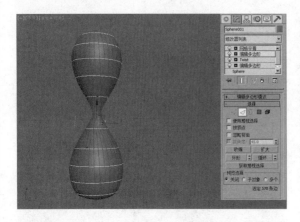

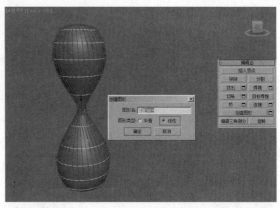

Step 02 选择上一步创建的样条线，在【渲染】卷展栏中分别勾选【在渲染中启用】和【在视口中启用】复选框，激活【径向】选项组，设置【厚度】为0.2mm，如下图所示。

Step 03 选择上一步的模型，在【修改器列表】中加载【网格平滑】命令，设置【迭代次数】为2，如下图所示。

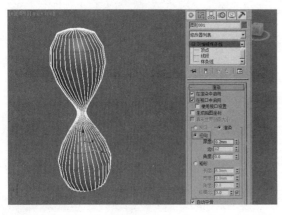

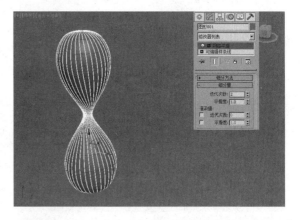

Step 04 单击 ■（创建）｜ ◎ （图形）｜ 样条线 ▼ ｜ 线 按钮，在前视图中创建下图所示的样条线。

Step 05 选择上一步创建的样条线，在【渲染】卷展栏中分别勾选【在渲染中启用】和【在视口中启用】复选框，激活【径向】选项组，设置【厚度】为2mm，如下图所示。

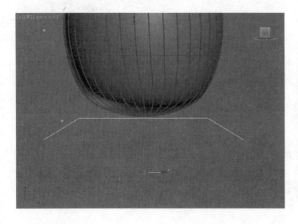

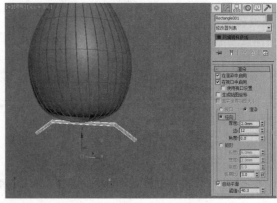

Step 06 单击工具栏中的【角度捕捉切换】按钮，在弹出的对话框中，设置【角度】为90。选择上一步的样条线，并使用⟳（选择并旋转）工具按住Shift键进行复制，在弹出的【克隆选项】对话框中选择【复制】并确定，如下图所示。

Step 07 最终模型效果如下图所示。

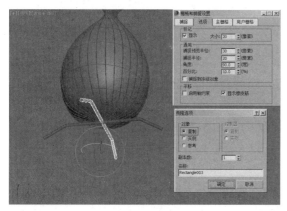

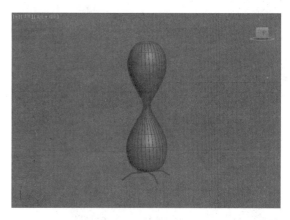

4.2.7 【晶格】修改器

【晶格】修改器不仅可以应用于二维图形，也可以应用于三维模型。为图形或三维模型加载晶格修改器后，会产生圆柱体和晶格多面体的效果。下左图和下右图所示为模型加载【晶格】修改器制作出的模型晶格的效果。

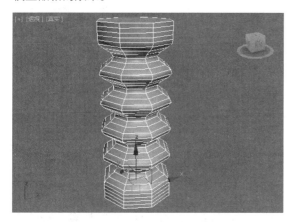

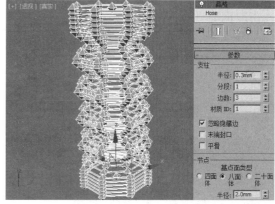

其参数设置面板如右图所示。

- 应用于整个对象：应用到对象的所有边或线段上。
- 半径：指定结构半径。
- 分段：指定沿结构的分段数目。当需要使用后续修改器将结构或变形或扭曲时，增加此值。
- 边数：指定结构周界的边数目。
- 基点面类型：指定用于关节的多面体类型。

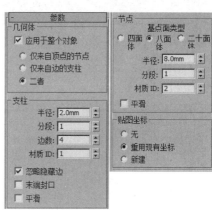

进阶案例	利用晶格修改器制作吊灯

案例文件	进阶案例——吊灯.max
视频教学	视频/Chapter 04/进阶案例——吊灯.flv
难易指数	★★☆☆☆
技术掌握	掌握【星形】【线】【放样】【编辑样条线】【编辑多边形】【挤出】和【晶格】的运用

本例就来学习使用样条线下的【星形】【线】【放样】【编辑样条线】【编辑多边形】【挤出】和【晶格】命令来完成模型的制作，最终渲染和线框效果如下左图和下右图所示。

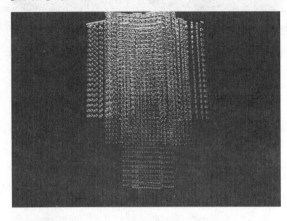
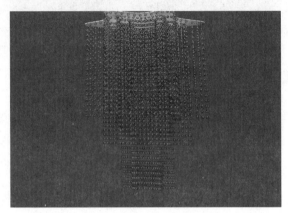

建模思路

01 使用星形、编辑样条线和挤出制作模型
STEP

02 使用放样、线、编辑多边形和晶格制作模型
STEP

制作吊灯流程图如下左图和下右图所示。

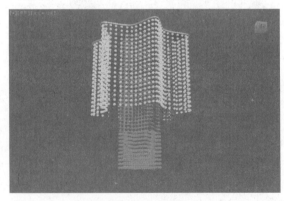

操作步骤

Part 1 使用星形、编辑样条线和挤出制作模型

Step 01 单击 ▦（创建）｜ ◪ （图形）｜
▾ ｜ 星形 按钮，在顶视图中创建星形，接着在【修改】面板中设置【半径1】为86mm，【半径2】为57mm，【点】为6，如下页图所示。

Step 02 选择创建的星形图形，在【修改器列表】中加载【编辑样条线】命令，进入【顶点】级别 ◌，选择下页图所示的顶点。

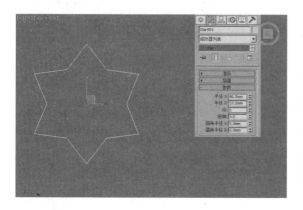

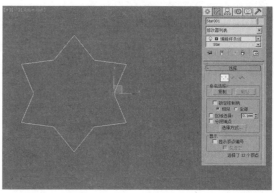

Step 03 单击鼠标右键，在弹出的菜单中选择【平滑】命令，如下图所示。

Step 04 选择上一步的图形，在【修改器列表】中加载【挤出】命令，在【参数】卷展栏中设置【数量】为2mm，如下图所示。

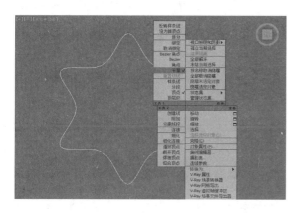

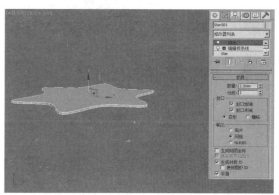

Part 2 使用放样、线、编辑多边形和晶格制作模型

Step 01 用同样的方法在顶视图中制作另一个星形，如下图所示。

Step 02 单击 ■（创建）|■（图形）|样条线 ▼ |　线　按钮，在前视图中创建下图所示的样条线。

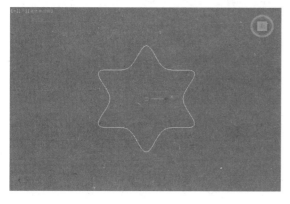

Step 03 选择上一步创建的样条线，单击■（创建）|■（几何体）|复合对象 ▼ |　放样　按钮，然后单击【创建方法】卷展栏中的　获取图形　按钮，拾取场景中已绘制的星形图形，如下页左图所示。放样后的效果如下页右图所示。

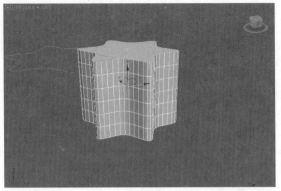

Step 04 选择上一步的模型，在【修改器列表】中加载【编辑多边形】命令，进入【边】级别，选择下左图所示的边。单击 连接 按钮后面的【设置】按钮，设置【分段】为2，如下右图所示。

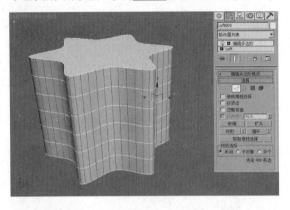
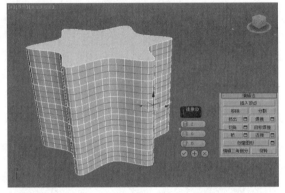

Step 05 选择上一步的模型，在【修改器列表】中加载【晶格】命令修改器，接着展开【参数】卷展栏，选择【仅来自顶点的节点】，设置【基点面类型】为二十面体，并设置【半径】为2mm，如下图所示。

Step 06 用同样的方法制作出其他模型，如下图所示。

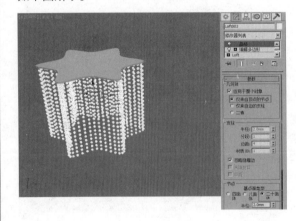
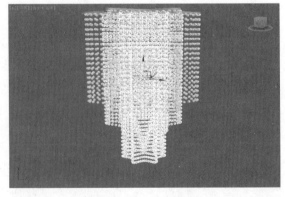

Step 07 最终模型效果如右图所示。

4.2.8 【FFD】修改器

为模型添加【FFD】修改器后，模型四周会出现橙色的晶格线框架，通过调整晶格线框架的控制点来调整模型的效果。通常使用该修改器制作模型变形效果。下左图和下右图所示为模型加载【FFD】修改器制作出的模型变化的效果。

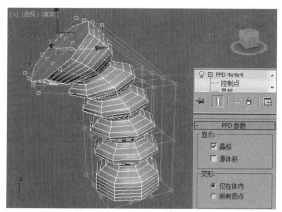

其参数设置面板如右图所示。

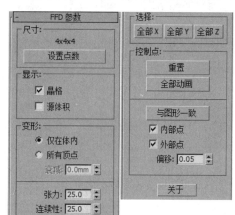

- 晶格：将绘制连接控制点的线条以形成栅格。
- 源体积：控制点和晶格会以未修改的状态显示。
- 衰减：它决定着 FFD 效果减为零时离晶格的距离。仅用于选择"所有顶点"时。
- 张力/连续性：调整变形样条线的张力和连续性。
- 重置：将所有控制点返回到它们的原始位置。
- 全部动画：将"点"控制器指定给所有控制点，这样它们在"轨迹视图"中立即可见。
- 与图形一致：在对象中心控制点位置之间沿直线延长线，将每一个 FFD 控制点移到修改对象的交叉点上，这将增加一个由"偏移"微调器指定的偏移距离。
- 内部点：仅控制受"与图形一致"影响的对象内部点。
- 外部点：仅控制受"与图形一致"影响的对象外部点。
- 偏移：受"与图形一致"影响的控制点偏移对象曲面的距离。

进阶案例	利用FFD修改器制作收纳袋

案例文件	进阶案例——收纳袋.max
视频教学	视频/Chapter 04/进阶案例——收纳袋.flv
难易指数	★★★☆☆
技术掌握	掌握【线】【放样】【FFD（长方体）】【编辑多边形】和【壳】的运用

本例就来学习使用样条线下的【线】【放样】【FFD（长方体）】【编辑多边形】和【壳】命令来完成模型的制作，最终渲染和线框效果如下左图和下右图所示。

建模思路

01 使用线和放样制作模型
STEP

02 使用FFD（长方体）、编辑多边形和壳制作模型
STEP

制作收纳袋流程图如下左图和下右图所示。

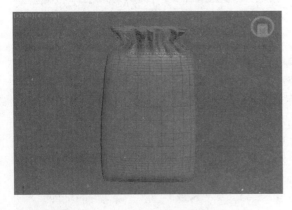 

操作步骤

Part 1　使用线和放样制作模型

Step 01 单击 ■ （创建）| ☑ （图形）|
| 样条线 ▼ | | 线 按钮，在左视图中创建下页图所示的样条线。

Step 02 继续单击 ■ （创建）| ☑ （图形）|
| 样条线 ▼ | | 线 按钮，在左视图中创建下页图所示的样条线。

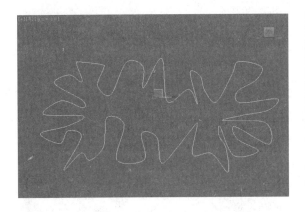 

Step 03 单击 （创建）| （图形）| 样条线 | 椭圆 按钮，在左视图中创建椭圆。设置【长度】为36mm，【宽度】为176mm，如下图所示。

Step 04 继续在左视图中创建椭圆图形。设置【长度】为42mm，【宽度】为190mm，如下图所示。

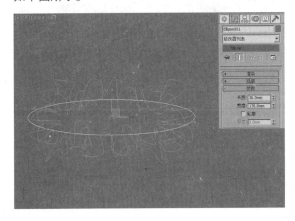 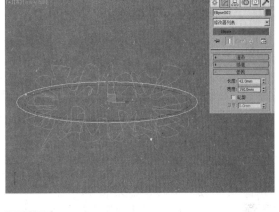

Step 05 继续在左视图中创建椭圆。设置【长度】为38mm，【宽度】为189mm，如下图所示。

Step 06 继续在左视图中创建椭圆。设置【长度】为39mm，【宽度】为188mm，如下图所示。

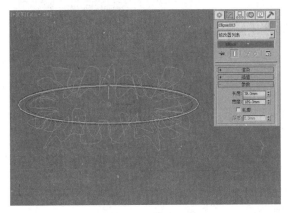 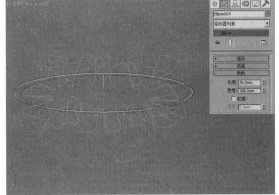

Step 07 继续在左视图中创建椭圆。设置【长度】为8mm，【宽度】为181mm，如下图所示。

Step 08 在透视视图中按照创建图形的先后顺序将图形依次排开，如下图所示。

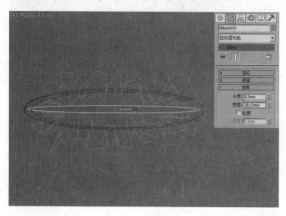

Step 09 单击 ■（创建）| ■（图形）| 样条线 ▼ | 线 按钮，在顶视图中创建右图所示的样条线。

Step 10 选择上一步创建的样条线，单击 ■（创建）| ■（几何体）| 复合对象 ▼ | 放样 按钮，然后单击【创建方法】卷展栏中的 获取图形 按钮，拾取场景中下左图所示的图形。放样后的效果如下右图所示。

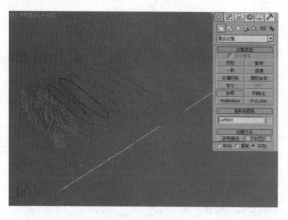

提示：放样中线的重要性

在3ds Max创建模型时，有时需要应用到放样工具。使用放样工具的前提是有两个或多个图形，其中一个图形控制其最终模型的长度，剩余的图形则控制模型的每一个横截面。因此在制作模型时，线是非常重要的，可以快速创建出复制的三维模型。

Step 11 在【修改】面板下，设置【路径】为10，然后单击 获取图形 按钮，拾取场景中下左图所示的图形，效果如下右图所示。

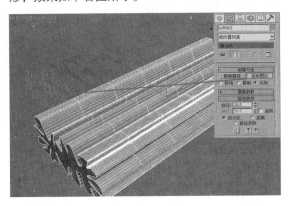 

Step 12 在【修改】面板下，设置【路径】为20，然后单击 获取图形 按钮，拾取场景中下左图所示的图形，效果如下右图所示。

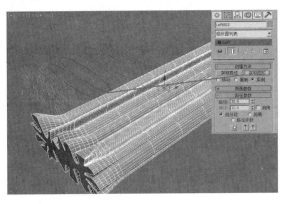 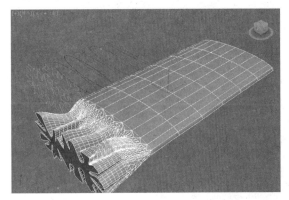

Step 13 在【修改】面板下，设置【路径】为30，然后单击 获取图形 按钮，拾取场景中下左图所示的图形，效果如下右图所示。

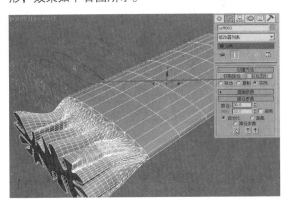 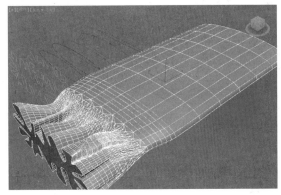

Step 14 在【修改】面板下，设置【路径】为70，然后单击 获取图形 按钮，拾取场景中下页左图所示的图形，效果如下页右图所示。

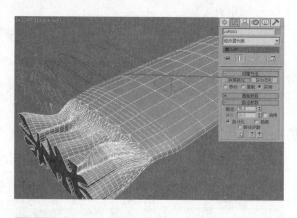 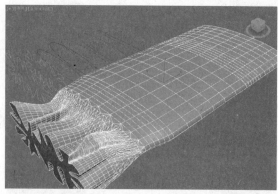

Step 15 在【修改】面板下，设置【路径】为80，然后单击 获取图形 按钮，拾取场景中下左图所示的图形，效果如下右图所示。

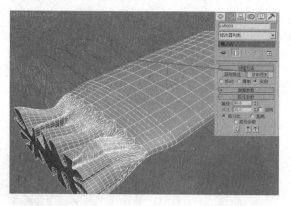 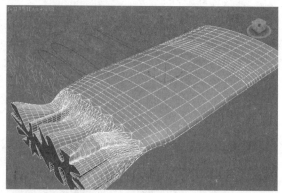

Step 16 在【修改】面板下，设置【路径】为95，然后单击 获取图形 按钮，拾取场景中下左图所示的图形，效果如下右图所示。

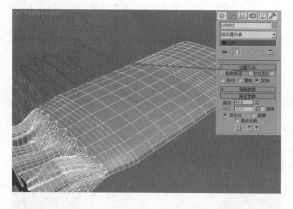 

Part 2 使用FFD（长方体）、编辑多边形和壳制作模型

Step 01 选择Part 1中完成的模型，为其加载【FFD（长方体）】修改器，进入【控制点】级别，在【FFD参数】卷展栏中单击 设置点数 按钮，在弹出的对话框中设置【宽度】为19并确定，如下页图所示。

Step 02 在【控制点】级别下，调整点的位置如下页图所示。

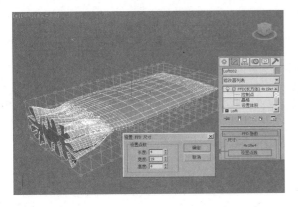
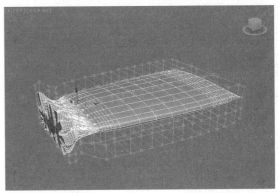

Step 03 选择上一步的模型，在【修改器列表】中加载【编辑多边形】命令，进入【多边形】级别■，选择下左图所示的多边形。按Delete键将其删除，效果如下右图所示。

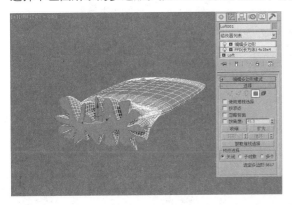
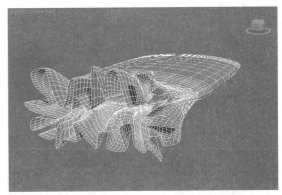

Step 04 选择上一步的模型，在【修改器列表】中加载【壳】命令，设置【内部量】为0mm，【外部量】为1mm，如下图所示。

Step 05 选择上一步的模型，在【修改器列表】中加载【网格平滑】命令，设置【迭代次数】为2，如下图所示。

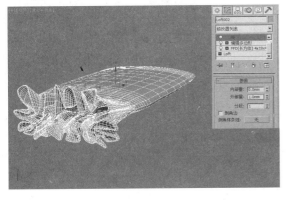
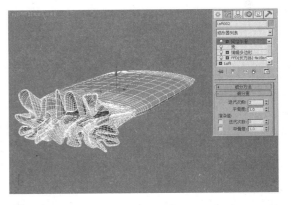

Step 06 单击　（创建）｜　（图形）｜样条线　　｜　椭圆　按钮，在左视图中创建椭圆图形。设置【长度】为34mm，【宽度】为131mm，如下页图所示。

Step 07 选择上一步的样条线，在【渲染】卷展栏中分别勾选【在渲染中启用】和【在视口中启用】复选框，激活【径向】选项组，设置【厚度】为3mm，如下页图所示。

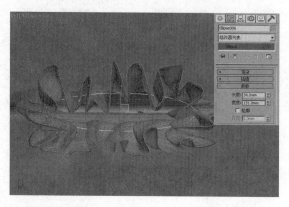

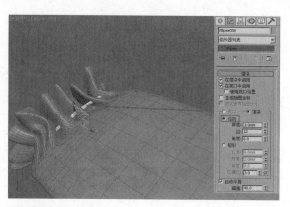

Step 08 单击 ![icon]（创建）| ![icon]（图形）| 样条线 ▼ | 线 按钮，在顶视图中创建下图所示的样条线。

Step 09 选择上一步创建的样条线，在【渲染】卷展栏中分别勾选【在渲染中启用】和【在视口中启用】复选框，激活【径向】选项组，设置【厚度】为3mm，如下图所示。

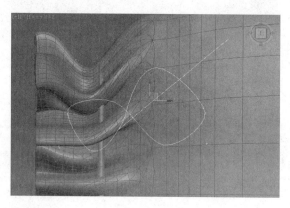

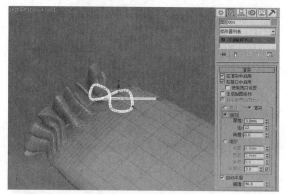

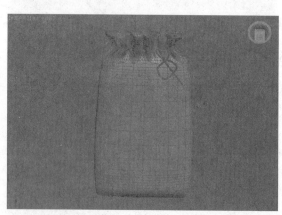

Step 10 最终模型效果如右图所示。

4.2.9 【平滑】【网格平滑】【涡轮平滑】修改器

3ds Max中有3个平滑类修改器，分别是【平滑】修改器、【网格平滑】修改器和【涡轮平滑】修改器。这三个修改器可以将模型进行平滑处理，但又各有各的特点。

【网格平滑】修改器是比较常用的，特点是模型平滑效果很好，但是由于增加了模型多边形个数，因此会占用较多内存。下页左图和下页右图所示为模型加载【网格平滑】修改器制作出的模型变化的效果。

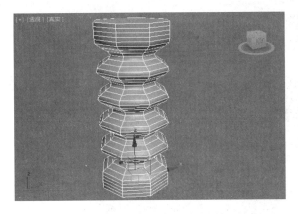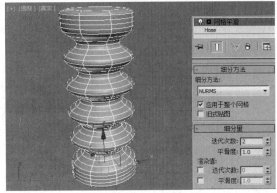

　　【涡轮平滑】修改器与【网格平滑】修改器类似，也可以模拟出较好的平滑效果，但是也增加了模型多边形个数，因此也会占用较多内存。下左图和下右图所示为模型加载【涡轮平滑】修改器制作出的模型变化的效果。

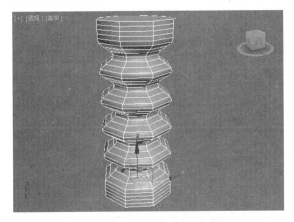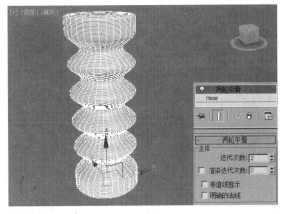

　　【平滑】修改器与【网格平滑】【涡轮平滑】修改器不同，该修改器不增加模型的多边形个数，因此不会造成占用过多内存的情况，比较流畅，但是平滑效果较差。下左图和下右图所示为模型加载【平滑】修改器制作出的模型变化的效果。

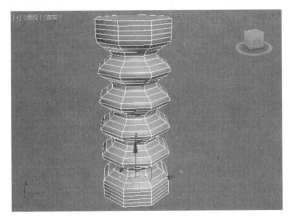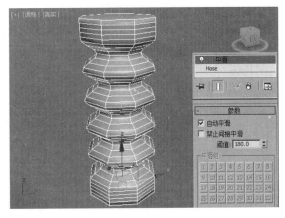

提示：平滑修改器的妙用

为模型添加【平滑】修改器，并勾选【自动平滑】复选框即可将模型进行平滑，如下左图所示。

为模型添加【平滑】修改器，并取消勾选【自动平滑】复选框即可让模型产生强烈转折效果，如下右图所示。

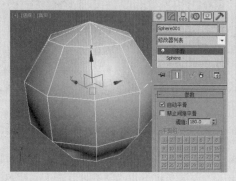

4.2.10 【壳】修改器

【壳】修改器可以使模型产生厚度效果，可以产生向内的厚度或向外的厚度。下左图和下右图所示为加载【壳】修改器前后的对比效果。

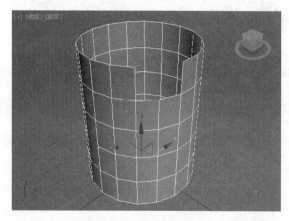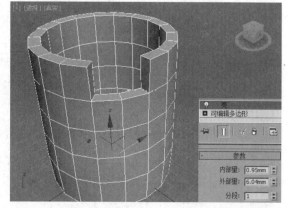

其参数设置面板如右图所示。

- 内部量/外部量：以 3ds Max 通用单位表示的距离，按此距离从原始位置将内部曲面向内移动以及将外部曲面向外移动。
- 倒角边：启用该选项后，并指定"倒角样条线"，3ds Max 会使用样条线定义边的剖面和分辨率。
- 倒角样条线：单击此按钮，然后选择打开样条线定义边的形状和分辨率。

4.2.11 【细化】修改器

【细化】修改器会对当前选择的曲面进行细分。它在渲染曲面时特别有用，并为其他修改器创建附加的网格分辨率。如果子对象选择拒绝了堆栈，那么整个对象会被细化。下左图和下右图所示为模型加载【细化】修改器前后的对比效果。

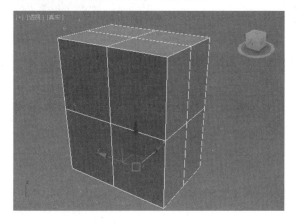
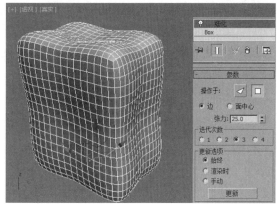

其参数设置面板如右图所示。

- ☑面：将选择作为三角形面集来处理。
- ☐多边形：拆分多边形面。
- 边：从面或多边形的中心到每条边的中点进行细分。应用于三角面时，也会将与选中曲面共享边的非选中曲面进行细分。
- 面中心：从面或多边形的中心到角顶点进行细分。
- 张力：决定新面在经过边细分后是平面、凹面还是凸面。
- 迭代次数：应用细分的次数。

4.2.12 【优化】修改器

【优化】修改器可以在不改变整体外形的情况下，将模型的多边形个数减少，使得操作起来更流畅。下左图和下右图所示为模型加载【优化】修改器前后的对比效果。

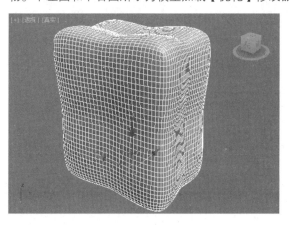
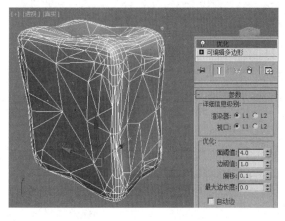

其参数设置面板如下页右图所示。

- 渲染器 L1、L2：设置默认扫描线渲染器的显示级别。使用"视口 L1、L2"来更改保存的优化级别。

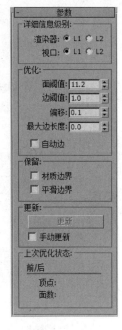

- 视口 L1、L2：同时为视口和渲染器设置优化级别。该选项同时切换视口的显示级别。
- 面阈值：设置用于决定哪些面会塌陷的阈值角度。
- 边阈值：为开放边（只绑定了一个面的边）设置不同的阈值角度。较低的值保留开放边。
- 偏移：帮助减少优化过程中产生的细长三角形或退化三角形，它们会导致渲染缺陷。
- 最大边长度：指定最大长度，超出该值的边在优化时无法拉伸。
- 自动边：随着优化启用和禁用边。

4.2.13 【对称】修改器

【对称】修改器可以沿着X、Y、Z中的一个轴向对称制作出模型的另外一部分。因此可以制作模型的一半，并使用【对称】修改器制作另外一半。下左图和下右图所示为模型加载【对称】修改器前后的对比效果。

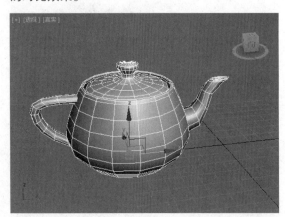
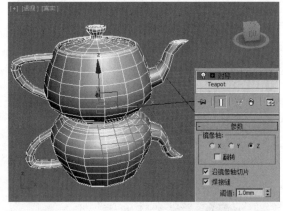

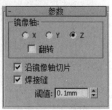

其参数设置面板如右图所示。

- X、Y、Z：指定执行对称所围绕的轴。可以在选中轴的同时在视口中观察效果。
- 翻转：如果想要翻转对称效果的方向请启用翻转。默认设置为禁用状态。
- 沿镜像轴切片：启用"沿镜像轴切片"使镜像 gizmo 在定位于网格边界内部时作为一个切片平面。
- 焊接缝：启用"焊接缝"确保沿镜像轴的顶点在阈值以内时会自动焊接。
- 阈值：阈值设置的值代表顶点在自动焊接起来之前的接近程度。

4.2.14 【切片】修改器

【切片】修改器可以基于切片平面的位置，制作出移除部分模型的效果。常用来制作建筑生长动画、植物生长动画等，下左图所示为创建了一棵树。

单击修改，为树模型添加【切片】修改器，并设置【切片类型】为【移除顶部】，如下中图所示。展开【切片】参数，选择切片平面级别。此时即可移动【切片平面】的位置，如下右图所示。

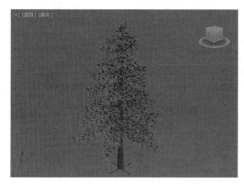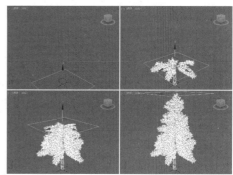

其参数设置面板如右图所示。

- 优化网格：沿着几何体相交处，使用切片平面添加新的顶点和边。平面切割的面可细分为新的面。
- 分割网格：沿着平面边界添加双组顶点和边，产生两个分离的网格，这样可以根据需要进行不同的修改。
- 移除顶部：删除"切片平面"上所有的面和顶点。
- 移除底部：删除"切片平面"下所有的面和顶点。
- ◢面：将选择集看做是一组三角形面，将它们每一个依次切片。输出一个网格类型对象。
- □多边形：通过消除隐藏的边，将对象转换为基于可见边的多边形网格。

4.2.15 【UVW贴图】修改器

为模型添加【UVW 贴图】修改器，可以纠正贴图在模型上的显示效果。通过将贴图坐标应用于对象，【UVW 贴图】修改器控制在对象曲面上如何显示贴图材质和程序材质。贴图坐标指定如何将位图投影到对象上。UVW坐标系与 XYZ 坐标系相似。其参数设置面板如右图所示。

- 平面：从对象上的一个平面投影贴图，类似于投影幻灯片。
- 柱形：从圆柱体投影贴图，使用它包裹对象。

  封口：对圆柱体封口应用平面贴图坐标。
- 球形：通过从球体投影贴图来包围对象。
- 收缩包裹：使用球形贴图，但是它会截去贴图的各个角，然后在一个单独极点将它们全部结合在一起，仅创建一个奇点。
- 长方体：从长方体的6个侧面投影贴图。每个侧面投影为一个平面贴图，且表面上的效果取决于曲面法线。
- 面：对对象的每个面应用贴图副本。使用完整矩形贴图来贴图共享隐藏边的成对面。
- XYZ到UVW：将3D程序坐标贴图到 UVW 坐标。

- 长度、宽度、高度：指定"UVW 贴图"gizmo 的尺寸。在应用修改器时，贴图图标的默认缩放由对象的最大尺寸定义。
- U向平铺、V向平铺、W向平铺：用于指定 UVW 贴图的尺寸以便平铺图像。这些是浮点值，可设置动画以便随时间移动贴图的平铺。
- 翻转：绕给定轴反转图像。
- X/Y/Z：选择其中之一，可翻转贴图 gizmo 的对齐。
- 操纵：启用时，gizmo 出现在能让您改变视口中的参数的对象上。
- 适配：将gizmo适配到对象的范围并使其居中。
- 中心：移动 gizmo，使其中心与对象的中心一致。

提示：什么时候需要使用【UVW贴图】修改器？

并不是所有模型在赋予材质后都需要添加【UVW 贴图】修改器。比如为一个长方体赋予地板的贴图，我们会发现贴图没有出现【拉伸】或【变形】等错误效果，如下左图所示。

这是因为长方体模型的外形很规矩，假如我们为一个圆柱体赋予同样的贴图呢？会发现圆柱体顶部的贴图发生了强烈的变形，如下右图所示。

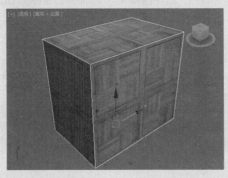 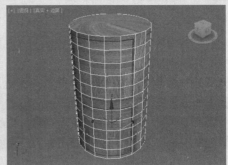

那么这个时候就需要为圆柱体模型添加【UVW贴图】修改器了。设置合适的参数，如右1图所示。此时的效果如右2图所示。

因此可以得出结论：在为模型赋予材质后，发现没有出现【拉伸】或【变形】等错误效果时，不需要使用【UVW贴图】修改器。当出现了错误效果时，则需要使用【UVW贴图】修改器，并且要根据模型的外形来选择【贴图】类型，比如模型接近圆柱体，那么就建议设置【贴图】类型为【柱形】。

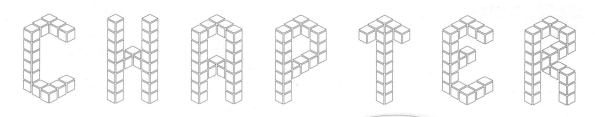

05

多边形建模

本章学习要点

- 掌握多边形建模的参数详解
- 掌握多边形建模的应用

多边形建模又称为Polygon建模，是目前所有三维软件中最为流行的建模方法。使用多边形建模方法创建的模型表面由一个个的多边形组成。这种建模方法常用于室内设计模型、人物角色模型和工业设计模型等。

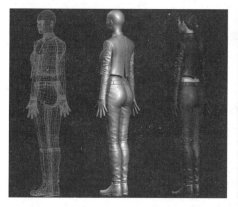

5.1 初识多边形建模

多边形建模是一种最为常见的建模方式。其原理是首先将一个模型对象转化为可编辑多边形，然后对顶点、边、多边形、边界、元素这几种级别进行编辑，使模型逐渐产生相应的变化，从而达到建模的目的，其制作思路是比较容易理解、较为常规的。与网格建模相比，多边形建模显示出了更大的优越性，即多边形对象的面不只可以是三角形面和四边形面，而可以是具有任何多个节点的多边形面。

5.1.1 什么是多边形建模

多边形建模是3ds Max 2015中最为强大的建模方式，其中包括繁多的工具和传统的建模流程思路，因此更便于理解和使用。多边形建模几乎可以制作任何模型（除了极其特殊的模型）。下图所示为使用多边形建模制作的优秀作品。

5.1.2 将模型转化为可编辑多边形

将模型转化为可编辑多边形后，就可以进行更细致的调节（如对顶点、边、多边形）。

方法大致有以下3种。

方法1：选择物体，单击鼠标右键，在弹出的菜单中选择【转换为】|【转换为可编辑多边形】命令，如下左图所示。

方法2：选择物体，在 ▇▇▇建模工具栏中单击 多边形建模按钮，在弹出的菜单中选择【转化为多边形】命令，如下中图所示。

方法3：选择物体，单击【修改】面板▇，添加【编辑多边形】修改器，如下右图所示。

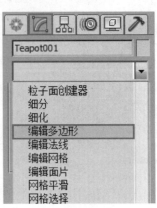

5.2 编辑多边形参数

多边形参数设置面板包括6个卷展栏，分别是【选择】卷展栏、【软选择】卷展栏、【编辑几何体】卷展栏、【细分曲面】卷展栏、【细分置换】卷展栏和【绘制变形】卷展栏，如右1图所示。在【选择】卷展栏中可以看到【顶点】 、【边】 、【边界】 、【多边形】 和【元素】 5种子对象，如右2图所示。

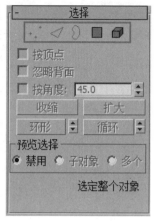

多边形参数设置面板中包括6个卷展栏，下左图、下中图和下右图所示分别是【选择】卷展栏、【软选择】卷展栏和【编辑几何体】卷展栏。

下左图、下中图和下右图所示分别是【细分曲面】卷展栏、【细分置换】卷展栏和【绘制变形】卷展栏。

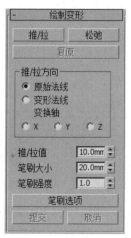

5.2.1 【选择】卷展栏

【选择】卷展栏中的参数主要用来选择对象和子对象，如右图所示。

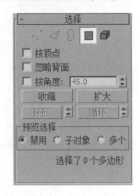

- 5种级别：包括【顶点】、【边】、【边界】、【多边形】和【元素】。
- 按顶点：启用该选项后，只有选择所用的顶点才能选择子对象。
- 忽略背面：勾选该选项后，只能选中法线指向当前视图的子对象。
- 按角度：启用该选项后，可以根据面的转折度数来选择子对象。
- 收缩 按钮：单击该按钮可以在当前选择范围中向内减少一圈，如下图所示。

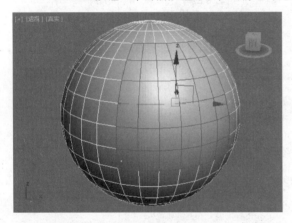 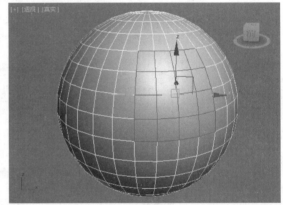

- 扩大 按钮：与【收缩】相反，单击该按钮可以在当前选择范围中向外增加一圈，多次单击可以进行多次扩大，如下图所示。

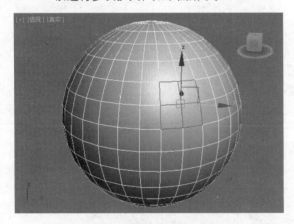 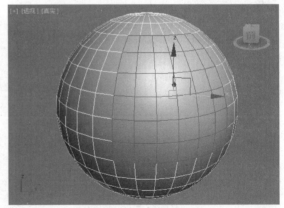

- 环形 按钮：选中子对象后单击该按钮可以自动选择平行于当前的对象。该按钮只能在【边】和【边界】级别中使用，如下页图所示。

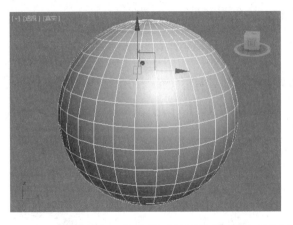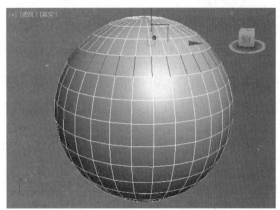

- 循环 按钮：选中子对象后单击该按钮可以自动选择同一圈的对象。该按钮只能在【边】和【边界】级别中使用，如下图所示。

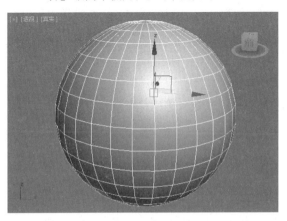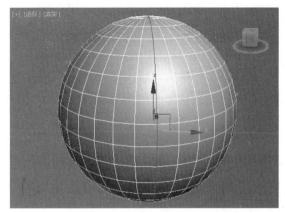

- 预览选择：选择对象之前，通过这里的选项可以预览光标滑过位置的子对象，有【禁用】【子对象】和【多个】3个选项可供选择。

5.2.2 【软选择】卷展栏

【软选择】常用来调整模型的变形效果。通过颜色来定义强度，颜色越接近红色代表越强烈，如下左图所示。下右图所示为勾选【使用软选择】前后的对比效果。

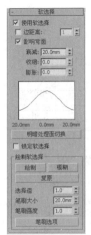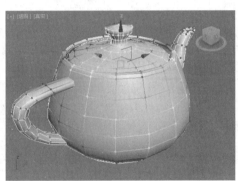

5.2.3 【编辑几何体】卷展栏

【编辑几何体】卷展栏中提供了多种用于编辑多边形的工具，这些工具在所有次物体级别下都可用，如右图所示。

- 重复上一个 按钮：单击该按钮可以重复使用上一次使用的命令。
- 约束：使用现有的几何体来约束子对象的变换效果，共有【无】【边】【面】和【法线】4种方式可供选择。
- 保持UV：启用该选项后，可以在编辑子对象的同时不影响该对象的UV贴图。
- 创建 按钮：创建新的几何体。
- 塌陷 按钮：这个工具类似于 焊接 工具，但是不需要设置【阈值】参数就可以直接塌陷在一起。
- 附加 按钮：使用该工具可以将场景中的其他对象附加到选定的可编辑多边形中，如下图所示。

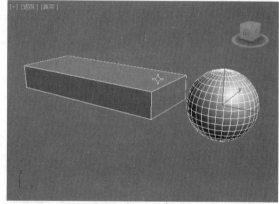

- 分离 按钮：将选定的子对象作为单独的对象或元素分离出来。
- 切片平面 按钮：使用该工具可以沿某一平面分开网格对象。
- 分割：启用该选项后，可以通过 快速切片 工具和 切割 工具在划分边的位置处创建出两个顶点集合。
- 切片 按钮：可以在切片平面位置处执行切割操作。
- 重置平面 按钮：将执行过【切片】的平面恢复到之前的状态。
- 快速切片 按钮：可以将对象进行快速切片，切片线沿着对象表面，所以可以更加准确地进行切片，如下图所示。

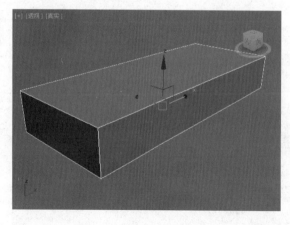
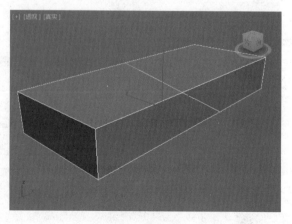

● 切割 按钮：可以在一个或多个多边形上创建出新的边，如下图所示。

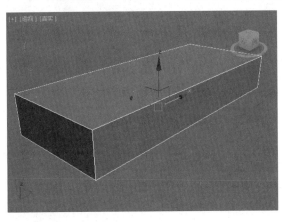 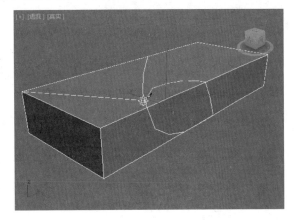

● 网格平滑 按钮：使选定的对象产生平滑效果。
● 细化 按钮：增加局部网格的密度，从而方便处理对象的细节，如下图所示。

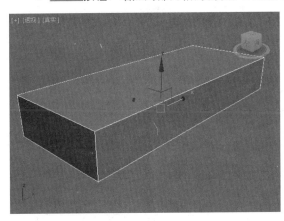 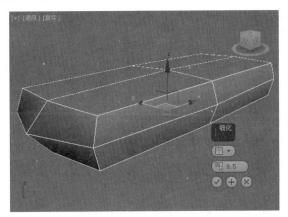

● 平面化 按钮：强制所有选定的子对象成为共面。
● 视图对齐 按钮：使对象中的所有顶点与活动视图所在的平面对齐。
● 栅格对齐 按钮：使选定对象中的所有顶点与活动视图所在的平面对齐。
● 松弛 按钮：使当前选定的对象产生松弛现象。
● 隐藏选定对象 按钮：隐藏所选定的子对象。
● 全部取消隐藏 按钮：将所有的隐藏对象还原为可见对象。
● 隐藏未选定对象 按钮：隐藏未选定的任何子对象。
● 命名选择：用于复制和粘贴子对象的命名选择集。
● 删除孤立顶点：启用该选项后，选择连续子对象时会删除孤立顶点。
● 完全交互：启用该选项后，如果更改数值，将直接在视图中显示最终的结果。

5.2.4 【细分曲面】卷展栏

【细分曲面】卷展栏中的参数可以对多边形添加细分效果，如下页右图所示。
● 平滑结果：对所有多边形应用相同的平滑组。
● 使用NURMS细分：通过NURMS方法应用平滑效果。
● 等值线显示：启用该选项后，只显示等值线。

- 显示框架：在修改或细分之前，切换可编辑多边形对象的两种颜色线框的显示方式。
- 显示：包含【迭代次数】和【平滑度】两个选项。
- 迭代次数：用于控制平滑多边形对象时所用的迭代次数。
- 平滑度：用于控制多边形的平滑程度。
- 渲染：用于控制渲染时的迭代次数与平滑度。
- 分隔方式：包括【平滑组】与【材质】两个选项。
- 更新选项：设置手动或渲染时的更新选项。

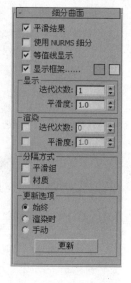

5.2.5 【细分置换】卷展栏

【细分置换】卷展栏中的参数主要用于细分可编辑的多边形，其中包括【细分预设】和【细分方法】等，如右图所示。

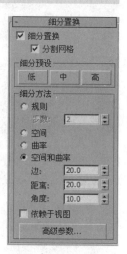

5.2.6 【绘制变形】卷展栏

【绘制变形】卷展栏可以对模型进行推拉或松弛，使得模型产生变化。通常使用该工具模拟山脉模型、布纹纹理模型、凹凸质感模型等，如下左图所示。

下右图所示为在球体上绘制的效果。

提示：绘制变形工具使用小技巧

1. 凸出效果。可以使用 推/拉 按钮，在模型表面进行绘制，制作出凸出效果，如下图所示。

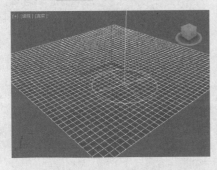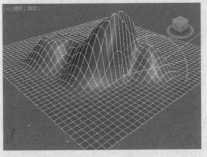

2. 凹陷效果。可以使用 推/拉 按钮，并按住Alt键进行绘制，制作出凹陷效果，如下图所示。

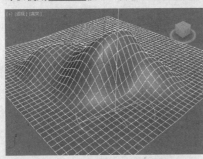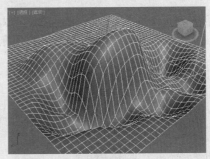

3. 平缓效果。可以使用 松弛 按钮，在模型表面进行绘制，使模型变得更平缓，如下图所示。

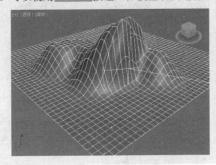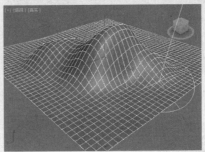

5.3 编辑多边形子级别参数

在多边形建模中，可以针对某一个级别的对象进行调整。比如顶点、边、多边形、边界或元素。当选择某一级别时，相应的参数面板也会出现该级别的卷展栏。

5.3.1 【编辑顶点】卷展栏

进入 【顶点】级别，在【修改】面板中会增加【编辑顶点】卷展栏，该卷展栏可以用来处理关于点的所有操作，如右图所示。

● 移除 按钮：该选项可以将顶点进行移除处理，如下图所示。

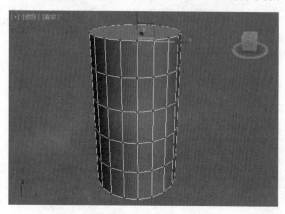 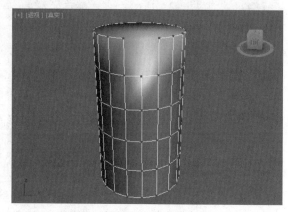

● 断开 按钮：选择顶点并单击该选项后可以将一个顶点断开，变成好几个顶点。

● 挤出 按钮：选择顶点并单击该选项可以将顶点向外挤出，使其产生锥形效果，如下图所示。

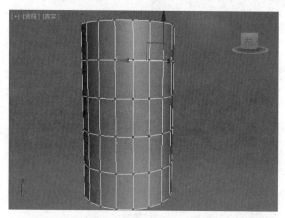 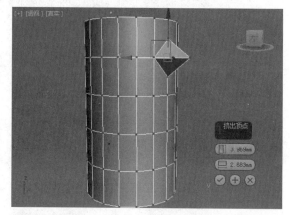

● 焊接 按钮：将两个或多个顶点在一定的距离范围内焊接为一个顶点，如下图所示。

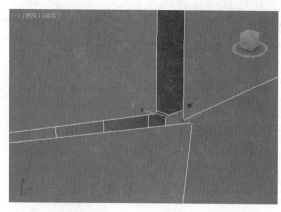 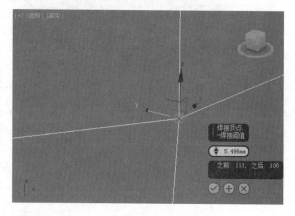

● 切角 按钮：使用该选项可以将顶点切角为三角形的面效果。

● 目标焊接 按钮：选择一个顶点后，使用该工具可以将其焊接到相邻的目标顶点。

● 连接 按钮：在选中的对角顶点之间创建新的边。

● 移除孤立顶点 按钮：删除不属于任何多边形的所有顶点。

● 移除未使用的贴图顶点 按钮：该选项可以将未使用的顶点进行自动删除。

● 权重：设置选定顶点的权重，供NURMS细分选项和【网格平滑】修改器使用。

5.3.2 【编辑边】卷展栏

进入 【边】级别，在【修改】面板中会增加【编辑边】卷展栏，该卷展栏可以用来处理关于边的所有操作，如右图所示。

- 插入顶点 按钮：可以手动在选择的边上任意添加顶点。
- 移除 按钮：选择边以后，单击该选项可以移除边，但是与按Delete键删除的效果是不同的。
- 分割 按钮：沿着选定边分割网格。对网格中心的单条边应用时，不会起任何作用。
- 挤出 按钮：直接使用这个工具可以在视图中挤出边。
- 焊接 按钮：该工具可以在一定范围内将选择的边进行自动焊接。
- 切角 按钮：可以将选择的边进行切角处理产生平行的多条边，如下图所示。

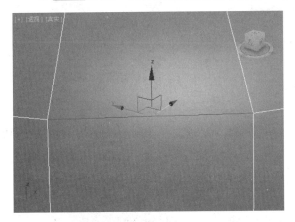
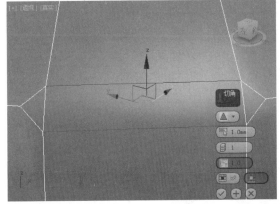

- 目标焊接 按钮：选择一条边并单击该按钮，会出现一条线，然后单击另外一条边即可进行焊接。
- 桥 按钮：使用该工具可以连接对象的边，但只能连接边界边，也就是只在一侧有多边形的边。
- 连接 按钮：可以选择平行的多条边，并使用该工具产生垂直的边，如下图所示。

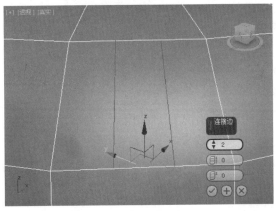

- 利用所选内容创建图形 按钮：可以将选定的边创建为样条线图形。
- 编辑三角形 按钮：用于修改绘制内边或对角线时多边形细分为三角形的方式。
- 旋转 按钮：用于通过单击对角线修改多边形细分为三角形的方式。

5.3.3 【编辑多边形】卷展栏

进入■【多边形】级别，在【修改】面板中会增加【编辑多边形】卷展栏，该卷展栏可以用来处理关于多边形的所有操作，如右图所示。

- 插入顶点 按钮：可以手动在选择的多边形上任意添加顶点。
- 挤出 按钮：挤出工具可以将选择的多边形进行挤出效果处理，有组、局部法线、按多边形3种挤出方式，效果各不相同，如下图所示。

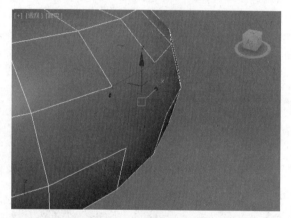
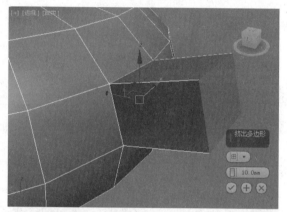

- 轮廓 按钮：用于增加或减小每组连续的选定多边形的外边，如下图所示。

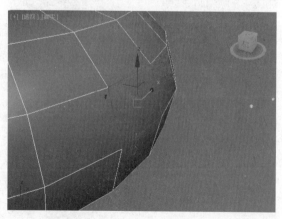
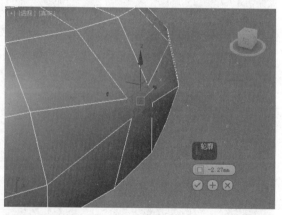

- 倒角 按钮：与挤出比较类似，但是比挤出更为复杂，可以挤出多边形，也可以向内和向外缩放多边形，如下页图所示。

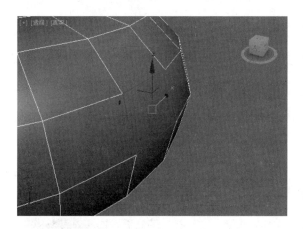
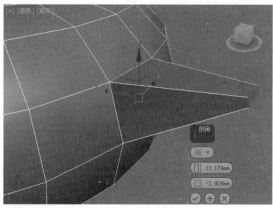

● **插入** 按钮：使用该选项可以制作出插入一个新多边形的效果，如下图所示。

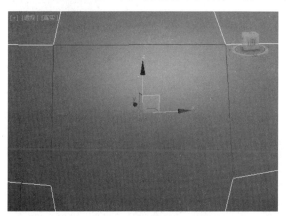
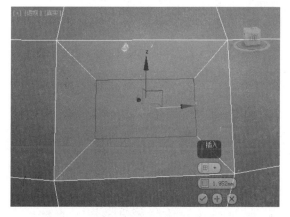

● **桥** 按钮：选择模型正反两面相对的两个多边形，然后单击该按钮即可制作出镂空效果，如下图所示。

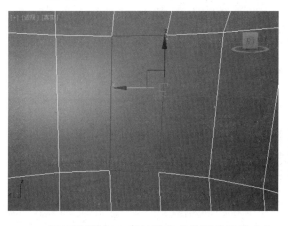
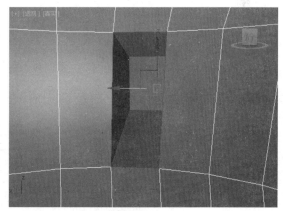

● **翻转** 按钮：反转选定多边形的法线方向，从而使其面向用户的正面。

● **从边旋转** 按钮：选择多边形后，使用该工具可以沿着垂直方向拖动任何边，旋转选定多边形。

● **沿样条线挤出** 按钮：沿样条线挤出当前选定的多边形。

● **编辑三角剖分** 按钮：通过绘制内边修改多边形细分为三角形的方式。

● **重复三角算法** 按钮：在当前选定的一个或多个多边形上执行最佳三角剖分。

● **旋转** 按钮：使用该工具可以修改多边形细分为三角形的方式。

5.3.4 【编辑边界】卷展栏

进入 ⬭【边界】级别，在【修改】面板中会增加【编辑边界】卷展栏，该卷展栏可以用来处理边界的所有操作，如右图所示。

- 封口 按钮：该选项可以将模型上的缺口部分进行封口。

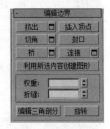

5.3.5 【编辑元素】卷展栏

进入 ⬭【元素】级别，在【修改】面板中会增加【编辑元素】卷展栏，该卷展栏可以用来处理关于元素的所有操作，如右图所示。

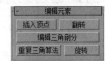

🔊 **提示：利用【平面】模型添加贴图的方法制作模型**

在制作较为复杂的模型，比如汽车时，我们很难凭空想象去建模，参考图片建模时也不会太精准，因此可以使用一个更方便的方法。

首先在三个视图中创建3个平面模型，并且为这三个模型分别赋予相应的贴图，如下图所示。

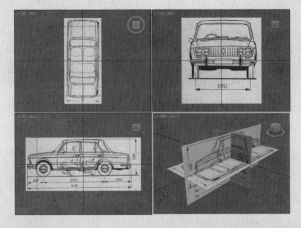

此时即可使用多边形建模方法进行创建了，并且可以选择模型按快捷键【Alt+X】，将模型半透明显示，如下图所示。

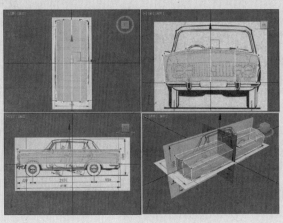

5.4　多边形建模经典案例

多边形建模是建模中最为重要的一种方法。多边形建模相对来说较为复杂，使用到的工具非常多，因此不太容易掌握，需要反复进行练习。制作各种外形差异较大的模型，可快速提高建模能力。

进阶案例	利用多边形建模制作创意吊灯

案例文件	进阶案例——多边形建模制作创意吊灯.max
视频教学	视频/Chapter 05/进阶案例——多边形建模制作创意吊灯.flv
难易指数	★★☆☆☆
技术掌握	掌握【圆柱体】【线】【编辑多边形】【细分】【壳】和【平滑】的运用

本例就来学习使用标准基本体下的【圆柱体】【线】【编辑多边形】【细分】【壳】和【平滑】命令来完成模型的制作，最终渲染和线框效果如下左图和下右图所示。

建模思路

01 使用圆柱体、编辑多边形、细分、壳和平滑制作模型
STEP

02 使用线制作模型
STEP

制作创意吊灯流程图如下左图和下右图所示。

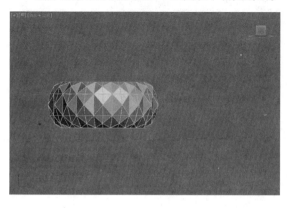

操作步骤

Part 1 使用圆柱体、编辑多边形、细分、壳和平滑制作模型

Step 01 单击 ⊞（创建）| ◎（几何体）| 圆柱体 按钮，在透视图中拖曳并创建一个圆柱体，接着在【修改】面板中设置【半径】为1000mm，高度为840mm，【高度分段】为3，【端面分段】为1，【边数】为18，如右图所示。

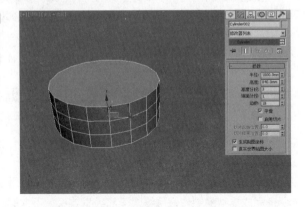

Step 02 选择上一步创建的圆柱体，在【修改器列表】中加载【编辑多边形】命令，进入【多边形】级别 ■，选择下左图所示的多边形。单击Delete键将选择的多边形删除，如下右图所示。

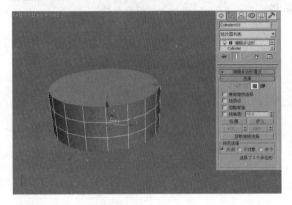

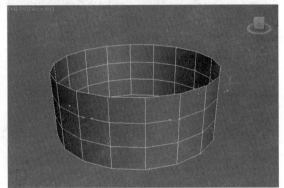

Step 03 进入【顶点】级别 ⫶，选择下左图所示的顶点。使用 ▦（选择并均匀缩放）工具将选择的顶点适当缩放，如下右图所示。

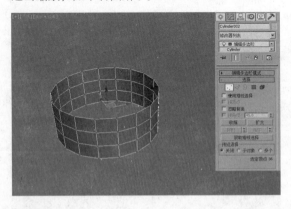

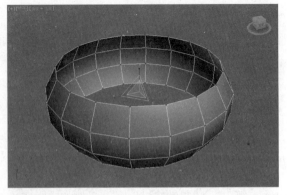

Step 04 选择上一步的模型，在【修改器列表】中加载【细分】命令，设置【大小】为231mm，如下页图所示。

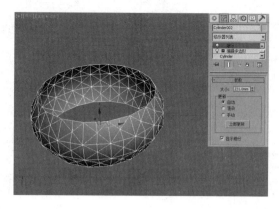

Step 05 选择上一步的模型，在【修改器列表】中加载【编辑多边形】命令，进入【顶点】级别，选择下左图所示的顶点。使用（选择并均匀缩放）和（选择并移动）工具将选择的顶点适当缩放调整，如下右图所示。

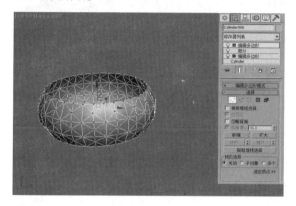

Step 06 选择上一步的模型，在【修改器列表】中加载【壳】命令，设置【内部量】为5mm，如下图所示。

Step 07 选择上一步的模型，在【修改器列表】中加载【平滑】命令，如下图所示。

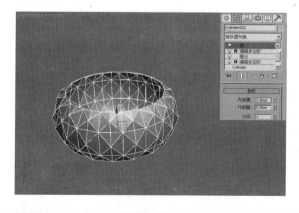

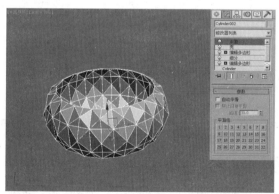

Part 2　使用线制作模型

Step 01 单击（创建）｜（图形）｜ 样条线 ｜ 线 按钮，在前视图中创建下页图所示的样条线。

Step 02 选择上一步创建的样条线，在【渲染】卷展栏中分别勾选【在渲染中启用】和【在视口中启用】复选框，激活【径向】选项组，设置【厚度】为10mm，如下页图所示。

Step 03 用同样的方法制作出另外一盏创意吊灯，如下图所示。

Step 04 最终模型效果如下图所示。

进阶案例　利用多边形建模制作藤艺装饰

案例文件	进阶案例——多边形建模制作藤艺装饰.max
视频教学	视频/Chapter 05/进阶案例——多边形建模制作藤艺装饰.flv
难易指数	★★☆☆☆
技术掌握	掌握【球体】【圆柱体】【细化】【优化】和【编辑多边形】的运用

　　本例就来学习使用标准基本体下的【球体】【圆柱体】【细化】【优化】和【编辑多边形】命令来完成模型的制作，最终渲染和线框效果如下左图和下右图所示。

建模思路

01 使用球体、细化、优化和编辑多边形制作模型
STEP

02 使用圆柱体制作模型
STEP

制作藤艺装饰流程图如下左图和下右图所示。

 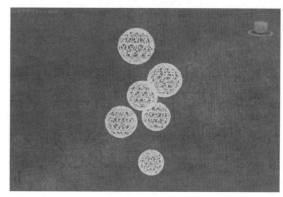

操作步骤

Part 1 使用球体、细化、优化和编辑多边形制作模型

Step 01 单击 ▦（创建）Ｉ ◉（几何体）Ｉ
▬▬球体▬ 按钮，在顶视图中拖曳并创建一个球体，
接着在【修改】面板中设置【半径】为30mm，
【分段】为24，如下图所示。

Step 02 选择创建的球体，在【修改器列表】中
加载【细化】命令，如下图所示。

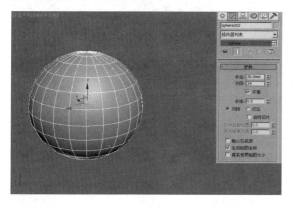 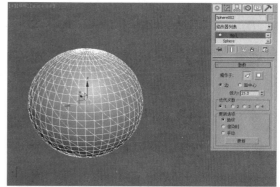

Step 03 选择球体，在【修改器列表】中加载【优
化】命令，设置【面阈值】为6.7，如右图所示。

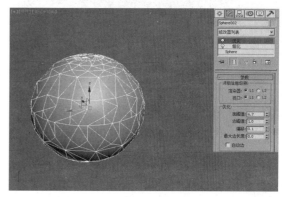

Step 04 选择球体，在【修改器列表】中加载【编辑多边形】命令，进入【边】级别☑️，选择下左图所示的边。单击 ▭▭ 创建图形 ▭▭ 按钮后面的【设置】按钮▢，在弹出的对话框中设置【图形类型】为线性并确定，如下右图所示。

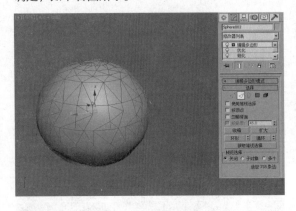 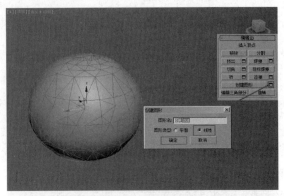

Step 05 选择上一步创建的样条线，在【渲染】卷展栏中分别勾选【在渲染中启用】和【在视口中启用】复选框，激活【径向】选项组，设置【厚度】为1mm，如右图所示。

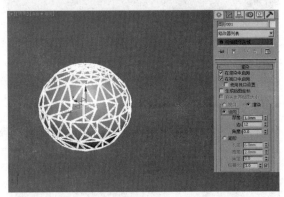

Step 06 选择球体，如下左图所示。按Delete键将其删除，效果如下右图所示。

 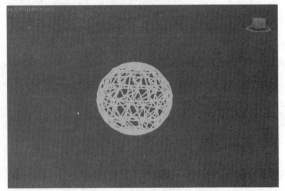

Part 2 使用圆柱体制作模型

Step 01 单击▪️（创建）|◯（几何体）| ▭圆柱体▭ 按钮，在顶视图中拖曳并创建一个圆柱体，接着在【修改】面板中设置【半径】为0.5mm，【高度】为3mm，【高度分段】为1，如下页图所示。

Step 02 在顶视图中拖曳并创建一个圆柱体，接着在【修改】面板中设置【半径】为0.1mm，【高度】为350mm，【高度分段】为1，如下页图所示。

Step 03 选择这3个模型，使用 ✛（选择并移动）工具按住Shift键进行复制，在弹出的【克隆选项】对话框中选择【复制】并确定，如下图所示。

Step 04 用同样的方法复制出其他模型，最终模型效果如下图所示。

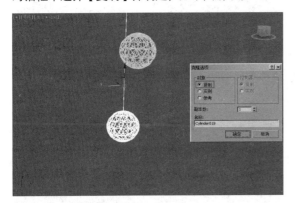

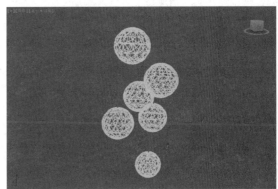

进阶案例　利用多边形建模制作时尚椅子

案例文件	进阶案例——多边形建模制作时尚椅子.max
视频教学	视频/Chapter 05/进阶案例——多边形建模制作时尚椅子.flv
难易指数	★★★☆☆
技术掌握	掌握【长方体】【样条线】【FFD4×4×4】和【编辑多边形】的运用

本例就来学习使用标准基本体下的【长方体】【样条线】【FFD4×4×4】和【编辑多边形】命令来完成模型的制作，最终渲染和线框效果如下左图和下右图所示。

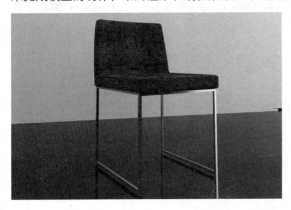

建模思路

01 使用长方体、FFD4×4×4和编辑多边形制作模型
.STEP

02 使用样条线制作模型
.STEP

制作椅子流程图如下左图和下右图所示。

操作步骤

Part 1 使用长方体、FFD4×4×4和编辑多边形制作模型

Step 01 单击 █（创建）| ◯（几何体）| 长方体
按钮，在顶视图中拖曳并创建一个长方体，接着
在【修改】面板中设置【长度】为180mm，【宽
度】为160mm，【高度】为25mm，如右图所示。

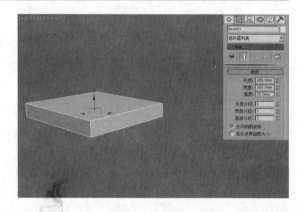

Step 02 选择长方体，在【修改器列表】中加载【编辑多边形】命令，进入【边】级别◿，选择下左图
所示的边。单击 连接 按钮后面的【设置】按钮▣，设置【分段】为1，【收缩】为0，【滑块】为67，如
下右图所示。

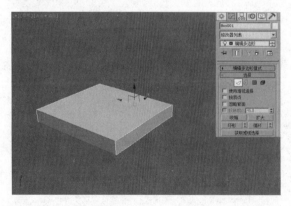 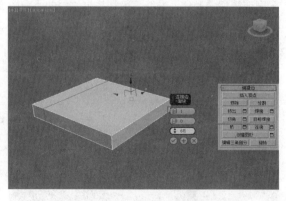

Step 03 进入【多边形】级别◁，选择下左图所示的多边形。然后单击 挤出 按钮后面的【设置】按钮，设置【高度】为110mm，如下右图所示。

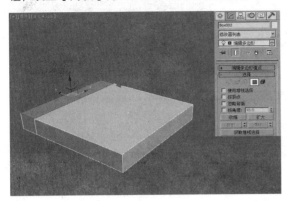 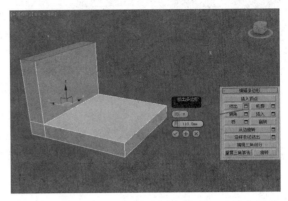

Step 04 进入【边】级别◁，选择下左图所示的边。单击 连接 按钮后面的【设置】按钮，设置【分段】为10，如下右图所示。

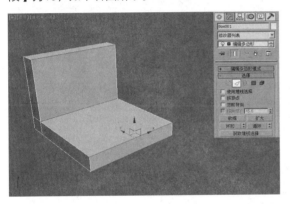 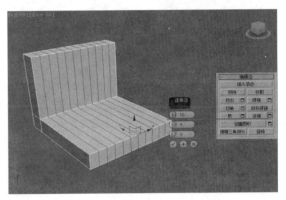

Step 05 进入【边】级别◁，选择下左图所示的边。单击 连接 按钮后面的【设置】按钮，设置【分段】为10，如下右图所示。

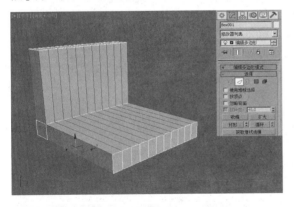 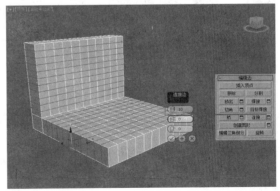

Step 06 进入【边】级别◁，选择下页左图所示的边。单击 连接 按钮后面的【设置】按钮，并设置【分段】为2，如下页右图所示。

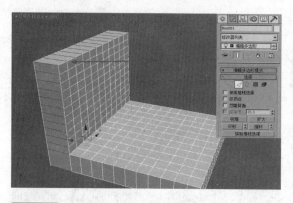 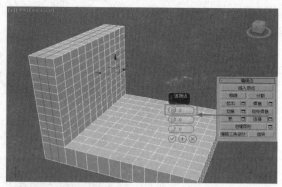

Step 07 进入【边】级别◁，选择下左图所示的边。单击 连接 按钮后面的【设置】按钮□，设置【分段】为2，如下右图所示。

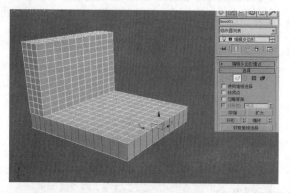 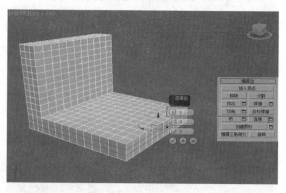

Step 08 选择上一步创建的模型，为其加载【FFD 4×4×4】修改器，进入【控制点】级别，调整点的位置如下图所示。

Step 09 使用（选择并均匀缩放）工具，进入【控制点】级别，适当缩放点的位置如下图所示。

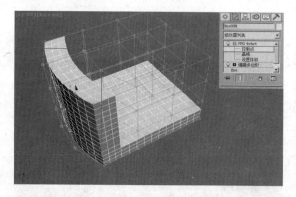 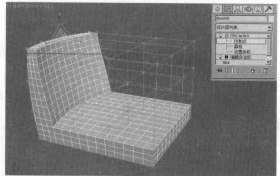

Step 10 选择上一步的模型，在【修改器列表】中加载【网格平滑】命令，设置【迭代次数】为2，如右图所示。

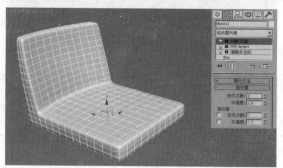

Part 2 使用样条线制作模型

Step 01 单击 ⬛ （创建）｜ ⬛ （图形）｜ 样条线 ▾ ｜ 线 按钮，在左视图中创建下图所示的样条线。

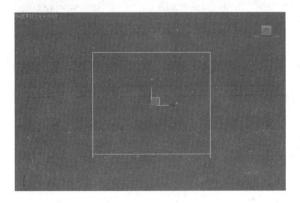

Step 02 选择上一步创建的样条线，在【渲染】卷展栏中分别勾选【在渲染中启用】和【在视口中启用】复选框，激活【矩形】选项组，设置【长度】为4mm，【宽度】为4mm，如下图所示。

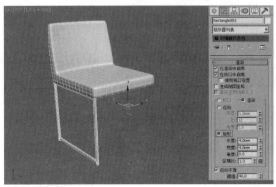

Step 03 单击 ⬛ （创建）｜ ⬛ （图形）｜ 样条线 ▾ ｜ 线 按钮，在前视图中创建下图所示的样条线。

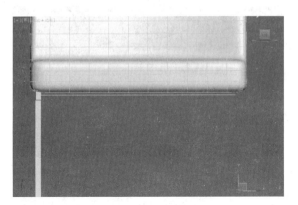

Step 04 选择上一步创建的样条线，在【渲染】卷展栏中分别勾选【在渲染中启用】和【在视口中启用】复选框，激活【矩形】选项组，设置【长度】为4mm，【宽度】为4mm，如下图所示。

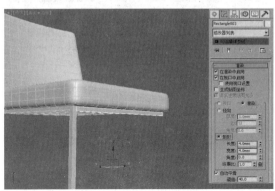

Step 05 选择下左图所示的样条线，并使用 ⬛ （选择并移动）工具按住Shift键进行复制，在弹出的【克隆选项】对话框中选择【复制】并确定，如下右图所示。

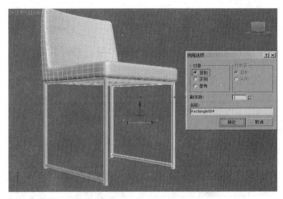

Step 06 最终模型效果如右图所示。

进阶案例	利用多边形建模制作椭圆形浴缸

案例文件	进阶案例——多边形建模制作椭圆形浴缸.max
视频教学	视频/Chapter 05/进阶案例——多边形建模制作椭圆形浴缸.flv
难易指数	★★★☆☆
技术掌握	掌握【椭圆】【挤出】【FFD3×3×3】和【编辑多边形】的运用

　　本例就来学习使用样条线下的【椭圆】【挤出】【FFD3×3×3】和【编辑多边形】命令来完成模型的制作，最终渲染和线框效果如下左图和下右图所示。

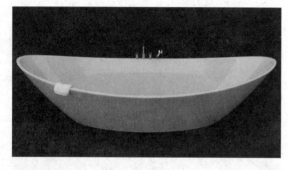

建模思路

01 使用椭圆、挤出和编辑多边形制作模型
STEP

02 使用FFD3×3×3制作模型
STEP

　　制作浴缸流程图如下左图和下右图所示。

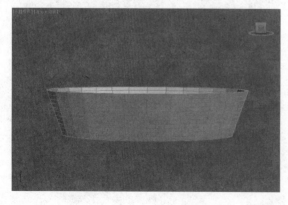
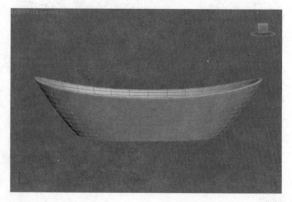

操作步骤

Part 1 使用椭圆、挤出和编辑多边形制作模型

Step 01 单击 ■（创建）| ■（图形）| 样条线 ▼ | 椭圆 按钮，在透视视图中创建一个椭圆，设置【长度】为550mm，【宽度】为1700mm，如下图所示。

Step 02 选择上一步创建的椭圆，为其添加【挤出】修改器，设置【数量】为5mm，如下图所示。

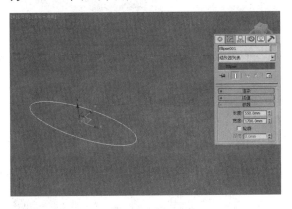
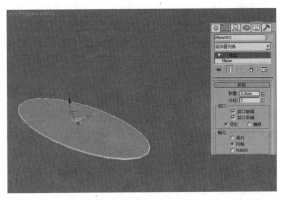

Step 03 选择上一步的模型，在【修改器列表】中加载【编辑多边形】命令，进入【多边形】级别■，选择下左图所示的多边形。单击 倒角 按钮后面的【设置】按钮■，设置【高度】为450mm，【轮廓】为130mm，如下右图所示。

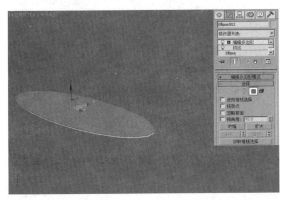
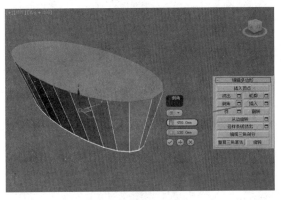

Step 04 进入【边】级别 ◁，选择下左图所示的边。单击 连接 按钮后面的【设置】按钮■，设置【分段】为10，如下右图所示。

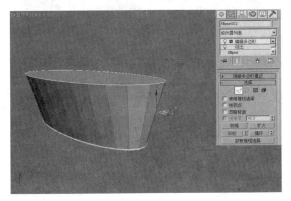
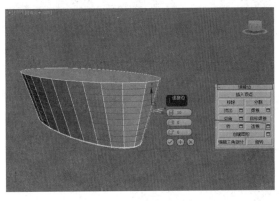

Step 05 进入【多边形】级别■，选择下左图所示的多边形。单击 插入 按钮后面的【设置】按钮■，设置【插入类型】为【按多边形】，【数量】为30mm，如下右图所示。

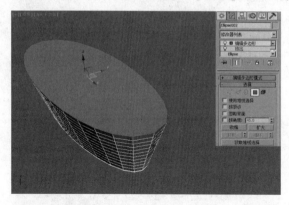 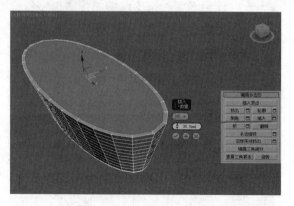

Step 06 进入【多边形】级别■，选择下左图所示的多边形。单击 倒角 按钮后面的【设置】按钮■，设置【高度】为-420mm，【轮廓】为-125mm，如下右图所示。

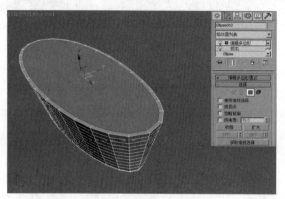 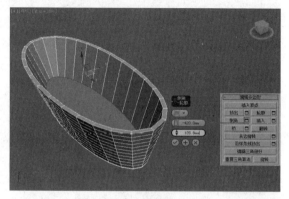

Step 07 进入【边】级别▱，选择下左图所示的边。单击 连接 按钮后面的【设置】按钮■，设置【分段】为10，如下右图所示。

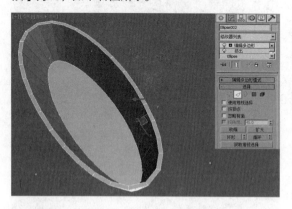 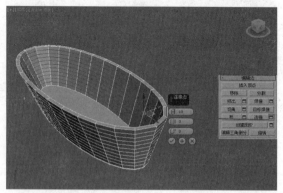

Step 08 进入【边】级别▱，选择下页左图所示的边。单击 连接 按钮后面的【设置】按钮■，设置【分段】为2，【收缩】为10，如下页右图所示。

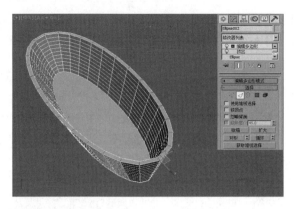 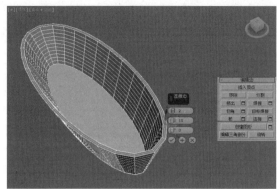

Part 2　使用FFD 3×3×3制作模型

Step 01 选择上一步的模型，并在【修改器列表】中加载【网格平滑】命令，设置【迭代次数】为2，如下图所示。

Step 02 选择上一步创建的模型，分别为其加载【FFD 3×3×3】修改器，进入【控制点】级别，调整点的位置如下图所示。

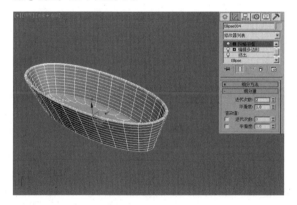 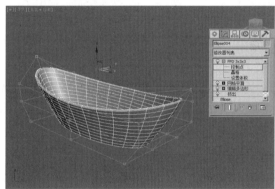

Step 03 最终模型效果如右图所示。

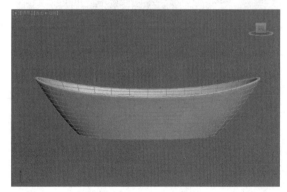

进阶案例	利用多边形建模制作平板电脑

案例文件	进阶案例——多边形建模制作平板电脑.max
视频教学	视频/Chapter 05/进阶案例——多边形建模制作平板电脑.flv
难易指数	★★★☆☆
技术掌握	掌握【长方体】【圆柱体】【切角长方体】【编辑多边形】【网格平滑】【FFD(长方体)4×4×4】【ProBoolean】和【布尔】的运用

本例就来学习使用标准基本体下的【长方体】【圆柱体】【切角长方体】【编辑多边形】【网格平滑】【FFD(长方体)4×4×4】【ProBoolean】和【布尔】命令来完成模型的制作，最终渲染和线框效果如下左图和下右图所示。

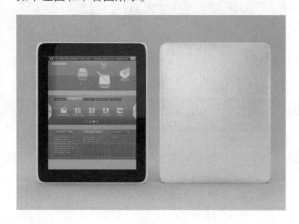 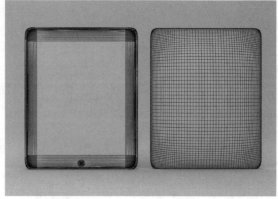

建模思路

01 使用长方体、圆柱体、编辑多边形、网格平滑和布尔制作模型
STEP

02 使用切角长方体、FFD(长方体) 4×4×4和ProBoolean制作模型
STEP

制作平板电脑流程图如下左图和下右图所示。

操作步骤

Part 1 使用长方体、圆柱体、编辑多边形、网格平滑和布尔制作模型

Step 01 单击 ■（创建）|○（几何体）| 长方体
按钮，在透视图中拖曳并创建一个长方体，接着在
【修改】面板中设置【长度】为23550mm，【宽度】
为17655mm，【高度】为348mm，如右图所示。

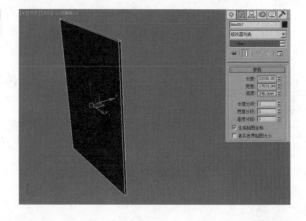

Step 02 选择上一步创建的长方体，在【修改器列表】中加载【编辑多边形】命令，进入【边】级别☑，选择下左图所示的边。单击 连接 按钮后面的【设置】按钮☐，设置【分段】为2，【收缩】为0，【滑块】为0，如下右图所示。

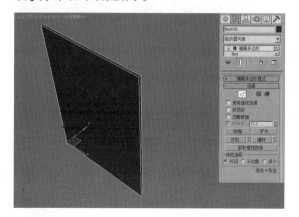 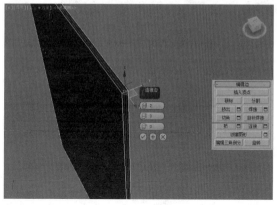

Step 03 进入【边】级别☑，选择下左图所示的边。单击 连接 按钮后面的【设置】按钮☐，设置【分段】为4，【收缩】为0，【滑块】为0，如下右图所示。

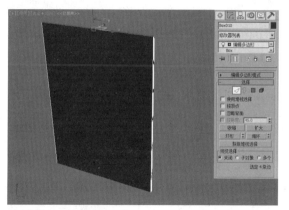 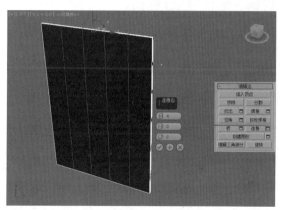

Step 04 进入【边】级别☑，选择下左图所示的边。单击 连接 按钮后面的【设置】按钮☐，设置【分段】为4，【收缩】为0，【滑块】为0，如下右图所示。

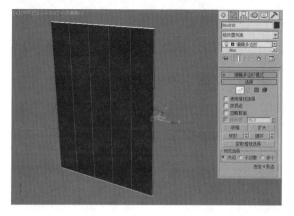 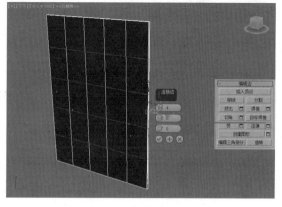

Step 05 进入【边】级别☑，选择下页左图所示的边。单击 连接 按钮后面的【设置】按钮☐，设置【分段】为1，【收缩】为0，【滑块】为0，如下页右图所示。

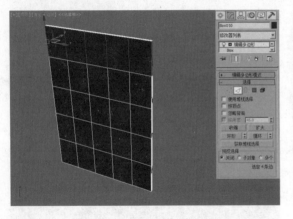
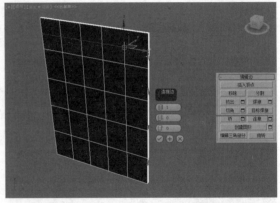

Step 06 进入【边】级别☑，选择下左图所示的边。单击 连接 按钮后面的【设置】按钮▣，设置【分段】为1，【收缩】为0，【滑块】为0，如下右图所示。

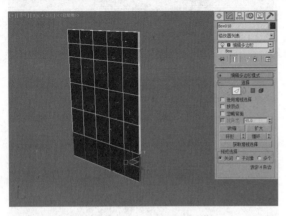
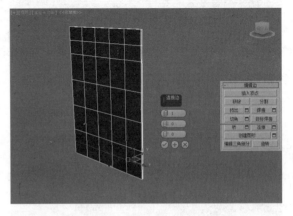

Step 07 进入【边】级别☑，选择下左图所示的边。单击 连接 按钮后面的【设置】按钮▣，设置【分段】为1，【收缩】为0，【滑块】为0，如下右图所示。

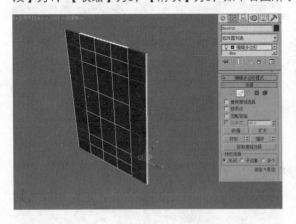
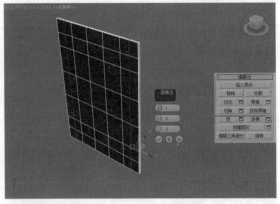

Step 08 选择上一步的模型，在【修改器列表】中加载【网格平滑】命令，设置【迭代次数】为4，如下页图所示。

Step 09 选择上一步的模型，使用▣（选择并均匀缩放）工具按住Shift键进行复制，在弹出的【克隆选项】对话框中选择【复制】并确定，效果如下页图所示。

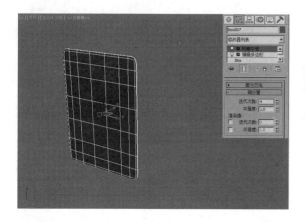
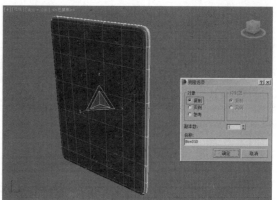

Step 10 单击 ▦ （创建）| ◎ （几何体）| █ 圆柱体 █
按钮，在透视图中拖曳并创建一个圆柱体，接着在
【修改】面板中设置【半径】为600mm，高度为
240mm，【高度分段】为5，【端面分段】为5，
【边数】为30，如右图所示。

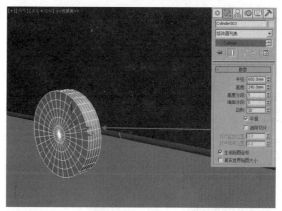

Step 11 选择上一步创建的圆柱体，在【修改器列表】中加载【编辑多边形】命令，进入【顶点】级
别 ▦ ，选择下左图所示的顶点。展开【软选择】卷展栏，勾选【使用软选择】复选框，设置【衰减】为
990mm，使用 ▦ （选择并移动）工具对选择的顶点进行适当调整，如下右图所示。

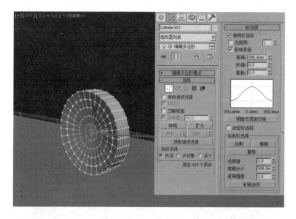
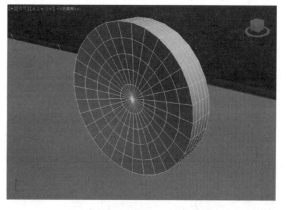

Step 12 选择上一步的模型，并使用 ▦ （选择并
移动）工具按住Shift键进行复制，在弹出的【克
隆选项】对话框中选择【复制】并确定，效果如
下页图所示。

Step 13 选择已创建的长方体，单击 ▦ （创建）|
◎ （几何体）| 复合对象 ▼ | █ 布尔 █ 按钮，单
击【拾取布尔】卷展栏中的【拾取操作对象B】按
钮，拾取已创建的圆柱体模型，如下页图所示。

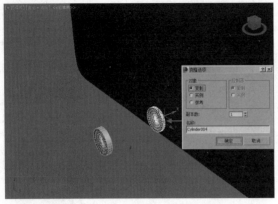

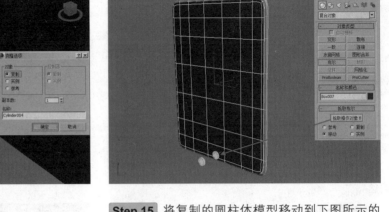

Step 14 模型的效果如下图所示。

Step 15 将复制的圆柱体模型移动到下图所示的位置。

Part 2 使用切角长方体、FFD(长方体) 4×4×4和ProBoolean制作模型

Step 01 选择复制的长方体，为其加载【FFD（长方体）4×4×4】修改器，单击 设置点数 按钮，在弹出的对话框中设置【长度】为5，【宽度】为5，进入【控制点】级别，使用 （选择并移动）工具将点移动到下图所示的位置。

Step 02 选择长方体，并使用 （选择并移动）工具按住Shift键进行复制，在弹出的【克隆选项】对话框中选择【复制】并确定，效果如下图所示。

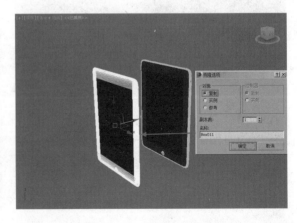

Step 03 在透视图中拖曳并创建一个切角长方体，设置【长度】为160mm，【宽度】为658mm，【高度】为1110mm，【圆角】为45mm，【长度分段】为1，【宽度分段】为1，【高度分段】为1，【圆角分段】为6，如下图所示。

Step 04 继续在透视图中拖曳并创建一个切角长方体，设置【长度】为160mm，【宽度】为658mm，【高度】为344mm，【圆角】为45mm，【长度分段】为1，【宽度分段】为1，【高度分段】为1，【圆角分段】为6，如下图所示。

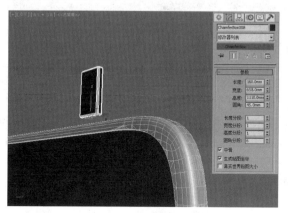

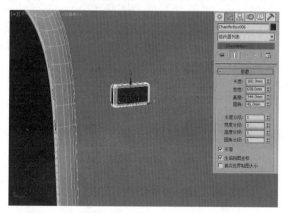

Step 05 继续在透视图中拖曳并创建一个切角长方体，设置【长度】为160mm，【宽度】为658mm，【高度】为803mm，【圆角】为45mm，【长度分段】为1，【宽度分段】为1，【高度分段】为1，【圆角分段】为6，如右图所示。

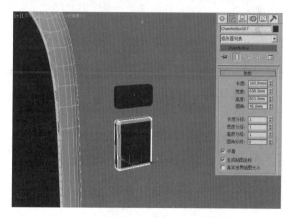

Step 06 选择复制的长方体，单击 ✦（创建）|◯（几何体）| 复合对象 ▼ | ProBoolean 按钮，单击【拾取布尔对象】卷展栏中的【开始拾取】按钮，拾取已创建的长方体和3个切角长方体模型，如下左图所示。模型的效果如下右图所示。

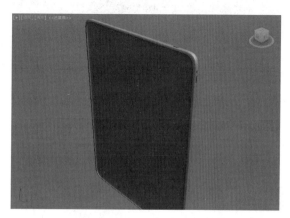

Step 07 将复制的长方体模型移动到下图所示的位置。

Step 08 最终模型效果如下图所示。

进阶案例　　利用多边形建模制作笔筒

案例文件	进阶案例——多边形建模制作笔筒.max
视频教学	视频/Chapter 05/进阶案例——多边形建模制作笔筒.flv
难易指数	★★★☆☆
技术掌握	掌握【长方体】【编辑多边形】【壳】和【平滑】的运用

本例就来学习使用标准基本体下的【长方体】【编辑多边形】【壳】和【平滑】命令来完成模型的制作，最终渲染和线框效果如下左图和下右图所示。

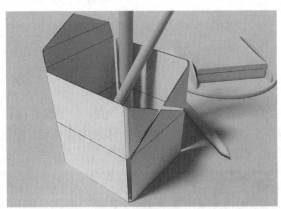

建模思路

01 使用长方体和编辑多边形制作模型
STEP

02 使用编辑多边形、壳和平滑制作模型
STEP

制作笔筒流程图如下页左图和下页右图所示。

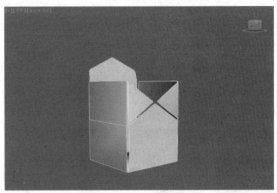

操作步骤

Part 1 使用长方体和编辑多边形制作模型

Step 01 单击 ▦（创建）| ◙（几何体）| 长方体 按钮，在透视图中拖曳并创建一个长方体，接着在【修改】面板中设置【长度】为100mm，【宽度】为100mm，【高度】为130mm，设置【高度分段】为2，如右图所示。

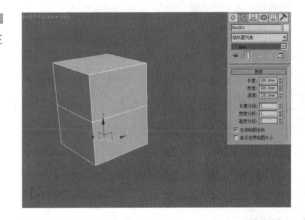

Step 02 选择上一步创建的长方体，在【修改器列表】中加载【编辑多边形】命令，进入【顶点】级别 ⬚，选择下左图所示的顶点。单击 连接 按钮，如下右图所示。

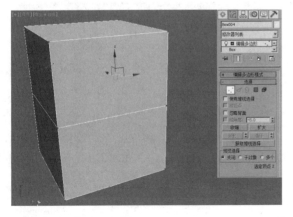
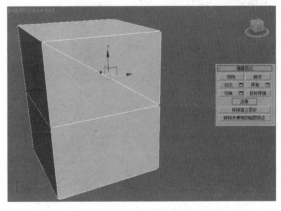

Step 03 进入【顶点】级别 ⬚，选择下页左图所示的顶点。单击 连接 按钮，如下页右图所示。

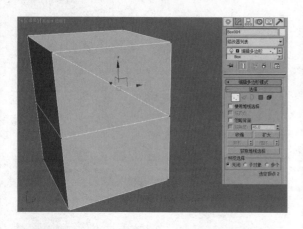
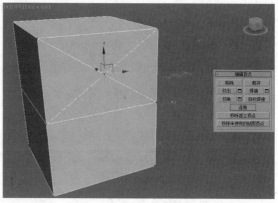

Step 04 进入【边】级别，选择下左图所示的边。单击 切角 按钮后面的【设置】按钮，设置【数量】为2，如下右图所示。

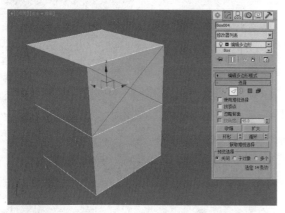
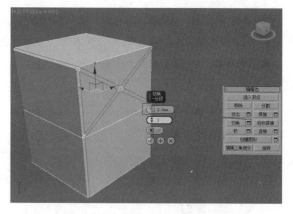

Step 05 进入【多边形】级别，选择下左图所示的多边形。单击Delete键将选择的多边形删除，如下右图所示。

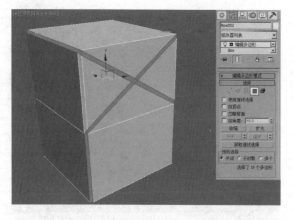
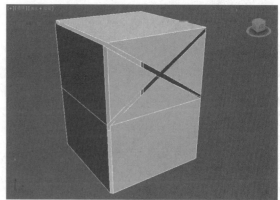

> **提示：在多边形建模时，删除多边形会对模型有什么影响？**
>
> 在进行多边形建模时，有时候需要将部分多边形进行删除，此时按Delete键即可删除。但是删除后会发现模型由最开始的实体变成了没有厚度的"薄片状"效果。因此在模型制作完成后一定要记得添加【壳】修改器，为模型设置厚度。

Part 2 使用编辑多边形、壳和平滑制作模型

Step 01 进入【顶点】级别，选择下左图所示的顶点。使用（选择并移动）工具对选择的顶点进行调整，效果如下右图所示。

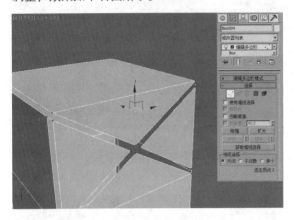 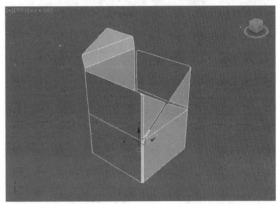

Step 02 进入【顶点】级别，选择下左图所示的顶点。单击 切角 按钮后面的【设置】按钮，设置【顶点切角量】为1.8mm，如下右图所示。

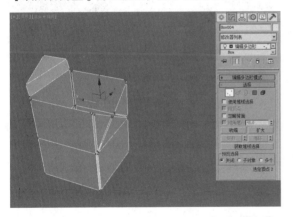 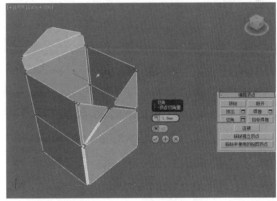

Step 03 选择上一步的模型，在【修改器列表】中加载【壳】命令，设置【外部量】为1mm，如右图所示。

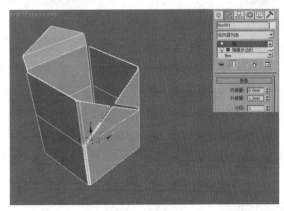

Step 04 进入【边】级别，选择下页左图所示的边。单击 连接 按钮后面的【设置】按钮，设置【分段】为2，【收缩】为40，【滑块】为0，如下页右图所示。

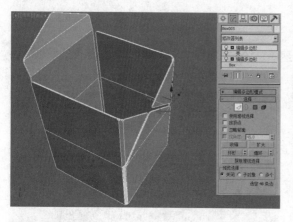

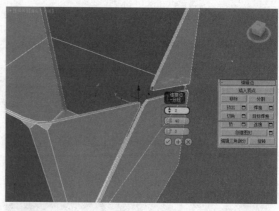

Step 05 选择上一步的模型，在【修改器列表】中加载【平滑】命令，设置【阈值】为70，如下图所示。

Step 06 最终模型效果如下图所示。

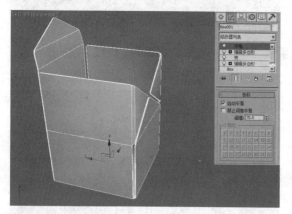

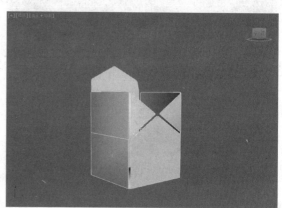

进阶案例　利用多边形建模制作欧式脚凳

案例文件	进阶案例——多边形建模制作欧式脚凳.max
视频教学	视频/Chapter 05/进阶案例——多边形建模制作欧式脚凳.flv
难易指数	★★★★☆
技术掌握	掌握【长方体】和【编辑多边形】的运用

　　本例就来学习使用标准基本体下的【长方体】和【编辑多边形】命令来完成模型的制作，最终渲染和线框效果如下左图和下右图所示。

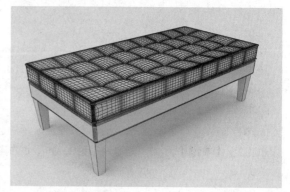

建模思路

01 使用长方体、编辑多边形制作脚凳坐垫
STEP

02 使用长方体、编辑多边形制作脚凳凳腿
STEP

制作脚凳流程图如下左图和下右图所示。

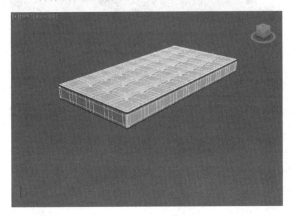 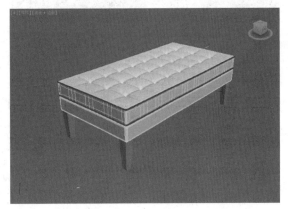

操作步骤

Part 1 使用长方体和编辑多边形制作脚凳坐垫

Step 01 单击 ■（创建）|◎（几何体）| 长方体
按钮，在顶视图中拖曳并创建一个长方体，设置
【长度】为150mm，【宽度】为300mm，【高度】为25mm，如右图所示。

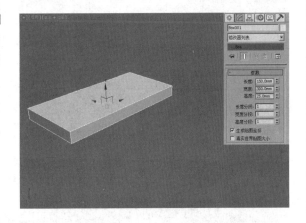

Step 02 选择长方体，在【修改器列表】中加载【编辑多边形】命令，进入【边】级别 ◢，选择下左图所示的边。单击 切角 按钮后面的【设置】按钮□，设置【数量】为3mm，【分段】为6，如下右图所示。

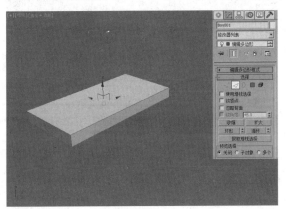 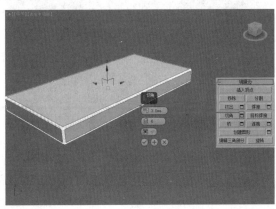

Step 03 进入【边】级别 ⬚，选择下左图所示的边。单击 连接 按钮后面的【设置】按钮 ▣，设置【分段】为8，如下右图所示。

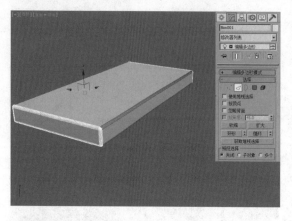 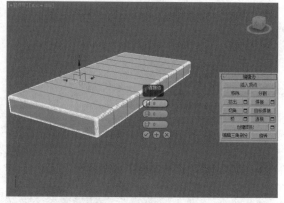

Step 04 进入【边】级别 ⬚，选择下左图所示的边。单击 连接 按钮后面的【设置】按钮 ▣，设置【分段】为3，如下右图所示。

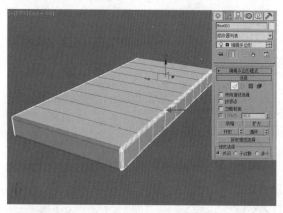 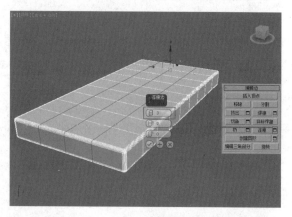

Step 05 进入【边】级别 ⬚，选择下左图所示的边。单击 连接 按钮后面的【设置】按钮 ▣，设置【分段】为1，【收缩】为0，【滑块】为56，如下右图所示。

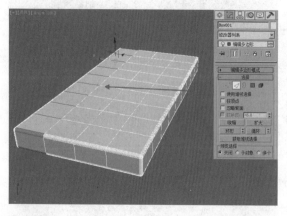 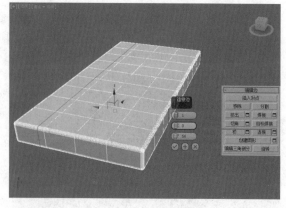

Step 06 进入【边】级别 ⬚，选择下页左图所示的边。单击 连接 按钮后面的【设置】按钮 ▣，设置【分段】为1，【收缩】为0，【滑块】为56，如下页右图所示。

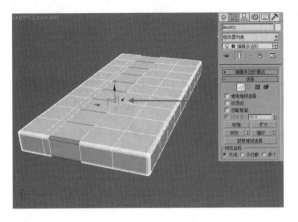 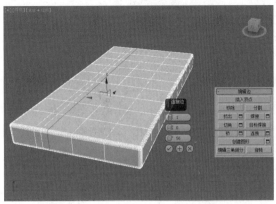

Step 07 进入【边】级别 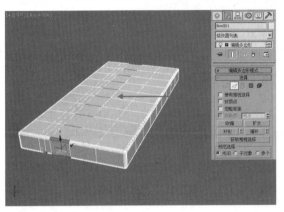，选择下左图所示的边。单击 连接 按钮后面的【设置】按钮 ，设置【分段】为1，【收缩】为0，【滑块】为-56，如下右图所示。

 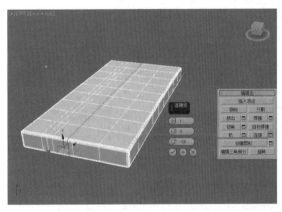

Step 08 进入【边】级别 ，选择下左图所示的边。单击 连接 按钮后面的【设置】按钮 ，设置【分段】为1，【收缩】为0，【滑块】为56，如下右图所示。

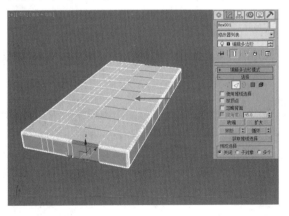 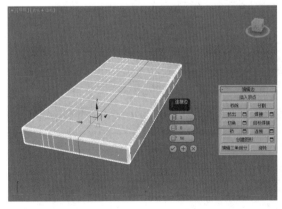

Step 09 进入【边】级别 ，选择下页左图所示的边。单击 连接 按钮后面的【设置】按钮 ，设置【分段】为1，【收缩】为0，【滑块】为-56，如下页右图所示。

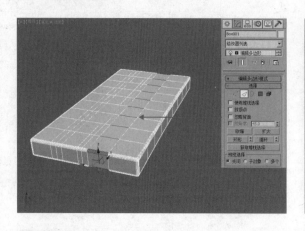
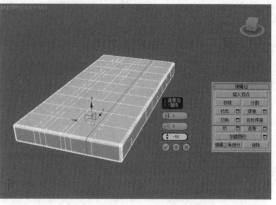

Step 10 进入【边】级别，选择下左图所示的边。单击 连接 按钮后面的【设置】按钮，设置【分段】为1，【收缩】为0，【滑块】为56，如下右图所示。

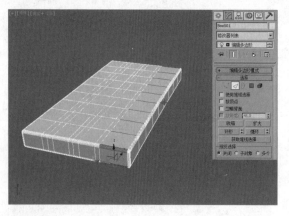
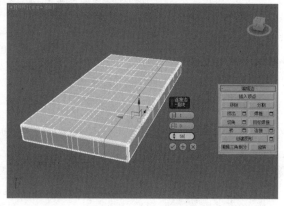

Step 11 进入【边】级别，选择下左图所示的边。单击 连接 按钮后面的【设置】按钮，设置【分段】为1，【收缩】为0，【滑块】为60，如下右图所示。

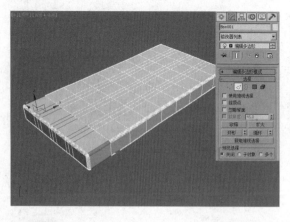
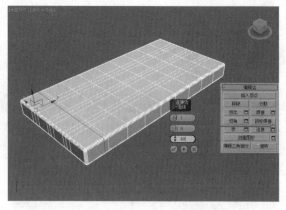

Step 12 进入【边】级别，选择下页左图所示的边。单击 连接 按钮后面的【设置】按钮，设置【分段】为1，【收缩】为0，【滑块】为-60，如下页右图所示。

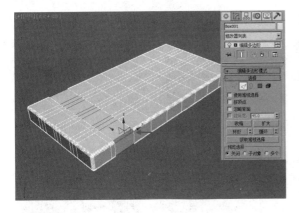

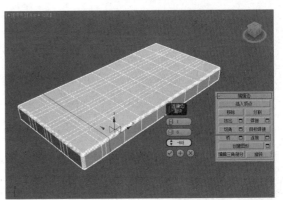

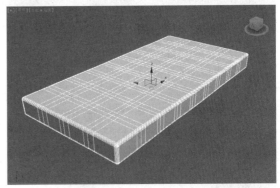

Step 13 用同样的方法连接其他线段，效果如右图所示。

Step 14 在【顶点】级别下，选择下左图所示的顶点。单击 切角 按钮后面的【设置】按钮，设置【顶点切角量】为2mm，如下右图所示。

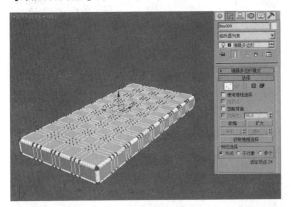

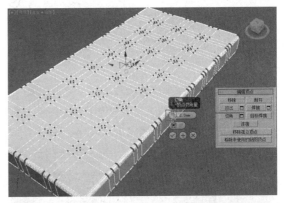

Step 15 保持选择上一步中的顶点，并使用（选择并移动）工具将顶点向下移动，如右图所示。

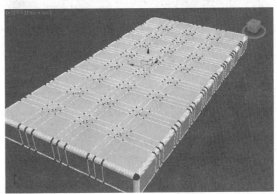

Step 16 进入【边】级别 ✍，选择下左图所示的边。使用 ⊕（选择并移动）工具将顶点向下移动，如下右图所示。

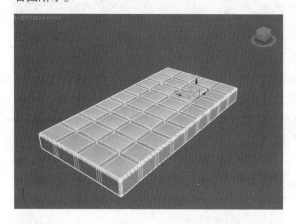 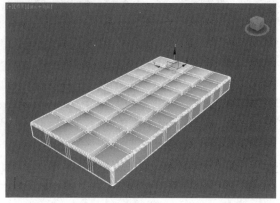

Step 17 进入【边】级别 ✍，选择下左图所示的边。单击 创建图形 按钮后面的【设置】按钮 ▣，在弹出的对话框中设置【图形类型】为线性，单击确定，如下右图所示。

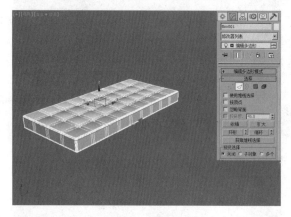 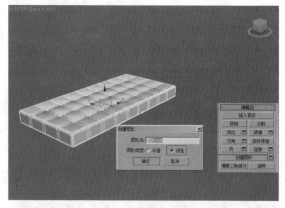

Step 18 选择上一步创建的样条线，在【渲染】卷展栏中分别勾选【在渲染中启用】和【在视口中启用】复选框，激活【径向】选项组，设置【厚度】为2mm，如下图所示。

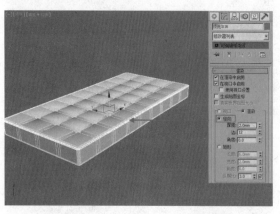

Step 19 保持选择上一步中的样条线，并使用 ⊕（选择并移动）工具按住Shift键进行复制，在弹出的【克隆选项】对话框中选择【复制】并确定，如下图所示。

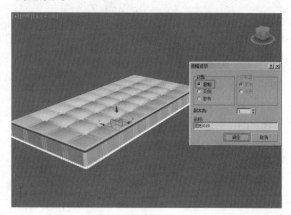

Step 20 选择长方体，在【修改器列表】中加载【网格平滑】命令，设置【迭代次数】为2，如右图所示。

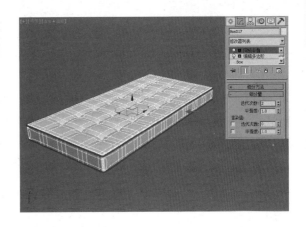

Part 2 使用长方体和编辑多边形制作脚凳凳腿

Step 01 单击 ▓ （创建）| ▢ （几何体）| 长方体 按钮，在顶视图中拖曳并创建一个长方体，接着在【修改】面板中设置【长度】为150mm，【宽度】为300mm，【高度】为25mm，如右图所示。

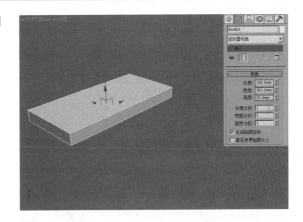

Step 02 选择长方体，在【修改器列表】中加载【编辑多边形】命令，进入【边】级别 ◿，选择下左图所示的边。单击 切角 按钮后面的【设置】按钮 ▢，设置【数量】为3mm，【分段】为6，如下右图所示。

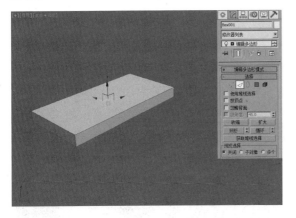 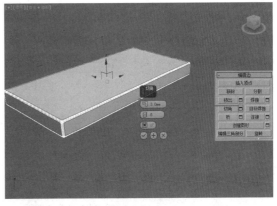

Step 03 保持选择上一步中的长方体，并使用 ▓ （选择并移动）工具将其移动到下页图所示的位置。

Step 04 在顶视图中拖曳并创建一个长方体，设置【长度】为14mm，【宽度】为14mm，【高度】为50mm，如下页图所示。

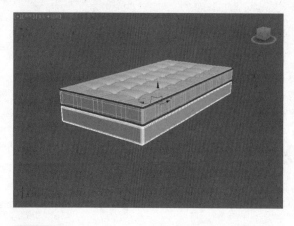
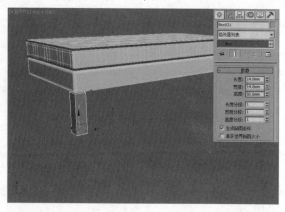

Step 05 选择长方体，在【修改器列表】中加载【编辑多边形】命令，在【顶点】级别 下，选择下左图所示的顶点。使用 （选择并均匀缩放）工具，长时间单击 （使用轴点中心）工具，然后选择 （使用选择中心）工具进行适当缩放，如下右图所示。

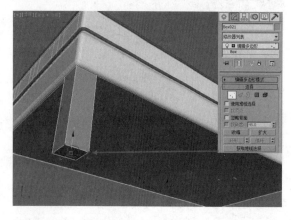
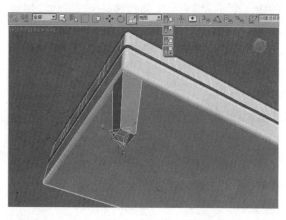

Step 06 保持选择上一步中的长方体，并使用 （选择并移动）工具按住Shift键进行复制，在弹出的【克隆选项】对话框中选择【复制】并确定，如下图所示。

Step 07 用同样的方法复制出另一侧的模型，最终模型效果如下图所示。

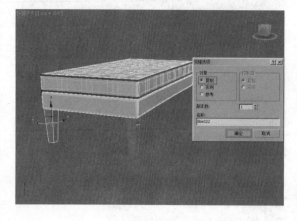
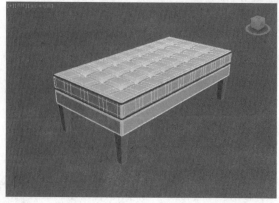

进阶案例	利用多边形建模制作奢华软包床

案例文件	进阶案例——多边形建模制作奢华软包床.max
视频教学	视频/Chapter 05/进阶案例——多边形建模制作奢华软包床.flv
难易指数	★★★★☆
技术掌握	掌握【长方体】【切角长方体】【编辑多边形】和【网格平滑】的运用

　　本例就来学习使用标准基本体下的【长方体】【切角长方体】【编辑多边形】和【网格平滑】命令来完成模型的制作，最终渲染和线框效果如下左图和下右图所示。

建模思路

01 使用切角长方体、编辑多边形和网格平滑制作模型
STEP

02 使用长方体、编辑多边形和网格平滑制作模型
STEP

　　制作软包床流程图如下左图和下右图所示。

操作步骤

Part 1　使用切角长方体、编辑多边形和网格平滑制作模型

Step 01 在透视图中拖曳并创建一个切角长方体，设置【长度】为2200mm，【宽度】为1800mm，【高度】为350mm，【圆角】为40mm，【圆角分段】为10，如下页图所示。

Step 02 继续在透视图中拖曳并创建一个切角长方体，设置【长度】为120mm，【宽度】为120mm，【高度】为160mm，【圆角】为10mm，【圆角分段】为10，如下页图所示。

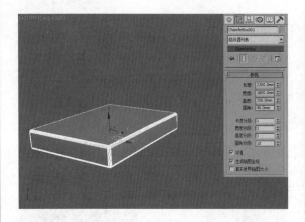

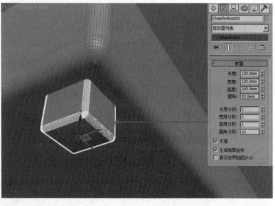

Step 03 选择上一步的模型，使用■（选择并移动）工具按住Shift键进行复制，在弹出的【克隆选项】对话框中选择【复制】，设置【副本数】为3，单击【确定】按钮，如下图所示。

Step 04 继续在透视图中拖曳并创建一个切角长方体，设置【长度】为2150mm，【宽度】为1700mm，【高度】为240mm，【圆角】为70mm，【圆角分段】为10，如下图所示。

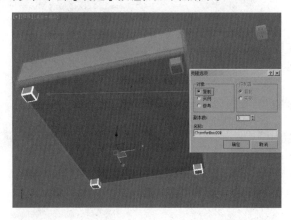

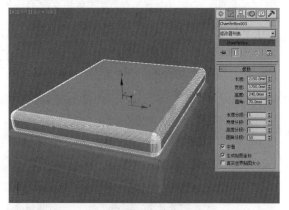

Step 05 继续在透视图中拖曳并创建一个切角长方体，设置【长度】为120mm，【宽度】为1800mm，【高度】为1260mm，【圆角】为40mm，【长度分段】为1，【宽度分段】为3，【高度分段】为5，【圆角分段】为10，如右图所示。

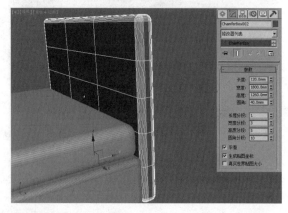

Step 06 选择上一步创建的切角长方体，在【修改器列表】中加载【编辑多边形】命令，进入【顶点】级别■下，选择下页左图所示的顶点。使用■（选择并移动）工具将顶点移动到下页右图所示的位置。

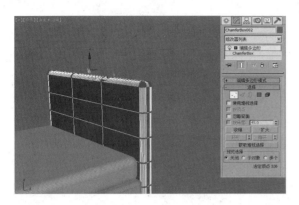
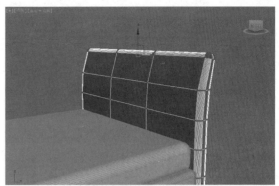
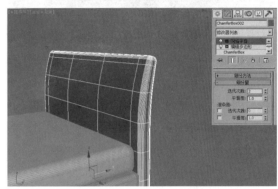

Step 07 选择上一步的模型，在【修改器列表】中加载【网格平滑】命令，设置【迭代次数】为2，如右图所示。

Part 2 使用长方体、编辑多边形和网格平滑制作模型

Step 01 在透视图中拖曳并创建一个长方体，设置【长度】为70mm，【宽度】为1650mm，【高度】为800mm，【长度分段】为1，【宽度分段】为5，【高度分段】为5，如右图所示。

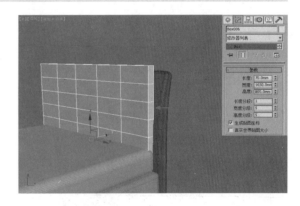

Step 02 选择上一步创建的长方体，在【修改器列表】中加载【编辑多边形】命令，进入【顶点】级别，选择下左图所示的顶点。使用 （选择并移动）工具将顶点移动到下右图所示的位置。

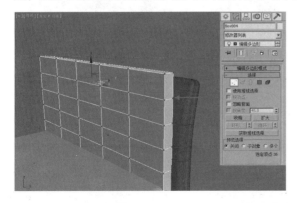
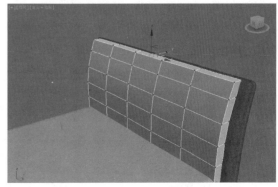

Step 03 进入【多边形】级别■，选择下左图所示的多边形。单击[从边旋转]按钮后面的【设置】按钮■，设置【角度】为50，单击【转枢】按钮田拾取从边旋转的边，单击3下【应用并继续】⊕，如下右图所示。

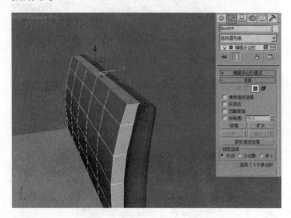 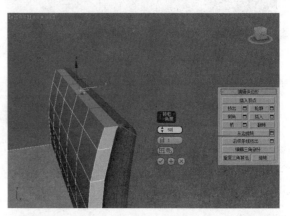

Step 04 从边旋转后的效果如右图所示。

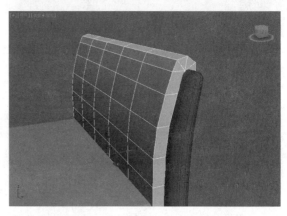

Step 05 进入【边】级别，选择下左图所示的边。单击[连接]按钮后面的【设置】按钮■，设置【分段】为1，【收缩】为0，【滑块】为0，如下右图所示。

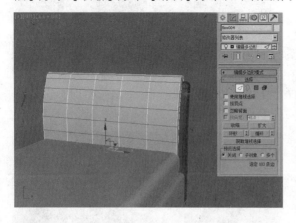 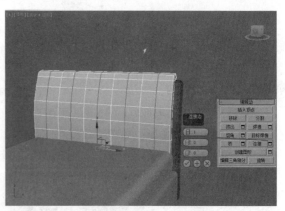

Step 06 进入【顶点】级别，选择下页左图所示的顶点。单击鼠标右键，在弹出的菜单中选择【剪切】命令，如下页右图所示。

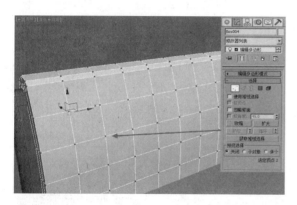 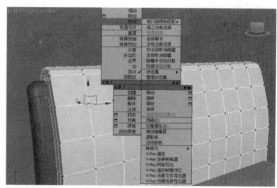

Step 07 将两个顶点相连，如下左图所示。用同样的方法剪切其他顶点，效果如下右图所示。

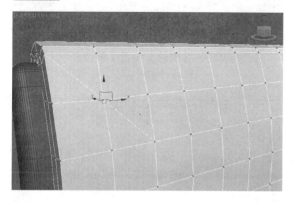 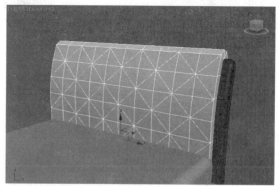

Step 08 进入【顶点】级别，选择右图所示的顶点。分别选择这些顶点，单击 焊接 按钮。

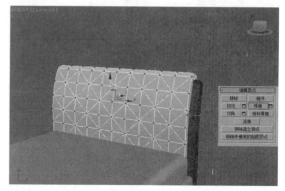

Step 09 进入【顶点】级别，选择下左图所示的顶点。单击 切角 按钮后面的【设置】按钮，设置【顶点切角量】为50mm，如下右图所示。

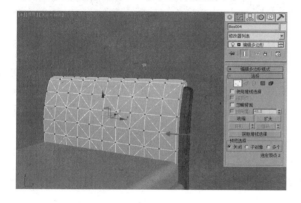 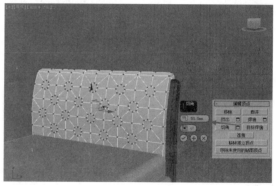

Step 10 进入【多边形】级别█，选择下左图所示的多边形。单击 倒角 按钮后面的【设置】按钮▣，设置【高度】为-60mm，【轮廓】为-44mm，如下右图所示。

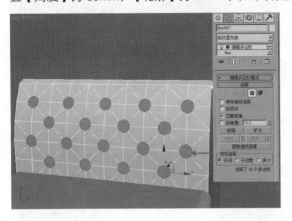
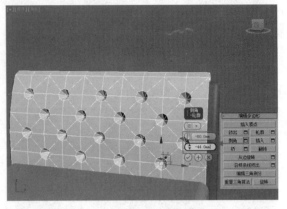

Step 11 进入【边】级别◿，选择下左图所示的边。单击 挤出 按钮后面的【设置】按钮▣，设置【高度】为-8mm，【宽度】为15mm，如下右图所示。

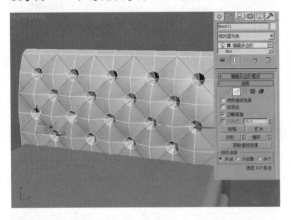
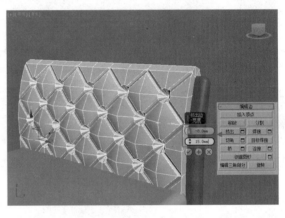

Step 12 选择上一步的模型，在【修改器列表】中加载【网格平滑】命令，设置【迭代次数】为3，如下图所示。

Step 13 最终模型效果如下图所示。

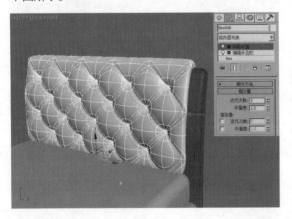

进阶案例	制作简约风格别墅

案例文件	进阶案例——简约风格别墅
视频教学	视频/Chapter 05/进阶案例——简约风格别墅.flv
难易指数	★★★★☆
技术掌握	掌握【长方体】【壳】【编辑多边形】的运用

本例就来学习使用标准基本体下的【长方体】【壳】和【编辑多边形】命令来完成模型的制作，最终渲染和线框效果如下左图和下右图所示。

建模思路

01 STEP 使用长方体和编辑多边形制作模型

02 STEP 使用编辑多边形和壳制作模型

制作别墅流程图如下左图和下右图所示。

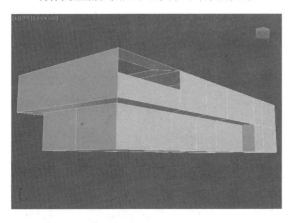 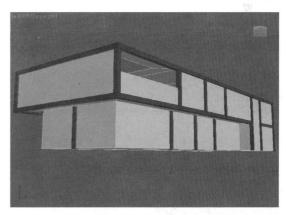

操作步骤

Part 1 使用长方体和编辑多边形制作模型

Step 01 单击 （创建）｜ （几何体）｜ 长方体 按钮，在顶视图中拖曳并创建一个长方体，接着在【修改】面板中设置【长度】为150mm，【宽度】为400mm，【高度】为80mm，【长度分段】为1，【宽度分段】为3，【高度分段】为2，如下页图所示。

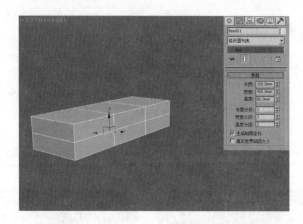

Step 02 选择长方体，在【修改器列表】中加载【编辑多边形】命令，在【顶点】级别 下，选择下左图所示的顶点。使用 （选择并移动）工具将顶点移动到下右图所示的位置。

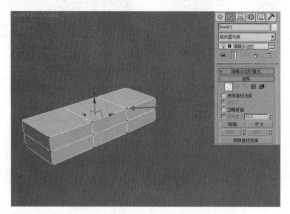 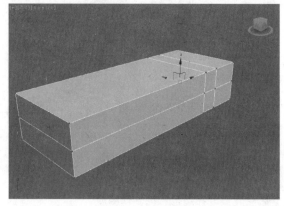

Step 03 进入【多边形】级别 ，选择下左图所示的多边形。按Delete键将其删除，效果如下右图所示。

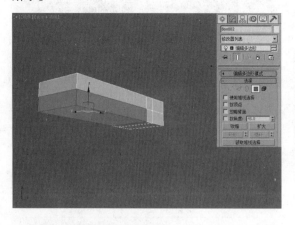 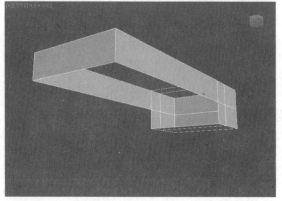

🔊 **提示：别墅模型的制作技巧**

别墅模型是较为复杂的模型，转折结构比较多，因此可以使用多边形建模进行制作，而且可以通过删除部分多边形以达到创建模型的目的。在制作别墅模型时，难点在于模型中线的位置，合理的布线会使得模型制作更快捷、更方便。

Step 04 进入【边】级别 ，选择下左图所示的边。单击 桥 按钮，效果如下右图所示。

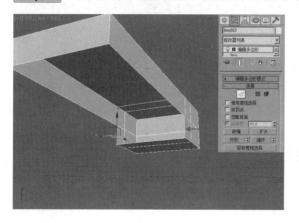 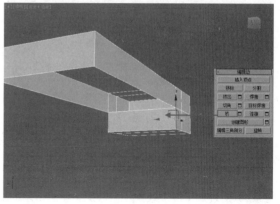

Step 05 进入【边】级别 ，选择下左图所示的边。单击 桥 按钮，效果如下右图所示。

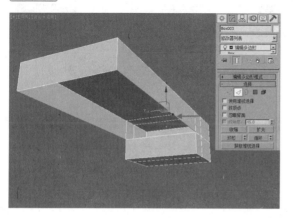 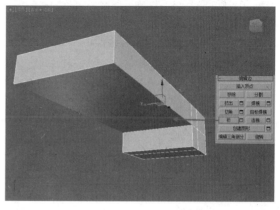

Step 06 进入【多边形】级别 ，选择下左图所示的多边形。单击 插入 按钮后面的【设置】按钮 ，设置【插入类型】为【按多边形】，【数量】为20mm，如下右图所示。

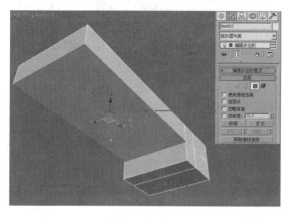 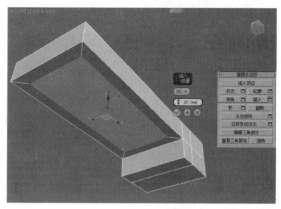

Step 07 进入【多边形】级别 ，选择下页左图所示的多边形。然后单击 挤出 按钮后面的【设置】按钮 ，设置【高度】为40mm，如下页右图所示。

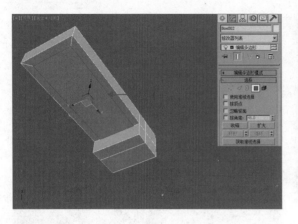
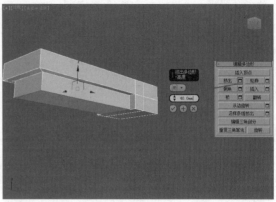

Step 08 进入【边】级别 ，选择下左图所示的边。单击 连接 按钮后面的【设置】按钮 ，设置【分段】为3，【收缩】为-25，如下右图所示。

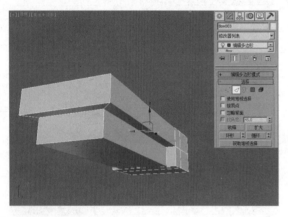
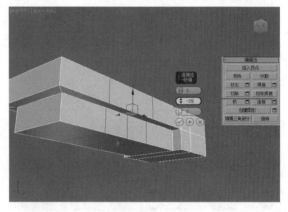

Step 09 进入【边】级别 ，选择下左图所示的边。单击 连接 按钮后面的【设置】按钮 ，设置【分段】为1，如下右图所示。

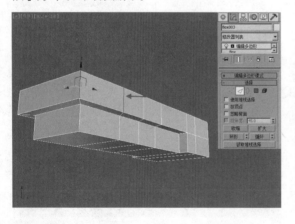
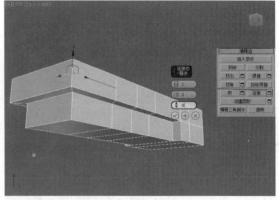

Step 10 进入【多边形】级别 ，选择下页左图所示的多边形。按Delete键将其删除，效果如下页右图所示。

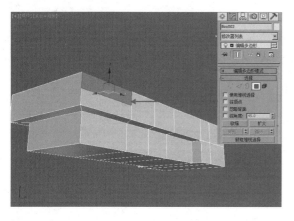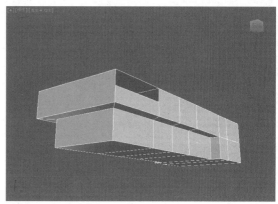

Step 11 进入【多边形】级别■，选择下左图所示的多边形。单击 插入 按钮后面的【设置】按钮■，设置【插入类型】为【按多边形】，【数量】为20mm，如下右图所示。

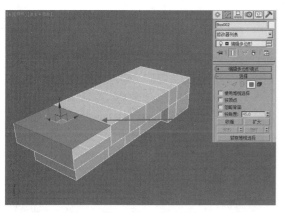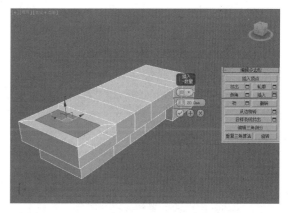

Step 12 进入【多边形】级别■，选择下左图所示的多边形。按Delete键将其删除，效果如下右图所示。

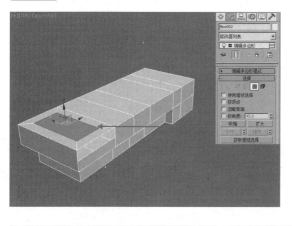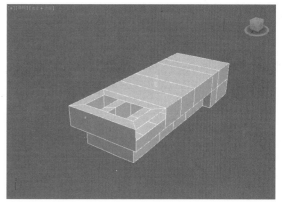

Part 2　使用编辑多边形和壳制作模型

Step 01 进入【边】级别，选择下页左图所示的边。单击 创建图形 按钮后面的【设置】按钮■，在弹出的对话框中设置【图形类型】为线性，单击确定，如下页右图所示。

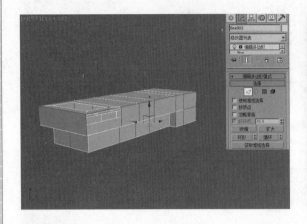 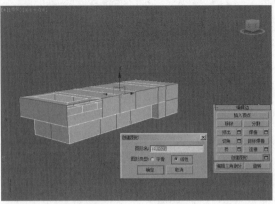

Step 02 选择上一步创建的样条线，在【渲染】卷展栏中分别勾选【在渲染中启用】和【在视口中启用】复选框，激活【矩形】选项组，设置【长度】为4mm，【宽度】为4mm，如下图所示。

Step 03 选择长方体，在【修改器列表】中加载【壳】命令，设置【内部量】为1mm，【外部量】为1mm，如下图所示。

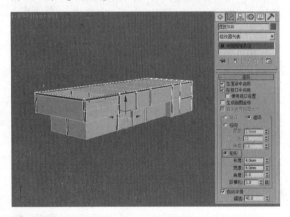 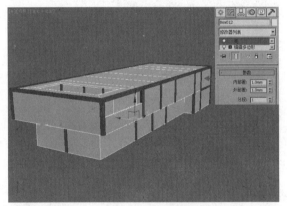

Step 04 最终模型效果如右图所示。

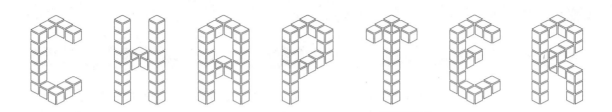

06 网格建模和NURBS建模

本章学习要点

- 使用网格建模制作模型
- 使用NURBS建模制作模型

　　网格建模和NURBS建模是3ds Max中应用相对较少的建模方式，但是不得不承认这两种建模方式也是比较高级的建模方式。其中网格建模与多边形建模的思路及工具基本是相同的，而NURBS建模适合制作圆滑的模型。

6.1 网格建模

【网格建模】与【多边形建模】非常相似，大部分的工具都是一致的。【网格建模】常用来制作较为常规的模型。下图所示为优秀作品。

6.1.1 转换为可编辑网格

将模型转换为可编辑网格，是使用网格建模的第一步。其方法大致有以下3种。

1. 在物体上单击鼠标右键，在弹出的菜单中选择【转换为】|【转换为可编辑网格】命令，如下左图所示。

2. 选中对象，然后进入【修改】面板，接着在修改器列表中的对象上单击鼠标右键，然后在弹出的菜单中选择【可编辑网格】命令，如下中图所示。

3. 选中对象，然后进入【修改】面板，为模型添加【编辑网格】修改器，如下右图所示。

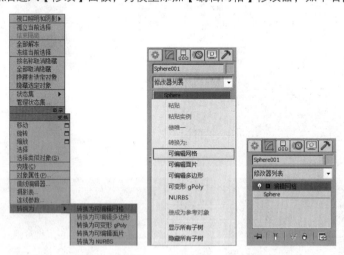

6.1.2 编辑网格对象

将模型转换为可编辑网格后，可以看到其子级别为顶点、边、面、多边形和元素5种（与多边形建模的子级别有所不同）。

网格对象的参数设置面板共有4个卷展栏，分别是【选择】【软选择】【编辑几何体】和【曲面属性】卷展栏。参数面板如下页图所示。

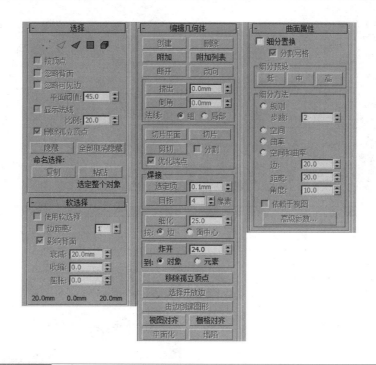

进阶案例　　利用网格建模制作桌子

案例文件	进阶案例——网格建模制作桌子.max
视频教学	视频/Chapter 06/进阶案例——网格建模制作桌子.flv
难易指数	★★☆☆☆
技术掌握	掌握【长方体】和【编辑网格】的运用

本例就来学习使用标准基本体下的【长方体】和【编辑网格】工具来完成模型的制作，最终渲染和线框效果如下左图和下右图所示。

 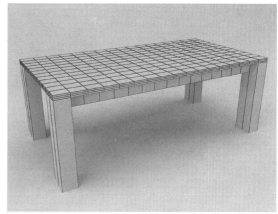

建模思路

01 **STEP** 使用长方体制作模型

02 **STEP** 使用编辑网格制作模型

制作桌子流程图如下页左图和下页右图所示。

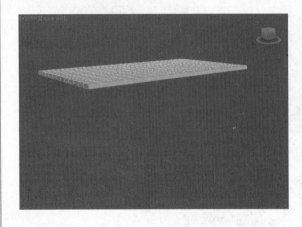 

操作步骤

Step 01 在透视图中拖曳并创建一个长方体，设置【长度】为160mm，【宽度】为300mm，【高度】为5mm，【长度分段】为12，【宽度分段】为17，【高度分段】为3，如右图所示。

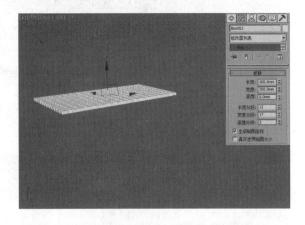

Step 02 选择上一步创建的长方体，并在【修改器列表】中加载【编辑网格】命令，进入【多边形】级别▣，选择下左图所示的多边形。设置 挤出 按钮后面的【数量】为15mm，如下右图所示。

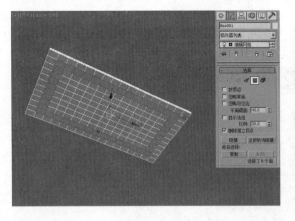 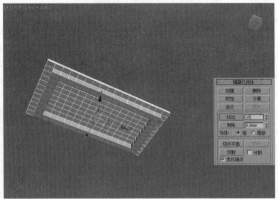

Step 03 进入【多边形】级别▣，选择下页左图所示的多边形。设置 挤出 按钮后面的【数量】为105mm，如下页右图所示。

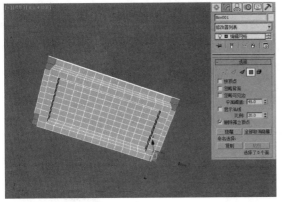

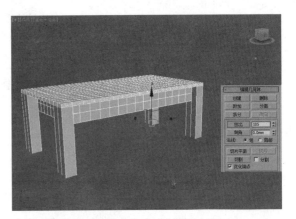

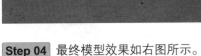 最终模型效果如右图所示。

6.2 NURBS建模

NURBS建模是3ds Max中的建模方式之一，包括NURBS曲面和曲线。NURBS表示非均匀有理数B样条线，是设计和建模曲面的行业标准。它特别适合于为含有复杂曲线的曲面建模。下左图和下右图为优秀的NURBS建模作品。

6.2.1 NURBS对象

NURBS对象包含NURBS曲面和NURBS曲线两种，如下页图所示。

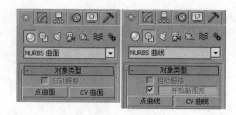

1. NURBS曲面

NURBS曲面包含【点曲面】和【CV曲面】两种，如右图所示。

- ●【点曲面】：由点来控制模型的形状，每个点始终位于曲面的表面上。
- ●【CV曲面】：由控制顶点（CV）来控制模型的形状，CV形成围绕曲面的控制晶格，而不是位于曲面上。

2. NURBS曲线

NURBS曲线包含【点曲线】和【CV曲线】两种，如右图所示。

- ●【点曲线】：由点来控制曲线的形状，每个点始终位于曲线上。
- ●【CV曲面】：由控制顶点（CV）来控制曲线的形状，这些控制顶点不必位于曲线上。

6.2.2 转换NURBS对象

NURBS对象可以直接创建出来，也可以通过转换的方法将对象转换为NURBS对象。将对象转换为NURBS对象主要有以下两种方法。

1. 选择对象，然后单击鼠标右键，在弹出的菜单中选择【转换为】|【转换为NURBS】命令，如下左图所示。

2. 选择对象，然后进入【修改】面板，在修改器列表中的对象上单击鼠标右键，在弹出的菜单中选择NURBS命令，如下右图所示。

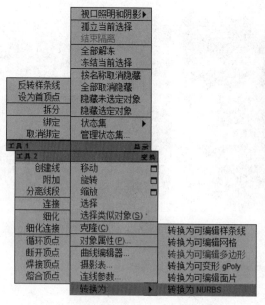

6.2.3　编辑NURBS对象

在NURBS对象的参数面板中共有6个卷展栏，分别是【渲染】【常规】【曲线近似】【创建点】【创建曲线】和【创建曲面】卷展栏，如右图所示。

> **提示：切换为曲线CV或曲线级别时的参数面板**
>
> 在选择曲线CV或曲线级别时，会发现出现了【CV】卷展栏和【曲线公用】卷展栏，如右1图和右2图所示。

1．常规

【常规】卷展栏中包含【附加】工具、【导入】工具、【显示】方式以及【NURBS工具箱】，如右图所示。

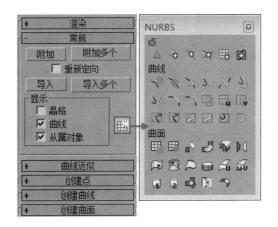

提示：NURBS工具箱的参数

在【常规】卷展栏下单击【NURBS创建工具箱】按钮 打开【NURBS工具箱】，如右图所示。【NURBS工具箱】中包含用于创建NURBS对象的所有工具，主要分为3个功能区，分别是【点】功能区、【曲线】功能区和【曲面】功能区。

1. 点

【创建点】按钮 ：创建单独的点。

【创建偏移点】按钮 ：根据一个偏移量创建一个点。

【创建曲线点】 ：创建从属曲线上的点。

【创建曲线-曲线点】按钮 ：创建一个从属于【曲线-曲线】的相交点。

【创建曲面点】按钮 ：创建从属于曲面上的点。

【创建曲面-曲线点】 ：创建从属于【曲面-曲线】的相交点。

2. 曲线

【创建CV曲线】按钮 ：创建一条独立的CV曲线子对象。

【创建点曲线】按钮 ：创建一条独立点曲线子对象。

【创建拟合曲线】按钮 ：创建一条从属的拟合曲线。

【创建变换曲线】按钮 ：创建一条从属的变换曲线。

【创建混合曲线】按钮 ：创建一条从属的混合曲线。

【创建偏移曲线】按钮 ：创建一条从属的偏移曲线。

【创建镜像曲线】按钮 ：创建一条从属的镜像曲线。

【创建切角曲线】按钮 ：创建一条从属的切角曲线。

【创建圆角曲线】按钮 ：创建一条从属的圆角曲线。

【创建曲面-曲面相交曲线】按钮 ：创建一条属于【曲面-曲面】相交曲线。

【创建U向等参数线】按钮 ：创建一条从属的U向等参数线。

【创建V向等参数线】按钮 ：创建 条从属的V向等参曲线。

【创建法线投影曲线】按钮 ：创建一条从属于法线方向的投影曲线。

【创建向量投影曲线】按钮 ：创建一条从属于向量方向的投影曲线。

【创建曲面上的CV曲线】按钮 ：创建一条从属于曲面上的CV曲线。

【创建曲面上的点曲线】按钮 ：创建一条从属于曲面上的点曲线。

【创建曲面偏移曲线】按钮 ：创建一条从属于曲面上的偏移曲线。

【创建曲面边曲线】按钮 ：创建一条从属于曲面上的边曲线。

3. 曲面

【创建CV曲线】按钮 ：创建独立的CV曲面子对象。

【创建点曲面】按钮 ：创建独立的点曲面子对象。

【创建变换曲面】按钮 ：创建从属的变换曲面。

【创建混合曲面】按钮 ：创建从属的混合曲面。

【创建偏移曲面】按钮 ：创建从属的偏移曲面。

【创建镜像曲面】按钮 ：创建从属的镜像曲面。

【创建挤出曲面】按钮 ：创建从属的挤出曲面。

【创建车削曲面】按钮 ：创建从属的车削曲面。

【创建规则曲面】按钮 ：创建从属的规则曲面。

【创建封口曲面】按钮 ：创建从属的封口曲面。

【创建U向放样曲面】按钮 ：创建从属的U向放样曲面。

【创建UV放样曲面】按钮 ：创建从属的UV向放样曲面。

【创建单轨扫描】按钮 ：创建从属的单轨扫描曲面。

【创建双轨扫描】按钮 ：创建从属的双轨扫描曲面。

【创建多边混合曲面】按钮 ：创建从属的多边混合曲面。

【创建多重曲线修剪曲面】按钮▣: 创建从属的多重曲线修剪曲面。

【创建圆角曲面】按钮◨: 创建从属的圆角曲面。

2. 曲线近似

【曲线近似】卷展栏与【曲面近似】卷展栏相似，主要用于控制曲线的步数及曲线细分的级别，如右图所示。

3. 创建点/曲线/曲面

【创建点】【创建曲线】和【创建曲面】卷展栏中的工具与【NURBS工具箱】中的工具相对应，主要用来创建点、曲线和曲面对象，如下图所示。

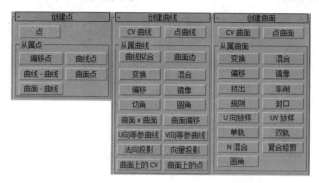

进阶案例	利用NURBS建模制作艺术花瓶

案例文件	进阶案例——NURBS建模制作艺术花瓶.max
视频教学	视频/Chapter 06/进阶案例——NURBS建模制作艺术花瓶.flv
难易指数	★★★☆☆
技术掌握	掌握【点曲线】【创建车削曲面】【细化】和【网格平滑】的运用

本例就来学习使用NURBS曲线下的【点曲线】【创建车削曲面】【细化】和【网格平滑】工具来完成模型的制作，最终渲染和线框效果如下左图和下右图所示。

建模思路

01 使用点曲线和创建车削曲面制作模型

02 使用细化和网格平滑制作模型

　　制作艺术花瓶流程图如下左图和下右图所示。

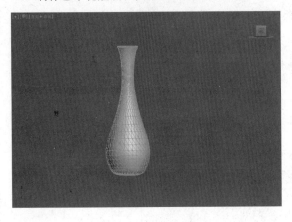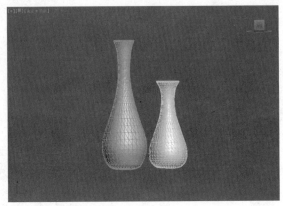

操作步骤

Part 1　使用点曲线和创建车削曲面制作模型

Step 01　单击 ■（创建）|□（图形）| ⌷NURBS 曲线　▼（NURBS曲线）| 点曲线 按钮，在前视图中绘制出下左图所示的点曲线，进入【修改】面板，选择【NURBS曲线】的【点】次物体层级，单击【点】卷展栏中的 优化 按钮，添加点并进行调整，如下右图所示。

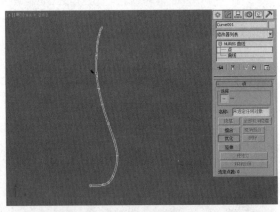

Step 02　进入【修改】面板，在【常规】卷展栏中单击【NURBS创建工具箱】按钮■，打开NURBS创建工具箱，如右1图所示。接着在NURBS创建工具箱中单击【创建车削曲面】按钮■，最后在视图中单击点曲线，如右2图所示。

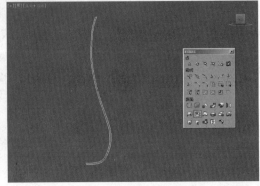

Step 03 在【车削曲面】卷展栏下设置【方向】 为Y轴，【对齐】方式为最小，如下图所示。

Step 04 模型效果如下图所示。

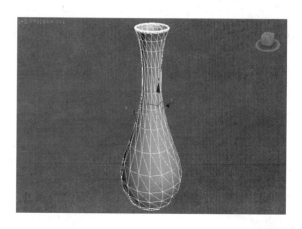

Part 2 使用细化和网格平滑制作模型

Step 01 在【修改】面板中加载【细化】命令，效果如下图所示。

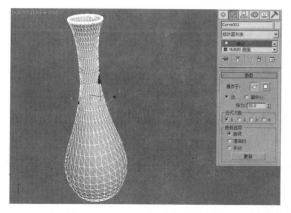

Step 02 选择上一步的模型，在【修改器列表】中加载【网格平滑】命令，设置【迭代次数】为3，如下图所示。

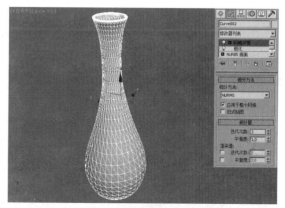

Step 03 用同样的方法制作出另一个花瓶，最终模型效果如右图所示。

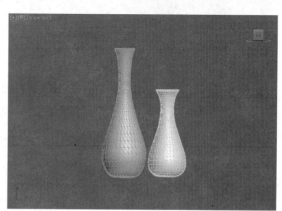

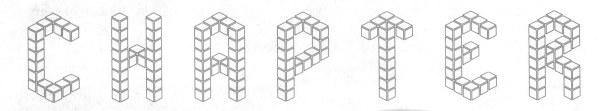

CHAPTER 07

标准灯光技术

本章学习要点

- 灯光的相关原理
- 标准灯光模拟常用的案例效果
- 标准灯光的类型及参数

　　光是电磁辐射的一种形式，而可见光仅仅是电磁辐射中的一小部分，其亮度和颜色能够被人眼所感知到，其波长范围大约在380 nm至760nm。光的种类很多，主要包括自然光、人造光。自然光是指自然形成的光，如太阳光、闪电、月光等。人造光是指人为制造的光，如台灯、射灯、霓虹灯等。如下图所示为灯光作品。

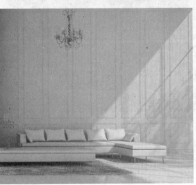

7.1 初识灯光

　　3ds Max中的灯光有很多属性，其中包括颜色、形状、方向、衰减等。通过选择合适的灯光类型，设置准确的灯光参数，可以模拟出真实的照明效果。通过多种类型灯光的搭配使用，还可以模拟出精致的灯光层次。3ds Max的灯光类型包括标准灯光、光度学灯光和VRay灯光。

　　创建灯光遵循由重点到次要的步骤，通俗地说就是先创建主光源，然后创建次光源，最后创建辅助光源。

　　1. 创建主光源，比如本场景为环境光，如下图所示。

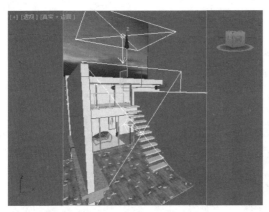 

　　2. 创建次光源，如下图所示。

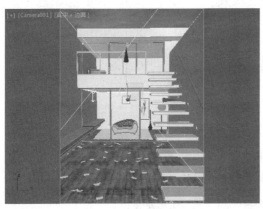 

　　3. 创建辅助光源，如下图所示。

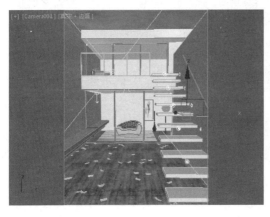 

7.2 标准灯光

【标准】灯光是3ds Max最基本的灯光类型。总共8种类型，分别是【目标聚光灯】【自由聚光灯】【目标平行光】【自由平行光】【泛光灯】【天光】【mr Area Omni】和【mr Area Spot】，如右图所示。

7.2.1 目标聚光灯

目标聚光灯是3ds Max中最常用的灯光类型，通常由一个点向一个方向照射。如下左图所示为目标聚光灯在3ds Max场景中的效果。如下中图、右图所示为目标聚光灯制作的灯光效果。

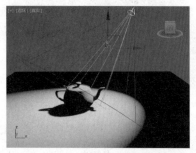  

🔊 **提示：3ds Max 2015的灯光显示**

在3ds Max 2015中创建灯光后，可能会出现灯光特别黑的情况，如下左图所示。此时只需要执行Ctrl+L，即可切换到正常显示效果，如下右图所示。

 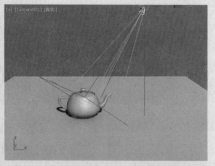

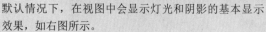

默认情况下，在视图中会显示灯光和阴影的基本显示效果，如右图所示。

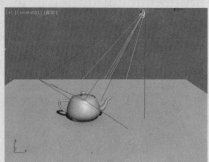

此时在视图左上角的 位置，单击右键执行【照明和阴影】，并取消勾选【阴影】即可，如下左图所示。此时的阴影效果已经消失了，如下右图所示。

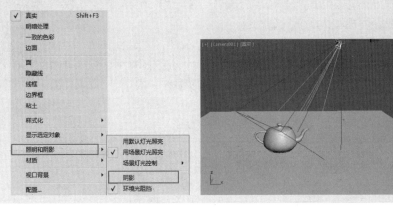

【目标聚光灯】参数主要包括【常规参数】【强度/颜色/衰减】【聚光灯参数】【高级效果】【阴影参数】【光线跟踪阴影参数】【大气和效果】和【mental ray间接照明】。具体参数如下图所示。

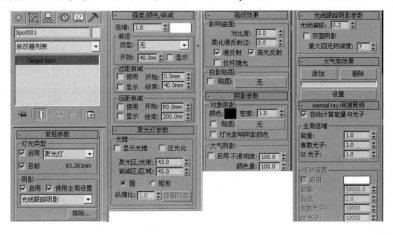

1. 常规参数

【常规参数】卷展栏，具体参数如右图所示。

- 灯光类型：共有3种类型可供选择，分别是【聚光灯】【平行光】和【泛光灯】。
- 启用：控制是否开启灯光。
- 目标：如果启用该选项后，灯光将成为目标。
- 阴影：控制是否开启灯光阴影。
- 使用全局设置：如果启用该选项后，该灯光投射的阴影将影响整个场景的阴影效果。如果关闭该选项，则必须选择渲染器使用哪种方式来生成特定的灯光阴影。
- 阴影类型：切换阴影的类型来得到不同的阴影效果。
- 　　　　按钮：将选定的对象排除于灯光效果之外。

2. 强度/颜色/衰减

【强度/颜色/衰减】卷展栏，具体参数如下页右图所示。

- 倍增：控制灯光的强弱程度。

- 颜色：用来设置灯光的颜色。
- 衰退：用来设置灯光衰退的类型和起始距离。
- 类型：指定灯光的衰退方式。【无】为不衰退；【倒数】为反向衰退；【平方反比】是以平方反比的方式进行衰退。
- 开始：设置灯光开始衰退的距离。
- 显示：在视口中显示灯光衰退的效果。
- 近距衰减/远距衰减：设置灯光近距/远距衰退的参数。
- 使用：启用灯光近距离衰退/远距离衰退。
- 显示：在视口中显示近距离衰退/远距离衰退的范围。
- 开始：设置灯光开始淡出的距离。
- 结束：设置灯光达到衰退最远处的距离。

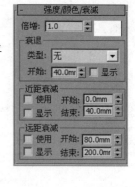

3. 聚光灯参数

【聚光灯参数】卷展栏，具体参数如右图所示。

- 显示光锥：控制是否开启圆锥体显示效果。
- 泛光化：开启该选项时，灯光将在各个方向投射光线。
- 聚光区/光束：用来调整灯光圆锥体的角度。
- 衰减区/区域：设置灯光衰减区的角度。下左图和下右图所示为设置不同聚光区/光束和衰减区/区域的效果。

- 圆/矩形：指定聚光区和衰减区的形状。下左图和下右图所示为设置圆和矩形方式的对比效果。

- 纵横比：设置矩形光束的纵横比。
- 位图拟合按钮：若灯光的【光锥】设置为【矩形】，可以用该按钮来设置光锥的【纵横比】，以匹配特定的位图。

4. 高级效果

展开【高级效果】卷展栏，具体参数如右图所示。

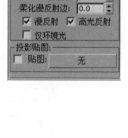

- 对比度：调整曲面的漫反射区域和环境光区域之间的对比度。
- 柔化漫反射边：增加"柔化漫反射边"的值可以柔化曲面的漫反射部分与环境光部分之间的边缘。
- 漫反射：启用此选项后，灯光将影响对象曲面的漫反射属性。
- 高光反射：启用此选项后，灯光将影响对象曲面的高光属性。
- 仅环境光：启用此选项后，灯光仅影响照明的环境光组件。
- 贴图：为阴影加载贴图。

5. 阴影参数

展开【阴影参数】卷展栏，具体参数如右图所示。

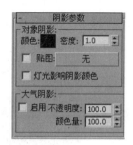

- 颜色：设置阴影的颜色，默认为黑色。
- 密度：设置阴影的密度。
- 贴图：为阴影指定贴图。
- 灯光影响阴影颜色：灯光颜色将与阴影颜色混合在一起。
- 启用：启用该选项后，大气可以穿过灯光投射阴影。
- 不透明度：调节阴影的不透明度。
- 颜色量：调整颜色和阴影颜色的混合量。

6. 光线跟踪阴影参数

【光线跟踪阴影参数】卷展栏，具体参数如右图所示。

- 光线偏移：将阴影移向或移离投射阴影的对象。
- 双面阴影：启用该选项后，计算阴影时背面不被忽略。
- 最大四元深度：使用光线跟踪器调整四元树的深度。

进阶案例 | **利用目标聚光灯制作餐厅灯光**

在这个场景中，主要使用目标聚光灯、VR灯光制作餐厅灯光的效果，场景的最终渲染效果如下图所示。

场景文件	01.max
案例文件	进阶案例——目标聚光灯制作餐厅灯光.max
视频教学	视频/Chapter 07/进阶案例——目标聚光灯制作餐厅灯光.flv
难易指数	★★★☆☆
技术掌握	掌握目标聚光灯、VR灯光的运用

Step 01 打开本书配套光盘中的【场景文件/Chapter 07/01.max】文件，如下左图所示。

Step 02 单击 ■（创建）|■（灯光）|【标准】按钮，最后单击 目标聚光灯 按钮，如下右图所示。

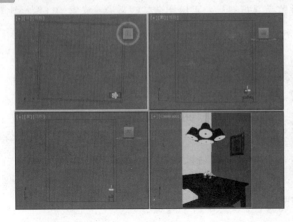

Step 03 在前视图中创建一盏目标聚光灯，如下左图所示。勾选【启用】复选框，设置【阴影类型】为【VRay阴影】，设置【倍增】为1.4，【颜色】为黄色（红：225，绿：180，蓝：84）。设置【聚光区/光束】为75.7，【衰减区/区域】为138.5，如下右图所示。

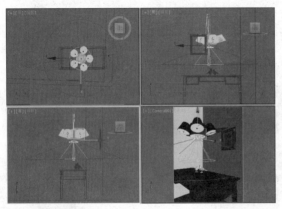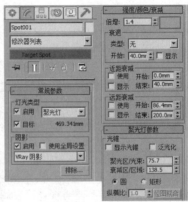

Step 04 单击 ■（创建）|■【灯光】按钮，设置【灯光类型】为【VRay】，最后单击 VR灯光 按钮，如右图所示。

Step 05 在前视图中拖曳并创建一盏VR灯光，如下左图所示。设置类型为【平面】，在【强度】选项组下设置【倍增器】为1.5，【颜色】为黄色（红：232，绿：191，蓝：147），【1/2长】为748mm，【1/2宽】为522mm，勾选【不可见】，设置【细分】为12，如下右图所示。

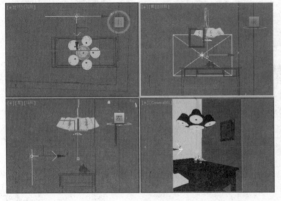

Step 06 在前视图中拖曳并创建一盏VR灯光，如下左图所示。设置类型为【平面】，在【强度】选项组下设置【倍增器】为1.5，【颜色】为黄色（红：232，绿：191，蓝：147），【1/2长】为748mm，【1/2宽】为522mm，勾选【不可见】复选框，设置【细分】为12，如下右图所示。

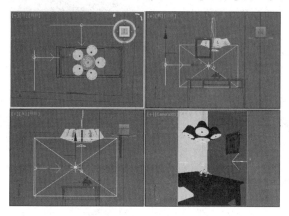

Step 07 在前视图中拖曳并创建一盏VR灯光，如下左图所示。设置类型为【平面】，在【强度】选项组下设置【倍增器】为1.5，【颜色】为黄色（红：232，绿：191，蓝：147），【1/2长】为1075mm，【1/2宽】为823mm，勾选【不可见】复选框，设置【细分】为12，如下右图所示。

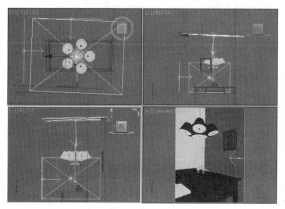

Step 08 继续在左视图中拖曳并创建一盏VR灯光，如下左图所示。设置类型为【平面】，【倍增器】为2，【1/2长】为165mm，【1/2宽】为357mm，勾选【不可见】复选框，【细分】为12，如下右图所示。

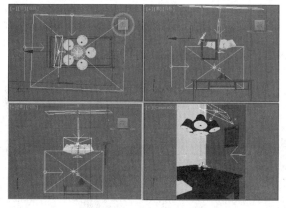

Step 09 最终的渲染效果如右图所示。

7.2.2 自由聚光灯

　　【自由聚光灯】和【目标聚光灯】的参数基本是一致的，惟一区别在于【自由聚光灯】没有目标点，因此只能通过旋转来调节灯光的角度。参数面板如下左图所示，旋转效果如下右图所示。

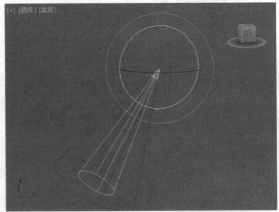

7.2.3 目标平行光

　　目标平行光是具体方向性的灯光，经常用来模拟太阳光的照射效果，当然也可以模拟美丽的夜色。下图所示为使用目标平行光制作的日光效果。

【目标平行光】的参数和【目标聚光灯】的参数基本一致，因此这里不再重复讲解了。【目标平行光】具体参数如下图所示。

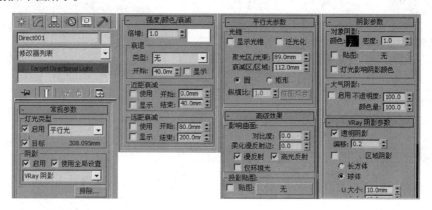

进阶案例 | 利用目标平行光制作阳光

在这个场景中，主要使用目标平行光、VR灯光制作阳光的效果，场景的最终渲染效果如下图所示。

场景文件	02.max	
案例文件	进阶案例——目标平行光制作阳光.max	
视频教学	视频/Chapter 07/进阶案例——目标平行光制作阳光.flv	
难易指数	★★★☆☆	
技术掌握	掌握目标平行光、VR灯光的运用	

Step 01 打开本书配套光盘中的【场景文件/Chapter 07/02.max】文件，如下左图所示。

Step 02 单击 ■ （创建）| 灯光 |【标准】按钮，最后单击 目标聚光灯 按钮，如下右图所示。

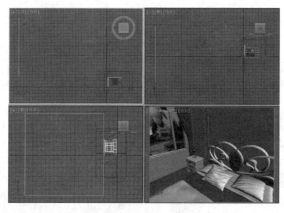

Step 03 在前视图中拖曳并创建一盏目标平行光，如下页左图所示。勾选【启用】复选框，设置【阴影类型】为【VRay阴影】，设置【倍增】为3，展开【平行光参数】卷展栏，设置【聚光区/光束】为188mm，【衰减区/区域】为1703mm，勾选【区域阴影】复选框，设置【细分】为20，如下页右图所示。

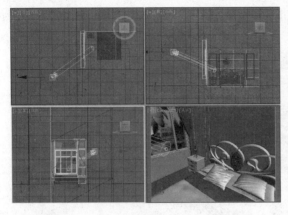

Step 04 单击 ■ （创建）| ◢ （灯光）按钮，设置【灯光类型】为【VRay】，最后单击 VR灯光 按钮，如右图所示。

Step 05 在左视图中拖曳并创建一盏VR灯光，如下左图所示。设置类型为【平面】，设置【倍增器】为11，【颜色】为黄色（红：244，绿：225，蓝：180），设置【1/2长】为950mm，【1/2宽】为1036mm，勾选【不可见】复选框，设置【细分】为20，如下右图所示。

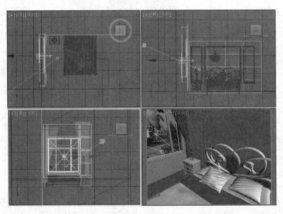
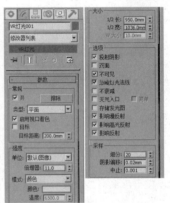

Step 06 继续在顶视图中拖曳并创建一盏VR灯光，如下左图所示。设置类型为【平面】，设置【倍增器】为1，【颜色】为黄色（红：243，绿：224，蓝：172），设置【1/2长】为1074mm，【1/2宽】为2694mm，勾选【不可见】复选框，设置【细分】为20，如下右图所示。

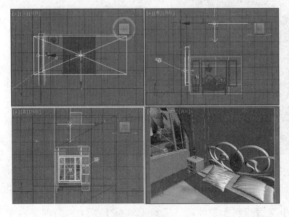
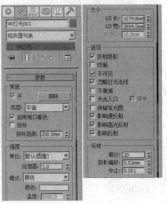

Step 07 最终的渲染效果如右图所示。

7.2.4 自由平行光

自由平行光与目标平行光非常类似。两者惟一的区别就是自由平行光没有目标点。下图所示为使用自由平行光制作的渲染效果。

【自由平行光】能产生一个平行的照射区域，具体参数如下图所示。

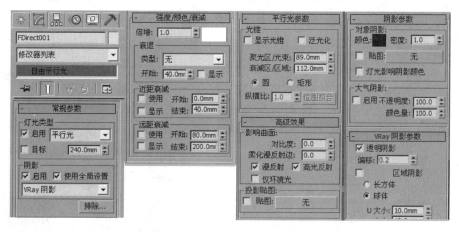

7.2.5 泛光灯

泛光灯的特点是以一个点为发光中心，向外均匀地发散光线，常用来制作灯泡灯光、蜡烛光等。下页图所示为使用泛光灯制作的灯光效果。

【泛光灯】具体参数如下图所示。

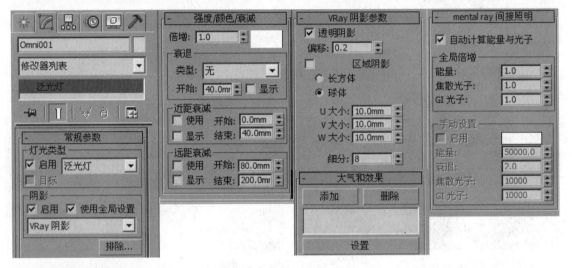

进阶案例 | 利用泛光灯制作球体地灯

在这个场景中，主要使用泛光灯制作球体地灯的效果，场景的最终渲染效果如下图所示。

场景文件	03.max
案例文件	进阶案例——泛光灯制作球体地灯.max
视频教学	视频/Chapter 07/进阶案例——泛光灯制作球体地灯.flv
难易指数	★★★☆☆
技术掌握	掌握泛光灯的运用

Step 01 打开本书配套光盘中的【场景文件/Chapter 07/03.max】文件，如下页左图所示。

Step 02 单击 ▓ （创建）Ⅰ ▓ （灯光）Ⅰ【标准】按钮，最后单击【泛光】按钮，如下页右图所示。

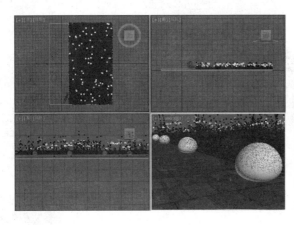

Step 03 在顶视图中拖曳并创建4盏泛光灯，如下左图所示。勾选【启用】，设置【阴影类型】为【VRay阴影贴图】，设置【过滤颜色】为浅黄色（红：254，绿：185，蓝：147），设置【倍增】为8，在【远距衰减】下，勾选【使用】，设置【开始】为0mm，勾选【显示】，设置【结束】为102mm，如下右图所示。

Step 04 最终的渲染效果如右图所示。

7.2.6　天光

　　【天光】灯光通常用来模拟较为柔和的灯光效果。下页图所示为使用天光制作的光线效果。

【天光】的具体参数如右图所示。

- 启用：控制是否开启天光。
- 倍增：控制天光的强弱程度。
- 使用场景环境：在【环境与特效】对话框中设置灯光颜色。
- 天空颜色：设置天光的颜色。
- 贴图：指定贴图来影响天光颜色。
- 投影阴影：控制天光是否投影阴影。
- 每采样光线数：计算落在场景中指定点上天光的光线数。
- 光线偏移：对象可在场景中指定点上投射阴影的最短距离。

7.3 光度学灯光

【光度学】灯光包括 3 种类型，分别是【目标灯光】【自由灯光】和【mr 天空入口】，其中【目标灯光】是非常常用的灯光类型。参数设置面板如右图所示。

7.3.1 目标灯光

目标灯光是效果图制作中非常常用的一种灯光类型。常用来模拟制作射灯、筒灯，可以增大画面的灯光层次。下图所示为使用目标灯光制作的光线效果。

单击  按钮，在视图中创建一盏【目标灯光】，其参数设置面板如下图所示。

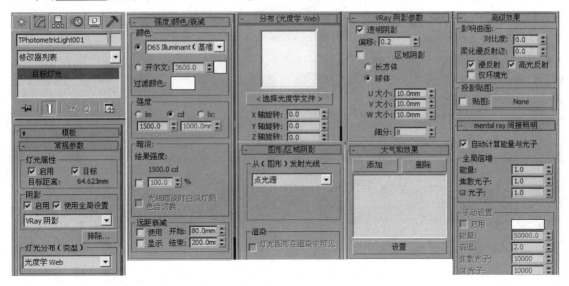

1. 常规参数

展开【常规参数】卷展栏，如右图所示。

- 启用：控制是否开启灯光。
- 目标：启用该选项后，目标灯光才有目标点。
- 目标距离：用来显示目标的距离。
- 启用：控制是否开启灯光的阴影效果。
- 使用全局设置：启用该选项后，该灯光投射的阴影将影响整个场景的阴影效果。
- 阴影类型：设置渲染器渲染场景时使用的阴影类型，包括【高级光线跟踪】【区域阴影】【阴影贴图】【光线跟踪阴影】【VR-阴影】和【VR-阴影贴图】，如下图所示。

- 排除...按钮：将选定的对象排除于灯光效果之外。
- 灯光分布（类型）：设置灯光的分布类型，包含【光度学Web】【聚光灯】【统一漫反射】和【统一球形】4种类型。下左图和下右图所示为设置【灯光分布（类型）】为【统一球体】和【聚光灯】的对比效果。

 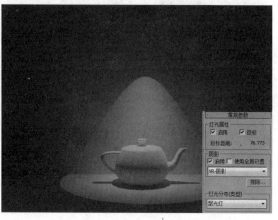

下左图和下右图所示为设置【灯光分布（类型）】为【光度学Web】，添加和不添加Web文件的对比效果。

2. 强度/颜色/衰减

展开【强度/颜色/衰减】卷展栏，如右图所示。

- 灯光：挑选公用灯光，以近似灯光的光谱特征为D50 Illuminant（基准白色）、荧光（冷色调白色）、HID 高压钠灯的对比效果，如下页图所示。
- 开尔文：通过调整色温微调器设置来灯光的颜色。
- 过滤颜色：使用颜色过滤器来模拟置于光源上的过滤色效果。
- 强度：控制灯光的强弱程度。
- 结果强度：用于显示暗淡所产生的强度。
- 暗淡百分比：启用该选项后，该值会指定用于降低灯光强度的【倍增】。
- 光线暗淡时白炽灯颜色会切换：启用该选项后，灯光可在暗淡时产生更多的黄色来模拟白炽灯。
- 使用：启用灯光的远距衰减。
- 显示：在视口中显示远距衰减的范围设置。

- 开始：设置灯光开始淡出的距离。
- 结束：设置灯光减为0时的距离。

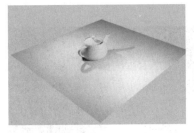 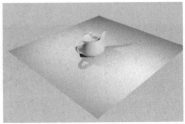 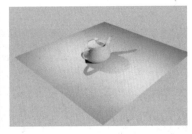

3. 图形/区域阴影

展开【图形/区域阴影】卷展栏，如右图所示。

- 从（图形）发射光线：选择阴影生成的图形类型，包括【点光源】【线】【矩形】【圆形】【球体】和【圆柱体】6种类型。
- 灯光图形在渲染中可见：启用该选项后，如果灯光对象位于视野之内，那么灯光图形在渲染中会显示为自供照明（发光）的图形。

4. 阴影贴图参数

展开【阴影贴图参数】卷展栏，如右图所示。

- 偏移：将阴影移向或移离投射阴影的对象。
- 大小：设置用于计算灯光的阴影贴图的大小。
- 采样范围：决定阴影内平均有多少个区域。
- 绝对贴图偏移：启用该选项，阴影贴图的偏移是不标准化的，但是该偏移在固定比例的基础上会以3ds Max为单位来表示。
- 双面阴影：启用该选项，计算阴影时物体的背面将产生阴影。

5. VRay阴影参数

展开【VRay阴影参数】卷展栏，如右图所示。

- 透明阴影：控制透明物体的阴影，使用VRay材质并选择材质中的【影响阴影】才能产生效果。
- 偏移：控制阴影与物体的偏移距离，一般可保持默认值。
- 区域阴影：控制物体阴影效果，会降低渲染速度。如下左图和下右图所示为取消【区域阴影】和勾选【区域阴影】的对比效果。

● 长方体/球体：用来控制阴影的方式，一般默认设置为球体即可。

● U/V/W大小：值越大阴影越模糊，并且还会产生杂点。下左图和下右图所示为设置【U/V/W大小】
　为10和60的对比效果。

● 细分：该数值越大，阴影越细腻，噪点越少，渲染速度越慢。

进阶案例 利用目标灯光制作床头灯

在这个场景中，主要使用目标灯光、VR灯光制作床头灯的效果，场景的最终渲染效果如下图所示。

场景文件	04.max
案例文件	进阶案例——目标灯光制作床头灯.max
视频教学	视频/Chapter 07/进阶案例——目标灯光制作床头灯.flv
难易指数	★★★☆☆
技术掌握	掌握目标灯光、VR灯光的运用

Step 01 打开本书配套光盘中的【场景文件/Chapter 07/04.max】文件，如下左图所示。

Step 02 单击 （创建）｜ （灯光）｜【光度学】按钮，最后单击 目标聚光灯 按钮，如下右图所示。

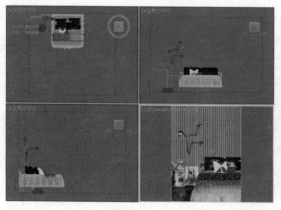

Step 03　在前视图中拖曳并创建2盏目标灯光，如下左图所示。勾选【启用】复选框，设置【阴影类型】为【VRay阴影】，在【灯光分布（类型）】选项组下设置类型为【光度学Web】，展开【分布（光度学Web）】卷展栏，在后面的通道上加载【050.IES】光域网文件，展开【强度/颜色/衰减】卷展栏，设置【过滤颜色】为黄色（红：242，绿：203，蓝：120），设置【强度】为1000，如下右图所示。

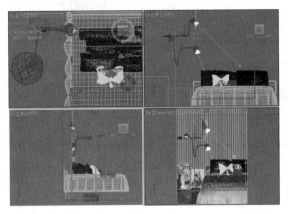 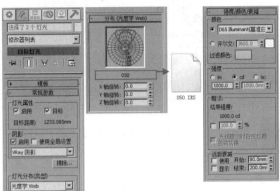

Step 04　继续在前视图中拖曳并创建一盏目标灯光，如下左图所示。勾选【启用】复选框，设置【阴影类型】为【阴影贴图】，在【灯光分布（类型）】选项组下设置类型为【光度学Web】，展开【分布（光度学Web）】卷展栏，在后面的通道上加载【050.IES】光域网文件，设置【过滤颜色】为黄色（红：242，绿：203，蓝：120），设置【强度】为1500，如下右图所示。

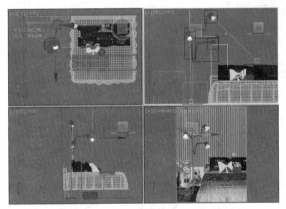 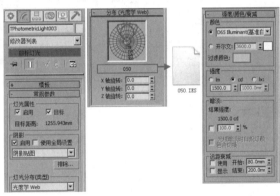

Step 05　单击■（创建）|　（灯光）按钮，设置【灯光类型】为【VRay】，然后单击　VR灯光　按钮，如右图所示。

Step 06　在前视图中拖曳并创建一盏VR灯光，如下页左图所示。设置类型为【平面】，设置【倍增器】为0.5，设置【颜色】为黄色（红：232，绿：203，蓝：126），设置【1/2长】为1768mm，【1/2宽】为1276mm，勾选【不可见】，设置【细分】为20，如下页右图所示。

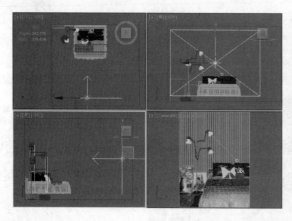

Step 07 继续在左视图中拖曳并创建一盏VR灯光，如下左图所示。设置类型为【平面】，设置【倍增器】为1，【颜色】为蓝色（红：133，绿：144，蓝：229），设置【1/2长】为1971mm，【1/2宽】为1445mm，勾选【不可见】复选框，设置【细分】为12，如下右图所示。

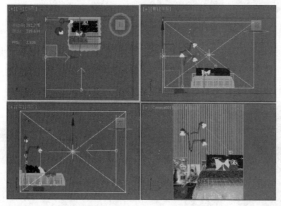

Step 08 最终的渲染效果如右图所示。

进阶案例　　利用目标灯光制作射灯

在这个场景中，主要使用目标灯光、VR灯光制作射灯效果，场景的最终渲染效果如下页图所示。

场景文件	05.max
案例文件	进阶案例——目标灯光制作射灯.max
视频教学	视频/Chapter 07/进阶案例——目标灯光制作射灯.flv
难易指数	★★★☆☆
技术掌握	掌握目标灯光、VR灯光的运用

Step 01 打开本书配套光盘中的【场景文件/Chapter 07/05.max】文件，如下左图所示。

Step 02 单击 （创建）|（灯光）|【光度学】按钮，最后单击 目标聚光灯 按钮，如下右图所示。

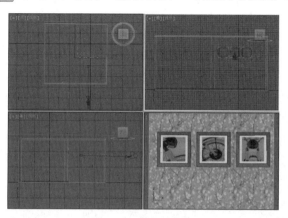

Step 03 在前视图中拖曳并创建3盏目标灯光，如下左图所示。勾选【启用】复选框，设置【阴影类型】为【VRay阴影】，在【灯光分布（类型）】选项组下设置类型为【光度学Web】，展开【分布（光度学Web）】卷展栏，在后面的通道上加载【wall 01.ies】光域网文件，设置【过滤颜色】为黄色（红：250，绿：157，蓝：74），设置【强度】为2000。勾选【区域阴影】，设置【细分】为20，如下右图所示。

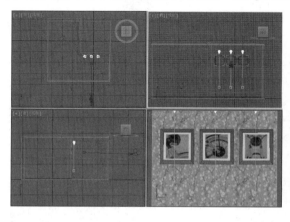

Step 04 单击 （创建）|（灯光）按钮，设置【灯光类型】为【VRay】，最后单击 VR灯光 按钮，如下页左图所示。

Step 05 在前视图中拖曳并创建一盏VR灯光，如下页右图所示。

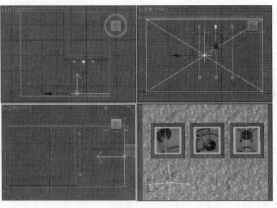

Step 06 设置类型为【平面】，在【强度】选项组下设置【倍增器】为1，设置【颜色】为浅蓝色（红：196，绿：220，蓝：255），设置【1/2长】为2190mm，【1/2宽】为1332mm，勾选【不可见】复选框，设置【细分】为20，如下左图所示。

Step 07 最终的渲染效果如下右图所示。

7.3.2 自由灯光

【自由灯光】与【目标灯光】类似，惟一的区别在于【自由灯光】没有目标点。下图所示为自由灯光的参数设置面板。

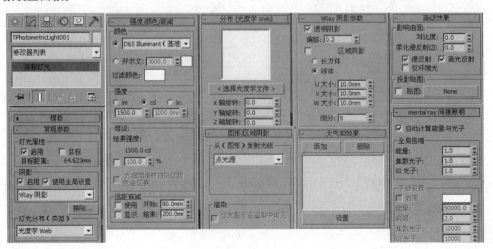

进阶案例	利用自由灯光制作筒灯

在这个场景中，主要使用自由灯光、VR灯光制作筒灯效果，场景的最终渲染效果如下图所示。

场景文件	06.max	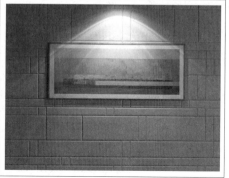
案例文件	进阶案例——自由灯光制作筒灯.max	
视频教学	视频/Chapter 07/进阶案例——自由灯光制作筒灯.flv	
难易指数	★★★☆☆	
技术掌握	掌握自由灯光、VR灯光的运用	

Step 01 打开本书配套光盘中的【场景文件/Chapter 07/06.max】文件，如下左图所示。

Step 02 单击 ■（创建）|◣（灯光）|【光度学】按钮，最后单击 自由灯光 按钮，如下右图所示。

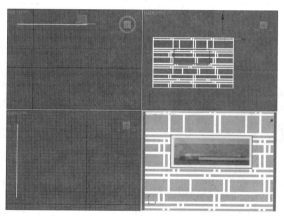

Step 03 在前视图中拖曳并创建一盏目标灯光，如下左图所示。勾选【启用】复选框，设置【阴影类型】为【VRay阴影】，在【灯光分布（类型）】选项组下设置类型为【光度学Web】，在后面的通道上加载【Nice.IES】光域网文件，设置【过滤颜色】为黄色（红：255，绿：185，蓝：122），设置【强度】为10000。勾选【透明阴影】，设置【U/V/W大小】为50，设置【细分】为20，如下右图所示。

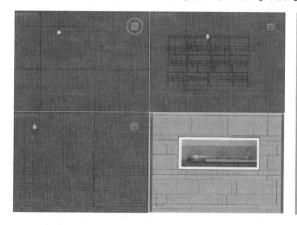

Step 04 单击 （创建）| （灯光）|【VRay】按钮，最后单击 VR灯光 按钮，如下左图所示。

Step 05 在前视图中拖曳并创建一盏VR灯光，并在顶视图调整其角度，如下右图所示。

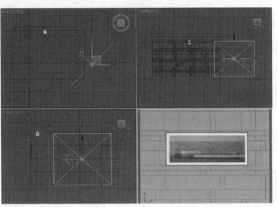

Step 06 设置类型为【平面】，【倍增器】为3.5，【颜色】为浅蓝色（红：195，绿：218，蓝：253），【1/2长】为1875mm，【1/2宽】为1145mm，勾选【不可见】复选框，【细分】为25，如下左图所示。

Step 07 最终的渲染效果如下右图所示。

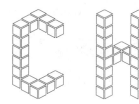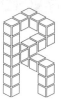

08

VRay灯光技术

本章学习要点

- VRay灯光的类型
- VRay灯光的具体应用
- VRay灯光的参数详解

　　VRay灯光是在安装VRay渲染器后才可以使用的灯光类型。VRay灯光区别于标准灯光，VRay灯光操作更简单、效果更逼真，常用于效果图制作中，可以模拟出逼真的灯光效果。如下图所示为使用VRay灯光制作的光线效果。

8.1 认识VRay灯光

VRay渲染器是世界范围内使用人数最多的渲染器，而VRay灯光是VRay渲染器中非常强大的一部分，可见其重要性。包括VR-灯光、VR-太阳、VRayIES、VR-环境灯光4种类型。其中VR-灯光、VR-太阳最常使用。

8.1.1 创建VRay灯光

在创建面板中，执行【灯光】|【VRay】，即可看到有4种灯光类型可以选择，如右图所示。

8.1.2 VRay灯光的类型

在3ds Max中VRay灯光包括4种类型，分别是VR-灯光、VR-太阳、VRayIES、VR-环境灯光。其中VR-灯光、VR-太阳是常用的灯光类型。下左图和下右图所示为VR-灯光和VR-太阳。

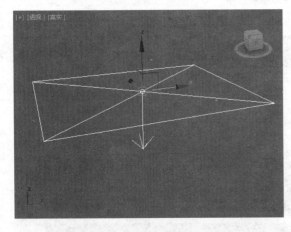
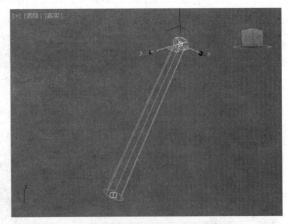

下左图和下右图所示为VRayIES和VR-环境灯光。

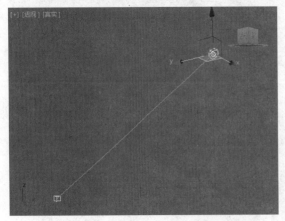
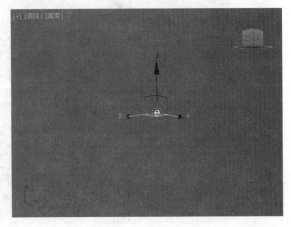

8.2 VR-灯光

　　【VR-灯光】是VRay灯光中最常用的灯光类型，常用于效果图、CG等场景中。【VR-灯光】包括平面、穹顶、球体、网格4种类型。具体参数如下图所示。

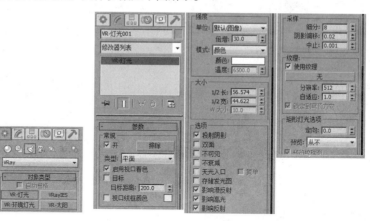

　　下图所示为使用VR-灯光制作的效果。

1. 常规

- 开：控制是否开启VR-灯光。
- 排除按钮：用来排除灯光对物体的影响。
- 类型：指定VR-灯光的类型，共有【平面】【穹顶】【球体】和【网格体】4种类型。
- 平面：将VR-灯光设置成平面形状，如下页左图所示。
- 穹顶：将VR-灯光设置成穹顶状，光线来自于位于光源z轴的半球体状圆顶，如下页右图所示。

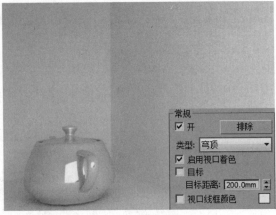

- 球体：将VR-灯光设置成球体形状，如下左图所示。
- 网格体：【网格体】是一种以网格为基础的灯光，如下右图所示。

2. 强度

- 单位：指定VR-灯光的发光单位，共有【默认（图像）】【发光率（lm）】【亮度lm/m2/sr）】【辐射功率（W）】和【辐射（W/m2/sr）】5种。
- 默认（图像）：VRay默认单位，依靠灯光的颜色和亮度来控制灯光的最后强弱，如果忽略曝光类型的因素，灯光色彩将是物体表面受光的最终色彩。
- 发光率（lm）：当选择这个单位时，灯光的亮度将和灯光的大小无关。
- 亮度（lm/ m2/sr）：当选择这个单位时，灯光的亮度和它的大小有关。
- 辐射功率（W）：当选择这个单位时，灯光的亮度和灯光的大小无关。
- 辐射（W/m2/sr）：当选择这个单位时，灯光的亮度和它的大小有关。
- 颜色：指定灯光的颜色。
- 倍增：设置灯光的强度。下页左图和下页右图所示为设置【倍增】为5和20的对比效果。

3. 大小

- 1/2长：设置灯光的长度。
- 1/2宽：设置灯光的宽度。
- U/V/W向尺寸：当前这个参数还没有被激活。

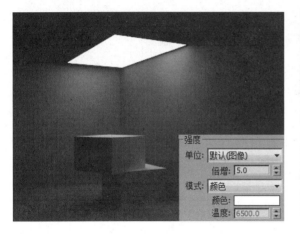 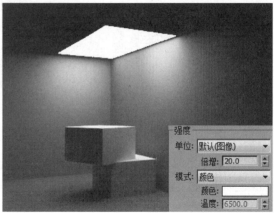

4. 选项

● 投射影阴影：控制是否对物体的光照产生阴影。

● 双面：控制灯光的双面照明效果。下左图和下右图所示为取消和勾选【双面】的对比效果。

● 不可见：这个选项用来控制最终渲染时是否显示VR-灯光的形状。下左图和下右图所示为取消和勾选【不可见】的对比效果。

● 忽略灯光法线：这个选项控制灯光的发射是否按照光源的法线进行发射。

● 不衰减：控制灯光是否有衰减。下页左图和下页右图所示为取消和勾选【不衰减】的对比效果。

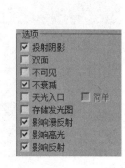

- 天光入口：该选项把VRay灯转换为天光，这时的VR-灯光就变成了【间接照明（GI）】。
- 储存在发光贴图中：勾选该选项，同时【间接照明（GI）】里的【首次反弹】引擎选择【发光贴图】时，VR-灯光的光照信息将保存在【发光贴图】中。
- 影响漫反射：该选项决定灯光是否影响物体材质属性的漫反射。
- 影响高光：该选项决定灯光是否影响物体材质属性的高光。
- 影响反射：勾选该选项时，灯光将对物体的反射区进行光照，物体可以将光源进行反射。下左图和下右图所示为取消和勾选【影响反射】的对比效果。

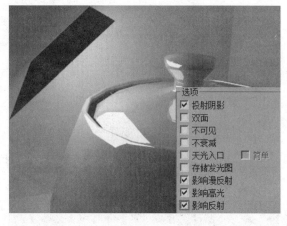

5. 采样

- 细分：该参数控制VR-灯光的采样细分。数值越小，渲染杂点越多，渲染速度越快。
- 阴影偏移：这个参数用来控制物体与阴影的偏移距离，较高的值会使阴影向灯光的方向偏移。
- 阈值：设置采样的最小阈值。
- 中止：控制灯光中止的数值，一般情况下不用修改该参数。

6. 纹理

- 使用纹理：控制是否用纹理贴图作为半球光源。
- None（无）：选择贴图通道。
- 分辨率：设置纹理贴图的分辨率，最高为2048。
- 自适应：控制纹理的自适应数值，一般情况下数值默认即可。

进阶案例　利用VR-灯光制作柔和灯光

在这个场景中，主要使用VR-灯光制作柔和灯光的效果，场景的最终渲染效果如下图所示。

场景文件	01.max
案例文件	进阶案例——VR-灯光制作柔和灯光.max
视频教学	视频/Chapter 08/进阶案例——VR-灯光制作柔和灯光.flv
难易指数	★★★☆☆
技术掌握	掌握VR-灯光的运用

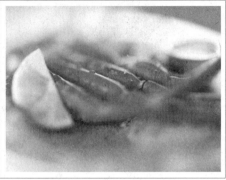

Step 01 打开本书配套光盘中的【场景文件/Chapter 08/01.max】文件，如下左图所示。

Step 02 单击 ■（创建）|■（灯光）按钮，设置【灯光类型】为【VRay】，最后单击【VR-灯光】按钮，如下右图所示。

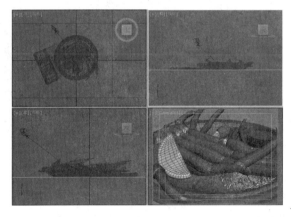

Step 03 在前视图中拖曳并创建一盏VR-灯光，如下左图所示。设置类型为【平面】，设置【倍增器】为10，设置【颜色】为黄色（红：254，绿：222，蓝：152），设置【1/2长】为200mm，【1/2宽】为100mm，勾选【不可见】复选框，在【采样】下设置【细分】为20，如下右图所示。

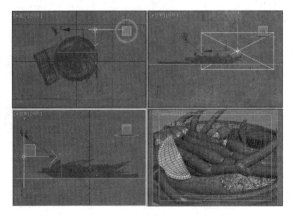

Step 04 继续在前视图中拖曳并创建一盏VR-灯光，如下左图所示。设置类型为【平面】，设置【倍增】为30，设置【颜色】为蓝色（红：151，绿：180，蓝：254），设置【1/2长】为200mm，【1/2宽】为100mm，勾选【不可见】复选框，在【采样】下设置【细分】为20，如下右图所示。

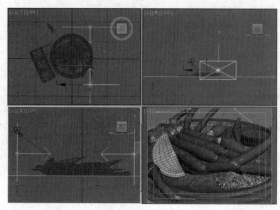 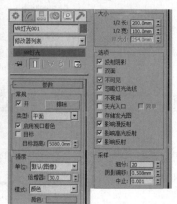

Step 05 最终的渲染效果如右图所示。

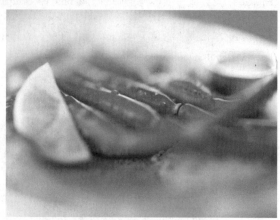

| 进阶案例 | 利用VR-灯光（球体）制作台灯灯光 |

在这个场景中，主要使用VR-灯光（球体）制作台灯灯光的效果，场景的最终渲染效果如下图所示。

场景文件	02.max
案例文件	进阶案例——VR-灯光（球体）制作台灯灯光.max
视频教学	视频/Chapter 08/进阶案例——VR-灯光（球体）制作台灯灯光.flv
难易指数	★★★☆☆
技术掌握	掌握VR-灯光（球体）的运用

Step 01 打开本书配套光盘中的【场景文件/Chapter 08/02.max】文件，如下页左图所示。

Step 02 单击 ▦（创建）| ◥（灯光）按钮，设置【灯光类型】为【VRay】，最后单击【VR-灯光】按钮，如下页右图所示。

Step 03 在前视图中拖曳并创建一盏VR-灯光，如下左图所示。设置类型为【球体】，设置【倍增器】为30，设置【颜色】为黄色（红：254，绿：172，蓝：117），在【大小】选项组下设置【半径】为70mm，在【选项】下勾选【不可见】复选框，在【采样】下设置【细分】为30，如下右图所示。

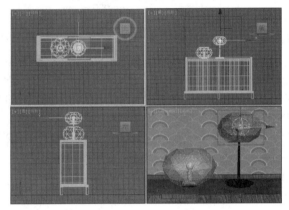

Step 04 继续在前视图中拖曳并创建一盏VR-灯光，如下左图所示。设置类型为【球体】，设置【倍增器】为30，设置【颜色】为黄色（红：254，绿：172，蓝：117），设置【半径】为80mm，勾选【不可见】复选框，在【采样】下设置【细分】为30，如下右图所示。

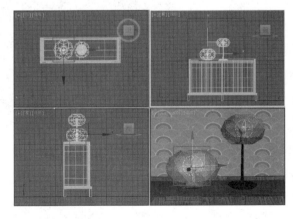

Step 05 继续在前视图中拖曳并创建一盏VR-灯光，如下页左图所示。设置类型为【平面】，设置【倍增器】为2，设置【颜色】为蓝色（红：146，绿：184，蓝：253），设置【1/2长】为1052mm，【1/2宽】为909mm，勾选【不可见】复选框，在【采样】下设置【细分】为30，如下页右图所示。

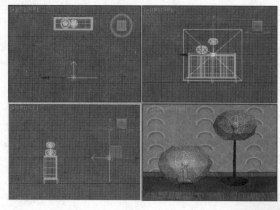 

Step 06 最终的渲染效果如右图所示。

进阶案例	利用VR-灯光制作夜晚汽车灯光

在这个场景中，主要使用VR-灯光制作夜晚汽车灯光的效果，场景的最终渲染效果如下图所示。

场景文件	03.max	
案例文件	进阶案例——VR-灯光制作夜晚汽车灯光.max	
视频教学	视频/Chapter 08/进阶案例——VR-灯光制作夜晚汽车灯光.flv	
难易指数	★★★☆☆	
技术掌握	掌握VR-灯光的运用	

🔈 **提示：夜晚灯光的创建思路**

人们想到夜晚，第一感觉就是黑。那么这个黑是指什么？是一切都黑吗？其实不是，是对比而产生的感觉。比如本案例是夜晚的汽车仪表盘发出的灯光，周围的环境是漆黑的，而仪表盘是非常亮的。因此把握住灯光的明暗对比就很容易制作出夜晚的效果，同时要抛开制作灯光就是要场景全部都亮起来这种错误的想法。

Step 01 打开本书配套光盘中的【场景文件/Chapter 08/03.max】文件，如下左图所示。

Step 02 单击■（创建）|☑（灯光）按钮，设置【灯光类型】为【VRay】，最后单击【VR-灯光】按钮，如下右图所示。

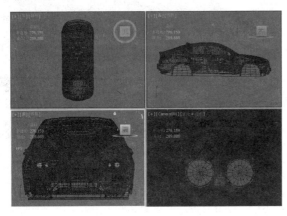

Step 03 在前视图中拖曳并创建2盏VR-灯光，如下左图所示。设置类型为【平面】，设置【倍增器】为80，设置【颜色】为蓝色（红：8，绿：64，蓝：247），设置【1/2长】为3cm，【1/2宽】为3cm，勾选【双面】和【不可见】复选框，如下右图所示。

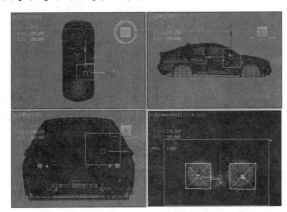

Step 04 继续在顶视图中拖曳并创建一盏VR-灯光，如下左图所示。设置类型为【平面】，设置【倍增器】为60，设置【颜色】为蓝色（红：79，绿：158，蓝：255），设置【1/2长】为19cm，【1/2宽】为17cm，勾选【不可见】复选框，如下右图所示。

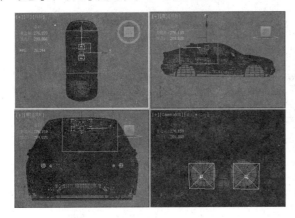

Step 05 最终的渲染效果如右图所示。

进阶案例 利用VR-灯光（球体）制作烛光

在这个场景中，主要使用VR-灯光（球体）制作烛光的效果，场景的最终渲染效果如下图所示。

场景文件	04.max
案例文件	进阶案例——VR-灯光（球体）制作烛光.max
视频教学	视频/Chapter 08/进阶案例——VR-灯光（球体）制作烛光.flv
难易指数	★★★☆☆
技术掌握	掌握VR-灯光（球体）的运用

Step 01 打开本书配套光盘中的【场景文件/Chapter 08/04.max】文件，如下左图所示。

Step 02 单击 （创建）|（灯光）|【VRay】按钮，然后单击【VR-灯光】按钮，如下右图所示。

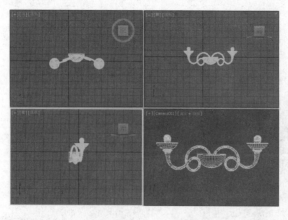

Step 03 在前视图中拖曳并创建两盏VR-灯光，如下页左图所示。设置类型为【球体】，设置【倍增器】为300，设置【颜色】为黄色（红：255，绿：114，蓝：59），设置【半径】为15mm，勾选【不可见】复选框，在【采样】下设置【细分】为30，如下页右图所示。

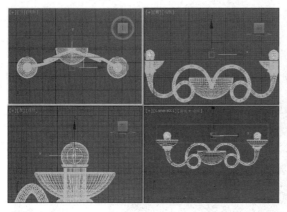

Step 04 继续在前视图中拖曳并创建一盏VR-灯光，如下左图所示。设置类型为【平面】，设置【倍增器】为1，设置【颜色】为蓝色（红：15，绿：57，蓝：194），设置【1/2长】为1000mm，【1/2宽】为1000mm，勾选【不可见】复选框，在【采样】下设置【细分】为30，如下右图所示。

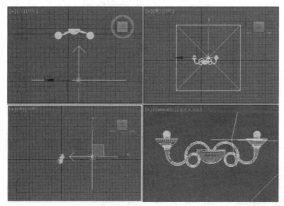

Step 05 最终的渲染效果如右图所示。

8.3 VR-太阳

　　【VR-太阳】与真实的太阳原理比较接近，可以通过调节【VR-太阳】与地面的角度来调整灯光的颜色（清晨、正午或黄昏）。【VR-太阳】通常用来模拟真实的太阳光照射效果，如下页图所示。

　　单击【VR-太阳】按钮，如下左图所示。此时会弹出【VR 太阳】对话框，此时单击【是】即可，如下中图所示。【VR-太阳】具体参数如下右图所示。

 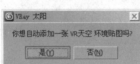 

- 启用：控制灯光是否开启。
- 不可见：控制灯光是否可见。
- 影响漫反射：该选项用来控制是否影响漫反射。
- 影响高光：该选项用来控制是否影响高光。
- 投射大气阴影：该选项用来控制是否投射大气阴影效果。
- 浊度：控制空气中的清洁度，数值越大阳光就越暖。下左图和下右图所示为设置【浊度】为3和20的对比效果。

- 臭氧：用来控制大气臭氧层的厚度，数值越大颜色越浅，数值越小颜色越深。
- 强度倍增：该数值用来控制灯光的强度，数值越大灯光越亮，数值越小灯光越暗。下左图和下右图所示为设置【强度倍增】为0.01和0.05的对比效果。

- 大小倍增：该数值控制太阳的大小，数值越大太阳就越大，就会产生越虚的阴影效果。下左图和下右图所示为设置【大小倍增】为2和20的对比效果。

- 过滤颜色：用来控制灯光的颜色。下左图和下右图所示为设置【过滤颜色】为白色和蓝色的对比效果。

- 阴影细分：该数值控制阴影的细腻程度，数值越大阴影噪点越少，数值越小阴影噪点越多。
- 阴影偏移：该数值用来控制阴影的偏移位置。
- 光子发射半径：用来控制光子发射的半径大小。
- 天空模型：该选项控制天空模型的方式，包括Preetham et al.、CIE清晰、CIE阴天3种方式。
- 间接水平照明：该选项只有在天空模型方式选择为CIE清晰、CIE阴天时才可使用。

【VR-太阳】光的角度越垂直，越相当于正午阳光，如下左图和下右图所示。

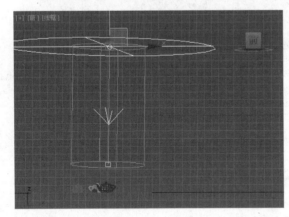

灯光的角度越接近水平线，越相当于太阳落山，如下左图和下右图所示。

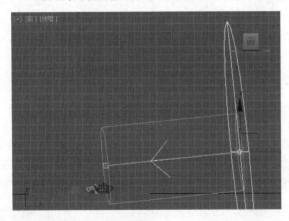

进阶案例　　利用VR-太阳制作阳光

在这个场景中，主要使用VR-太阳制作阳光的效果，场景的最终渲染效果如下图所示。

场景文件	05.max
案例文件	进阶案例——VR-太阳制作阳光.max
视频教学	视频/Chapter 08/进阶案例——VR-太阳制作阳光.flv
难易指数	★★★☆☆
技术掌握	掌握VR-太阳的运用

Step 01 打开本书配套光盘中的【场景文件/Chapter 08/05.max】文件，如下左图所示。

Step 02 单击■（创建）|■（灯光）按钮，设置【灯光类型】为【VRay】，然后单击【VR-太阳】按钮，如下右图所示。

Step 03 在前视图中拖曳并创建一盏VR-太阳，如下左图所示。在弹出的【VR-太阳】对话框中选择【是】，如下右图所示。

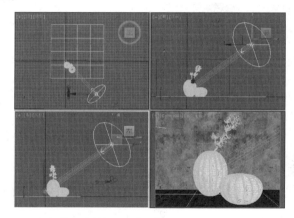

Step 04 选择上一步创建的VR-太阳光，展开【VRay太阳参数】卷展栏，设置【强度倍增】为0.05，【大小倍增】为5，【阴影细分】为20，如下左图所示。

Step 05 最终的渲染效果如下右图所示。

| 进阶案例 | 利用VR-太阳制作黄昏 |

在这个场景中，主要使用VR-太阳制作黄昏的效果，场景的最终渲染效果如下图所示。

场景文件	06.max
案例文件	进阶案例——VR-太阳制作黄昏.max
视频教学	视频/Chapter 08/进阶案例——VR-太阳制作黄昏.flv
难易指数	★★★☆☆
技术掌握	掌握VR-太阳的运用

Step 01 打开本书配套光盘中的【场景文件/Chapter 08/06.max】文件，如下左图所示。

Step 02 单击 ■（创建）| （灯光）按钮，设置【灯光类型】为【VRay】，然后单击 VR太阳 按钮，如下右图所示。

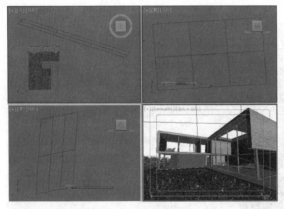

Step 03 在前视图中拖曳并创建一盏VR-太阳，使用【选择并移动】工具 调整位置，如下左图所示。在弹出的【VR-太阳】对话框中选择【是】，如下右图所示。

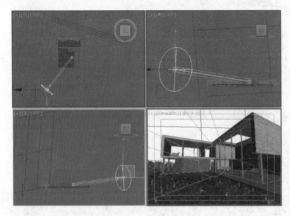

Step 04 选择上一步创建的VR-太阳光，展开【VRay太阳参数】卷展栏，设置【强度倍增】为0.07，【大小倍增】为4，【阴影细分】为20，如下页图所示。

提示：VR-太阳制作黄昏的技巧

本案例的目的是制作黄昏时的户外光线效果，因此可以考虑使用VR-太阳进行制作，并且一定要注意灯光的角度。为了模拟太阳落山夕阳西下的氛围，需要将VR-太阳与水平面的角度调整得尽量小。下左图和下右图所示为创建VR-太阳接近水平角度的效果。

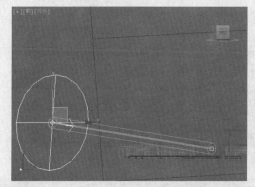

下左图和下右图所示为创建VR-太阳接近垂直角度的效果。

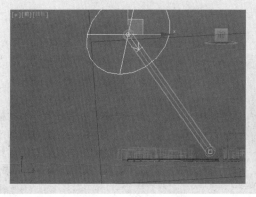

Step 05 单击 ■（创建）| ▣（灯光）按钮，设置【灯光类型】为【VRay】，然后单击 VR灯光 按钮，如下页左图所示。

Step 06 在前视图中拖曳并创建一盏VR-灯光，如下页右图所示。

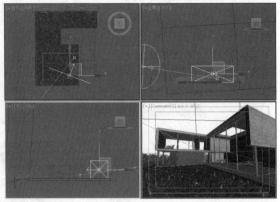

Step 07 设置类型为【平面】，【倍增器】为14，【颜色】为黄色（红：243，绿：62，蓝：0），【1/2长】为438cm，【1/2宽】为156cm，勾选【不可见】复选框，设置【细分】为20，如下左图所示。最终的渲染效果如下右图所示。

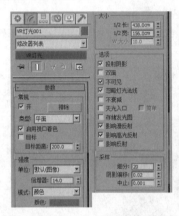

8.4 VRayIES

　　【VRayIES】是一个V型射线特定光源的插件，可以加载IES灯光。与3ds Max中光度学中的灯光类似，但专门优化的V型射线比通常的要快。下图所示为使用【VRayIES】创建的灯光效果。

其参数面板如右图所示。

- 启用：控制灯光是否开启。
- 启用视口着色：勾选该选项后，可以启用视口的着色功能。
- 显示分布：勾选该选项后，可以显示灯光的分布情况。
- 目标：该参数控制VRayIES灯光是否具有目标点。
- IES文件（按钮）██无██：单击该按钮可以加载.IES格式的灯光文件。
- X/Y/Z轴旋转：用来设置X/Y/Z三个轴向的旋转数值。
- 中止：控制该灯光中止的强度。
- 阴影偏移：该参数控制阴影偏离投射对象的距离。
- 投射阴影：光投射阴影。关闭此选项禁用的光线阴影投射。
- 影响漫反射：该选项控制是否影响漫反射。
- 影响高光：该选项控制是否影响高光。
- 使用灯光图形：勾选此选项，灯光的阴影在计算时会考虑灯光的形状。
- 图形细分：这个值控制的VRay需要计算照明的样本数量。
- 颜色模式：该选项控制颜色模式，分为颜色和温度两种。
- 颜色：该选项控制光的颜色。
- 色温：当色彩模式设置为温度时，该参数决定了光的颜色温度（开尔文）。
- 功率：该选项控制灯光功率的强度。
- 区域高光：该参数默认开启，但是当该选项关闭时，光将呈现出一个点光源在镜面反射的效果。
- ██排除...██按钮：该选项可将某些物体进行排除处理，使其不受到该灯光的照射影响。

8.5　VR-环境灯光

【VR-环境灯光】与【标准灯光】下的【天光】类似，主要用来控制整体环境的效果，如右1图所示。其参数面板如右2图所示。

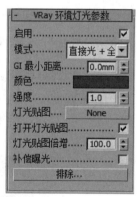

- 启用：控制灯光是否开启。
- 模式：在该选项中可以控制选择的模式。
- GI最小距离：该选项用来控制GI的最小距离数值。
- 颜色：指定哪些射线是由VR-环境灯光影响。
- 强度：控制VR-环境灯光的强度。
- 灯光贴图：指定VR-环境灯光的贴图。
- 打开灯光贴图：该选项用来控制是否开启灯光贴图功能。
- 灯光贴图倍增：该数值控制灯光贴图倍增的强度。
- 补偿曝光：VR-环境灯光和VR物理摄影机一起使用时，此选项生效。

下页图所示为【VR-环境灯光】制作的效果。

综合案例　利用VR阳光和VR-灯光制作日景休息室

在这个场景中，主要使用VR阳光和VR-灯光制作日景休息室的效果，场景的最终渲染效果如下图所示。

场景文件	07.max
案例文件	综合案例——VR阳光和VR-灯光制作日景休息室.max
视频教学	视频/Chapter 08/综合案例——VR阳光和VR-灯光制作日景休息室.flv
难易指数	★★★☆☆
技术掌握	掌握目标聚光灯、VR灯光的运用

Step 01 打开本书配套光盘中的【场景文件/Chapter 08/07.max】文件，如下左图所示。

Step 02 单击　（创建）|　（灯光）按钮，设置【灯光类型】为【VRay】，然后单击　VR太阳　按钮，如下右图所示。

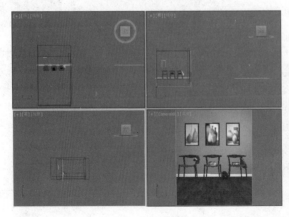

Step 03 在前视图中拖曳并创建一盏VR-太阳，使用【选择并移动】工具  调整位置，如下左图所示。在弹出的【VR 太阳】对话框中选择【是】，如下右图所示。

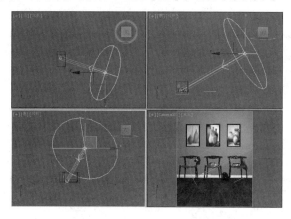

Step 04 选择上一步创建的VR-太阳光，展开【VRay太阳参数】卷展栏，设置【强度倍增】为0.055，【大小倍增】为11，【阴影细分】为50，如下左图所示。

Step 05 单击 （创建）|（灯光）按钮，设置【灯光类型】为【VRay】，然后单击 VR灯光 按钮，如下右图所示。

Step 06 在左视图中拖曳并创建一盏VR-灯光，如下左图所示。设置类型为【平面】，设置【倍增器】为3，设置【颜色】为黄色（红：226，绿：172，蓝：136），设置【1/2长】为166cm，【1/2宽】为100cm，勾选【不可见】复选框，设置【细分】为20，如下右图所示。

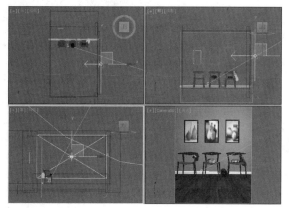

Step 07 在左视图中拖曳并创建一盏VR-灯光，如下左图所示。设置类型为【平面】，设置【倍增器】为1.5，设置【颜色】为浅蓝色（红：226，绿：172，蓝：136），设置【1/2长】为162cm，【1/2宽】为111cm，勾选【不可见】复选框，设置【细分】为20，如下右图所示。

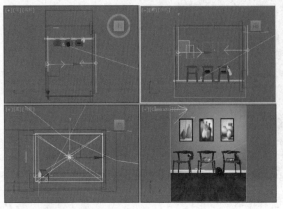 

Step 08 最终的渲染效果如右图所示。

综合案例　　利用VR-灯光制作夜景别墅

在这个场景中，主要使用VR-灯光制作夜景别墅的效果，场景的最终渲染效果如下图所示。

场景文件	08.max
案例文件	综合案例——VR-灯光制作夜景别墅.max
视频教学	视频/Chapter 08/综合案例——VR-灯光制作夜景别墅.flv
难易指数	★★★☆☆
技术掌握	掌握VR-灯光的运用

Step 01 打开本书配套光盘中的【场景文件/Chapter 08/08.max】文件，如下页左图所示。

Step 02 单击 （创建）|　（灯光）按钮，设置【灯光类型】为【VRay】，然后单击【VR-灯光】按钮，如下页右图所示。

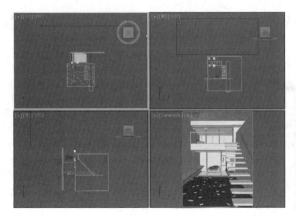 

Step 03 在顶视图中拖曳并创建一盏VR-灯光，如下左图所示。设置类型为【平面】，设置【倍增器】为12，设置【颜色】为黄色（红：221，绿：145，蓝：64），设置【1/2长】为2mm，【1/2宽】为52mm，勾选【不可见】复选框，在【采样】下设置【细分】为20，如下右图所示。

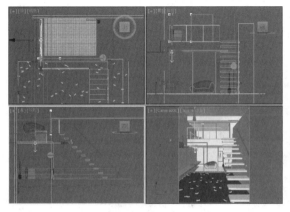 

Step 04 继续在顶视图中拖曳并创建一盏VR-灯光，如下左图所示。设置类型为【平面】，设置【倍增器】为50，设置【颜色】为黄色（红：221，绿：145，蓝：64），设置【1/2长】为3mm，【1/2宽】为58mm，勾选【不可见】复选框，在【采样】下设置【细分】为20，如下右图所示。

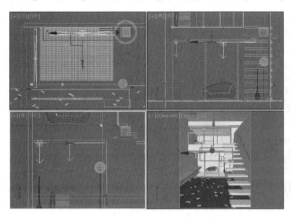 

Step 05 继续在前视图中拖曳并创建一盏VR-灯光，如下页左图所示。设置类型为【球体】，设置【倍增器】为50，设置【颜色】为黄色（红：216，绿：128，蓝：34），设置【半径】为5mm，勾选【不可见】复选框，在【采样】下设置【细分】为20，如下页右图所示。

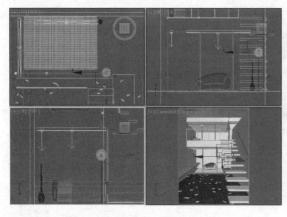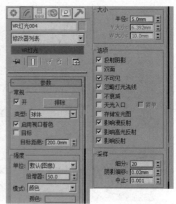

Step 06 继续在前视图中拖曳并创建6盏VR-灯光，如下左图所示。设置类型为【球体】，设置【倍增器】为150，设置【颜色】为黄色（红：222，绿：149，蓝：70），设置【半径】为1.25mm，设置【细分】为20，如下右图所示。

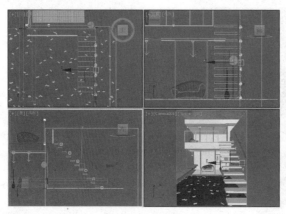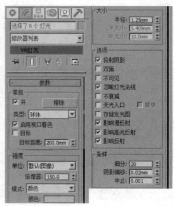

Step 07 继续在前视图中拖曳并创建6盏VR-灯光，如下左图所示。设置类型为【球体】，设置【倍增器】为55，设置【颜色】为黄色（红：211，绿：113，蓝：8），设置【半径】为1mm，勾选【不可见】复选框，在【采样】下设置【细分】为20，如下右图所示。

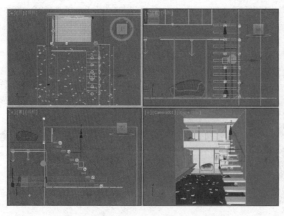

Step 08 继续在顶视图中拖曳并创建一盏VR-灯光，如下页左图所示。设置类型为【平面】，设置【倍增器】为2.5，设置【颜色】为蓝色（红：2，绿：11，蓝：197），设置【1/2长】为87mm，【1/2宽】为75mm，勾选【不可见】复选框，在【采样】下设置【细分】为20，如下页右图所示。

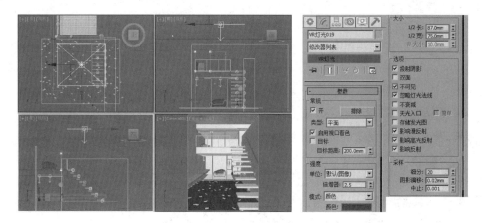

Step 09 继续在前视图中拖曳并创建一盏VR-灯光，如下左图所示。设置类型为【平面】，设置【倍增器】为3.5，设置【颜色】为蓝色（红：2，绿：11，蓝：197），设置【1/2长】为97mm，【1/2宽】为114mm，勾选【不可见】复选框，如下右图所示。

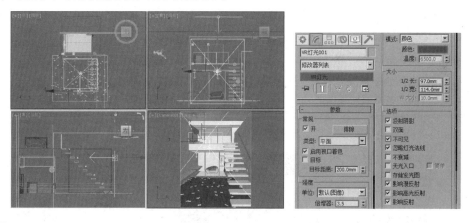

Step 10 最终的渲染效果如下图所示。

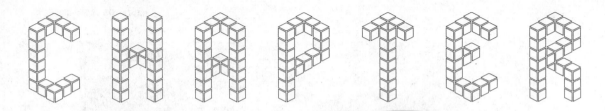

CHAPTER

09 摄影机技术

本章学习要点

- 摄影机的理论
- VRay摄影机的参数及应用
- 标准摄影机的参数及应用

在高科技快速发展的今天，摄影机已经走入千家万户。摄像机、DV、单反相机、平板电脑、手机都具备拍照或录像的功能。摄影机可以记录精彩的瞬间，也可以创作具有艺术感的作品。在3ds Max中也有摄影机功能，通过创建摄影机可以确定作品画面的角度、制作景深、运动模糊、增强透视等效果。

9.1　摄影机理论

在学习3ds Max的具体类型和参数之前，首先需要了解一下摄影机的相关理论。摄影机是通过光学成像原理形成影像并使用底片记录影像的设备。其主要作用是记录画面。

9.1.1　摄影机原理

3ds Max中的摄影机与现实中的单反相机类似，因此有必要先了解一下单反相机的工作原理。当按下快门按钮前，光线由反光镜反射至取景器内部。在按下快门按钮的同时，反光镜弹起，镜头所收集的光线通过快门帘幕到达图像感应器，如右图所示。

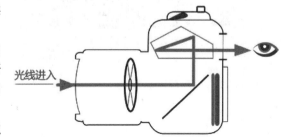

- 焦距：从镜头的中心点到胶片平面上所形成的清晰影像之间的距离。
- 光圈：控制镜头通光量大小的装置。光圈大小用F值来表示，序列如下：f/1，f/1.4，f/2，f/2.8，f/4，f/5.6，f/8，f/11，f/16，f/22，f/32，f/44，f/64（f 值越小，光圈越大）。
- 快门：控制曝光时间长短的装置。一般可分为镜间快门和焦平面快门。
- 快门速度：快门开启的时间。它是指光线扫过胶片（CCD）的时间（曝光时间）。
- 景深：影像相对清晰的范围。
- 感光度（ISO）：表示感光材料感光的快慢程度。
- 色温：各种不同的光所含的不同色素称为【色温】。
- 白平衡：由于不同的光照条件的光谱特性不同，拍出的照片常常会偏色。
- 曝光：光到达胶片表面使胶片感光的过程。
- 曝光补偿：用于调节曝光不足或曝光过度。

9.1.2　构图原理

构图无论是在摄影，还是在设计的创作中都是尤为重要的。构图的合理与否直接影响着整个作品的好坏。

1.聚焦构图。多个物体聚焦在一点的构图方式。会产生刺激、冲击的画面效果，如下图所示。

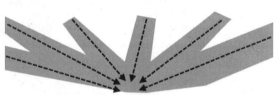

2.对角线构图。水平线给人一种静态的、平静的感觉，而倾斜的对角线构图则给人一种戏剧的感觉，使画面产生运动或不确定性，如下页图所示。

 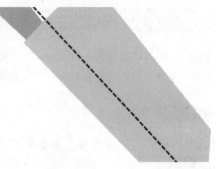

3. 曲线构图。画面中的主体物以曲线的位置分布，可以让画面产生唯美的效果，如下图所示。

 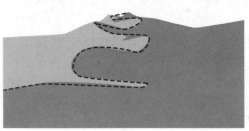

4. 对称构图。最常见的构图方式，画面的上下对称或左右对称，可产生较为平衡的画面效果，如下图所示。

 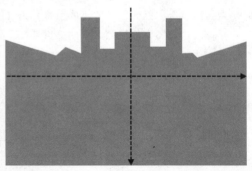

5. 黄金分割构图。黄金比又称黄金律，是指事物各部分间具有一定的数学比例关系，即将整体一分为二，较大部分与较小部分之比等于整体与较大部分之比，其比值约为1:0.618，如下图所示。

 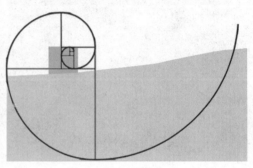

6. 三角形构图。以三个视觉中心为景物的主要位置，形成一个稳定的三角形。可产生安定、均衡、不失灵活的特点，如下页图所示。

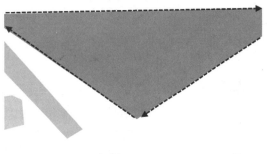

9.2 标准摄影机

标准摄影机是3ds Max默认的摄影机类型。标准摄影机包括两种类型，分别是【目标摄影机】和【自由摄影机】，这两种类型差别不大。目标摄影机不仅可以手动创建，还可以通过快捷键进行创建。

9.2.1 目标摄影机

单击 ■（创建）| ■（摄影机）| 目标 按钮，如下左图所示。在视图中拖动鼠标即可创建一台摄影机，可以看到摄影机包含了两个部分，包括摄影机和目标点，如下右图所示。

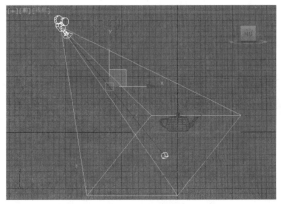

在透视图中确定一个适合的角度，如下左图所示。

然后按快捷键Ctrl+C，即可创建一台摄影机，如下右图所示。

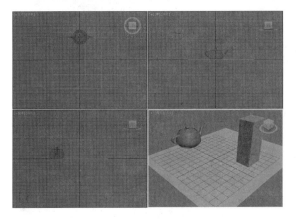
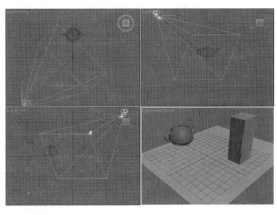

单击 （创建）| （摄影机）| 目标 按钮，如右图所示。

此时可以在视图中拖动创建目标摄影机，如下左图所示。

按快捷键C可以切换到摄影机视角，如下右图所示。

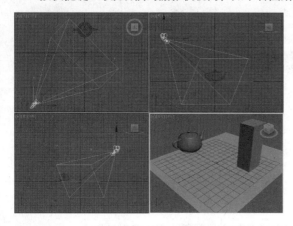

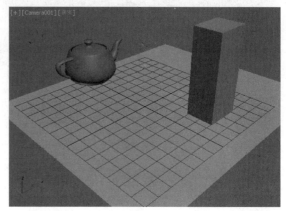

1. 参数

展开【参数】卷展栏，如右图所示。

- 镜头：以mm为单位来设置摄影机的焦距。
- 视野：设置摄影机查看区域的宽度视野，包括水平 ↔、垂直 ↕ 和对角线 ↗。
- 正交投影：启用该选项后，摄影机视图为用户视图；关闭该选项后，摄影机视图为标准的透视图。
- 备用镜头：系统预置的摄影机镜头包含有15mm、20mm、24mm、28mm、35mm、50mm、85mm、135mm和200mm9种。
- 类型：切换摄影机的类型，包含【目标摄影机】和【自由摄影机】两种。
- 显示圆锥体：显示摄影机视野定义的锥形光线。
- 显示地平线：在摄影机视图中的地平线上显示一条深灰色的线条。
- 显示：显示出在摄影机锥形光线内的矩形。
- 近距/远距范围：设置大气效果的近距范围和远距范围。
- 手动剪切：启用该选项可定义剪切的平面。
- 近距/远距剪切：设置近距和远距平面。
- 多过程效果：该选项组中的参数主要用来设置摄影机的景深和运动模糊效果。

  启用：启用该选项后，可以预览渲染效果。

  多过程效果类型：包括【景深（mental ray）】【景深】和【运动模糊】。

  渲染每过程效果：启用该选项后会将渲染效果应用于多重过滤效果的每个过程。

- 目标距离：当使用【目标摄影机】时，设置摄影机与其目标之间的距离。

2. 景深参数

在3ds Max中可以模拟景深效果，景深效果可以突出画面的重点和主题，如下图所示。

在【景深参数】卷展栏中可以设置关于景深的相关参数，如右图所示。

● 使用目标距离：启用该选项后，系统会将摄影机的目标距离用作每个过程偏移摄影机的点。

● 焦点深度：当关闭【使用目标距离】选项时，该选项可以用来设置摄影机的偏移深度。

● 显示过程：启用该选项后，【渲染帧窗口】对话框中将显示多个渲染通道。

● 使用初始位置：启用该选项后，第1个渲染过程将位于摄影机的初始位置。

● 过程总数：设置生成景深效果的过程数。增大该值可以提高效果的真实度，但是会增加渲染时间。

● 采样半径：设置生成的模糊半径。数值越大，模糊越明显。

● 采样偏移：设置模糊靠近或远离【采样半径】的权重。增加该值将增加景深模糊的数量级，从而得到更均匀的景深效果。

● 规格化权重：启用该选项后可以产生平滑的效果。

● 抖动强度：设置应用于渲染通道的抖动程度。

● 平铺大小：设置图案的大小。

● 禁用过滤：启用该选项后，系统将禁用过滤的整个过程。

● 禁用抗锯齿：启用该选项后，可以禁用抗锯齿功能。

3. 运动模糊参数

运动模糊是指由于运动的物体速度太快而产生的模糊效果，运动模糊可以表现出刺激、速度的感觉，如下图所示。

在【运动模糊参数】卷展栏中可以控制运动模糊的程度和效果，如右图所示。

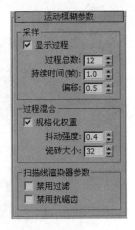

- 显示过程：启用该选项后，【渲染帧窗口】对话框中将显示多个渲染通道。

- 过程总数：设置生成效果的过程数。增大该值可以提高效果，但会增加渲染时间。

- 持续时间（帧）：在制作动画时，该选项用来设置应用运动模糊的帧数。

- 偏移：设置模糊的偏移距离。

- 规格化权重：启用该选项后，可以获得平滑的结果；关闭该选项后，效果会变得更加清晰，但颗粒效果也更明显。

- 抖动强度：设置应用于渲染通道的抖动程度。增大该值会增加抖动量，并且会生成颗粒状的效果，尤其在对象的边缘上最为明显。

- 瓷砖大小：设置图案的大小。

- 禁用过滤：启用该选项后，系统将禁用过滤的整个过程。

- 禁用抗锯齿：启用该选项后，系统将禁用边缘抗锯齿的效果。

4. 剪切平面参数

【剪切平面】是目标摄影机中非常重要，但却容易忽略的部分。有时在场景中创建目标摄影机时，可能会出现由于场景空间太小，而摄影机只好放置到尽量远的位置，如下左图所示。这样就会出现一个问题，摄影机可能会与墙体重合，甚至可能会在墙体以外，这时摄影机视图只能看到墙体，如下右图所示。

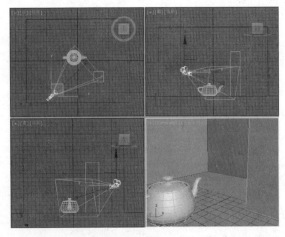
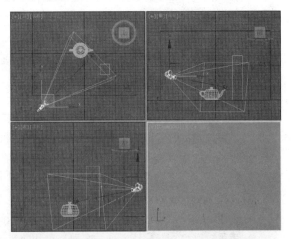

修改【剪切平面】参数即可解决这个问题。修改面板和修改后的效果如下图和右图所示。

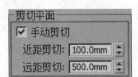

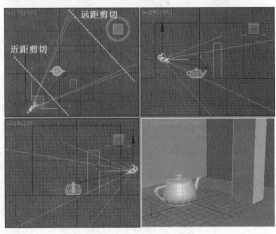

5. 摄影机校正

在创建摄影机时，有可能会出现摄影机的角度变形透视严重的情况。下左图所示为未处理的摄影机视角，下右图所示为摄影机校正后的视角。

选择目标摄影机，然后单击鼠标右键，在弹出的菜单中执行【应用摄影机校正修改器】命令，如右1图和右2图所示。

- 数量：设置两点透视的校正数量。默认设置是0。
- 方向：偏移方向。默认值为90。大于90设置方向向左偏移校正。
- 推测：单击以使【摄影机校正】修改器设置第一次推测数量值。

　　创建一台目标摄影机

在这个场景中，主要讲解创建一台目标摄影机的方法。最终渲染效果如下图所示。

场景文件	01.max
案例文件	进阶案例——创建一台目标摄影机.max
视频教学	视频/Chapter 09/进阶案例——创建一台目标摄影机.flv
难易指数	★★☆☆☆
技术掌握	掌握目标摄影机的应用

Step 01 打开本书配套光盘中的【场景文件/Cha-pter 09/01.max】文件，此时场景效果如右图所示。

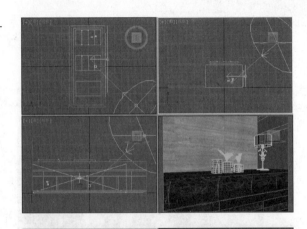

Step 02 单击 ■（创建）| ■（摄影机）| ■■目标■■ 按钮，如右1图所示。在顶视图中拖曳创建一台摄影机，如右2图所示。

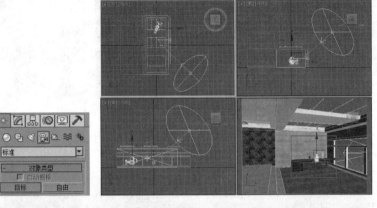

Step 03 选择刚创建的摄影机，单击进入修改面板，设置【镜头】为27，【视野】为66，最后设置【目标距离】为986mm，如右图所示。

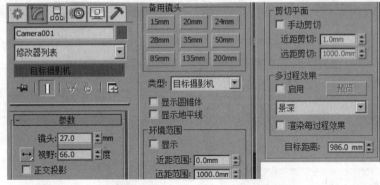

Step 04 此时的摄影机视图效果如下图所示。

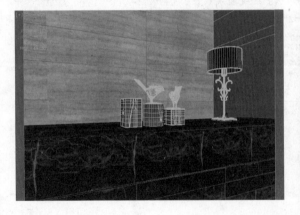

Step 05 最终渲染效果如下图所示。

| | 进阶案例 | 让空间看起来更大 |

在这个场景中，主要讲解让空间看起来更大的方法。最终渲染效果如下图所示。

场景文件	02.max
案例文件	进阶案例——让空间看起来更大.max
视频教学	视频/Chapter 09/进阶案例——让空间看起来更大.flv
难易指数	★★★☆☆
技术掌握	掌握目标摄影机的应用

Step 01 打开本书配套光盘中的【场景文件/Chapter 09/02.max】文件，此时场景效果如右图所示。

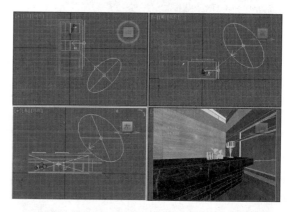

Step 02 单击 ■（创建）| ■（摄影机）| ■目标■按钮，如右1图所示。在顶视图中拖曳创建一台摄影机，如右2图所示。

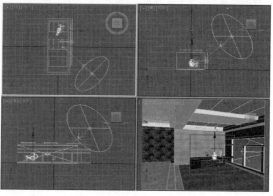

Step 03 选择刚创建的摄影机，单击进入修改面板，设置【镜头】为9，【视野】为128，设置【目标距离】为986mm，如右图所示。

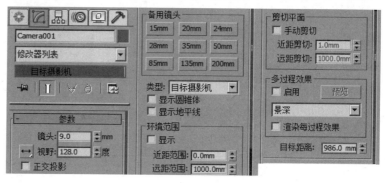

Step 04 单击【视野】▶按钮，在摄影机视图中单击鼠标左键调整视野范围，单击【推拉摄影机】按钮 ，在摄影机视图中单击鼠标左键调整远近范围，如下图所示。

Step 05 最终渲染效果如下图所示。

进阶案例　　利用目标摄影机制作景深效果

在这个场景中，主要讲解利用目标摄影机制作景深效果。最终渲染效果如下图所示。

场景文件	03.max
案例文件	进阶案例——目标摄影机制作景深效果.max
视频教学	视频/Chapter 09/进阶案例——目标摄影机制作景深效果.flv
难易指数	★★★☆☆
技术掌握	掌握目标摄影机的应用

Step 01 打开本书配套光盘中的【场景文件/Chapter 09/03.max】文件，如右图所示。

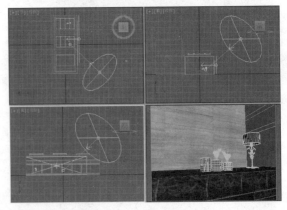

Step 02 单击 （创建）| （摄影机）| 目标 按钮，如下页左图所示。在顶视图中拖曳创建一台摄影机，如下页右图所示。

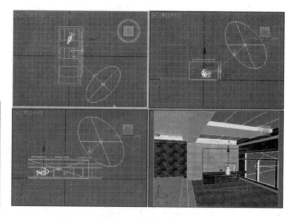

Step 03 选择刚创建的摄影机，单击进入【修改】面板，设置【镜头】为27，【视野】为66，最后设置【目标距离】为986mm，如下左图所示。

Step 04 单击渲染，查看此时的效果，如下右图所示。

Step 05 按F10键，在打开的【渲染设置】面板中，打开【V-Ray::摄像机】卷展栏，在【景深】选项组中勾选【开】复选框，设置【光圈】为80mm，【细分】为10，如下左图所示。

Step 06 最终渲染效果如下右图所示。

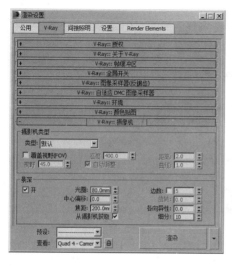

9.2.2 自由摄影机

　　【自由摄影机】与【目标摄影机】非常类似，这让人想起了【目标聚光灯】和【自由聚光灯】的区别。相比【目标摄影机】，【自由摄影机】的惟一不同是缺少了目标点，如下左图和下右图所示。

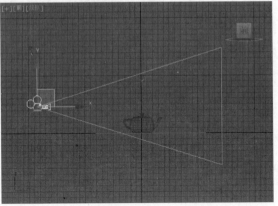

　　自由摄影机的参数设置面板如下图所示。

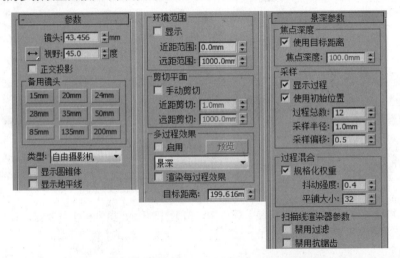

　　在视图中创建一个自由摄影机，如下左图所示。按快捷键C切换到摄影机视角，如下右图所示。

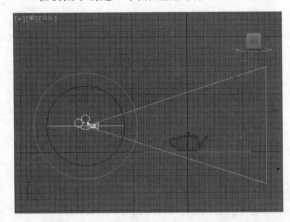
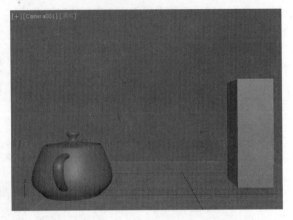

此时可以对自由摄影机进行旋转，如下左图所示。此时可以看到摄影机视角发生了变化，如下右图所示。

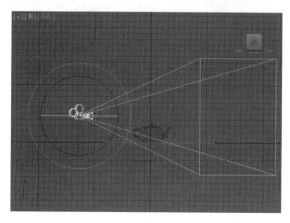 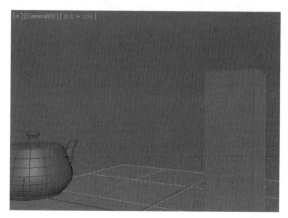

9.3 VRay摄影机

在安装VRay渲染器后，可以看到3ds Max中新增加了【VRay摄影机】。【VRay摄影机】类型包括【VR穹顶摄影机】和【VR物理摄影机】两种类型。【VRay摄影机】与【标准摄影机】略有不同，【VRay摄影机】的参数更全面、更智能。

9.3.1 VR穹顶摄影机

【VR穹顶摄影机】常用于渲染半球圆顶效果，其参数面板如右1图所示。VR穹顶摄影机的参数面板如右2图所示。

 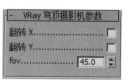

● 翻转X：让渲染的图像在x轴上翻转。
● 翻转Y：让渲染的图像在y轴上翻转。
● fov：设置视角的大小。

进阶案例 **为场景创建VR穹顶摄影机**

在这个场景中，主要讲解为场景创建VR穹顶摄影机。最终渲染效果如下图所示。

场景文件	04.max
案例文件	进阶案例——为场景创建VR穹顶摄影机.max
视频教学	视频/Chapter 09/进阶案例——为场景创建VR穹顶摄影机.flv
难易指数	★★★☆☆
技术掌握	掌握VR穹顶摄影机的应用

Step 01 打开本书配套光盘中的【场景文件/Chapter 09/04.max】文件，如右图所示。

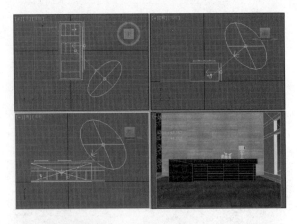

Step 02 单击■（创建）| （摄影机）VRay▼ | VR穹顶摄影机 按钮，如下左图所示。在顶视图中拖曳创建一台摄影机，如下右图所示。

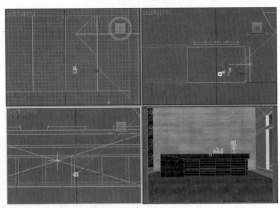

Step 03 选择刚创建的VR穹顶摄影机，单击进入【修改】面板，设置【fov】为13，如下左图所示。单击渲染，查看此时的效果，如下右图所示。

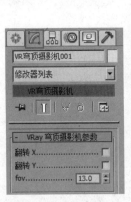

Step 04 单击进入【修改】面板，设置【fov】为30，如下页左图所示。单击渲染，查看此时的效果，如下页右图所示。

Step 05 单击进入【修改】面板，设置【fov】为54，如下左图所示。单击渲染，查看此时的效果，如下右图所示。

9.3.2 VR物理摄影机

　　【VR物理摄影机】是摄影机中功能最为强大的类型，其参数与真实的单反相机类似，包括焦距、光圈、曝光、白平衡等，如下左图和下右图所示。

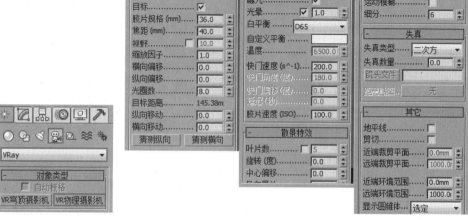

1. 基本参数

- 类型：VR物理摄影机内置了以下3种类型的摄影机。

 照相机：用来模拟一台常规快门的静态画面照相机。

 摄影机（电影）：用来模拟一台圆形快门的电影摄影机。

 摄像机（DV）：用来模拟带CCD矩阵的快门摄像机。

- 目标：当勾选该选项时，摄影机的目标点将放在焦平面上；关闭该选项时，可以通过下面的【目标距离】选项来控制摄影机到目标点的位置。
- 胶片规格（mm）：控制摄影机所看到的景色范围。值越大，看到的景越多。
- 焦距（mm）：控制摄影机的焦长。
- 缩放因数：控制摄影机视图的缩放。值越大，摄影机视图拉得越近。
- 光圈：设置摄影机的光圈大小，主要用来控制最终渲染的亮度。数值越小，图像越亮；数值越大，图像越暗。
- 目标距离：摄影机到目标点的距离，默认情况下是关闭的。当关闭摄影机的【目标】选项时，就可以用【目标距离】来控制摄影机的目标点的距离。
- 失真：控制摄影机的扭曲系数。
- 垂直移动：控制摄影机在垂直方向上的变形，用于纠正三点透视到两点透视产生的形变。
- 指定焦点：开启这个选项后，可以手动控制焦点。
- 焦点距离：控制焦距的大小。
- 曝光：当勾选这个选项后，【VR物理摄影机】中的【光圈】【快门速度】和【胶片感光度】设置才会起作用。
- 渐晕：模拟真实摄影机里的渐晕效果，勾选【渐晕】可以模拟图像四周黑色渐晕效果。
- 白平衡：和真实摄影机的功能一样，控制图像的色偏。
- 快门速度（s^-1）：控制光的进光时间，值越小，进光时间越长，图像越亮；值越大，进光时间就越小。
- 快门角度（度）：当摄影机选择【摄影机（电影）】类型的时候，该选项才被激活，其作用和上面的【快门速度】的作用一样，主要用来控制图像的亮暗。
- 快门偏移（度）：当摄影机选择【摄影机（电影）】类型的时候，该选项才被激活，主要用来控制快门角度的偏移。
- 延迟（秒）：当摄影机选择【摄像机（DV）】类型的时候，该选项才被激活，作用和上面的【快门速度】的作用一样，主要用来控制图像的亮暗，值越大，表示光越充足，图像也越亮。
- 底片感光度（ISO）：控制图像的亮暗，值越大，表示ISO的感光系数越强，图像也越亮。一般白天效果比较适合用较低的ISO值，而晚上效果比较适合用较高的ISO值。

2. 散景特效

　　【散景特效】常产生于夜晚，由于画面背景是灯光，可产生一个个彩色的光斑效果，同时还伴随一定的模糊效果，如下页图所示。

- 叶片数：控制散景产生的小圆圈的边，默认值为5表示散景的小圆圈为正5边形。
- 旋转（度）：散景小圆圈的旋转角度。
- 中心偏移：散景偏移源物体的距离。
- 各向异性：控制散景的各向异性，值越大，散景的小圆圈拉得越长，即变成椭圆。

3. 采样

- 景深：控制是否产生景深。如果想要得到景深，就需要开启该选项。
- 运动模糊：控制是否产生动态模糊效果。
- 细分：控制景深和动态模糊的采样细分。

提示：VR物理摄影机

VR物理摄影机的功能非常强大，相对于3ds Max自带的目标摄影机而言，增加了很多优秀的功能，比如焦距、光圈、白平衡、快门速度、曝光等，这些参数与单反相机是非常类似的，因此要想熟练地应用VR物理摄影机，可以适当掌握一些单反相机的相关知识。

进阶案例 | 修改VR物理摄影机的光圈数调节亮度

在这个场景中，主要讲解通过修改VR物理摄影机的光圈数来调节场景亮度。最终渲染效果如下图所示。

场景文件	05.max
案例文件	进阶案例——修改VR物理摄影机的光圈数调节亮度.max
视频教学	视频/Chapter 09/进阶案例——修改VR物理摄影机的光圈数调节亮度.flv
难易指数	★★★☆☆
技术掌握	掌握VR物理摄影机的应用

Step 01 打开本书配套光盘中的【场景文件/Chapter 09/05.max】文件，如右图所示。

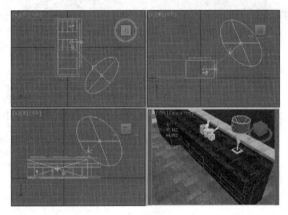

Step 02 单击 （创建）| （摄影机） [VRay ▾] | [VR物理摄影机] 按钮，如下左图所示。在顶视图中拖曳创建一台摄影机，如下右图所示。

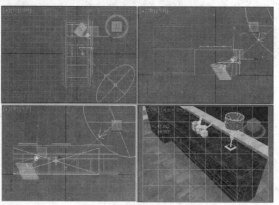

Step 03 选择刚创建的VR物理摄影机，单击进入【修改】面板，设置【光圈数】为0.8，如下左图所示。单击渲染，查看此时的效果，如下右图所示。

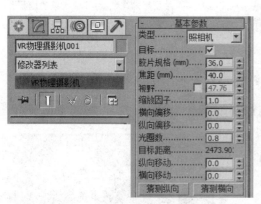

Step 04 选择刚创建的VR物理摄影机，单击进入【修改】面板，设置【光圈数】为3，如下左图所示。单击渲染，查看此时的效果，如下右图所示。

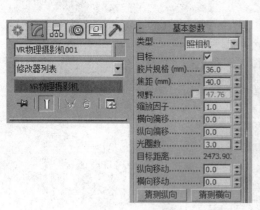

进阶案例	修改VR物理摄影机的光晕效果

在这个场景中，主要讲解修改VR物理摄影机的光晕效果。最终渲染效果，如下图所示。

场景文件	06.max
案例文件	进阶案例——修改VR物理摄影机的光晕效果.max
视频教学	视频/Chapter 09/进阶案例——修改VR物理摄影机的光晕效果.flv
难易指数	★★★☆☆
技术掌握	掌握VR物理摄影机

Step 01 打开本书配套光盘中的【场景文件/Chapter 09/06.max】文件，如右图所示。

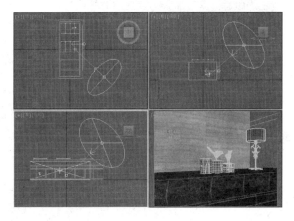

Step 02 单击■（创建）|■（摄影机）VRay　　　　▼| VR物理摄影机按钮，如下左图所示。在顶视图中拖曳创建一台摄影机，如下右图所示。

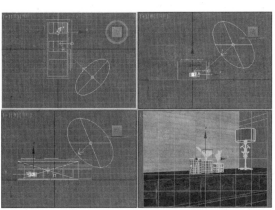

Step 03 选择刚创建的VR物理摄影机，单击进入【修改】面板，取消勾选【光晕】，如下页左图所示。单击渲染，查看此时的效果，如下页右图所示。

Step 04 选择刚创建的VR物理摄影机，单击进入【修改】面板，勾选【光晕】，设置【数值】为4，如下左图所示。单击渲染，查看此时的效果，如下右图所示。

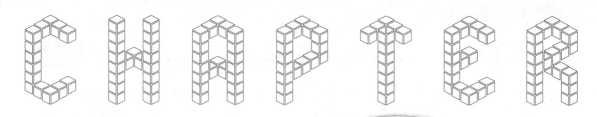

CHAPTER

10 标准材质技术

本章学习要点

- 材质编辑器的参数
- 各类标准材质的参数详解
- 常用标准材质的实例讲解

　　材质是指物体表面的质地、质感。材质有很多属性特征，常见的主要包括颜色、纹理、光滑度、透明度、反射、折射、发光度、凹凸等。正是因为物体拥有了这些属性特征，才会展现出不同的材质视觉效果。譬如五彩缤纷、珠圆玉润、油光可鉴等词语都是对材质的描述。如下图所示为优秀的材质作品。

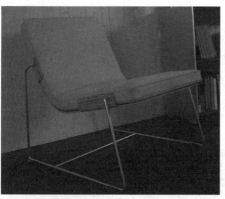

10.1 认识材质

材质是3ds Max中非常重要的一个部分，在建立模型后，就需要为模型设置相应的材质，使模型展现出应有的质地，让画面的效果更真实，质感更准确。

10.1.1 什么是标准材质

标准材质是3ds Max中默认自带的材质类型，也是最为基础、常用的材质类型。在3ds Max中安装其他插件，比如VRay后，会出现VRay的相关材质，这部分内容在后面的章节中会进行细致的讲解。

在制作一个材质之前，首先要确定该材质需要哪些属性，确定的质地特征越多越准确，材质制作的效果也就越逼真，如右图所示。

浅绿色
一定的反射
大量的折射

10.1.2 材质的调节步骤

Step 01 单击【材质编辑器】按钮，打开材质编辑器，如下左图所示。

Step 02 确定材质类型，比如默认为标准材质。然后设置其具体的参数，如下中图所示。

Step 03 制作材质完成后，双击材质球可以查看材质效果，如下右图所示。

10.2 材质编辑器

3ds Max中设置材质的过程都是在材质编辑器中进行的。【材质编辑器】是用于创建、改变和应用场景中的材质的对话框。

10.2.1 菜单栏

菜单栏可以控制模式、材质、导航、选项和实用程序的相关参数，如下页图所示。

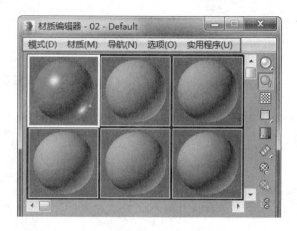

1.【模式】菜单

在3ds Max 2015中包括两种材质编辑器面板。单击【Slate材质编辑器】可以打开Slate材质编辑器，如下图所示。

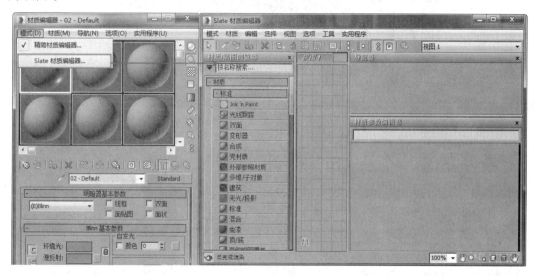

单击【精简材质编辑器】可以打开精简材质编辑器，如下图所示。

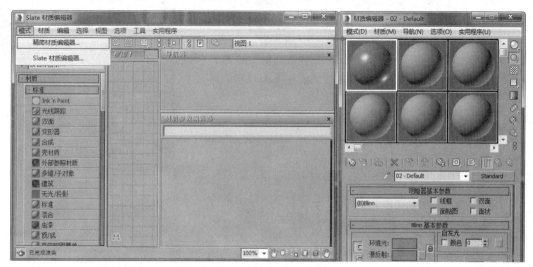

提示: Slate材质编辑器的界面

Slate材质编辑器是一个材质编辑器界面，它在设计和编辑材质时使用节点和关联以图形方式显示材质的结构，是精简材质编辑器的替代项。Slate材质编辑器最突出的特点包括：材质/贴图浏览器，可以在其中浏览材质、贴图和基础材质和贴图类型；当前活动视图，可以在其中组合材质和贴图；参数编辑器，可以在其中更改材质和贴图设置。下图所示为参数面板。

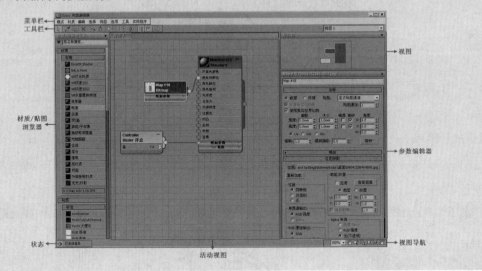

2.【材质】菜单

展开【材质】菜单，如右图所示。

- 获取材质：为选定的材质打开【材质/贴图浏览器】面板。
- 从对象选取：可以从对象中吸取材质。
- 按材质选择：选定使用当前材质的所有对象。
- 在ATS对话框中高亮显示资源：如果活动材质使用的是已跟踪的资源的贴图，则打开"资源跟踪"对话框，同时资源高亮显示。
- 指定给当前选择：将材质赋予选定的对象。
- 放置到场景：将材质放置到场景中。
- 放到库：重新命名材质并将其保存到当前打开的库中。
- 更改材质/贴图类型：更换材质或贴图的类型。
- 生成材质副本：在选定的示例图中创建当前材质的副本。
- 启动放大窗口：相当于双击材质球的效果。
- 另存为.FX文件：将材质另外为.FX文件。
- 生成预览：用于产生、浏览和保存材质预览渲染。
- 查看预览：查看材质的预览效果。
- 保存预览：保存材质的预览效果。
- 显示最终结果：在实例图中显示材质以及应用的所有层次。
- 视口中的材质显示为：可以选择视口中材质的显示方式。
- 重置示例窗旋转：重置窗口的旋转效果。
- 更新活动材质：更新此时的活动材质。

3.【导航】菜单

展开【导航】菜单，如右图所示。

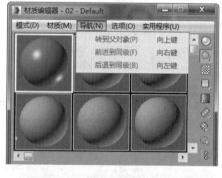

- 转到父对象：将当前材质上移一级。
- 前进到同级：前进到同一级别。
- 后退到同级：后退至同一级别。

4.【选项】菜单

展开【选项】菜单，如右图所示。

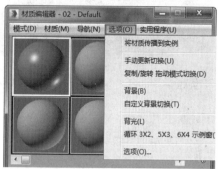

- 将材质传播到实例：将材质传播到实例模式。
- 手动更新切换：手动进行更新。
- 复制/旋转 拖动模式切换：进行复制、旋转、拖动模式的切换。
- 背景：开启材质球的背景效果。
- 自定义背景切换：自定义背景的切换。
- 背光：显示材质阴影处效果。
- 循环3×2、5×3、6×4示例窗：控制窗口的材质球显示。
- 选项：打开材质编辑器选项面板。

5.【实用程序】菜单

展开【实用程序】菜单，如右图所示。

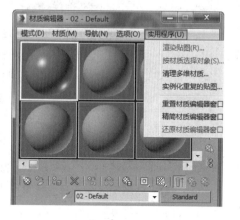

- 渲染贴图：对贴图进行渲染。
- 按材质选择对象：可以基于【材质编辑器】对话框中的活动材质来选择对象。
- 清理多维材质：对【多维/子对象】材质进行分析，然后在场景中显示所有包含未分配任何材质ID的材质。
- 实例化重复的贴图：在整个场景中查找具有重复【位图】贴图的材质，并提供将他们关联化的选项。
- 重置材质编辑器窗口：用默认的材质类型替换【材质编辑器】对话框中的所有材质。下左图和下右图所示为执行之前和之后的对比效果。

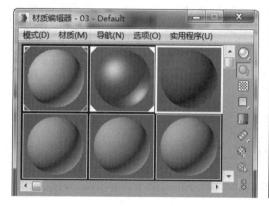

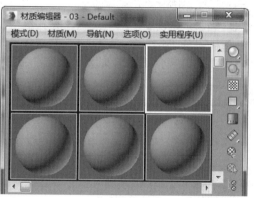

● 精简材质编辑器窗口：将【材质编辑器】对话框中所有未使用的材质设置为默认类型。下左图和下右图所示为执行之前和之后的对比效果。

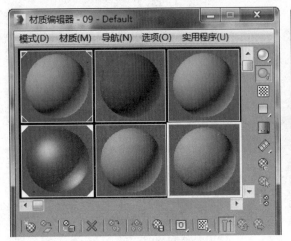 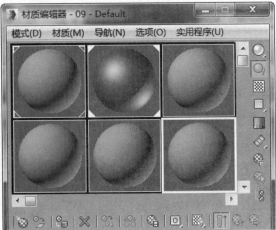

● 还原材质编辑器窗口：利用缓冲区的内容还原编辑器的状态。下左图和下右图所示为执行之前和之后的对比效果。

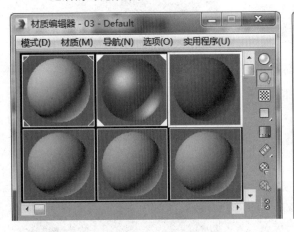 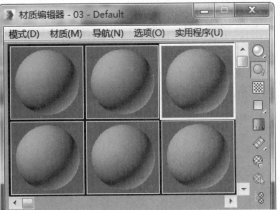

10.2.2 材质球示例窗

材质球示例窗用来显示材质效果，它可以很直观地显示出材质的基本属性，如反光、纹理和凹凸等，如右图所示。

在材质球示例窗上单击鼠标右键，可以看到出现一个窗口，如下页左图所示。

● 拖动/复制：将拖动示例窗设置为复制模式。

● 拖动/旋转：将拖动示例窗设置为旋转模式。

● 重置旋转：将采样对象重置为它的默认方向。

● 渲染贴图：渲染当前贴图，创建位图或 AVI 文件。

● 选项：显示"材质编辑器选项"对话框。

● 放大：生成当前示例窗的放大视图。

● 按材质选择：根据示例窗中的材质选择对象。除非活动示例窗包含场景中使用的材质，否则此选项不可用。

● 在 ATS 对话框中高亮显示资源：如果活动材质使用的是已跟踪的资源的贴图，则打开"资源跟踪″对话框，同时资源高亮显示。

● 3×2/5×3/6×4示例窗：以 3×2/5×3/6×4阵列显示示例窗。下中图和下右图所示为设置3×2和
6×4示例窗的对比效果。

 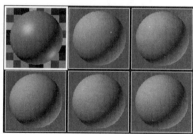 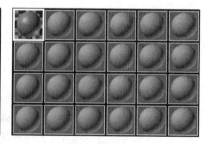

10.2.3　工具按钮栏

下面讲解【材质编辑器】对话框中的两排材质工具按钮，如右
图所示。通过这些按钮，可以快速设置材质的相关命令，提高了工
作效率。

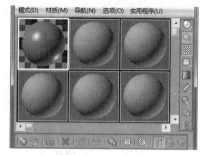

- 【获取材质】按钮：为选定的材质打开【材质/贴图浏览
  器】面板。
- 【将材质放入场景】按钮：在编辑好材质后，单击该按钮
  可更新已应用于对象的材质。
- 【将材质指定给选定对象】按钮：将材质赋予选定的对象。
- 【重置贴图/材质为默认设置】按钮：删除修改的所有属性，将材质属性恢复到默认值。
- 【生成材质副本】按钮：在选定的示例图中创建当前材质的副本。
- 【使唯一】按钮：将实例化的材质设置为独立的材质。
- 【放入库】按钮：重新命名材质并将其保存到当前打开的库中。
- 【材质ID通道】按钮：为应用后期制作效果设置唯一的通道ID。
- 【在视口中显示标准贴图】按钮：在视口的对象上显示2D材质贴图。
- 【显示最终结果】按钮：在实例图中显示材质以及应用的所有层次。
- 【转到父对象】按钮：将当前材质上移一级。
- 【转到下一个同级项】按钮：选定同一层级的下一贴图或材质。
- 【采样类型】按钮：控制示例窗显示的对象类型，包括球体、圆柱体和立方体类型。
- 【背光】按钮：打开或关闭选定示例窗中的背景灯光。
- 【背景】按钮：在材质后面显示方格背景图像，在观察透明材质时非常有用。
- 【采样UV平铺】按钮：为示例窗中的贴图设置UV平铺显示。
- 【视频颜色检查】按钮：检查当前材质中NTSC和PAL制式不支持的颜色。
- 【生成预览】按钮：用于产生、浏览和保存材质预览渲染。
- 【选项】按钮：打开【材质编辑器选项】对话框。
- 【按材质选择】按钮：选定使用当前材质的所有对象。
- 【材质/贴图导航器】按钮：可打开【材质/贴图导航器】对话框，会显示当前材质的所有层。

10.2.4 参数控制区

参数控制区可以对材质的基本属性进行调整，其中包括明暗器基本参数、Blinn基本参数、扩展参数、超级采样和贴图。

1. 明暗器基本参数

展开【明暗器基本参数】卷展栏，共有8种明暗器类型可以选择，还可以设置线框、双面、面贴图和面状等参数，如下左图所示。

● 明暗器列表：明暗器包含8种类型。
● （A）各向异性：各向异性明暗器使用椭圆，"各向异性"高光创建表面。如果为头发、玻璃或磨砂金属建模，这些高光很有用，如下中图和下右图所示。

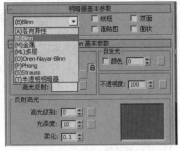

● （B）Blinn：Blinn 明暗处理是 Phong 明暗处理的细微变化。最明显的区别是高光显示弧形，如右图所示。

● （M）金属：金属明暗处理通常用来模拟反光强烈的金属质感，如右图所示。

● （ML）多层：【（ML）多层】明暗器与【（A）各向异性】明暗器很相似，但【（ML）多层】可以控制两个高亮区，如右图所示。

- （O）Oren-Nayar-Blinn：与（B）Blinn明暗器相似，通过它附加的【漫反射级别】和【粗糙度】两个参数可以实现无光效果。此明暗器适合无光曲面，如布料、陶瓦等，如右图所示。

- （P）Phong：Phong明暗处理可以平滑面之间的边缘，也可以真实地渲染有光泽、规则曲面的高光，如右图所示。

- （S）Strauss：适用于金属和非金属表面，与【（M）金属】明暗器十分相似，如右图所示。

- （T）半透明明暗器：与（B）Blinn明暗器类似，最大的区别在于它能够设置半透明效果，使光线能够穿透这些半透明的物体，并且在穿过物体内部时离散，如右图所示。

- 线框：以线框模式渲染材质，用户可以在扩展参数上设置线框的大小，如右图所示。

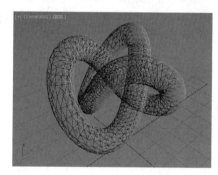

- 双面：将材质应用到选定的面，使材质成为双面。
- 面贴图：可以把材质应用到几何体的各个面。
- 面状：使对象产生不光滑的明暗效果，把对象的每个面作为平面来渲染，如右图所示。

 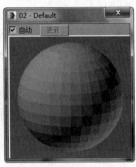

2. Blinn基本参数

下面以（B）Blinn明暗器来讲解明暗器的基本参数。展开【Blinn基本参数】卷展栏，在这里可以设置【环境光】【漫反射】【高光反射】【自发光】【不透明度】【高光级别】【光泽度】和【柔化】等属性，如右图所示。

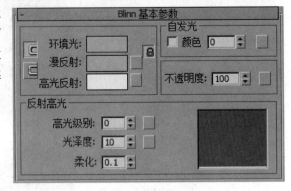

- 环境光：环境光用于模拟间接光，比如室外场景的大气光线，也可以用来模拟光能传递。
- 漫反射：漫反射是物体本身的颜色。下图所示为设置漫反射为黄色和蓝色的对比效果。

- 高光反射：物体发光表面高亮显示部分的颜色。右图所示为高光反射为白色和紫色的对比效果。

● 自发光：可以模拟制作自发光的效果。下图所示为设置自发光为关闭和设置自发光开启设置颜色为浅灰色的对比效果。

● 不透明度：控制材质的不透明度。下图所示为设置不透明度为100和60的对比效果。

● 高光级别：控制反射高光的强度。数值越大，反射强度越高。
● 光泽度：控制高亮区域的大小，即反光区域的尺寸。数值越大，反光区域越小。
● 柔化：影响反光区和不反光区衔接的柔和度。

3. 扩展参数

【扩展参数】卷展栏对于【标准】材质的所有明暗处理类型都是相同的。它具有与透明度和反射相关的控件，还有【线框】模式的选项，如右图所示。

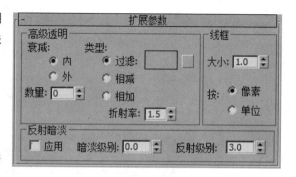

● 内/外：向着对象的内/外部增加不透明度。
● 数量：指定最外或最内的不透明度的数量。
● 类型：这些控件选择如何应用不透明度。
● 折射率：设置折射贴图和光线跟踪的折射率。
● 大小：设置线框模式中线框的大小。可以按像素或当前单位进行设置。
● 按：选择度量线框的方式。

4. 超级采样

　　【超级采样】卷展栏可用于建筑、光线跟踪、标准和
Ink 'n Paint 材质。该卷展栏用于选择超级采样方法。超级
采样在材质上执行一个附加的抗锯齿过滤，如右图所示。

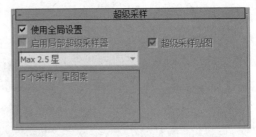

- 使用全局设置：启用此选项后，对材质使用【默认
  扫描线渲染器】卷展栏中设置的超级采样选项。

5. 贴图

　　贴图卷展栏可以为不同的通道添加位图或程序贴图。参数面板如下图所示。

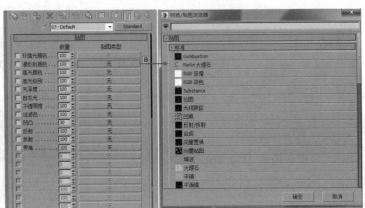

10.3 标准材质的类型

　　3ds Max 2015的标准材质共计15种。分别是Ink 'n Paint、光线跟踪、双面、变形器、合成、壳材
质、外部参照材质、多维/子对象、建筑、无光/投影、标准、混合、虫漆、顶/底和高级照明覆盖，如下
图所示。

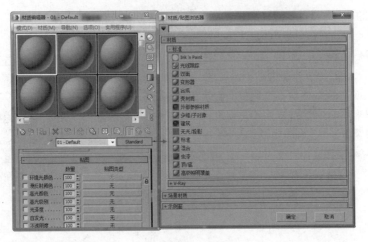

- Ink 'n Paint：通常用于制作卡通效果。
- 光线跟踪：可创建真实的反射和折射效果，支持雾、颜色浓度、半透明和荧光等效果。
- 双面：可以为物体内外或正反表面分别指定两种不同的材质，如纸牌和杯子等。
- 变形器：配合【变形器】修改器一起使用，能产生材质融合的变形动画效果。
- 合成：将多个不同材质叠加在一起，常制作动物和人体皮肤、生锈的金属、岩石等材质。
- 壳材质：配合【渲染到贴图】一起使用，可将【渲染到贴图】命令产生的贴图贴回物体。
- 外部参照材质：参考外部对象或参考场景相关运用资料。
- 多维/子对象：将多个子材质应用到单个对象的子对象。
- 建筑：主要用于表现建外观的材质。
- 无光/投影：主要作用是隐藏场景中的物体，渲染时也观察不到，不会对背景进行遮挡，但可遮挡其他物体，并且能产生自身投影和接受投影的效果。
- 标准：系统默认的材质，是最常用的材质。
- 混合：将两个不同的材质融合在一起，根据融合度的不同来控制两种材质的显示程度。
- 虫漆：用来控制两种材质混合的数量比例。
- 顶/底：为一个物体指定顶端和底端的材质，中间交互处可以产生过渡效果。
- 高级照明覆盖：配合光能传递使用的一种材质，能控制光能传递和物体之间的反射比。

10.3.1 标准材质

标准材质是3ds Max最基本的材质，可以完成一些基本的材质效果的制作。下左图所示为其参数面板。下中图和下右图所示为标准材质制作的效果。

根据【标准材质】的属性参数，可以搭配出很多材质的调节方法。

1. 无反射、无折射类，如右图所示。

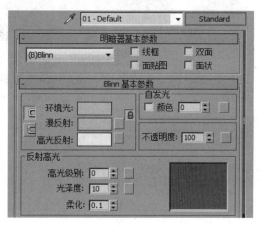

2. 有反射、无折射类，如下左图所示。

3. 有反射、有折射类，如下右图所示。

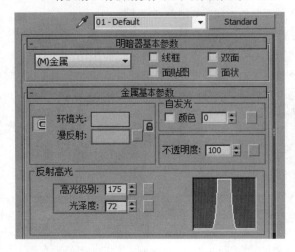 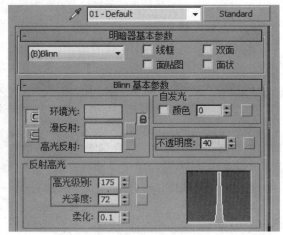

进阶案例　利用标准材质制作壁纸

在这个场景中，主要讲解利用标准材质制作壁纸材质。最终渲染效果如下图所示。

场景文件	01.max
案例文件	进阶案例——标准材质制作壁纸.max
视频教学	视频/Chapter 10/进阶案例——标准材质制作壁纸.flv
难易指数	★★☆☆☆
技术掌握	掌握标准材质的应用

Step 01 打开本书配套光盘中的【场景文件/Chapter 10/01.max】文件，如下图所示。

Step 02 按M键，打开【材质编辑器】对话框，选择第一个材质球，将材质命名为【壁纸】，如下图所示。

 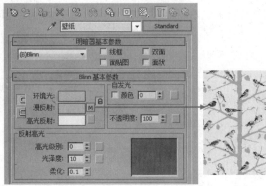

Step 03 将制作完毕的壁纸材质赋给场景中的墙面模型，如下图所示。

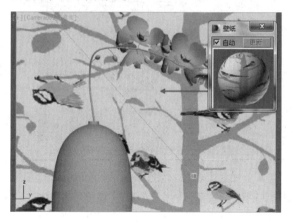

Step 04 将剩余的材质制作完成，并赋予相应的物体，如下图所示。

Step 05 最终渲染效果如右图所示。

进阶案例　　利用标准材质制作凹凸墙面

在这个场景中，主要讲解利用标准材质制作凹凸墙面材质。最终渲染效果如下图所示。

场景文件	02.max
案例文件	进阶案例——标准材质制作凹凸墙面.max
视频教学	视频/Chapter 10/进阶案例——标准材质制作凹凸墙面.flv
难易指数	★★☆☆☆
技术掌握	掌握标准材质的应用

Step 01 打开本书配套光盘中的【场景文件/Chapter 10/02.max】文件，如下页图所示。

Step 02 按M键，打开【材质编辑器】对话框，选择第一个材质球，将材质命名为【凹凸墙面】，设置【漫反射】颜色为浅灰色（红=139、绿=139、蓝=139），如下页图所示。

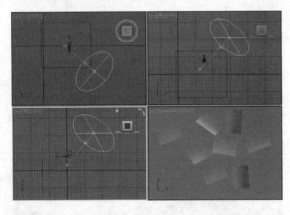
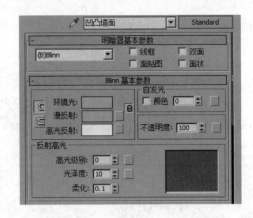

Step 03 展开【贴图】卷展栏，并在【凹凸】后面的通道上加载【AM134_33_star_reflect.jpg】贴图文件，展开【坐标】卷展栏，设置【瓷砖U】为5，【瓷砖V】为4，【角度W】为90，【模糊】为0.01，设置【凹凸数量】为50，如下图所示。

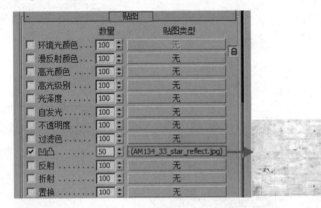
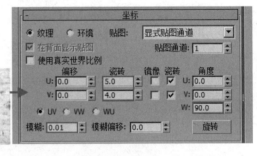

Step 04 将制作完毕的凹凸墙面材质赋给场景中的墙面模型，如下图所示。

Step 05 将剩余的材质制作完成，并赋予相应的物体，如下图所示。

🔊 **提示：凹凸通道上加载贴图会有什么效果？**

漫反射是固有色，也就是说在漫反射通道加载贴图会反应在模型的本身。但是在凹凸通道上加载贴图只会作用于模型的凹凸本身，对于其本身的颜色或贴图是不受任何影响的。因此假如只是在凹凸通道上加载贴图，而没有对漫反射进行修改，那么在渲染时会出现模型只有凹凸质感。

Step 06 最终渲染效果如右图所示。

10.3.2　混合材质

【混合】材质可以在模型的单个面上将两种材质通过一定的百分比进行混合。【混合材质】的材质参数设置面板，如下左图所示。下右图所示为原理图。

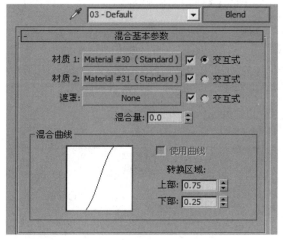

右图所示为使用混合材质制作的材质效果。

- 材质1/材质2：可在其后面的材质通道中对两种材质分别进行设置。
- 遮罩：选择一张贴图作为遮罩。利用贴图的灰度值决定【材质1】和【材质2】的混合效果。
- 混合量：控制两种材质混合百分比。如果使用遮罩，则【混合量】选项将不起作用。
- 交互式：用来选择哪种材质在视图中以实体着色方式显示在物体的表面。
- 混合曲线：对遮罩贴图中的黑白色过渡区进行调节。
- 使用曲线：控制是否使用【混合曲线】来调节混合效果。
- 上部/下部：用于调节【混合曲线】的上部/下部。

进阶案例	利用混合材质制作地面

在这个场景中，主要讲解利用混合材质制作地面材质。最终渲染效果，如下图所示。

场景文件	03.max
案例文件	进阶案例——混合材质制作地面.max
视频教学	视频/Chapter 10/进阶案例——混合材质制作地面.flv
难易指数	★★★☆☆
技术掌握	掌握混合材质的应用

Step 01 打开本书配套光盘中的【场景文件/Chapter 10/03.max】文件，如下图所示。

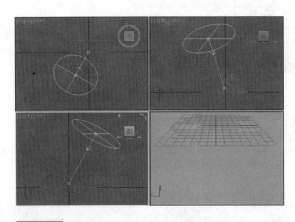

Step 02 按M键，打开【材质编辑器】对话框，选择第一个材质球，单击 Standard （标准）按钮，在弹出的【材质/贴图浏览器】对话框中选择【混合】材质，如下图所示。

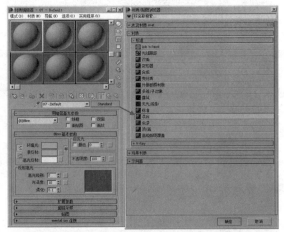

Step 03 将材质命名为【地面】，单击进入【材质1】后面的通道中，将材质命名为【地砖】，单击进入【材质2】后面的通道中，将材质命名为【草地】，如右图所示。

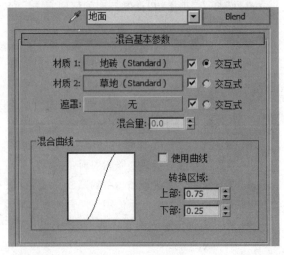

Step 04 单击进入【地砖】材质，在【漫反射】后面的通道上加载【archexteriors13_001_bricks02. jpg】贴图文件，展开【坐标】卷展栏，设置【瓷砖U】为7，【瓷砖V】为6，如下图所示。

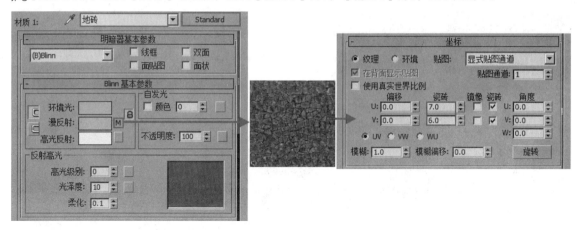

Step 05 展开【贴图】卷展栏，并在【置换】后面的通道上加载【archexteriors13_001_bricks02_displ. jpg】贴图文件，展开【坐标】卷展栏，设置【瓷砖U】为7，【瓷砖V】为6，设置【置换数量】为2，如下图所示。

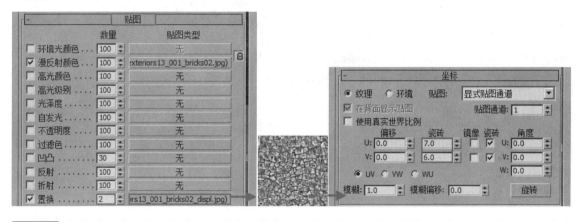

Step 06 单击进入【草地】材质，在【漫反射】后面的通道上加载【草地.jpg】贴图文件，展开【坐标】卷展栏，设置【瓷砖U】为9，【瓷砖V】为6，如下图所示。

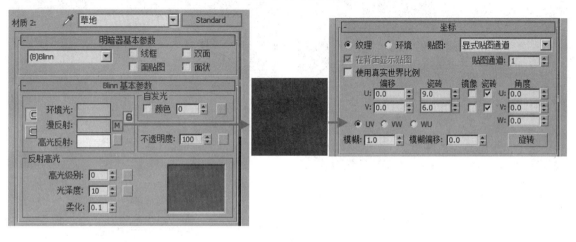

Step 07 展开【贴图】卷展栏，并在【凹凸】后面的通道上加载【草地.jpg】贴图文件，展开【坐标】卷展栏，设置【瓷砖U】为9，【瓷砖V】为6，设置【凹凸数量】为60，如下图所示。

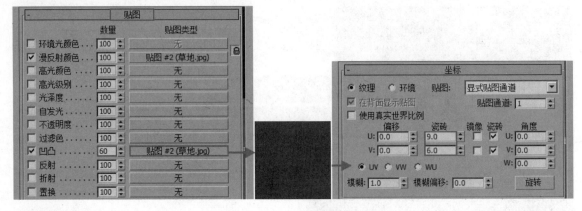

Step 08 返回混合材质面板，在【遮罩】后面通道中加载【黑白.jpg】贴图文件，如下图所示。

Step 09 将制作完毕的地面材质赋给场景中的地面模型，如下图所示。

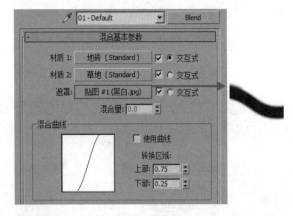

Step 10 将剩余的材质制作完成，并赋予相应的物体，如下图所示。

Step 11 最终渲染效果如下图所示。

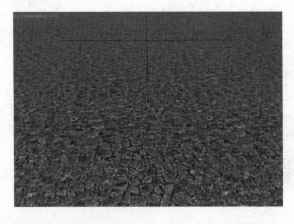

10.3.3 顶/底材质

【顶/底】材质通常用来制作顶部和底部不同效果的材质。【顶/底材质】的参数设置面板如下页右图所示。

- 顶材质/底材质：设置顶部与底部材质。
- 交换：交换【顶材质】与【底材质】的位置。
- 世界/局部：按照场景的世界/局部坐标让各个面朝上或朝下。
- 混合：混合顶部子材质和底部子材质之间的边缘。
- 位置：设置两种材质在对象上划分的位置。

下图所示为使用【顶/底】材质制作的火柴和树枝材质。

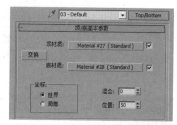

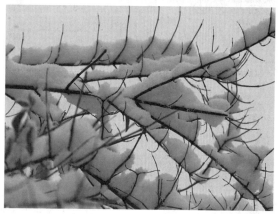

进阶案例　利用顶/底材质制作雪山

在这个场景中，主要讲解利用顶底材质制作雪山材质。最终渲染效果如下图所示。

场景文件	04.max
案例文件	进阶案例——顶底材质制作雪山.max
视频教学	视频/Chapter 10/进阶案例——顶/底材质制作雪山.flv
难易指数	★★★☆☆
技术掌握	掌握顶/底材质的应用

Step 01 打开本书配套光盘中的【场景文件/Chapter 10/04.max】文件，如右图所示。

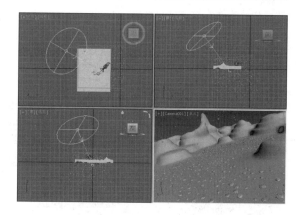

Step 02 按M键，打开【材质编辑器】对话框，选择第一个材质球，单击 Standard （标准）按钮，在弹出的【材质/贴图浏览器】对话框中选择【顶/底】材质，如下图所示。

Step 03 将材质命名为【雪山】，单击进入【顶材质】后面的通道中，将材质命名为【顶】，单击进入【底材质】后面的通道中，将材质命名为【底】，设置【混合】为10，【位置】为78，如下图所示。

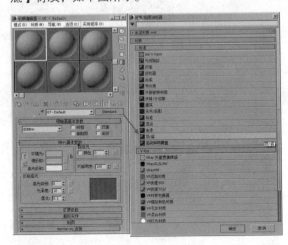

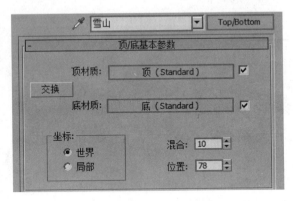

Step 04 单击进入【顶】材质，设置【漫反射】颜色为白色（红＝198、绿＝198、蓝＝198），如下左图所示。

Step 05 展开【贴图】卷展栏，并在【凹凸】后面的通道上加载【噪波】程序贴图，展开【噪波参数】卷展栏，设置【大小】为0.5，设置【凹凸数量】为80，如下右图所示。

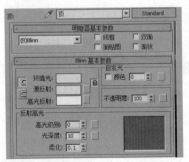
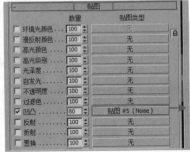
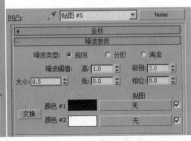

Step 06 单击进入【底】材质，在【漫反射】后面的通道上加载【石头.jpg】贴图文件，展开【坐标】卷展栏，设置【瓷砖U】为30，【瓷砖V】为100，如下图所示。

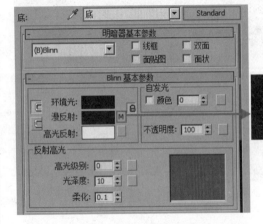
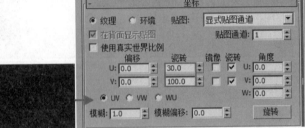

Step 07　展开【贴图】卷展栏，并在【凹凸】后面的通道上加载【石头.jpg】贴图文件，展开【坐标】卷展栏，设置【瓷砖U】为30，【瓷砖V】为100，设置【凹凸数量】为30，如下图所示。

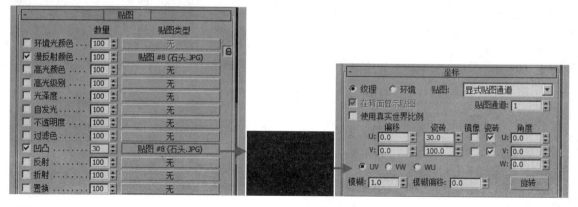

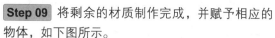

Step 08　将制作完毕的雪山材质赋给场景中的雪山模型，如下图所示。

Step 10　最终渲染效果如右图所示。

Step 09　将剩余的材质制作完成，并赋予相应的物体，如下图所示。

10.3.4　多维/子对象材质

【多维子/对象】材质可以采用几何体的子对象级别分配不同的材质。【多维/子对象】材质的参数面板如下页右图所示。

● 数量：此字段显示包含在多维/子对象材质中的子材质的数量。
● 设置数量：设置构成材质的子材质的数量。

- 添加：单击可将新子材质添加到列表中
- 删除：单击可从列表中移除当前选中的子材质。
- ID：单击按钮将列表排序，其顺序开始于最低材质 ID 的子材质结束于最高材质 ID。
- 名称：单击此按钮将通过输入到"名称"列的名称排序。
- 子材质：单击此按钮通过显示于"子材质"按钮上的子材质名称排序。

下图所示为使用标准材质制作的汽车材质和雨伞材质。

10.3.5 Ink'n Paint材质

Ink'n Paint（墨水油漆）材质可以模拟卡通的材质效果，其参数面板如右图所示。

- 亮区/暗区/高光：用来调节材质的亮区/暗区/高光区域的颜色，可以在后面的贴图通道中加载贴图。
- 绘制级别：用来调整颜色的色阶。
- 墨水：控制是否开启描边效果。
- 墨水质量：控制边缘形状和采样值。
- 墨水宽度：设置描边的宽度。
- 最小/大值：设置墨水宽度的最小/大像素值。
- 可变宽度：勾选该选项后可以使描边的宽度在最大值和最小值之间变化。
- 钳制：勾选该选项后可以使描边宽度的变化范围限制在最大值与最小值之间。
- 轮廓：勾选该选项后可以使物体外侧产生轮廓线。
- 重叠：当物体与自身的一部分相交迭时使用。
- 延伸重叠：与【重叠】类似，但多用在较远的表面上。

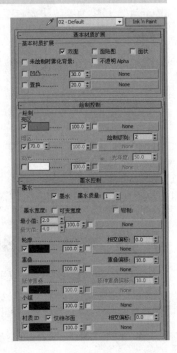

- 小组：用于勾画物体表面光滑组部分的边缘。
- 材质ID：用于勾画不同材质ID之间的边界。

下图所示为使用Ink'n Paint（墨水油漆）材质制作的卡通效果。

| 进阶案例 | 利用Ink'n Paint材质制作卡通电话 |

在这个场景中，主要讲解Ink 'n Paint材质制作卡通电话。最终渲染效果如下图所示。

场景文件	05.max
案例文件	进阶案例——Ink'n Paint材质制作卡通电话.max
视频教学	视频/Chapter 10/进阶案例——Ink'n Paint材质制作卡通电话.flv
难易指数	★★★☆☆
技术掌握	掌握Ink 'n Paint材质的应用

Step 01 打开本书配套光盘中的【场景文件/Chapter 10/05.max】文件，如下图所示。

Step 02 按M键，打开【材质编辑器】对话框，选择第一个材质球，单击 Standard （标准）按钮，在弹出的【材质/贴图浏览器】对话框中选择【Ink 'n Paint】材质，如下图所示。

 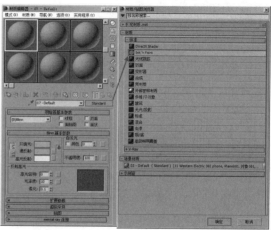

Step 03 将材质命名为【卡通材质01】，展开【绘制控制】卷展栏，设置【亮区】下的【颜色】为蓝色（红＝0、绿＝146、蓝＝159），设置【绘制级别】为4，展开【墨水控制】卷展栏，设置【墨水质量】为2，如下图所示。

Step 04 将制作完毕的卡通电话材质赋给场景中的电话模型，如下图所示。

Step 05 选择一个材质球，将材质命名为【卡通材质02】，展开【绘制控制】卷展栏，设置【亮区】下的【颜色】为黄色（红＝195、绿＝201、蓝＝45），设置【绘制级别】为4，展开【墨水控制】卷展栏，设置【墨水质量】为2，如下图所示。

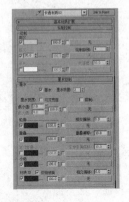

Step 06 将制作完毕的卡通电话材质赋给场景中的电话模型，如下图所示。

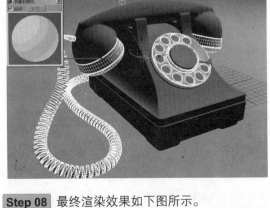

Step 07 将剩余的材质制作完成，并赋给相应的物体，如下图所示。

Step 08 最终渲染效果如下图所示。

10.3.6 双面材质

双面材质可以向对象的前面和后面指定两个不同的材质，参数设置面板如右图所示。

- 半透明：设置一个材质通过其他材质显示的数量。设置为100%时，可以在内部面上显示外部材质，外部面上显示内部材质。设置为中间值时，内部材质指定的百分比将下降，并显示在外部面上。
- 正面材质和背面材质：单击此选项可显示材质/贴图浏览器并且选择一面或另一面使用的材质。下图所示为使用双面材质制作的效果。

进阶案例	利用双面材质制作双面胶带

在这个场景中，主要讲解利用双面材质制作双面胶带材质。最终渲染效果如下图所示。

场景文件	06.max
案例文件	进阶案例——双面材质制作双面胶带.max
视频教学	视频/Chapter 10/进阶案例——双面材质制作双面胶带.flv
难易指数	★★★☆☆
技术掌握	掌握双面材质的应用

Step 01 打开本书配套光盘中的【场景文件/Chapter 10/06.max】文件，如右图所示。

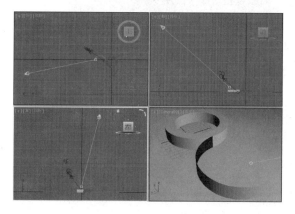

Step 02 按M键，打开【材质编辑器】对话框，选择第一个材质球，单击 Standard （标准）按钮，在弹出的【材质/贴图浏览器】对话框中选择【双面】材质，如下图所示。

Step 03 将材质命名为【双面胶】，单击进入【正面材质】后面的通道中，将材质命名为【1】，单击进入【背面材质】后面的通道中，将材质命名为【2】，如下图所示。

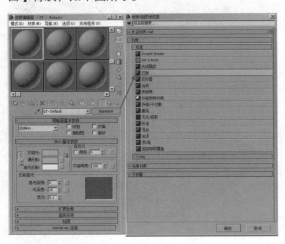

Step 04 单击进入【1】材质中，设置【漫反射】颜色为浅黄色（红=206、绿=174、蓝=119），设置【高光级别】为60，【光泽度】为30，【柔化】为0.1，如下左图所示。

Step 05 单击进入【2】材质中，在【漫反射】后面的通道上加载【8270561_093525562192_2.jpg】贴图文件，展开【坐标】卷展栏，设置【瓷砖V】为6，设置【高光级别】为60，【光泽度】为30，【柔化】为0.1，如下右图所示。

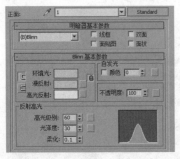
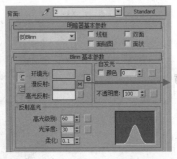
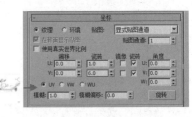

Step 06 将制作完毕的双面胶材质赋给场景中的双面胶模型，如下图所示。

Step 07 将剩余的材质制作完成，并赋给相应的物体，如下图所示。

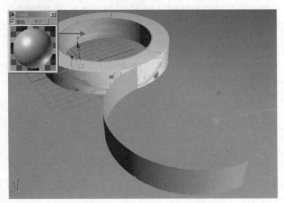

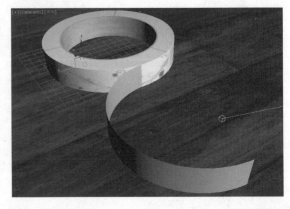

Step 08 最终渲染效果如右图所示。

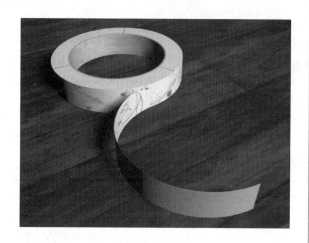

10.3.7 合成材质

合成材质最多可以合成 10 种材质。按照在卷展栏中列出的顺序，从上到下叠加材质。使用相加不透明度、相减不透明度来组合材质，或调整数量值来混合材质。合成基本参数设置面板如右图所示。

- 基础材质：单击以显示"材质/贴图浏览器"并选择基础材质。默认情况下，基础材质就是标准材质。其他材质是按照从上到下的顺序，叠加在此材质上合成的。
- 材质 1 到材质 9：这九组包含用于合成材质的控件。默认情况下，不指定材质。
- A：此材质使用相加不透明度。材质中的颜色基于其不透明度进行汇总。
- S：该材质使用相减不透明度。材质中的颜色基于其不透明度进行相减。
- M：该材质根据数量值混合材质。

> **提示：合成材质的注意问题**
>
> 如果即使一个子材质都将它的明暗处理设置为"线框"，此时会显示整个材质，并渲染为线框材质。
> 如果可以通过合并贴图达到所需的合成结果，需要使用"合成贴图"。合成贴图更为新式，可提供比合成材质更强的控制功能。

10.3.8 壳材质

壳材质通常用于纹理烘焙。壳材质参数设置面板如右图所示。

- 原始材质：显示原始材质的名称。单击按钮可查看该材质，并调整其设置。
- 烘焙材质：显示烘焙材质的名称。
- 除了原始材质所使用的颜色和贴图之外，烘焙材质还包含照明阴影和其他信息。
- 视口：使用该选项可以选择在明暗处理视口中出现的材质。
- 渲染：使用该选项可以选择在渲染中出现的材质。

10.3.9 建筑材质

建筑材质的设置是物理属性，因此当与光度学灯光和光能传递一起使用时，能够提供最逼真的效果。参数设置面板如右图所示。

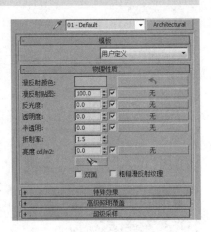

- "模板"卷展栏："模板"卷展栏提供了可从中选择材质类型的列表。对于"物理性质"卷展栏而言，模板只是一组预设的参数，不仅可以提供要创建材质的近似种类，而且可以提供入门指导。
- "物理性质"卷展栏：当创建新的或编辑现有的建筑材质时，需要调整"物理性质"卷展栏中的设置。
- "特殊效果"卷展栏：创建新的建筑材质或编辑现有材质时，可使用"特殊效果"卷展栏中的设置来指定生成凹凸或位移的贴图，调整光线强度或控制透明度。
- "高级照明覆盖"卷展栏：使用"高级照明覆盖"卷展栏中的设置，可以调整光能传递解决方案中建筑材质的行为。

> 🔊 **提示："建筑"材质和"Arch & Design"材质**
>
> 在使用 mental ray 进行渲染时，建议使用"Arch & Design"材质，而不使用"建筑"材质。该材质专为mental ray 设计并能够提供更高的灵活性，更佳的渲染特性以及更快的速度。

下图所示为使用建筑材质制作的材质效果。

10.3.10 无光/投影材质

使用无光/投影材质可将整个对象（或面的任何子集）转换为显示当前背景色或环境贴图的无光对象。参数设置面板如右图所示。

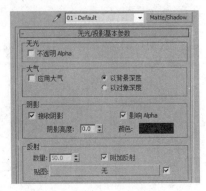

- 不透明 Alpha：确定无光材质是否显示在 Alpha 通道中。
- 应用大气：启用或禁用隐藏对象的雾效果。
- 接收阴影：渲染无光曲面上的阴影。默认设置为启用。
- 影响 Alpha：启用此选项后，将投射于无光材质上的阴影应用于 Alpha 通道。
- 阴影亮度：设置阴影的亮度。
- 数量：控制要使用的反射数量。
- 贴图：单击以指定反射贴图。

10.3.11 虫漆材质

虫漆材质通过叠加将两种材质混合。叠加材质中的颜色称为
"虫漆"材质，被添加到基础材质的颜色中。"虫漆颜色混合"参
数控制颜色混合的量。参数设置面板如右图所示。

- 基础材质：单击可选择或编辑基础子材质。
- 虫漆材质：单击可选择或编辑虫漆材质。默认情况下，虫漆
  材质是带有 Blinn 明暗处理的"标准"材质。
- 虫漆颜色混合：控制颜色混合的量。值为0 时，虫漆材质没有效果。

10.3.12 光线跟踪材质

光线跟踪材质是一种高级的曲面明暗处理材质。它与标准材质
一样，能支持漫反射表面明暗处理。它还可以创建完全光线跟踪的
反射和折射。参数设置面板如右图所示。

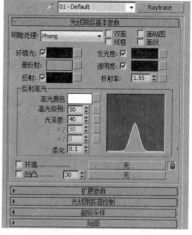

- "光线跟踪基本参数"卷展栏：光线跟踪材质的"光线跟踪
  基本参数"卷展栏控制该材质的明暗处理、颜色组件、反
  射或折射以及凹凸。
- "扩展参数"卷展栏：光线跟踪材质的"扩展参数"卷展栏
  控制材质的特殊效果，透明度属性，以及高级反射率。
- "光线跟踪器控制"卷展栏：光线跟踪材质的"光线跟踪器
  控制"卷展栏影响光线跟踪器自身的操作。
- "光线跟踪加速参数"对话框：该对话框中的控件用于覆盖
  默认加速值，并指定您自己的要求。
- "光线跟踪排除/包含"对话框：使用这些对话框可以指定光线跟踪要看到或看不到的对象，适合
  处理复杂场景。
- "快速自适应抗锯齿器"对话框："快速自适应抗锯齿器"对话框更改快速自适应抗锯齿器针对
  光线跟踪材质和贴图的设置。
- "多分辨率自适应抗锯齿器"对话框：使用"多分辨率自适应抗锯齿器"对话框可以更改光线跟
  踪材质的设置，并设置"多分辨率自适应抗锯齿器"的贴图。

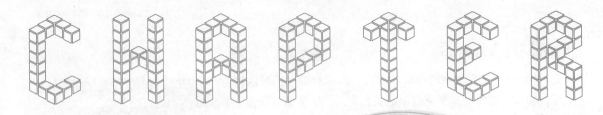

CHAPTER 11

VRay材质技术

本章学习要点

- VRay材质的类型
- VRay材质的参数
- VRay材质的常用技巧

一幅优秀的作品中，质感是很重要的。质感不仅仅体现在物体的颜色，还包括很多细微的属性，比如反射、折射、凹凸、纹理等，通过对这些属性的设置可以达到真实的质感效果。VRay材质非常适合模拟此类属性。本章重点讲解VRay材质的技术，VRay材质可以制作多种材质效果，比如陶瓷、金属、液体等。

11.1　认识VRay材质

　　VRay材质是3ds Max中应用最为广泛的材质类型，其功能非常强大，参数比较简单。VRay材质最擅长用来制作带有反射或折射的材质，表现效果细腻真实，具有其他材质难以达到的效果，因此学好VRay材质是非常有必要的。

VRay材质的类型

　　VRay材质的类型非常多，共包括19种类型。常用的类型有VRayMtl材质、VR-灯光材质等。在材质编辑器中单击 `Standard` 【标准】按钮，如下左图所示。在弹出的【材质/贴图浏览器】中展开【V-Ray】，如下右图所示。

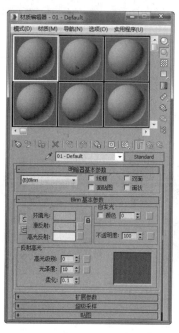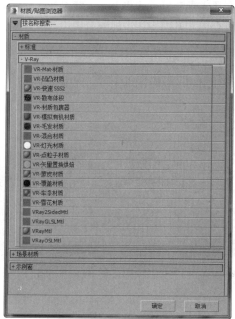

- ● VR-Mat-材质：该材质可以控制材质编辑器。
- ● VR-凹凸材质：该材质可以控制材质凹凸。
- ● VR-快速SSS2：可以制作半透明的SSS物体材质效果，如皮肤。
- ● VR-散布体积：该材质主要用于散布体积的材质效果。
- ● VR-材质包裹器：该材质可以有效避免色溢现象。
- ● VR-模拟有机材质：该材质可以呈现出V-Ray程序的DarkTree着色器效果。
- ● VR-毛发材质：主要用于渲染头发和皮毛的材质。
- ● VR-混合材质：常用来制作两种材质混合在一起的效果，比如带有花纹的玻璃。
- ● VR-灯光材质：可以制作发光物体的材质效果。
- ● VR-点粒子材质：该材质主要用于点粒子的材质效果。
- ● VR-矢量置换烘焙：可以制作矢量的材质效果。
- ● VR-蒙皮材质：该材质可以制作蒙皮的材质效果。
- ● VR-覆盖材质：该材质可以让用户更广泛地控制场景的色彩融合、反射、折射等。
- ● VR-车漆材质：主要用来模拟金属汽车漆的材质。
- ● VR-雪花材质：该材质可以模拟制作雪花的材质效果

- VRay2SidedMtl：可以模拟带有双面属性的材质效果。
- VRayGLSLMtl：可以用来加载GLSL着色器。
- VRayMtl：VRayMtl材质是使用范围最广泛的一种材质，常用于制作室内外效果图。其中制作反射和折射的材质非常出色。
- VRayOSLMtl：可以控制着色语言的材质效果。

11.2 VRayMtl材质

VRayMtl是目前应用最为广泛的材质类型，该材质可以模拟超级真实的反射和折射等效果，因此深受用户喜爱。该材质也是本章最为重要的知识点，需要熟练掌握。参数设置面板如右图所示。

下图所示为使用VRayMtl材质制作的材质效果。

11.2.1 基本参数

展开【基本参数】卷展栏，如下图所示。

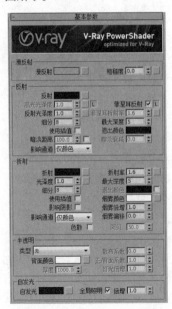

1. 漫反射

- 漫反射：控制材质的固有色。下左图和下右图所示为设置漫反射颜色为黄色和在右边的 ▨ 按钮处添加位图的对比效果。

- 粗糙度：数值越大，粗糙效果越明显，可以用该选项来模拟绒布的效果。

2. 自发光

- 自发光：该选项控制自发光的颜色。
- 全局照明：该选项控制是否开启全局照明。
- 倍增：该选项控制自发光的强度。

3. 反射

- 反射：反射颜色控制反射的强度，颜色越深反射越弱、颜色越浅反射越强。下左图和下右图所示为设置反射颜色为深灰色和浅灰色的对比效果。

- 高光光泽度：控制材质的高光大小，默认情况下和【反射光泽度】一起关联控制，可以通过单击旁边的【锁】按钮 ▨ 来解除锁定，从而可以单独调整高光的大小。
- 反射光泽度：该选项可以产生【反射模糊】效果，数值越小反射模糊效果越强烈。下页左图和下页右图所示为设置反射光泽度为0.75和1的对比效果。

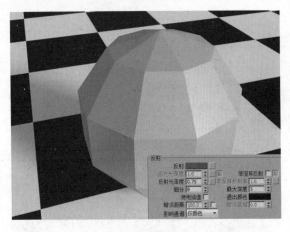
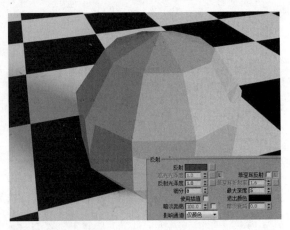

- 细分：用来控制反射的品质，数值越大效果越好，但渲染速度越慢。
- 使用插值：当勾选该参数时，VRay能够使用类似于【发光贴图】的缓存方式来加快反射模糊的计算。
- 暗淡距离：该选项用来控制暗淡距离的数值。
- 影响通道：该选项用来控制是否影响通道。
- 菲涅耳反射：勾选该选项后，反射强度减小。下左图和下右图所示为未勾选和勾选菲涅耳反射的对比效果。

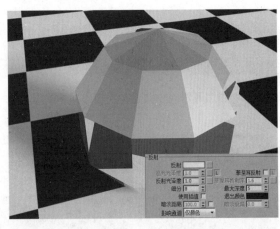
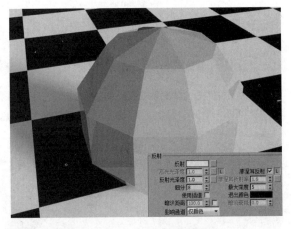

- 菲涅耳折射率：在【菲涅耳反射】中，菲涅耳现象的强弱衰减率可以用该选项来调节。
- 最大深度：是指反射的次数，数值越高效果越真实，但渲染时间也更长。
- 退出颜色：当物体的反射次数达到最大次数时就会停止计算反射，这时由于反射次数不够造成的反射区域的颜色就用退出色来代替。
- 暗淡衰减：该选项用来控制暗淡衰减的数值。

4. 折射

- 折射：折射颜色控制折射的强度，颜色越深折射越弱、颜色越浅折射越强。下页左图和下页右图所示为设置折射颜色为浅灰色和白色的对比效果。

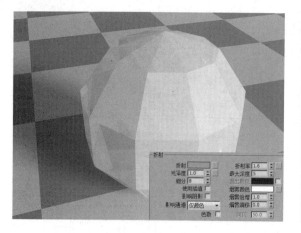

- 光泽度：控制折射的模糊效果。数值越小，模糊程度越明显。下左图和下右图所示为设置光泽度为0.7和1的对比效果。

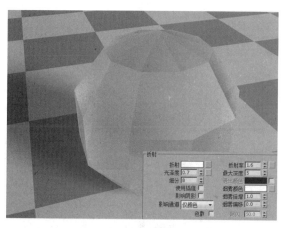
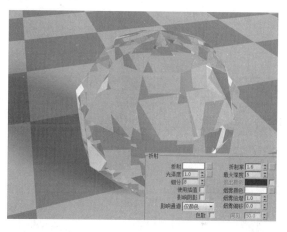

- 细分：控制折射的精细程度。下左图和下右图所示为设置细分为8和20的对比效果。

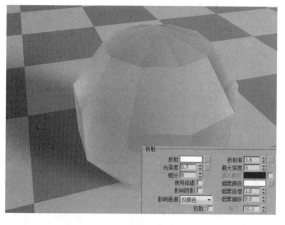
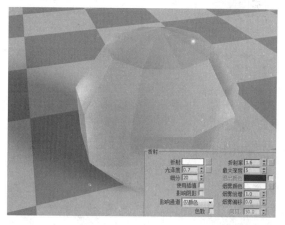

- 使用插值：当勾选该选项时，VRay能够使用类似于【发光贴图】的缓存方式来加快【光泽度】的计算。
- 影响阴影：这个选项用来控制透明物体产生的阴影。
- 影响通道：该选项控制是否影响通道效果。
- 色散：该选项控制是否使用色散。

- 折射率：设置物体的折射率。下左图和下右图所示为设置折射率为1.33和5的对比效果。

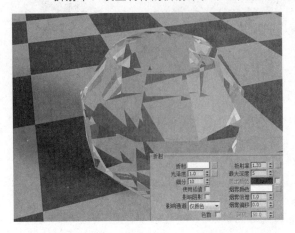 

- 最大深度：该选项控制反射的最大深度数值。
- 退出颜色：该选项控制退出的颜色。
- 烟雾颜色：该选项控制折射物体的颜色。下左图和下右图所示为设置烟雾颜色为白色和浅红色的对比效果。

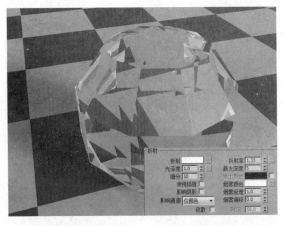 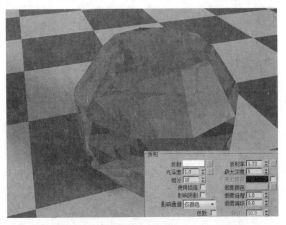

- 烟雾倍增：可以理解为烟雾的浓度。值越大，雾越浓，光线穿透物体的能力越差。下左图和下右图所示为设置烟雾倍增为1和0.2的对比效果。

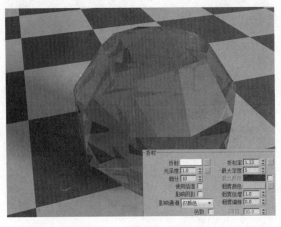 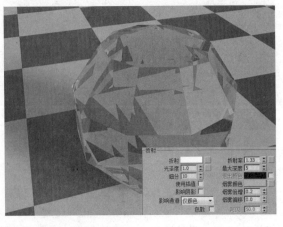

- 烟雾偏移：控制烟雾的偏移，较低的值会使烟雾向摄影机的方向偏移。

5. 半透明

- **类型**：半透明效果的类型有3种，包括【硬（腊）模型】【软（水）模型】和【混合模型】。下左图和下右图所示为设置半透明类型为【无】和【硬（蜡）模型】的对比效果。

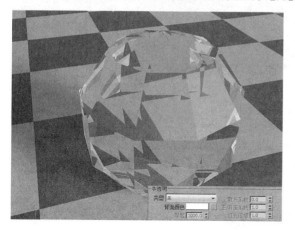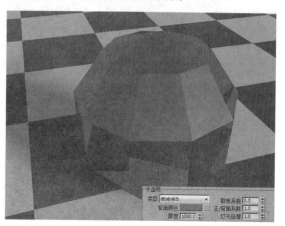

- **背面颜色**：用来控制半透明效果的颜色。
- **厚度**：用来控制光线在物体内部被追踪的深度，也可以理解为光线的最大穿透能力。
- **散射系数**：物体内部的散射总量。
- **前/后分配比**：控制光线在物体内部的散射方向。
- **灯光倍增**：设置光线穿透能力的倍增值。值越大，散射效果越强。

11.2.2　双向反射分布函数

展开【双向反射分布函数】卷展栏，如右图所示。

- **明暗器列表**：包含3种明暗器类型，分别是多面、反射和沃德。
- **各向异性**：控制高光区域的形状，可以用该参数来设置拉丝效果。下左图和下右图所示为设置各向异性为0和0.8的对比效果。

- **旋转**：控制高光区的旋转方向。下页左图和下页右图所示为设置旋转为0和60的对比效果。

● UV矢量源：控制高光形状的轴向，也可以通过贴图通道来设置。

11.2.3 选项

展开【选项】卷展栏，如右图所示。

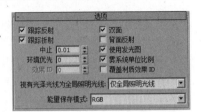

● 跟踪反射：控制光线是否追踪反射。如果不勾选该选项，VRay 将不渲染反射效果。

● 跟踪折射：控制光线是否追踪折射。如果不勾选该选项，VRay将不渲染折射效果。

● 中止：中止选定材质的反射和折射的最小阈值。

● 环境优先：控制【环境优先】的数值。

● 效果ID：该选项控制设置效果的ID。

● 双面：控制VRay渲染的面是否为双面。

● 背面反射：勾选该选项时，将强制VRay计算反射物体的背面产生反射效果。

● 使用发光图：控制选定的材质是否使用【发光图】。

● 雾系统单位比例：该选项控制是否启用雾系统的单位比例。

● 覆盖材质效果ID：该选项控制是否启用覆盖材质效果的ID。

● 视有光泽光线为全局照明光线：该选项在效果图制作中一般都默认设置为【仅全局照明光线】。

● 能量保存模式：该选项一般都默认设置为RGB模型，因为这样可以得到彩色效果。

11.2.4 贴图

展开【贴图】卷展栏，如右图所示。

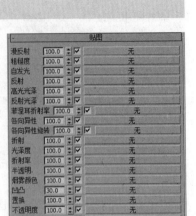

● 凹凸：主要用于制作物体的凹凸效果，在后面的通道中可以加载凹凸贴图，如下页左图所示。

● 置换：主要用于制作物体的置换效果，在后面的通道中可以加载置换贴图，如下页右图所示。

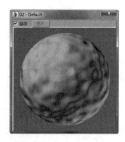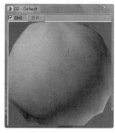

🔊 **提示: 凹凸和置换的区别**

凹凸贴图通道是一种灰度图, 用表面上灰度的变化来描述目标表面的凹凸, 因此这种贴图是黑白的。

置换贴图通道是根据贴图图案灰度分布情况对几何表面进行置换, 较浅的颜色向内凹进, 比较深的颜色向处突出, 置换贴图的细分程度可以在细分预设选项组中根据需要自行设置, 置换贴图是一种真正改变物体表面的方式, 可细微地改变物体表面的细节。

两者的效果区别很大。凹凸贴图的渲染速度快, 但是效果一般。置换贴图的效果真实, 但是渲染速度慢。

- 透明: 主要用于制作透明物体, 例如窗帘、灯罩等。
- 环境: 主要是针对上面的一些贴图而设定的, 比如反射、折射等, 只是在其贴图的效果上加入了环境贴图效果。

11.2.5　反射插值和折射插值

展开【反射插值】和【折射插值】卷展栏, 如右图所示。该卷展栏下的参数只有在【基本参数】卷展栏中的【反射】或【折射】选项组下勾选【使用插值】选项时才起作用。

- 最小比率: 在反射对象不丰富的区域使用该参数所设置的数值进行插补。数值越高, 精度就越高, 反之精度就越低。
- 最大比率: 在反射对象比较丰富的区域使用该参数所设置的数值进行插补。数值越高, 精度就越高, 反之精度就越低。
- 颜色阈值: 指的是插值算法的颜色敏感度。值越大, 敏感度就越低。
- 法线阈值: 指的是物体的交接面或细小的表面的敏感度。值越大, 敏感度就越低。
- 插补采样: 用于设置反射插值时所用的样本数量。值越大, 效果越平滑模糊。

| 进阶案例 | 利用VRayMtl材质制作大理石和镜子 |

在这个场景中, 主要讲解大理石材质。最终渲染效果如下图所示。

场景文件	01.max
案例文件	进阶案例——VRayMtl材质制作大理石和镜子.max
视频教学	视频/Chapter 11/——VRayMtl材质制作大理石和镜子.flv
难易指数	★★★☆☆
技术掌握	掌握VRayMtl材质的应用

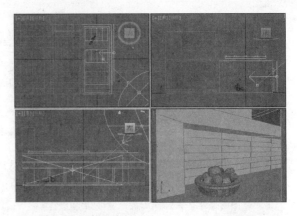

Step 01 打开本书配套光盘中的【场景文件/Cha-pter 11/01.max】文件,如右图所示。

Step 02 选择一个空白材质球,然后将【材质类型】设置为【VRayMtl】,将其命名为【大理石】,在【漫反射】后面的通道上加载【2531170_165448443085_2.jpg】贴图文件,展开【坐标】卷展栏,设置【瓷砖U】为3,【瓷砖V】为2,设置【反射】颜色为灰色(红=54、绿=54、蓝=54),设置【反射光泽度】为0.95,【细分】为20,如下图所示。

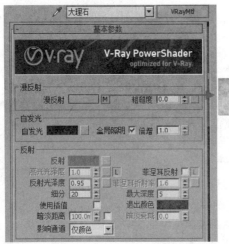
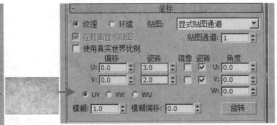

Step 03 将制作完毕的大理石材质赋给场景中的大理石模型,如右图所示。

Step 04 选择一个空白材质球,然后将【材质类型】设置为【VRayMtl】,将其命名为【镜子】,设置【漫反射】颜色为黑色(红=54、绿=54、蓝=54),【反射】颜色为白色(红=255、绿=255、蓝=255),【细分】为20,如下页图所示。

Step 05 将制作完毕的镜子材质赋给场景中的镜子模型,如下页图所示。

Step 06 选择一个空白材质球，然后将【材质类型】设置为【VRayMtl】，将其命名为【地板】，在【漫反射】后面的通道上加载【木地板221.jpg】贴图文件，展开【坐标】卷展栏，设置【瓷砖U、V】分别为1.5，设置【反射】颜色为灰色（红＝39、绿＝39、蓝＝39），设置【反射光泽度】为0.75，【细分】为20，如下图所示。

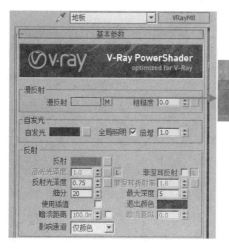 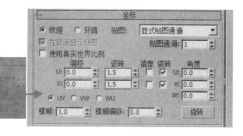

Step 07 将制作完毕的地板材质赋给场景中的地板模型，如下图所示。

Step 08 将剩余的材质制作完成，并赋给相应的物体，如下图所示。

Step 09 最终渲染效果如右图所示。

进阶案例	利用VRayMtl材质制作金属

在这个场景中，主要讲解金属材质。最终渲染效果如下图所示。

场景文件	02.max
案例文件	进阶案例——VRayMtl材质制作金属.max
视频教学	视频/Chapter 11/——VRayMtl材质制作金属.flv
难易指数	★★★☆☆
技术掌握	掌握VRayMtl材质的应用

Step 01 打开本书配套光盘中的【场景文件/Chapter 11/02.max】文件，如下图所示。

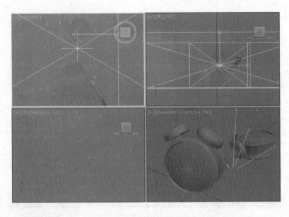

Step 03 将制作完毕的金属材质赋给场景中的闹钟模型，如下页图所示。

Step 02 选择一个空白材质球，然后将【材质类型】设置为【VRayMtl】，将其命名为【金属】，设置【漫反射】颜色为黑色（红=0、绿=0、蓝=0），在【反射】后面的通道上加载【衰减】程序贴图，单击 按钮（交换颜色/贴图），设置【衰减类型】为Fresnel，设置【细分】为30，如下图所示。

Step 04 将剩余的材质制作完成，并赋给相应的物体，如下页图所示。

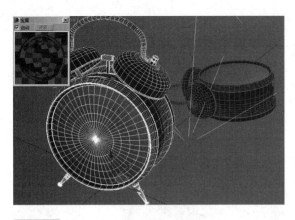

Step 05 最终渲染效果如右图所示。

在VRayMtl材质中颜色是很重要的, 漫反射颜色控制材质的固有色, 但是一旦在其通道上加载贴图后, 该颜色将无效。反射和折射的颜色控制材质的反射和折射的强度, 颜色越暗强度越弱, 颜色越亮强度越强。

进阶案例 利用VRayMtl材质制作磨砂金属

在这个场景中, 主要讲解磨砂金属材质。最终渲染效果如下图所示。

场景文件	03.max
案例文件	进阶案例——VRayMtl材质制作磨砂金属.max
视频教学	视频/Chapter 11/——VRayMtl材质制作磨砂金属.flv
难易指数	★★★☆☆
技术掌握	掌握VRayMtl材质的应用

Step 01 打开本书配套光盘中的【场景文件/Chapter 11/03.max】文件，如下图所示。

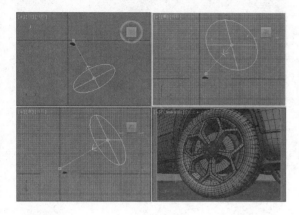

Step 02 选择一个空白材质球，然后将【材质类型】设置为【VRayMtl】，将其命名为【磨砂金属】，在【漫反射】后面的通道上加载【衰减】程序贴图，设置【颜色1】颜色为深灰色（红=50、绿=50、蓝=50），【颜色2】颜色为黑色（红=20、绿=20、蓝=20），设置【反射】颜色为浅灰色（红=166、绿=166、蓝=166），设置【高光光泽度】为0.8，【反射光泽度】为0.77，【细分】为20，如下图所示。

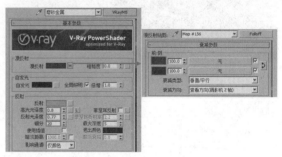

Step 03 展开【双向反射分布函数】卷展栏，设置【类型】为【沃德】，如下图所示。

Step 04 将制作完毕的磨砂金属材质赋给场景中的轮胎部分金属模型，如下图所示。

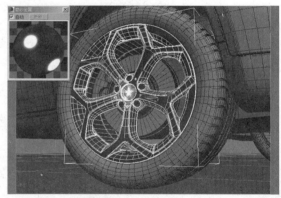

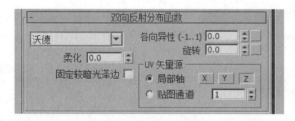

Step 05 将剩余的材质制作完成，并赋给相应的物体，如下图所示。

Step 06 最终渲染效果如下图所示。

进阶案例　利用VRayMtl材质制作木地板

在这个场景中，主要讲解木地板材质。最终渲染效果如下图所示。

场景文件	04.max
案例文件	进阶案例——VRayMtl材质制作木地板.max
视频教学	视频/Chapter 11/进阶案例——VRayMtl材质制作木地板.flv
难易指数	★★★☆☆
技术掌握	掌握VRayMtl材质的应用

Step 01 打开本书配套光盘中的【场景文件/Chapter 11/04.max】文件，如右图所示。

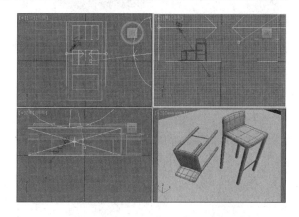

Step 02 选择一个空白材质球，然后将【材质类型】设置为【VRayMtl】，将其命名为【木地板】，在【漫反射】后面的通道上加载【木地板221.jpg】贴图文件，展开【坐标】卷展栏，设置【瓷砖U、V】分别为1.5，设置【反射】颜色为灰色（红=69、绿=69、蓝=69），设置【反射光泽度】为0.85，【细分】为20，如下图所示。

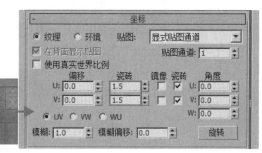

Step 03 展开【贴图】卷展栏，在【凹凸】后面的通道上加载【木地板221.jpg】贴图文件，展开【坐标】卷展栏，设置【瓷砖U、V】分别为1.5，设置【凹凸数量】为55，如下图所示。

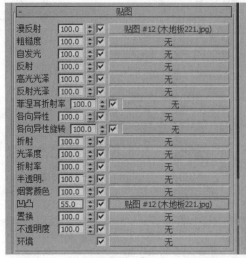
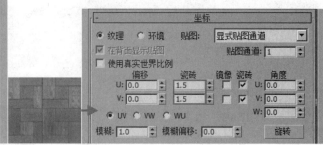

Step 04 将制作完毕的木地板材质赋给场景中的木地板模型，如下图所示。

Step 05 将剩余的材质制作完成，并赋给相应的物体，如下图所示。

Step 06 最终渲染效果如右图所示。

进阶案例	利用VRayMtl材质制作皮革

在这个场景中，主要讲解皮革材质。最终渲染效果如下图所示。

场景文件	05.max
案例文件	进阶案例——VRayMtl材质制作皮革.max
视频教学	视频/Chapter 11/进阶案例——VRayMtl材质制作皮革.flv
难易指数	★★★☆☆
技术掌握	掌握VRayMtl材质的应用

Step 01 打开本书配套光盘中的【场景文件/Chapter 11/05.max】文件，如右图所示。

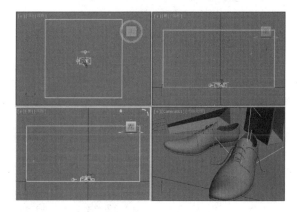

Step 02 选择一个空白材质球，然后将【材质类型】设置为【VRayMtl】，将其命名为【皮革】，在【漫反射】后面的通道上加载【衰减】程序贴图，展开【衰减参数】卷展栏，设置【颜色1】颜色为黑色（红=1、绿=1、蓝=1），【颜色2】颜色为黑色（红=6、绿=6、蓝=6），在【反射】后面的通道上加载【衰减】程序贴图，展开【衰减参数】卷展栏，设置【颜色1】颜色为黑色（红=18、绿=18、蓝=18），【颜色2】颜色为灰色（红=64、绿=64、蓝=64），设置【衰减类型】为Fresnel，设置【反射光泽度】为0.85，【细分】为30，如下图所示。

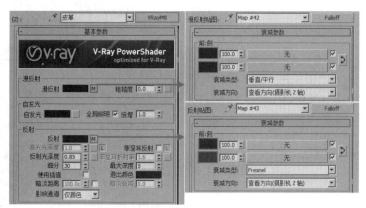

Step 03 将制作完毕的皮革材质赋给场景中的皮鞋模型，如下页图所示。

Step 04 将剩余的材质制作完成，并赋给相应的物体，如下页图所示。

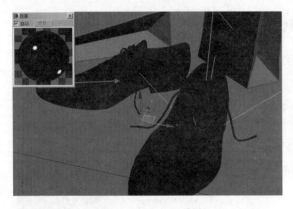

Step 05 最终渲染效果如右图所示。

进阶案例　利用VRayMtl材质制作花纹陶瓷

在这个场景中，主要讲解花纹陶瓷材质。最终渲染效果如下图所示。

场景文件	06.max
案例文件	进阶案例——VRayMtl材质制作花纹陶瓷.max
视频教学	视频/Chapter 11/进阶案例——VRayMtl材质制作花纹陶瓷.flv
难易指数	★★★☆☆
技术掌握	掌握VRayMtl材质的应用

Step 01 打开本书配套光盘中的【场景文件/Chapter 11/06.max】文件，如右图所示。

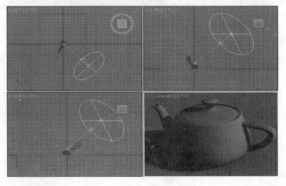

Step 02 选择一个空白材质球，然后将【材质类型】设置为【VRayMtl】，将其命名为【花纹陶瓷】，在【漫反射】后面的通道上加载【混合】程序贴图，展开【混合参数】卷展栏，设置【颜色1】颜色为褐色（红=59、绿=39、蓝=31），在【混合量】后面的通道上加载【Perlin大理石】程序贴图，展开【Perlin大理石参数】卷展栏，设置【大小】为10，设置【颜色1】颜色为白色（红=255、绿=255、蓝=255），【颜色2】颜色为黑色（红=0、绿=0、蓝=0），如右图所示。

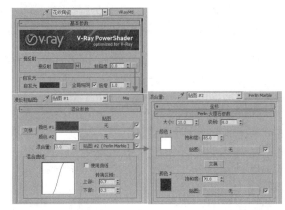

Step 03 设置【反射】颜色为白色（红=255、绿=255、蓝=255），勾选【菲涅耳反射】，设置【细分】为20，如右图所示。

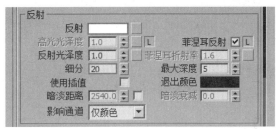

Step 04 将制作完毕的花纹陶瓷材质赋给场景中的茶壶模型，如下图所示。

Step 05 将剩余的材质制作完成，并赋给相应的物体，如下图所示。

Step 06 最终渲染效果如右图所示。

| 综合案例 | 利用VRayMtl材质制作饮料 |

在这个场景中，主要讲解使用VRayMtl材质制作玻璃和液体材质。最终渲染效果如下图所示。

场景文件	07.max
案例文件	综合案例——VRayMtl材质制作饮料.max
视频教学	视频/Chapter 11/综合案例——VRayMtl材质制作饮料.flv
难易指数	★★★★☆
技术掌握	掌握VRayMtl材质的应用

Step 01 打开本书配套光盘中的【场景文件/Chapter 11/07.max】文件，如下图所示。

Step 02 按M键，打开【材质编辑器】对话框，选择第一个材质球，单击 Standard （标准）按钮，在弹出的【材质/贴图浏览器】对话框中选择【VRayMtl】材质，如下图所示。

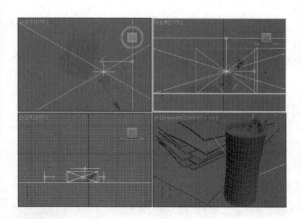

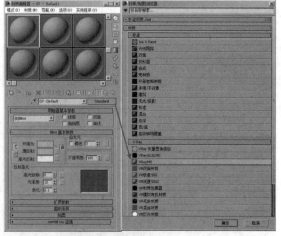

Step 03 将材质命名为【玻璃】，设置【漫反射】颜色为白色（红=253、绿=253、蓝=253），在【反射】后面的通道上加载【衰减】程序贴图，设置【颜色1】颜色为黑色（红=23、绿=23、蓝=23），【颜色2】颜色为浅灰色（红=193、绿=193、蓝=193），【衰减类型】为Fresnel，【最大深度】为20，【折射】颜色为白色（红=255、绿=255、蓝=255），【折射率】为1.3，【最大深度】为20，如右图所示。

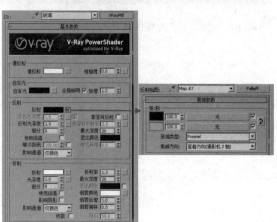

Step 04 将制作完毕的玻璃材质赋给场景中的玻璃模型，如右图所示。

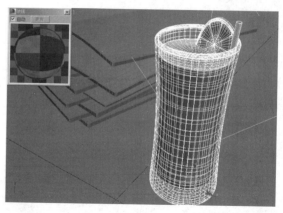

Step 05 选择一个空白材质球，然后将【材质类型】设置为【VRayMtl】，将其命名为【液体】，设置【漫反射】颜色为黑色（红=0、绿=0、蓝=0），【反射】后面的通道上加载【衰减】程序贴图，展开【衰减参数】卷展栏，设置【颜色1】颜色为黑色（红=2、绿=2、蓝=2），【颜色2】颜色为浅灰色（红=75、绿=75、蓝=75），设置【衰减类型】为Fresnel，设置【最大深度】为20，设置【折射】颜色为黄色（红=216、绿=131、蓝=89），设置【折射率】为1.33，【最大深度】为20，设置【烟雾颜色】为黄色（红=201、绿=71、蓝=0），【烟雾倍增】为0.02，【烟雾偏移】为-1.117，勾选【影响阴影】复选框，如下图所示。

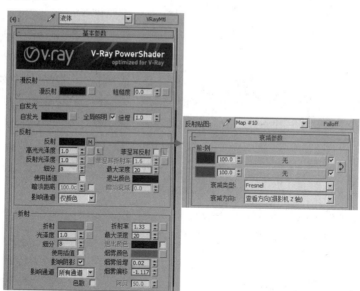

Step 06 将制作完毕的液体材质赋给场景中的液体模型，如右图所示。

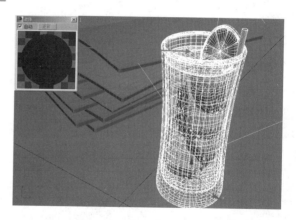

Step 07 将剩余的材质制作完成，并赋给相应的
物体，如下图所示。

Step 08 最终渲染效果如下图所示。

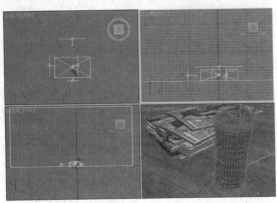

11.3 VR-灯光材质

【VR-灯光材质】可以模拟物体发光发亮的效果，常用来制作顶棚灯带、霓虹灯、火焰等材质。下图
所示为使用VR-灯光材质制作的材质效果。

当设置渲染器为VRay渲染器后，在【材质/贴
图浏览器】对话框中可以找到【VR-灯光材质】，
其参数设置面板如右图所示。

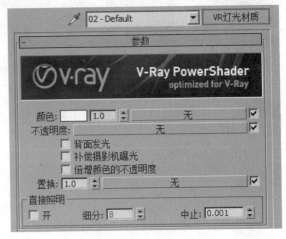

● 颜色：控制自发光的颜色，如下左图和下右图所示为设置白色和蓝色的对比效果。后面的输入框
用来设置自发光的【强度】，下左图和下右图所示为设置为1和10的对比效果。

● 不透明度：可以在后面的通道中加载贴图。
● 背面发光：开启该选项，物体会双面发光。下左图和下右图所示为取消和勾选背面发光的效果。

● 补偿摄影机曝光：控制相机曝光补偿的数值。
● 按不透明度倍增颜色：勾选后，将按照控制不透明度与颜色相乘。

进阶案例　利用VR-灯光材质制作发光LED字

在这个场景中，主要讲解发光材质。最终渲染效果如下图所示。

场景文件	08.max
案例文件	进阶案例——VR-灯光材质制作发光LED字.max
视频教学	视频/Chapter 11/——VR-灯光材质制作发光LED字.flv
难易指数	★★☆☆☆
技术掌握	掌握VR-灯光材质的应用

Step 01 打开本书配套光盘中的【场景文件/Chapter 11/08.max】文件，如下图所示。

Step 02 按M键，打开【材质编辑器】对话框，选择第一个材质球，单击 Standard （标准）按钮，在弹出的【材质/贴图浏览器】对话框中选择【VR-灯光材质】，如下图所示。

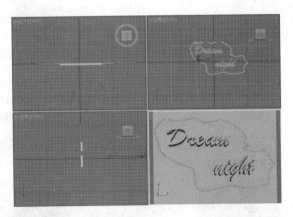

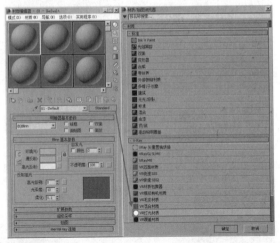

Step 03 将其命名为【发光材质】，设置【颜色】为蓝色（红=25、绿=67、蓝=249），【颜色强度】为30，如下图所示。

Step 04 将制作完毕的发光材质赋给场景中的发光模型，如下图所示。

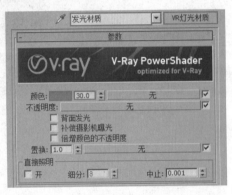

Step 05 选择一个空白材质球，将【材质类型】设置为【VR灯光材质】，将其命名为【发光材质】，设置【颜色】为黄色（红=255、绿=155、蓝=25），【颜色强度】为30，如下图所示。

Step 06 将制作完毕的发光材质赋给场景中的发光模型，如下图所示。

Step 07 将剩余的材质制作完成，并赋给相应的物体，如下图所示。

Step 08 最终渲染效果如下图所示。

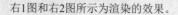

提示：VR-灯光材质常用来制作场景的背景

VR-灯光材质在效果图中应用非常广泛，常用来模拟场景的背景，并且可以调节背景的亮点。右1图和右2图所示为参数面板。

右1图和右2图所示为渲染的效果。

11.4 其他VRay材质

除了VRayMtl材质和VR-灯光材质外，还有几种比较常用的VRay材质类型。比如VR-覆盖材质、VR-材质包裹器材质、VR-车漆材质、VRay2SidedMtl材质、VR-雪花材质等。

11.4.1 VR-覆盖材质

【VR覆盖材质】可以让用户更广泛地控制场景的色彩融合、反射、折射等。【VR覆盖材质】主要包括5种材质通道，分别是【基本材质】【全局照明材质】【反射材质】【折射材质】和【阴影材质】，其参数面板如右图所示。

- 基本材质：这个是物体的基础材质。
- 全局照明材质：这个是物体的全局光材质，当使用这个参数的时候，灯光的反弹将依照这个材质的灰度来进行控制，而不是基础材质。
- 反射材质：物体的反射材质，即在反射里看到的物体的材质。
- 折射材质：物体的折射材质，即在折射里看到的物体的材质。
- 阴影材质：基本材质的阴影将用该参数中的材质来进行控制，基本材质的阴影将无效。

11.4.2 VR-材质包裹器材质

【VR材质包裹器】主要用来控制材质的全局光照、焦散和物体的不可见等特殊属性。通过材质包裹器的设定，我们就可以控制所有赋有该材质物体的全局光照、焦散和不可见等属性。【VR材质包裹器】的参数面板如右图所示。

- 基本材质：用来设置【VR材质包裹器】中使用的基础材质参数，此材质必须是VRay渲染器支持的材质类型。
- 附加曲面属性：这里的参数主要用来控制赋有材质包裹器物体的接收、生成全高照明属性和接收、生成焦散属性。
- 无光属性：目前VRay还没有独立的【不可见/阴影】材质，但【VR材质包裹器】里的这个不可见选项可以模拟【不可见/阴影】材质效果。
- 杂项：用来设置全局照明曲面ID的参数。

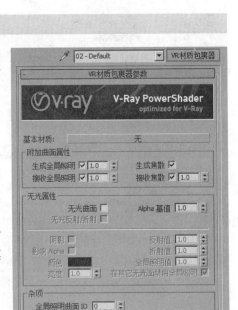

11.4.3 VR-车漆材质

VR-车漆材质通常用来模拟车漆材质效果，其材质包括3层，分别为基础层、雪花层、镀膜层，因此可以模拟真实的车漆层次效果。下页图所示为VR-车漆材质制作的材质效果。

参数设置面板如右图所示。

- 基础颜色：控制基础层的漫反射颜色。
- 基础反射：控制基础层的反射率。
- 基础光泽度：基础层的反射光泽度。
- 基础跟踪反射：当关闭时，基础层仅产生镜面高光，而没有反射光泽度。
- 雪花颜色：金属雪花的颜色。
- 雪花光泽度：金属雪花的光泽度。
- 雪花方向：控制雪花与建模表面法线的相对方向。
- 雪花密度：固定区域中的密度。
- 雪花比例：雪花结构的整体比例。
- 雪花大小：控制雪花的颗粒大小。
- 雪花种子：产生雪花的随机种子数量。使得雪花结构产生不同的随机分布。
- 雪花过滤：决定以何种方式对雪花进行过滤。
- 雪花贴图大小：指定雪花贴图的大小。
- 雪花贴图类型：指定雪花贴图的方式。
- 雪花贴图通道：当贴图类型是精确UVW通道时，薄片贴图所使用的贴图通道。
- 雪花跟踪反射：当关闭时，基础层仅产生镜面高光，而没有真实的反射。
- 镀膜颜色：镀膜层的颜色。
- 镀膜强度：直视建模表面时，镀膜层的反射率。
- 镀膜光泽度：镀膜层的光泽度。
- 镀膜跟踪反射：当关闭时，基础层仅产生镜面高光，而没有真实的反射。
- 跟踪反射：不选中时，来自各个不同层的漫反射将不进行光线跟踪。
- 双面：选中时，材质是双面的。
- 细分：决定各个不同层镜面反射的采样数。
- 中止阈值：各个不同层计算反射时的中止极限值。
- 环境优先级：指定该材质的环境覆盖贴图的优先权。

11.4.4 VRay2SidedMtl材质

VRay2SidedMtl材质可以模拟双面材质效果，如下图所示。

参数设置面板如右图所示。

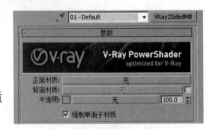

- 正面材质：可以在该通道上添加正面材质。
- 背面材质：可以在该通道上添加背景材质。
- 半透明：可以在该通道上添加半透明贴图。
- 强制单面子材质：勾选该选项可以控制强制单面的子材质效果。

11.4.5 VR-雪花材质

VR-雪花材质可以模拟制作真实的雪花效果，如下左、中图所示。参数设置面板如下右图所示。

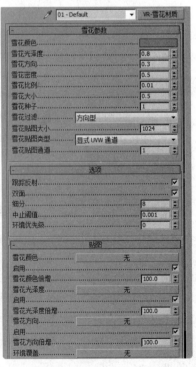

| 综合案例 | 利用多维/子对象材质和VRayMtl材质制作窗帘 |

在这个场景中，主要讲解窗帘材质。最终渲染效果如下图所示。

场景文件	09.max
案例文件	综合案例——多维子对象材质和VRayMtl材质制作窗帘.max
视频教学	视频/Chapter 11/综合案例——多维子对象材质和VRayMtl材质制作窗帘.flv
难易指数	★★★★☆
技术掌握	掌握多维/子对象材质和VRayMtl材质的应用

Step 01 打开本书配套光盘中的【场景文件/Chapter 11/09.max】文件，如下图所示。

Step 02 按M键，打开【材质编辑器】对话框，选择第一个材质球，单击 Standard （标准）按钮，在弹出的【材质/贴图浏览器】对话框中选择【多维/子对象】材质，如下图所示。

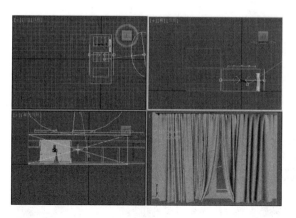

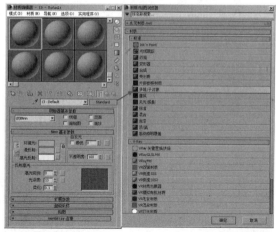

Step 03 将其命名为【遮光窗帘】，【设置数量】为2，分别在【ID1、ID2】后面的通道上加载【VRayMtl】材质，如右图所示。

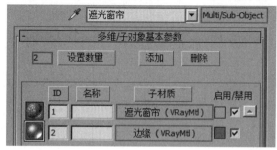

Step 04 单击进入【ID1】后面的通道，将其命名为【遮光窗帘】，在【漫反射】后面的通道中加载【1.jpg】贴图文件，展开【坐标】卷展栏，设置【模糊】为0.2，在【反射】后面的通道上加载【1 - копия .jpg】贴图文件，展开【坐标】卷展栏，设置【模糊】为0.1，设置【高光光泽度】为0.5，【反射光泽度】为0.5，如下页图所示。

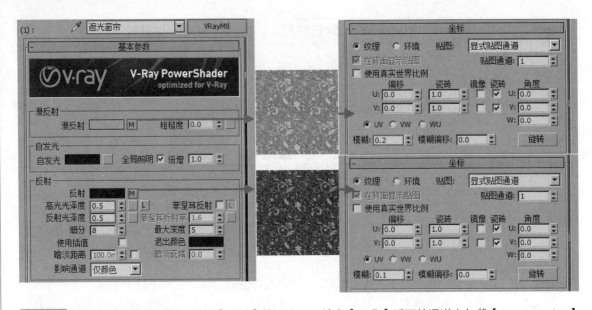

Step 05 展开【贴图】卷展栏，设置【反射】数量为50，并在【凹凸】后面的通道上加载【1 - копия.jpg】贴图文件，展开【坐标】卷展栏，设置【模糊】为0.5，设置【凹凸】数量为30，如下图所示。

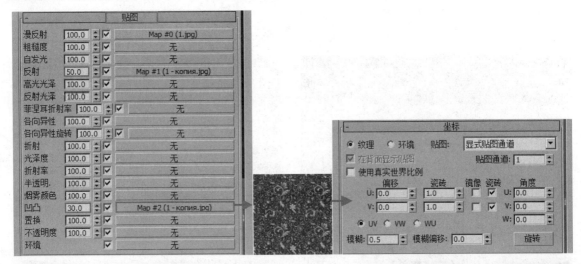

Step 06 单击进入【ID2】后面的通道，将其命名为【边缘】，设置【漫反射】颜色为浅蓝色（红=56、绿=56、蓝=80），【反射】颜色为浅灰色（红=122、绿=122、蓝=122），设置【高光光泽度】为0.5，【反射光泽度】为0.4，如右图所示。

Step 07 展开【贴图】卷展栏，在【凹凸】后面的通道上加载【凹痕】程序贴图，展开【坐标】卷展栏，设置【瓷砖X、Y、Z】分别为0.1，展开【凹痕参数】卷展栏，设置【大小】为0.2，【颜色1】颜色为灰色（红=122、绿=122、蓝=122），设置【凹凸】数量为2，如下图所示。

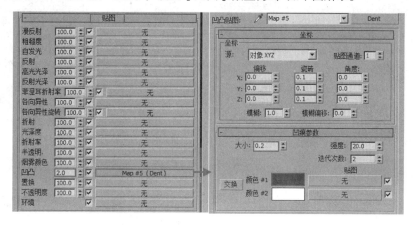

Step 08 将制作完毕的遮光窗帘材质赋给场景中的遮光窗帘模型，如下左图所示。

Step 09 选择一个空白材质球，然后将【材质类型】设置为【VRayMtl】，将其命名为【透光窗帘】，设置【漫反射】颜色为白色（红=211、绿=221、蓝=234），在【反射】后面的通道上加载【bump_11.jpg】贴图文件，设置【高光光泽度】为0.5，【反射光泽度】为0.5，如下右图所示。

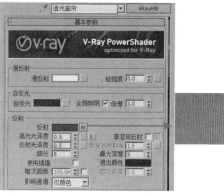

Step 10 展开【贴图】卷展栏，在【不透明度】后面的通道上加载【bump_28.jpg】贴图文件，展开【坐标】卷展栏，设置【角度W】为90，如下图所示。

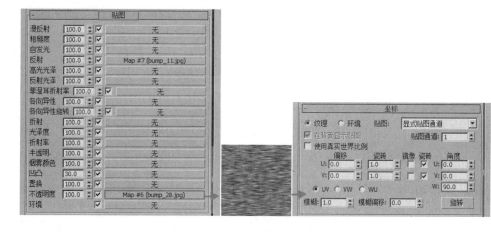

Step 11 将制作完毕的透光窗帘材质赋给场景中的透光窗帘模型，如下图所示。

Step 12 将剩余的材质制作完成，并赋给相应的物体，如下图所示。

Step 13 最终渲染效果如右图所示。

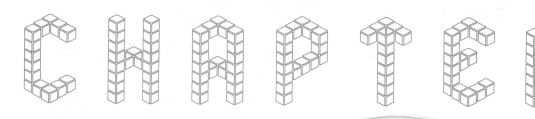

12 贴图技术

本章学习要点

- 贴图概念
- 常用贴图类型的参数
- 常用贴图类型的应用

贴图，顾名思义就是指贴上一张图片。当然在3ds Max中的贴图不仅指图片（位图贴图），也可以是程序贴图，将这些贴图加载在贴图通道中，使其产生一定的贴图效果。贴图和材质是无法分割的，通常会在一起使用，当然两者是有区别的。

12.1 认识贴图

贴图是指在3ds Max贴图通道中添加的位图或程序贴图，从而使得材质产生更多细节变化，比如带有花纹的效果、带有凹凸的效果、带有衰减的效果等，如右图所示。

12.1.1 什么是贴图

首先要强调的是贴图不是材质，两者是有区别的。可以简单理解为先有了材质才能有贴图。也就是说贴图是贴附于材质表面的。例如带有花纹的玻璃材质，首先它是玻璃，然后它带有花纹，而玻璃属性是最重要的。右图所示为设置贴图的简单步骤。

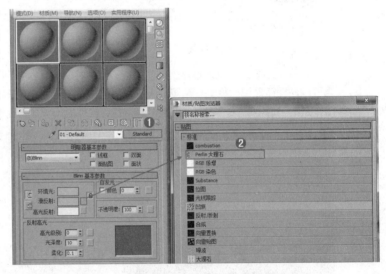

12.1.2 贴图的应用技巧

贴图可以分为普通贴图或无缝贴图。在制作作品时，无缝贴图会经常使用。可以在Photoshop等软件中进行处理，原理是把该贴图向上下左右复制后没有任何缝隙，对接完美。下左图所示不是无缝贴图，而下中图和下右图是无缝贴图。

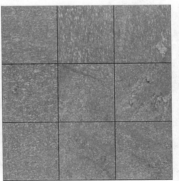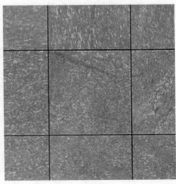

12.2　常用贴图类型

　　3ds Max常用的贴图类型有很多，贴图需要添加到相应的通道上才可以使用。在材质编辑器中展开【贴图】卷展栏，就可以在任意通道中添加贴图来表现物体的属性，如下左图所示。

　　在弹出的【材质/贴图浏览器】面板中可以看到很多贴图类型，主要包括【2D贴图】【3D贴图】【合成器贴图】【颜色修改器贴图】【反射和折射贴图】以及【VRay贴图】，【材质/贴图浏览器】面板如下右图所示。

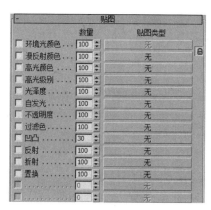
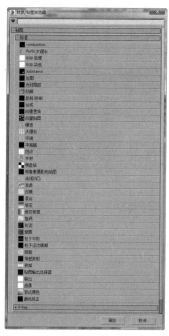

1. 2D贴图

- 位图：通常在这里加载位图贴图，这是最为重要的贴图。
- 每像素摄影机贴图：将渲染后的图像作为物体的纹理贴图，以当前摄影机的方向贴在物体上，可以进行快速渲染。
- 棋盘格：产生黑白交错的棋盘格图案。
- 渐变：使用3种颜色创建渐变图像。
- 渐变坡度：可以产生多色渐变效果。
- 法线凹凸：可以改变曲面上的细节和外观。
- Substance贴图：使用这个包含 Substance 参数化纹理的库，可获得各种范围的材质。
- 漩涡：可以创建两种颜色的漩涡形图形。
- 平铺：可以模拟类似带有缝隙瓷砖的效果。
- 向量置换：向量置换贴图允许在三个维度上置换网格，这与之前仅允许沿曲面法线进行置换的方法形成鲜明对比。
- 向量贴图：使用向量贴图，可以将基于向量的图形（包括动画）用作对象的纹理。

2. 3D贴图

- 细胞：可以模拟细胞形状的图案。

- 凹痕：可以作为凹凸贴图，产生一种风化和腐蚀的效果。
- 衰减：产生两色过渡效果，这是最为重要的贴图。
- 大理石：产生岩石断层效果。
- 噪波：通过两种颜色或贴图的随机混合，产生一种无序的杂点效果。
- 粒子年龄：专用于粒子系统，通常用来制作彩色粒子流动的效果。
- 粒子运动模糊：根据粒子速度产生模糊效果。
- Prelim大理石：通过两种颜色混合，产生类似于珍珠岩纹理的效果。
- 烟雾：产生丝状、雾状或絮状等无序的纹理效果。
- 斑点：产生两色杂斑纹理效果。
- 泼溅：产生类似于油彩飞溅的效果。
- 灰泥：用于制作腐蚀生锈的金属和物体破败的效果。
- 波浪：可创建波状的，类似于水纹的贴图效果。
- 木材：用于制作木头效果。

3. 合成器贴图

- 合成：可以将两个或两个以上的子材质叠加在一起。
- 遮罩：使用一张贴图作为遮罩。
- 混合：将两种贴图混合在一起，通常用来制作一些多个材质渐变融合或覆盖的效果。
- RGB倍增：主要配合【凹凸】贴图一起使用，允许将两种颜色或贴图的颜色进行相乘处理，从而增加图像的对比度。

4. 颜色修改器贴图

- 颜色修正：可以调节材质的色调、饱和度、亮度和对比度。
- 输出：专门用来弥补某些无输出设置的贴图类型。
- RGB染色：通过3个颜色通道来调整贴图的色调。
- 顶点颜色：根据材质或原始顶点颜色来调整RGB或RGBA纹理。

5. 反射和折射贴图

- 平面镜：使共平面的表面产生类似于镜面反射的效果。
- 光线跟踪：可模拟真实的完全反射与折射效果。
- 反射/折射：可产生反射与折射效果。
- 薄壁折射：配合折射贴图一起使用，能产生透镜变形的折射效果。

6. VRay贴图

- VRayHDRI：VRayHDRI可以翻译为高动态范围贴图，主要用来设置场景的环境贴图。
- VR边纹理：是一个非常简单的材质，效果和3ds Max里的线框材质类似。
- VR合成纹理：可以通过两个通道里贴图色度、灰度的不同来进行减、乘、除等操作。
- VR天空：可以调节出场景背景环境天空的贴图效果。
- VR位图过滤器：是一个非常简单的程序贴图，可以编辑贴图纹理的x、y轴向。
- VR污垢：可以用来模拟真实物理世界中物体上的污垢效果。
- VR颜色：可以用来设定任何颜色。
- VR贴图：因为VRay不支持3ds Max里的光线追踪贴图类型，所以在使用3ds Max标准材质时的反射和折射就用【VR贴图】来代替。

12.2.1 位图贴图

【位图】贴图是所有贴图类型中最常用的贴图。通常说的添加一张图片的意思就是指贴图一个位图贴图，然后在位图贴图中加载图片。位图贴图支持很多种格式，包括FLC、AVI、BMP、GIF、JPEG、PNG、PSD和TIFF等主流图像格式。下图所示是位图贴图制作的效果。

【位图】的参数设置面板如右图所示。

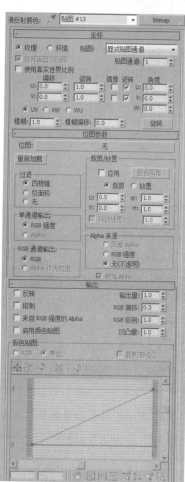

- 偏移：用来控制贴图的偏移效果。
- 瓷砖：用来控制贴图平铺重复的程度。
- 角度：用来控制贴图的角度旋转效果。
- 模糊：用来控制贴图的模糊程度，数值越大贴图越模糊，
  渲染速度越快。下图所示为设置【模糊】为0.01和10的对
  比效果。

- 剪裁/放置：控制贴图的应用区域。
- 反转：反转贴图的色调，使之类似彩色照片的底片。
- 输出量：数值越大，渲染时该贴图越亮。
- 钳制：启用该选项之后，此参数限制比1小的颜色值。
- RGB 偏移：根据微调器所设置的量增加贴图颜色的 RGB
  值，此项对色调的值产生影响。

- 来自RGB强度的Alpha：根据在贴图中RGB通道的强度生成一个Alpha 通道。
- RGB 级别：此项对颜色的饱和度产生影响。
- 启用颜色贴图：启用此选项来使用颜色贴图。
- 凹凸量：控制凹凸的程度。
- RGB/单色：将贴图曲线分别指定给每个RGB过滤通道（RGB）或合成通道（单色）。
- 复制曲线点：启用此选项后，当切换到 RGB 图时，将复制添加到单色图的点。

进阶案例　　利用位图贴图制作壁画

在这个场景中，主要讲解利用位图贴图制作壁画材质。最终渲染效果如下图所示。

场景文件	01.max
案例文件	进阶案例——位图贴图制作壁画.max
视频教学	视频/Chapter 12/进阶案例——位图贴图制作壁画.flv
难易指数	★★★☆☆
技术掌握	位图贴图的应用

Step 01 打开本书配套光盘中的【场景文件/Chapter 12/01.max】文件，如下图所示。

Step 02 选择一个空白材质球，然后将【材质类型】设置为【VRayMtl】，将其命名为【壁画】，分别在【漫反射】【反射】和【反射光泽度】后面的通道上加载【AM134_36_picture_005_diffuse.jpg】贴图文件，勾选【菲涅耳反射】，设置【反射光泽度】为0.8，【细分】为48，如下图所示。

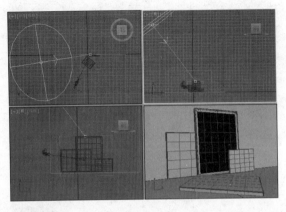

Step 03 展开【贴图】卷展栏，设置【反射光泽】数量为10，并在【凹凸】后面的通道上加载【法线凹凸】程序贴图，展开【参数】卷展栏，在【法线】后面的通道上加载【AM134_36_picture_005_normals.jpg】贴图文件，在【附加凹凸】后面的通道上加载【AM134_36_picture_005_bump.jpg】贴图文件，设置【数量】为1.5，设置【凹凸】数量为20，如下页图所示。

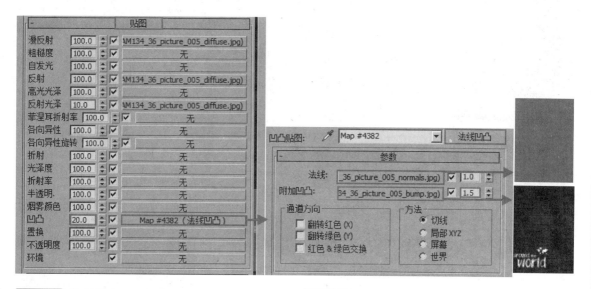

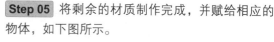

Step 04 将制作完毕的壁画材质赋给场景中的壁画模型，如下图所示。

Step 05 将剩余的材质制作完成，并赋给相应的物体，如下图所示。

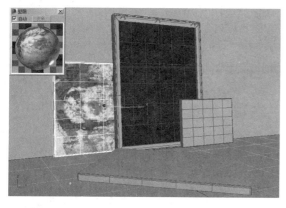

Step 06 最终渲染效果如右图所示。

12.2.2　衰减贴图

　　【衰减】贴图是通过两个颜色或贴图，通过某一种衰减方式，模拟出衰减的变化效果。下页图所示为使用【衰减】贴图制作的效果。

【衰减】贴图的参数设置面板如右图所示。

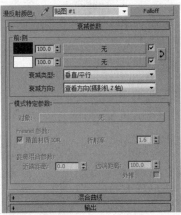

● 前:侧：用来设置【衰减】贴图的【前】和【侧】通道参数。

● 衰减类型：设置衰减的方式，共有以下5个选项。

垂直/平行：在与衰减方向相垂直的面法线和与衰减方向相平行的法线之间设置角度衰减的范围。

朝向/背离：在面向衰减方向的面法线和背离衰减方向的法线之间设置角度衰减的范围。

Fresnel：基于【折射率】在面向视图的曲面上产生暗淡反射，而在有角的面上产生较明亮的反射。

阴影/灯光：基于落在对象上的灯光，在两个子纹理之间进行调节。

距离混合：基于【近端距离】值和【远端距离】值，在两个子纹理之间进行调节。

● 衰减方向：设置衰减的方向。

● 对象：从场景中拾取对象并将其名称放到按钮上。

● 覆盖材质 IOR：允许更改为材质所设置的"折射率"。

● 折射率：设置一个新的"折射率"。

● 近端距离：设置混合效果开始的距离。

● 远端距离：设置混合效果结束的距离。

● 外推：启用此选项之后，效果继续超出"近端"和"远端"距离。

进阶案例   利用衰减贴图制作被罩

在这个场景中，主要讲解利用衰减贴图制作被罩材质。最终渲染效果如下图所示。

场景文件	02.max	
案例文件	进阶案例——衰减贴图制作被罩.max	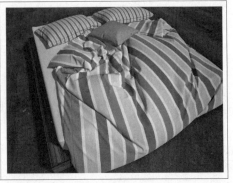
视频教学	视频/Chapter 12/进阶案例——衰减贴图制作被罩.flv	
难易指数	★★★☆☆	
技术掌握	衰减程序贴图的应用	

Step 01 打开本书配套光盘中的【场景文件/Chapter 12/02.max】文件，如下图所示。

Step 02 按M键，打开【材质编辑器】对话框，选择第一个材质球，单击 Standard （标准）按钮，在弹出的【材质/贴图浏览器】对话框中选择【VRayMtl】材质，如下图所示。

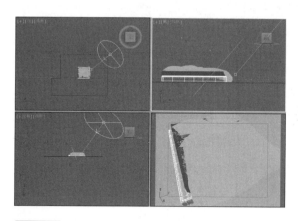
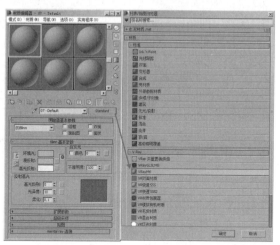

Step 03 将材质命名为【被罩】，在【漫反射】后面的通道中加载【衰减】程序贴图，展开【衰减参数】卷展栏，设置【颜色1】颜色为白色（红=250、绿=250、蓝=250），【颜色2】颜色为白色（红=240、绿=240、蓝=240），并设置【数量】为90，然后分别在【颜色1】和【颜色2】后面的通道上加载【12.jpg】贴图文件，展开【坐标】卷展栏，设置【瓷砖U、V】分别为5，如下图所示。

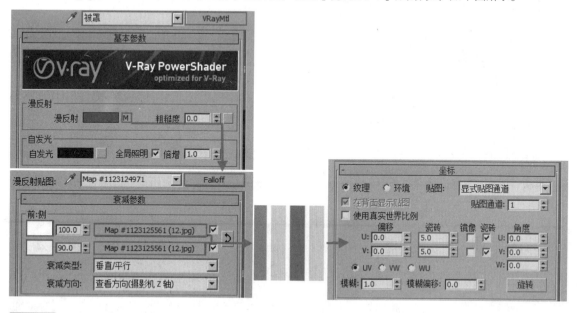

Step 04 在【反射】后面的通道上加载【衰减】程序贴图，展开【衰减参数】卷展栏，设置【颜色1】颜色为灰色（红=34、绿=34、蓝=34），【颜色2】颜色为浅灰色（红=69、绿=69、蓝=69），勾选【菲涅耳反射】，设置【反射光泽度】为0.5，【细分】为12，设置【折射率】为1.2，如下页图所示。

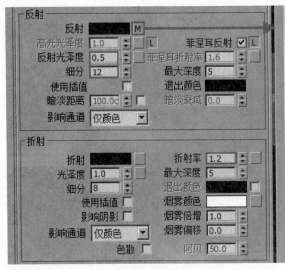
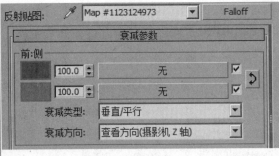

Step 05 展开【贴图】卷展栏，在【凹凸】后面的通道上加载【FabricPlain0014_M.jpg】贴图文件，展开【坐标】卷展栏，设置【瓷砖U、V】分别为7，设置【凹凸】数量为5，如下图所示。

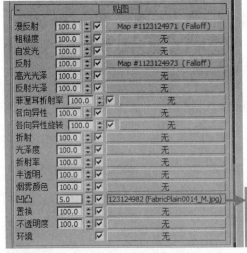
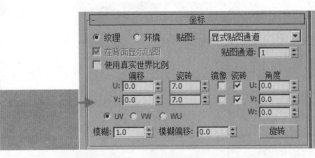

Step 06 将制作完毕的被罩材质赋给场景中的被罩模型，如下图所示。

Step 07 将剩余的材质制作完成，并赋给相应的物体，如下图所示。

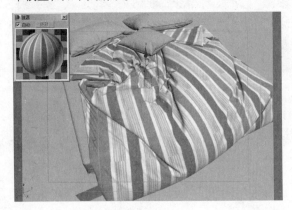
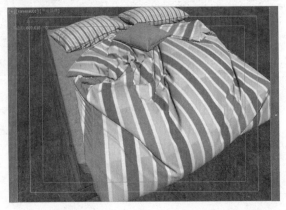

Step 08 最终渲染效果如右图所示。

12.2.3 混合贴图

【混合】贴图的原理是两个颜色或贴图通过一个贴图（以黑白灰为依据）进行混合，控制模拟混合的效果。下图所示为使用【混合】贴图制作的效果。

【混合】贴图的参数设置面板如右图所示。

- 交换：交换两个颜色或贴图的位置。
- 颜色1/颜色2：设置混合的两种颜色。
- 混合量：设置混合的比例。
- 混合曲线：调整曲线可以控制混合的效果。
- 转换区域：调整【上部】和【下部】的级别。

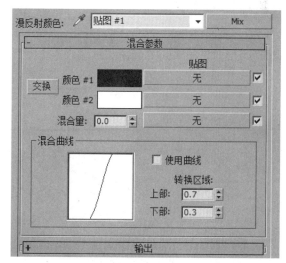

进阶案例 　　利用混合贴图制作花纹绒布

在这个场景中，主要讲解利用混合贴图制作花纹绒布材质。最终渲染效果如下图所示。

场景文件	03.max
案例文件	进阶案例——混合贴图制作花纹绒布.max
视频教学	视频/Chapter 12/进阶案例——混合贴图制作花纹绒布.flv
难易指数	★★★☆☆
技术掌握	混合程序贴图的应用

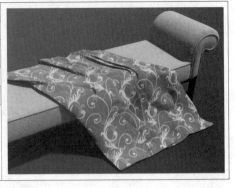

Step 01 打开本书配套光盘中的【场景文件/Chapter 12/03.max】文件，如下图所示。

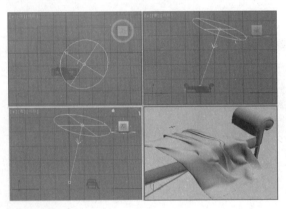

Step 02 按M键，打开【材质编辑器】对话框，选择第一个材质球，将材质命名为【花纹绒布】，展开【明暗器基本参数】卷展栏，类型为【(O) Oren-Nayar-Blinn】，在【漫反射】后面的通道上加载【混合】程序贴图，如下图所示。

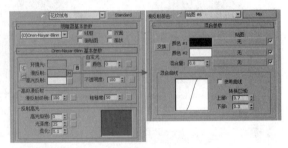

Step 03 展开【混合参数】卷展栏，设置【颜色#1】颜色为浅褐色（红=155、绿=128、蓝=109），【颜色#2】颜色为褐色（红=51、绿=31、蓝=25），在【混合量】后面的通道上加载【b5.jpg】贴图文件，如下图所示。

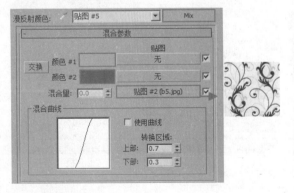

Step 04 将制作完毕的花纹绒布材质赋给场景中的绒布模型，如下图所示。

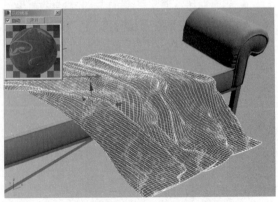

Step 05 将剩余的材质制作完成，并赋给相应的
物体，如下图所示。

Step 06 最终渲染效果如下图所示。

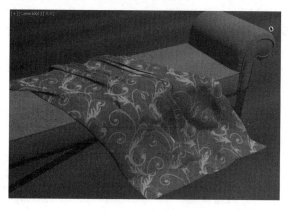
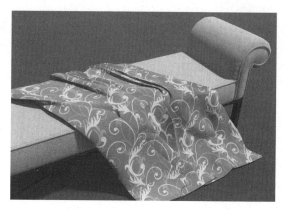

12.2.4 渐变贴图

【渐变】贴图是依据上中下三个颜色，并通过中间颜色的位置确定三个颜色的分布，从而产生渐变的效果。下图所示为使用【渐变】贴图制作的效果。

【渐变】贴图的参数设置面板如右图所示。

- 颜色#1-3：设置渐变在中间进行插值的三个颜色。显示颜色选择器。可以将颜色从一个色样中拖放到另一个色样中。
- 贴图：显示贴图而不是颜色。贴图采用混合渐变颜色相同的方式来混合到渐变中。可以在每个窗口中添加嵌套程序以生成5色、7色、9色渐变，或更多色的渐变。
- 颜色2位置：控制中间颜色的中心点。
- 渐变类型：线性基于垂直位置插补颜色。

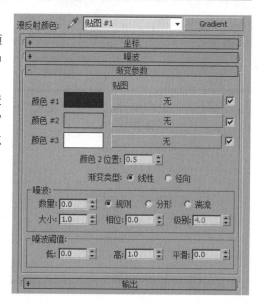

进阶案例	利用渐变贴图制作花瓶

在这个场景中，主要讲解渐变贴图制作花瓶材质。最终渲染效果如下图所示。

场景文件	04.max
案例文件	进阶案例——渐变贴图制作花瓶.max
视频教学	视频/Chapter 12/进阶案例——渐变贴图制作花瓶.flv
难易指数	★★☆☆☆
技术掌握	渐变程序贴图的应用

Step 01 打开本书配套光盘中的【场景文件/Chapter 12/04.max】文件，如右图所示。

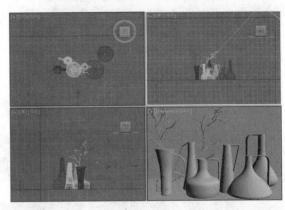

Step 02 选择一个空白材质球，然后将【材质类型】设置为【VRayMtl】，将其命名为【渐变花瓶】，在【漫反射】后面的通道上加载【渐变】程序贴图，展开【坐标】卷展栏，设置【瓷砖U】为3，【角度W】为24，展开【渐变参数】卷展栏，设置【颜色1】颜色为蓝色（红＝0、绿＝162、蓝＝208），【颜色2】颜色为黄色（红＝203、绿＝205、蓝＝25），【颜色3】颜色为粉色（红＝230、绿＝0、蓝＝43），设置【渐变类型】为径向，勾选【菲涅耳反射】，设置【细分】为20，如右图所示。

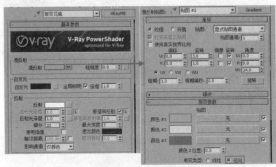

Step 03 将制作完毕的渐变花瓶材质赋给场景中的花瓶模型，如右图所示。

Step 04 将剩余的材质制作完成，并赋给相应的物体，如下图所示。

Step 05 最终渲染效果如下图所示。

12.2.5 渐变坡度贴图

【渐变坡度】贴图与【渐变】贴图是有区别的，【渐变坡度】贴图可以随机控制颜色种类的个数，下左图和下中图所示为渐变坡度贴图制作的效果。其参数设置面板如下右图所示。

- 渐变栏：可以在渐变栏中设置渐变的颜色。
- 渐变类型：选择渐变的类型。
- 插值：选择插值的类型。
- 数量：基于渐变坡度颜色的交互，将随机噪波应用于渐变。
- 规则：生成普通噪波。
- 分形：使用分形算法生成噪波。
- 湍流：生成应用绝对值函数来制作故障线条的分形噪波。
- 大小：设置噪波功能的比例。此值越小，噪波碎片也就越小。
- 相位：控制噪波函数的动画速度。
- 级别：设置湍流的分形迭代次数。
- 低/高：设置低/高阈值。
- 平滑：用以生成从阈值到噪波值较为平滑的变换。

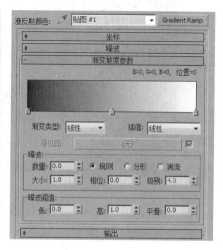

12.2.6 平铺贴图

【平铺】通常用于制作带有缝隙的地砖效果。其参数面板设置如下左图所示。下中图和下右图为使用平铺贴图制作的瓷砖效果。

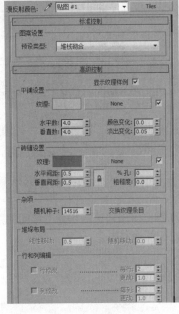
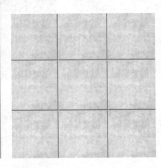
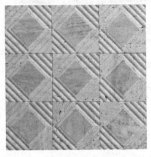

- 预设类型：列出定义的建筑瓷砖砌合、图案、自定义图案，这样可以通过选择【高级控制】和【堆垛布局】卷展栏中的选项来设计自定义的图案。
- 显示纹理样例：更新并显示贴图指定给【瓷砖】或【砖缝】的纹理。
- 平铺设置：该选项组控制平铺的参数设置。

  纹理：控制用于瓷砖的当前纹理贴图的显示。

  水平/垂直数：控制行/列的瓷砖数。

  颜色变化：控制瓷砖的颜色变化。下图所示为设置颜色变化为0和1的对比效果。

  淡出变化：控制瓷砖的淡出变化。如下页图所示为设置淡出变化为0.05和1的对比效果。
- 砖缝设置：该选项组控制砖缝的参数设置。

  纹理：控制砖缝的当前纹理贴图的显示。

  None：充当一个目标，可以为砖缝拖放贴图。

水平/垂直间距：控制瓷砖间的水平/垂直砖缝的大小。

粗糙度：控制砖缝边缘的粗糙度。

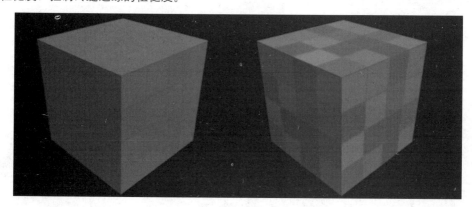

12.2.7　棋盘格贴图

【棋盘格】贴图可以模拟两种颜色构成的棋盘格效果。下左图和下中图所示为使用棋盘格贴图制作的效果。其参数设置面板如下右图所示。

  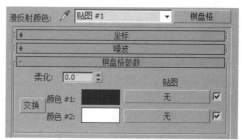

- 柔化：模糊棋盘格之间的边缘。
- 交换：切换两个棋盘格的位置。
- 颜色 #1：设置一个棋盘格的颜色。单击可显示颜色选择器。
- 颜色 #2：设置一个棋盘格的颜色。单击可显示颜色选择器。
- 贴图：选择要在棋盘格颜色区域内使用的贴图。

进阶案例　　利用棋盘格贴图制作玩具

在这个场景中，主要讲解利用棋盘格贴图制作玩具材质。最终渲染效果如下图所示。

场景文件	05.max	
案例文件	进阶案例——棋盘格贴图制作玩具.max	
视频教学	视频/Chapter 12/进阶案例——棋盘格贴图制作玩具.flv	
难易指数	★★★☆☆	
技术掌握	棋盘格程序贴图的应用	

Step 01 打开本书配套光盘中的【场景文件/Chapter 12/05.max】文件，如下图所示。

Step 02 按M键，打开【材质编辑器】对话框，选择第一个材质球，单击 Standard （标准）按钮，在弹出的【材质/贴图浏览器】对话框中选择【VRayMtl】材质，如下图所示。

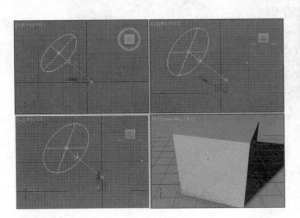

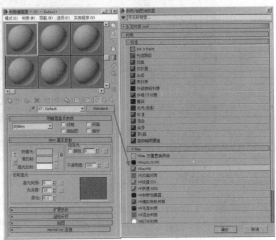

Step 03 将材质命名为【玩具】，在【漫反射】后面的通道中加载【棋盘格】程序贴图，展开【坐标】卷展栏，设置【瓷砖U、V】分别为2，展开【棋盘格参数】卷展栏，设置【柔化】为0.1，设置【颜色#1】颜色为蓝色（红=0、绿=87、蓝=247），【颜色#2】颜色为黄色（红=244、绿=209、蓝=15）。设置【反射】颜色为白色（红=255、绿=255、蓝=255），勾选【菲涅耳反射】，设置【细分】为20，如右图所示。

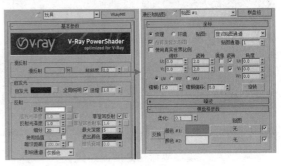

Step 04 将制作完毕的棋盘格材质赋给场景中的玩具模型，如下图所示。

Step 05 将剩余的材质制作完成，并赋给相应的物体，如下图所示。

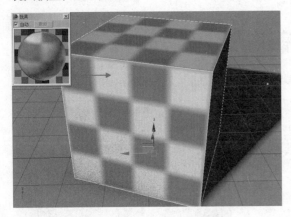

Step 06 最终渲染效果如右图所示。

12.2.8 噪波贴图

【噪波】贴图可以产生随机的噪波波纹纹理。常使用该贴图制作凹凸，如水波纹、草地、墙面、毛巾等。下左图和下中图所示为噪波贴图制作的效果。其参数设置面板如下右图所示。

  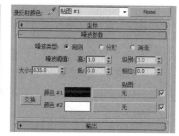

- 噪波类型：共有3种类型，分别是【规则】【分形】和【湍流】。
- 大小：以3ds Max为单位设置噪波函数的比例。
- 噪波阈值：控制噪波的效果。
- 级别：决定有多少分形能量用于【分形】和【湍流】噪波函数。
- 相位：控制噪波函数的动画速度。
- 交换：交换两个颜色或贴图的位置。
- 颜色#1/颜色#2：从这两个主要噪波颜色中选择，通过所选的两种颜色来生成中间颜色值。

进阶案例　利用噪波贴图制作水波纹

在这个场景中，主要讲解利用噪波贴图制作水波纹材质。最终渲染效果如下图所示。

场景文件	06.max
案例文件	进阶案例——噪波贴图制作水波纹.max
视频教学	视频/Chapter 12/进阶案例——噪波贴图制作水波纹.flv
难易指数	★★★☆☆
技术掌握	噪波程序贴图的应用

Step 01 打开本书配套光盘中的【场景文件/Chapter 12/06.max】文件，此时场景效果如下图所示。

Step 02 按M键，打开【材质编辑器】对话框，选择第一个材质球，单击 Standard （标准）按钮，在弹出的【材质/贴图浏览器】对话框中选择【VRayMtl】材质，如下图所示。

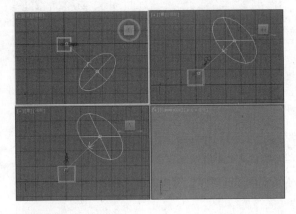
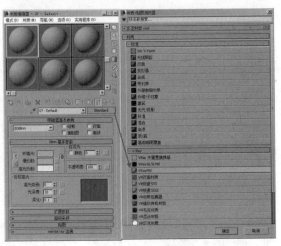

Step 03 将材质命名为【水波纹】，设置【漫反射】颜色为浅灰色（红=128、绿=128、蓝=128），【反射】颜色为灰色（红=13、绿=13、蓝=13），【折射】颜色为白色（红=255、绿=255、蓝=255），【烟雾颜色】为蓝色（红=94、绿=129、蓝=246），【烟雾倍增】为0.2，如下左图所示。

Step 04 展开【贴图】卷展栏，在【凹凸】后面的通道中加载【噪波】程序贴图，展开【坐标】卷展栏，设置【瓷砖Z】为4，展开【噪波参数】卷展栏，设置【大小】为4，最后设置【凹凸】数量为120，如下右图所示。

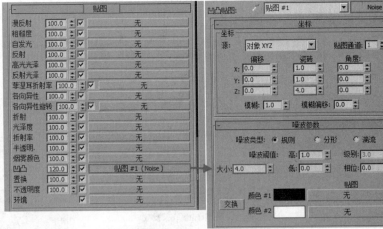

Step 05 将制作完毕的水波纹材质赋给场景中的水模型，如下页图所示。

Step 06 将剩余的材质制作完成，并赋给相应的物体，如下页图所示。

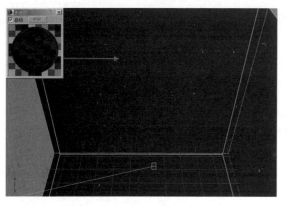
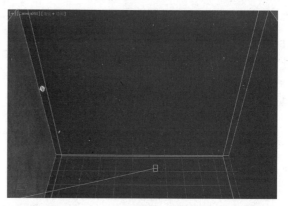

Step 07 最终渲染效果如右图所示。

12.2.9 细胞贴图

【细胞】贴图可以模拟类似细胞形状的贴图。下左图和下中图所示为细胞贴图制作的效果。其参数设置面板如下右图所示。

- 细胞颜色：该选项组中的参数主要用来设置细胞的颜色。

  颜色：为细胞选择一种颜色。

  变化：通过随机改变红、绿、蓝颜色值来更改细胞的颜色。

- 分界颜色：设置细胞的分界颜色。

- 细胞特征：该选项组中的参数主要用来设置细胞的一些特征属性。

  圆形/碎片：用于选择细胞边缘的外观。

  大小：更改贴图的总体尺寸。

  扩散：更改单个细胞的大小。

凹凸平滑：将细胞贴图用作凹凸贴图时，在细胞边界处可能会出现锯齿效果。如果发生这种情况，可以适当增大该值。

分形：将细胞图案定义为不规则的碎片图案。

迭代次数：设置应用分形函数的次数。

自适应：启用该选项后，分形【迭代次数】将自适应地进行设置。

粗糙度：将【细胞】贴图用作凹凸贴图时，该参数用来控制凹凸的粗糙程度。

● 阈值：该选项组中的参数用来限制细胞和分解颜色的大小。

低：调整细胞最低大小。

中：相对于第2分界颜色，调整最初分界颜色的大小。

高：调整分界的总体大小。

12.2.10 凹痕贴图

【凹痕】贴图可以模拟物体表面凹陷的划痕效果，一般用来模拟破旧的材质。下左图和下中图所示为使用凹痕贴图制作的效果。其参数设置面板如下右图所示。

 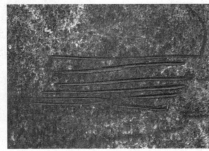 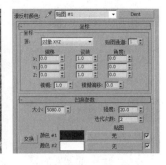

● 大小：设置凹痕的相对大小。

● 强度：决定两种颜色的相对覆盖范围。值越大，颜色 #2 的覆盖范围越大；值越小，颜色 #1 的覆盖范围越大。

● 迭代次数：设置用来创建凹痕的计算次数。

● 交换：反转颜色或贴图的位置。

● 颜色：在相应的颜色组件中允许选择两种颜色。

● 贴图：在凹痕图案中用贴图替换颜色。使用复选框可启用或禁用相关贴图。

12.2.11 颜色校正贴图

【颜色较正】贴图可以将贴图进行颜色处理。下图所示为使用颜色校正贴图制作的效果。

【颜色较正】贴图的参数设置面板如右图所示。

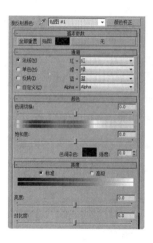

- 法线：将未经改变的颜色通道传递到"颜色"卷展栏控件。
- 单色：将所有颜色通道转换为灰度明暗处理。
- 反转：用红、绿和蓝色通道的反向通道分别替换各通道。
- 自定义：允许使用卷展栏上其余控件将不同的设置应用到每一个通道。
- 色调切换：使用标准色调谱更改颜色。
- 饱和度：贴图颜色的强度或纯度。
- 色调染色：根据色样值色化所有非白色的贴图像素。
- 强度："色调染色"设置的程度影响贴图像素。
- 亮度：贴图图像的总体亮度。
- 对比度：贴图图像深、浅两部分的区别。

12.2.12 烟雾贴图

【烟雾】贴图是生成无序、基于分形的湍流图案的3D贴图。下左图和下中图所示为使用烟雾贴图制作的效果。其参数设置面板如下右图所示。

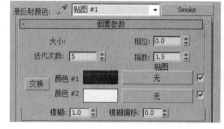

- 大小：更改烟雾"团"的比例。
- 迭代次数：设置应用分形函数的次数。
- 相位：转移烟雾图案中的湍流。
- 指数：使代表烟雾的颜色 #2 更清晰、更缭绕。
- 交换：交换颜色。
- 颜色 #1：表示效果的无烟雾部分。
- 颜色 #2：表示烟雾。

12.2.13 VRayHDRI贴图

VRayHDRI贴图是比较特殊的一种贴图，可以模拟真实的HDR环境，常用于反射或折射较为明显的场景。下图所示为使用VRayHDRI贴图制作的效果。

【VRayHDRI】贴图的参数设置面板如右图所示。

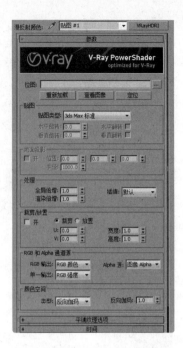

- 位图：单击后面的 浏览 按钮可以指定一张HDR贴图。
- 贴图类型：控制HDRI的贴图方式，主要分为以下5类。

  成角贴图：主要用于使用了对角拉伸坐标方式的HDRI。

  立方环境贴图：主要用于使用了立方体坐标方式的HDRI。

  球状环境贴图：主要用于使用了球形坐标方式的HDRI。

  球体反射：主要用于使用了镜像球形坐标方式的HDRI。

  直接贴图通道：主要用于对单个物体指定环境贴图。
- 水平旋转：控制HDRI在水平方向的旋转角度。
- 水平翻转：让HDRI在水平方向上翻转。
- 垂直旋转：控制HDRI在垂直方向的旋转角度。
- 垂直翻转：让HDRI在垂直方向上翻转。
- 全局倍增：用来控制HDRI的亮度。
- 渲染倍增：设置渲染时的光强度倍增。
- 伽马值：设置贴图的伽马值。
- 插值：选择插值方式，包括双线性、双立体、四次幂、默认。

12.2.14 VR边纹理贴图

【VR边纹理】贴图可以模拟制作物体表面的网格颜色效果。其参数面板如右图所示。

- 颜色：设置边线的颜色。
- 隐藏边：当勾选该选项时，物体背面的边线也将被渲染出来。
- 厚度：决定边线的厚度，主要分为以下两个单位。

  世界单位：厚度单位为场景尺寸单位。

  像素：厚度单位为像素。

12.2.15 VR天空贴图

【VR天空】贴图可以模拟浅蓝色渐变的天空效果，并且可以控制亮度。下左图和下中图所示为使用VR天空贴图制作的效果。其参数面板如下右图所示。

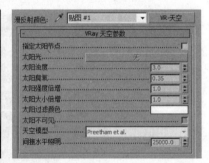

- 指定太阳节点：当不勾选该选项时，【VR天空】的参数将从场景中的【VR太阳】的参数里自动匹配；当勾选该选项时，用户可以从场景中选择不同的光源，在这种情况下，【VR太阳】将不再控制【VR天空】的效果，【VR天空】将用自身的参数来改变天光的效果。
- 太阳光：单击后面的按钮可以选择太阳光源。

- 太阳浊度：控制太阳的浑浊度。

- 太阳臭氧：控制太阳臭氧层的厚度。

- 太阳强度倍增：控制太阳的亮点。

- 太阳大小倍增：控制太阳的阴影柔和度。

- 太阳过滤颜色：控制太阳的颜色。

- 太阳不可见：控制太阳本身是否可见。

- 天空模型：可以选择天空的模型类型。

- 间接水平照明：控制间接水平照明的强度。

综合案例　在多个通道上添加贴图制作衬衫

在这个场景中，主要讲解利用在多个通道上添加贴图制作衬衫材质。最终渲染效果如下图所示。

场景文件	07.max
案例文件	综合案例——在多个通道上添加贴图制作衬衫.max
视频教学	视频/Chapter 12/综合案例——在多个通道上添加贴图制作衬衫.flv
难易指数	★★★★☆
技术掌握	多个通道上添加贴图

Step 01 打开本书配套光盘中的【场景文件/Chapter 12/07.max】文件，如右图所示。

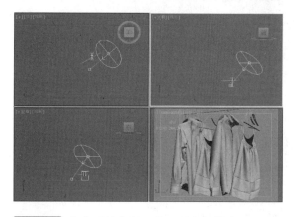

Step 02 选择一个空白材质球，然后将【材质类型】设置为【VRayMtl】，将其命名为【衣服】，在【漫反射】后面的通道中加载【衰减】程序贴图，展开【衰减参数】卷展栏，分别在【颜色1】和【颜色2】后面的通道上加载【koszula_dif.jpg】贴图文件，展开【坐标】卷展栏，设置【瓷砖V】为0.9，设置【颜色2】数量为95，如下页图所示。

Step 03 在【反射】后面的通道中加载【koszula_bump.jpg】贴图文件，勾选【菲涅耳反射】，设置【菲涅耳折射率】为1.3，【反射光泽度】为0.63，【细分】为12，设置【折射】颜色为黑色（红=3、绿=3、蓝=3），【折射率】为1.6，【最大深度】为20，【光泽度】为0.7，【细分】为12，勾选【影响阴影】复选框，如下页图所示。

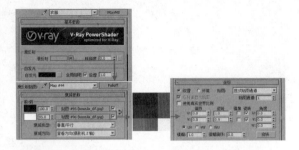

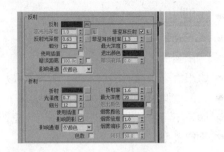

Step 04 展开【双向反射分布函数】卷展栏，设置【各向异性（-1..1）】为0.3，如下图所示。

Step 05 展开【贴图】卷展栏，并在【凹凸】后面的通道中加载【koszula_bump.jpg】贴图文件，设置【凹凸】数量为10，如下图所示。

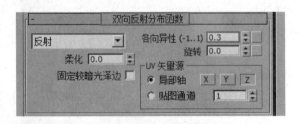

Step 06 将制作完毕的衣服材质赋给场景中的衣服模型，如下图所示。

Step 07 将剩余的材质制作完成，并赋给相应的物体，如下图所示。

Step 08 最终渲染效果如右图所示。

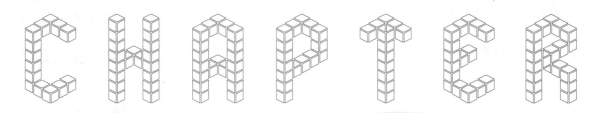

13 环境和效果

本章学习要点

- 环境的常用参数和使用方法
- 效果的常用参数和使用方法

【环境和效果】是3ds Max中非常重要的部分。通过设置【环境和效果】面板，可以更准确地把握作品营造的氛围，让画面更具冲击力。比如大雾弥漫的山岭、熊熊燃烧的烈火、虚幻的模糊效果、刺眼的星形光斑等。本章将重点围绕【环境和效果】的参数及其应用进行讲解。优秀作品如下图所示。

13.1 【环境】选项卡

　　【环境】顾名思义就是控制物体四周的效果，现实中常见的环境效果有很多，比如大雾、扬尘、光线等。3ds Max中的环境也是一样，可以指定和调整环境。3ds Max中的【环境】主要包括4种类型，分别是【火效果】【雾】【体积雾】和【体积光】。【环境】选项卡参数，如下左图所示。

13.1.1 打开【环境和效果】面板

方法 1　在菜单栏中执行【渲染/环境】，可以打开【环境和效果】面板，如下中图所示。

方法 2　按快捷键8，可以快速打开【环境和效果】面板，如下右图所示。

> **提示：【环境】选项卡的作用有哪些？**
>
> 1. 设置背景颜色和设置背景颜色动画。
> 2. 在视口和渲染场景的背景（屏幕环境）中使用图像，或使用纹理贴图作为球形环境、柱形环境或收缩包裹环境。
> 3. 全局设置染色和环境光，并设置它们的动画。
> 4. 在场景中使用大气插件（例如体积光）。大气是创建照明效果的插件组件，例如火焰、雾、体积雾和体积光。
> 5. 将曝光控制应用于渲染。

13.1.2 公用参数

　　在【环境】选项卡中，一个卷展栏就是【公用参数】，在【公用参数】中可以设置背景和全局照明参数。参数设置面板如右图所示。

- 颜色：设置环境的背景颜色。
- 环境贴图：在其贴图通道中加载一张【环境】贴图来作为背景。
- 使用贴图：使用一张贴图作为背景。
- 染色：如果该颜色不是白色，那么场景中的所有灯光都将被染色。
- 级别：增强或减弱场景中所有灯光的亮度。
- 环境光：设置环境光的颜色。

进阶案例 | 在环境中添加背景

在这个场景中，主要讲解在环境中添加背景贴图。最终渲染效果如下图所示。

场景文件	01.max
案例文件	进阶案例——在环境中添加背景.max
视频教学	视频/Chapter 13/进阶案例——在环境中添加背景.flv
难易指数	★☆☆☆☆
技术掌握	掌握为场景添加背景环境的方法

Step 01 打开本书配套光盘中的【场景文件/Chapter 13/01.max】文件，如下图所示。

Step 02 按下大键盘上的数字8，接着打开【环境和效果】面板，单击【环境贴图】下的【无】按钮，在打开的【材质/贴图浏览器】面板中单击【位图】，最后单击确定，如下图所示。

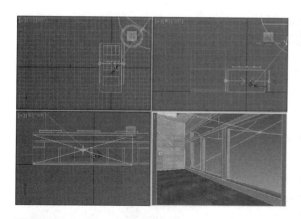

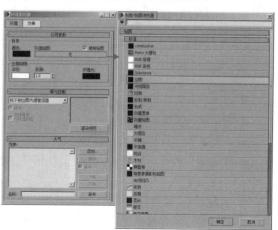

Step 03 在【选择位图图像文件】对话框中选择加载一个本书配套光盘中的【背景.jpg】文件，然后单击【打开】按钮，如下左图所示。此时环境和效果面板中环境贴图通道上显示了加载的图像名称，如下右图所示。

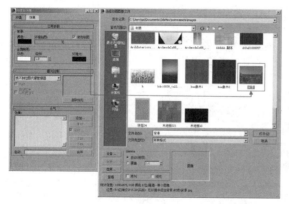

Step 04 将环境和效果面板中【环境贴图】拖曳到材质编辑器的一个材质球上，展开【坐标】卷展栏，设置【偏移U】为0.2，【瓷砖U】为6，【瓷砖V】为3，设置【模糊】为0.01，如下图所示。

Step 05 按下键盘上的F9渲染当前场景，渲染效果如下图所示。

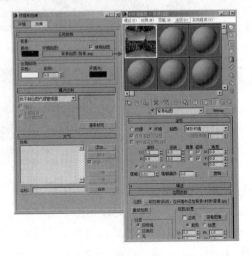

13.1.3 曝光控制

【曝光控制】可以控制3ds Max在渲染时产生的图像效果。默认情况下为【找不到位图代理管理器】。右图所示为对数曝光、线性曝光、自动曝光、伪色彩曝光的参数面板。

- 亮度：调整转换颜色的亮度。
- 对比度：调整转换颜色的对比度。
- 中间色调：控制中间色调的效果。
- 曝光值：调整渲染的总体亮度。负值可以使图像变暗，正值可使图像变亮。
- 物理比例：设置曝光控制的物理比例，主要用在非物理灯光中。
- 颜色校正：勾选该选项后，【颜色修正】会改变所有颜色，使色样中的颜色显示为白色。
- 降低暗区饱和度级别：勾选该选项后，渲染出来的颜色会变暗。
- 数量：设置所测量的值。
- 样式：选择显示值的方式。
- 比例：选择用于映射值的方法。
- 最小值/最大值：设置在渲染中要测量和表示的最小值/最大值。
- 物理比例：设置曝光控制的物理比例，主要用于非物理灯光。

🔊 **提示：【环境】选项卡的作用有哪些？**

1. mr摄影曝光控制：可以提供像摄影机一样的控制，包括快门速度、光圈和胶片速度以及对高光、中间调和阴影的图像控制。 2. 对数曝光控制：用于亮度、对比度，以及在有天光照明的室外场景中。 3. 伪彩色曝光控制：实际上是一个照明分析工具，可以将亮度映射为显示转换值的亮度的伪彩色。 4. 线性曝光控制：可以从渲染中进行采样，并且可以使用场景的平均亮度来将物理值映射为RGB值。 5. 自动曝光控制：可以从渲染图像中进行采样，并生成一个直方图，以便在渲染的整个动态范围中提供良好的颜色分离。

进阶案例	对数曝光控制的效果

本案例是一个室内场景，主要讲解环境和效果下对数曝光控制的功能，最终的效果如下图所示。

场景文件	02.max
案例文件	进阶案例——对数曝光控制的效果.max
视频教学	视频/Chapter 13/进阶案例——对数曝光控制的效果.flv
难易指数	★☆☆☆☆
技术掌握	掌握对数曝光控制功能

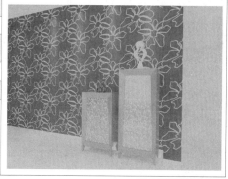

Step 01 打开本书配套光盘中的【场景文件/Chapter 13/02.max】文件，如下图所示。

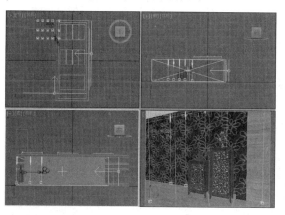

Step 02 按下键盘上的F9渲染当前场景，渲染效果如下图所示。

Step 03 按下大键盘上的数字8，打开【环境和效果】面板，设置【曝光控制】类型为【对数曝光控制】，并设置【亮度】为80，【对比度】为55，如下左图所示。按下键盘上的F9渲染当前场景，渲染效果如下右图所示。

进阶案例　　　线性曝光控制的效果

　　本案例是一个室内场景，主要讲解环境和效果下线性曝光控制的功能，最终的效果如下图所示。

场景文件	03.max
案例文件	进阶案例——线性曝光控制的效果.max
视频教学	视频/Chapter 13/进阶案例——线性曝光控制的效果.flv
难易指数	★☆☆☆☆
技术掌握	掌握线性曝光控制功能

Step 01 打开本书配套光盘中的【场景文件/Chapter 13/03.max】文件，如下图所示。

Step 02 按下键盘上的F9渲染当前场景，渲染效果如下图所示。

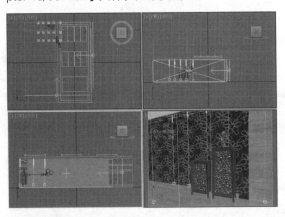

Step 03 按下大键盘上的数字8，打开【环境和效果】面板，将【曝光控制】类型设置为【线性曝光控制】，设置【亮度】为50，【对比度】为50，【物理比例】为1500，如下左图所示。按下键盘上的F9渲染当前场景，渲染效果如下右图所示。

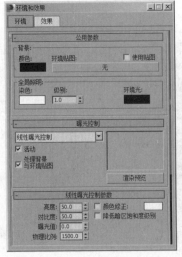

13.1.4　大气

大气是指环境大气的效果，在3ds Max中共包括4类，分别是火效果、雾、体积雾和体积光。参数设置面板如右图所示。

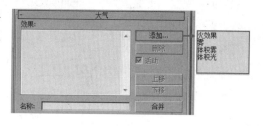

- 效果：显示已添加的效果名称。
- 名称：为列表中的效果自定义名称。
- 【添加】按钮：单击该按钮可以打开【添加大气效果】对话框，在该对话框中可以添加大气效果。
- 【删除】按钮：单击该按钮可以删除选中的大气效果。
- 活动：勾选该选项可以启用添加的大气效果。
- 【上移】按钮/【下移】按钮：更改大气效果的应用顺序。
- 【合并】按钮：合并其他3ds Max场景文件中的效果。

1. 火效果

在3ds Max中，【火效果】可以模拟火焰、烟雾等效果。其参数设置面板如右图所示。

- 【拾取/移除Gizmo】按钮：单击该按钮可以拾取/移除场景中要产生火效果的Gizmo对象。
- 内部/外部颜色：设置火焰中内部/外部的颜色。
- 烟雾颜色：主要用来设置爆炸的烟雾颜色。
- 火焰类型：有【火舌】和【火球】两种类型。
- 拉伸：将火焰沿着装置的z轴进行缩放，该选项最适合创建【火舌】火焰。
- 规则性：修改火焰填充装置的方式。
- 火焰大小：设置装置中各个火焰的大小。
- 火焰细节：控制每个火焰中显示的颜色更改量和边缘的尖锐度。
- 密度：设置火焰效果的不透明度和亮度。
- 采样数：设置火焰效果的采样率。数值越高，生成的火焰效果越细腻。
- 相位：控制火焰效果的速率。
- 漂移：设置火焰沿着火焰装置z轴的渲染方式。
- 爆炸：勾选该选项后，火焰将产生爆炸效果。
- 烟雾：控制爆炸是否产生烟雾。
- 剧烈度：改变【相位】参数的涡流效果。
- 【设置爆炸】按钮：可以控制爆炸的【开始时间】和【结束时间】。

进阶案例　　**利用火效果制作火焰**

本案例是一个火焰场景，主要讲解环境和效果下的火效果，最终的效果如下页图所示。

场景文件	04.max
案例文件	进阶案例——利用火效果制作火焰.max
视频教学	视频/Chapter 13/进阶案例——利用火效果制作火焰.flv
难易指数	★★☆☆☆
技术掌握	掌握火效果功能

Step 01 打开本书配套光盘中的【场景文件/Chapter 13/04.max】文件，如下图所示。

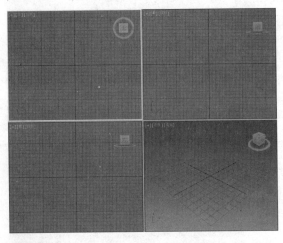

Step 03 在视图中拖曳并创建两个球体Gizmo，接着选择其中一个球体Gizmo，单击修改并展开【球体Gizmo参数】卷展栏，设置【半径】为40mm，勾选【半球】，如右1图所示。选择另一个球体Gizmo，单击修改并展开【球体Gizmo参数】卷展栏，设置【半径】为50mm，勾选【半球】，如右2图所示。

Step 04 接着使用【选择并均匀缩放】工具 将球体Gizmo缩放为下图所示的样式。

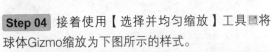

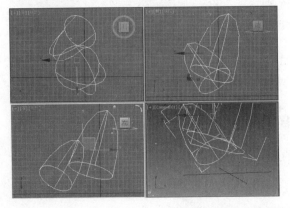

Step 02 在创建面板下单击【辅助对象】按钮 ，设置【辅助对象类型】为【大气装置】，接着单击【球体Gizmo】按钮，如下图所示。

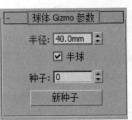 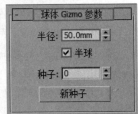

Step 05 按下大键盘上的数字8，打开【环境和效果】面板，展开【大气】卷展栏，单击【添加】按钮，并添加【火效果】，如下图所示。

Step 06 单击【火效果】，展开【火效果参数】卷展栏，单击【拾取Gizmo】按钮并分别拾取场景中的球体Gizmo，接着在【图形】选项组下点选【火球】，并设置【拉伸】为1，【规则性】为0.21，【特性】选项组下设置【火焰大小】为35，【火焰细节】为10，【密度】为15，【采样数】为15，如下左图所示。

Step 07 按下键盘上的F9渲染当前场景，渲染效果如下右图所示。

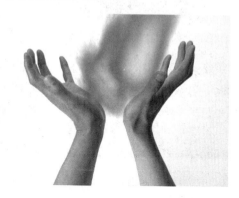

2. 雾

【雾】效果可以模拟距离摄影机越远雾越强烈的效果。参数设置面板如右图所示。

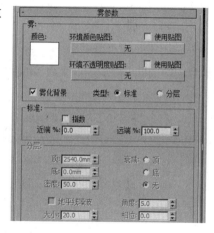

- 颜色：设置雾的颜色。
- 环境颜色贴图：从贴图导出雾的颜色。
- 使用贴图：使用贴图来产生雾效果。
- 环境不透明度贴图：使用贴图来更改雾的密度。
- 雾化背景：将雾应用于场景的背景。
- 标准/分层：使用标准雾/分层雾。
- 指数：随距离按指数增大密度。
- 近端%/远端%：设置雾在近距/远距范围的密度。
- 顶/底：设置雾层的上限/下限。
- 密度：设置雾的总体密度。
- 衰减顶/底/无：添加指数衰减效果。

进阶案例　　利用雾制作大雾弥漫

本案例是一个室外场景，主要讲解雾效果的使用方法，最终效果如下图所示。

场景文件	05.max
案例文件	进阶案例——利用雾制作大雾弥漫.max
视频教学	视频/Chapter13/进阶案例——利用雾制作大雾弥漫.flv
难易指数	★★☆☆☆
技术掌握	掌握雾效果的使用方法和功能

Step 01 打开本书配套光盘中的【场景文件/Chapter 13/05.max】文件，如下左图所示。按下键盘上的
F9渲染当前场景，效果如下右图所示。

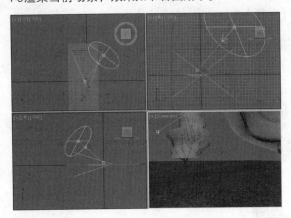 

Step 02 按下大键盘上的数字8，弹出【环境和效果】面板，单击【环境】选项卡，展开【大气】卷展
栏，单击【添加】按钮，添加【雾】效果，如下左图所示。

Step 03 展开【雾参数】卷展栏，在【标准】选项组下设置【远端%】为100，如下右图所示。

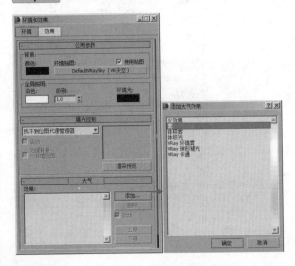 

Step 04 按下键盘上的F9渲染当前场景，效果如
右图所示。

3. 体积雾

【体积雾】是在一定的空间体积内产生雾效，与【雾】有所不同。其参数设置面板如右图所示。

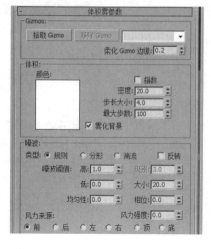

- 柔化Gizmo边缘：羽化体积雾效果的边缘。值越大，边缘越柔滑。
- 指数：随距离按指数增大密度。
- 步长大小：确定雾采样的粒度，即雾的【细度】。
- 最大步数：限制采样量，以便雾的计算不会永远执行。该选项适合于雾密度较小的场景。
- 雾化背景：将体积雾应用于场景的背景。
- 类型：有【规则】【分形】【湍流】和【反转】4种类型可供选择。
- 噪波阈值：限制噪波效果。
- 级别：设置噪波迭代应用的次数。
- 大小：设置烟卷或雾卷的大小。
- 相位：控制风的种子。如果【风力强度】大于0，雾体积会根据风向来产生动画。
- 风力强度：控制烟雾远离风向的速度。
- 风力来源：定义风来自于哪个方向。

4. 体积光

【体积光】可以模拟光束、射线等体积光效果。其参数设置面板如右图所示。

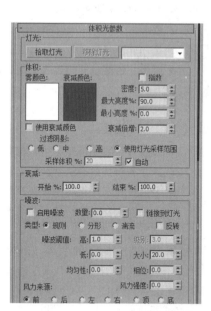

- 雾颜色：设置体积光产生的雾的颜色。
- 衰减颜色：体积光随距离而衰减。
- 使用衰减颜色：控制是否开启【衰减颜色】功能。
- 最大/最小亮度%：设置可以达到的最大和最小的光晕效果。
- 衰减倍增：设置【衰减颜色】的强度。
- 过滤阴影：通过提高采样率来获得更高质量的体积光效果，包括低、中、高3个级别。
- 使用灯光采样范围：根据灯光阴影参数中的【采样范围】值来使体积光中投射的阴影变模糊。
- 采样体积%：控制体积的采样率。
- 自动：自动控制【采样体积%】的参数。
- 开始%/结束%：设置灯光效果开始和结束衰减的百分比。

13.2 【效果】选项卡

在【效果】选项卡中包括10种效果分类，可以模拟多种渲染的效果。包括【毛发和毛皮】【镜头效果】【模糊】【亮度和对比度】【色彩平衡】【景深】【文件输出】【胶片颗粒】【照明分析图像叠加】和【运动模糊】，如下页图所示。

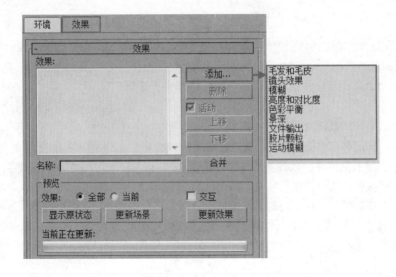

13.2.1 镜头效果

【镜头效果】包括Glow（光晕）、Ring（光环）、Ray（射线）、Auto Secondary（自动二级光斑）、Manual Secondary（手动二级光斑）、Star（星形）和Streak（条纹），参数设置面板如右图所示。

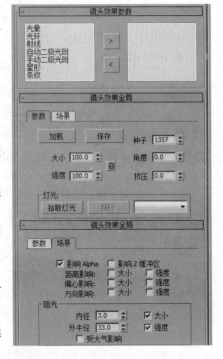

- 加载/保存按钮：单击该按钮可以加载/保存LZV格式的文件。
- 大小：设置镜头效果的总体大小。
- 强度：设置镜头效果的总体亮度和不透明度。值越大，效果越亮越不透明；值越小，效果越暗越透明。
- 种子：为【镜头效果】中的随机数生成器提供不同的起点，并创建略有不同的镜头效果。
- 角度：当效果与摄影机的相对位置发生改变时，该选项用来设置镜头效果从默认位置的旋转量。
- 挤压：在水平方向或垂直方向挤压镜头效果的总体大小。
- 【拾取灯光/移除】按钮：单击该按钮可以在场景中拾取灯光/移除灯光。
- 影响Alpha：如果图像以32位文件格式来渲染，那么该选项用来控制镜头效果是否影响图像的Alpha通道。
- 影响z缓冲区：存储对象与摄影机的距离。z缓冲区用于光学效果。
- 距离影响：控制摄影机或视口的距离对光晕效果的大小和强度的影响。
- 偏心影响：产生摄影机或视口偏心的效果，影响其大小或强度。
- 方向影响：聚光灯相对于摄影机的方向，影响其大小或强度。
- 内径：设置效果周围的内径，另一个场景对象必须与内径相交才能完全阻挡效果。
- 外半径：设置效果周围的外径，另一个场景对象必须与外径相交才能开始阻挡效果。
- 大小：减小所阻挡的效果的大小。
- 强度：减小所阻挡的效果的强度。
- 受大气影响：控制是否允许大气效果阻挡镜头效果。

13.2.2 模糊

【模糊】效果可以模拟多种模糊效果（均匀型、方向型和放射型）。其参数设置面板如右图所示。

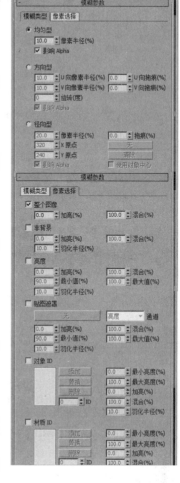

- 均匀型：将模糊效果均匀应用在整个渲染图像中。

  像素半径：设置模糊效果的半径。

  影响Alpha：启用该选项时，可以将【均匀型】模糊效果应用于Alpha通道。

- 方向型：按照【方向型】参数指定任意方向应用模糊效果。

  U/V向像素半径（%）：设置模糊效果的水平/垂直强度。

  U/V向拖痕（%）：通过为U/V轴的某一侧分配更大的模糊权重来为模糊效果添加方向。

  旋转：通过【U向像素半径（%）】和【V向像素半径（%）】来应用模糊效果的U向像素和V向像素的轴。

  影响Alpha：启用该选项时，可以将【方向型】模糊效果应用于Alpha通道。

- 径向型：以径向的方式应用模糊效果。

  X/Y 原点：对渲染输出的尺寸指定模糊的中心。

  【无】按钮：指定以中心作为模糊效果中心的对象。

  使用对象中心：启用该选项后，【无】按钮指定的对象将作为模糊效果的中心。

- 整个图像：启用该选项后，模糊效果将影响整个渲染图像。

  加亮（%）：加亮整个图像。

  混合（%）：将模糊效果和【整个图像】参数与原始的渲染图像进行混合。

- 非背景：启用该选项后，模糊效果将影响除背景图像或动画以外的所有元素。

  羽化半径（%）：设置应用于场景的非背景元素的羽化模糊效果的百分比。

- 亮度：影响亮度值介于【最小值（%）】和【最大值（%）】微调器之间的所有像素。

- 贴图遮罩：通过在【材质/贴图浏览器】对话框选择的通道和应用的遮罩来应用模糊效果。

- 对象ID：如果对象匹配过滤器设置，会将模糊效果应用于对象或对象中具有特定对象ID的部分。

- 材质ID：如果材质匹配过滤器设置，会将模糊效果应用于该材质或材质中具有特定材质效果通道的部分。

13.2.3 亮度和对比度

使用【亮度和对比度】可以调整图像的对比度和亮度。其参数设置面板如右图所示。

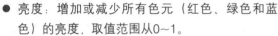

- 亮度：增加或减少所有色元（红色、绿色和蓝色）的亮度，取值范围从0~1。

- 对比度：压缩或扩展最大黑色和最大白色之间的范围，其取值范围从0~1。

- 忽略背景：是否将效果应用于除背景以外的所有元素。

进阶案例　　利用亮度对比度效果调节画面

本案例是一个室外场景，主要讲解环境和效果下亮度对比度效果，最终的效果如下图所示。

场景文件	06.max
案例文件	进阶案例——亮度对比度效果调节画面.max
视频教学	视频/Chapter 13/进阶案例——亮度对比度效果调节画面.flv
难易指数	★☆☆☆☆
技术掌握	掌握亮度对比度效果功能

Step 01 打开本书配套光盘中的【场景文件/Chapter 13/06.max】文件，如下图所示。

Step 02 单击渲染，查看此时的效果，如下图所示。

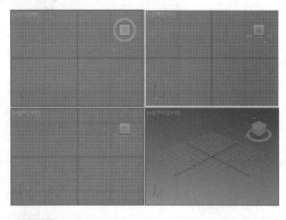

Step 03 按下大键盘上的数字8，打开【环境和效果】面板，单击【效果】选项卡，在展开【效果】卷展栏中单击【添加】按钮，选择【亮度和对比度】并单击【确定】，如下左图所示。

Step 04 展开【亮度和对比度参数】卷展栏，设置【亮度】为0.6，【对比度】为1，如下右图所示。

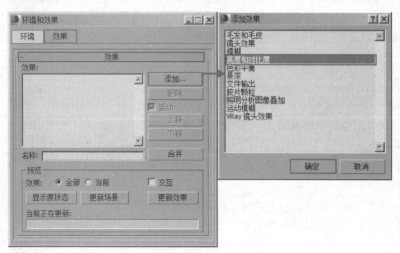

Step 05 此时按下键盘上的F9，渲染效果如右图所示。

13.2.4 色彩平衡

【色彩平衡】效果与Photoshop中的【色彩平衡】工具类似。包括青、红、洋红、绿、黄、蓝。其参数设置面板如右图所示。

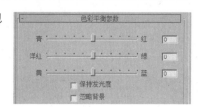

- 青/红：调整红色通道。
- 洋红/绿：调整绿色通道。
- 黄/蓝：调整蓝色通道。
- 保持发光度：启用该选项后，在修正颜色的同时将保留图像的发光度。
- 忽略背景：启用该选项后，可以在修正图像时不影响背景。

进阶案例	利用色彩平衡效果调整色调

本案例是夜景场景，主要讲解使用色彩平衡效果模拟各种色调的场景感觉，最终效果如下图所示。

场景文件	07.max
案例文件	进阶案例——利用色彩平衡效果调整色调.max
视频教学	视频/Chapter13/进阶案例——利用色彩平衡效果调整色调.flv
难易指数	★☆☆☆☆
技术掌握	掌握色彩平衡效果功能

Step 01 打开本书配套光盘中的【场景文件/Chapter 13/07.max】文件，如下图所示。

Step 02 按下键盘上的F9，渲染效果如下图所示。

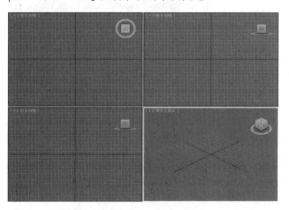

Step 03 按下大键盘上的数字8，打开【环境和效果】面板，单击【效果】选项卡，并单击【添加】按钮，单击【色彩平衡】，最后单击【确定】，如右图所示。

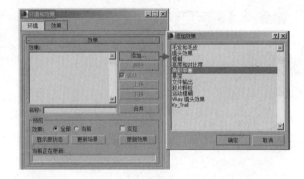

Step 04 设置【色彩平衡参数】卷展栏下的【青】【洋红】【黄】分别为61，-17，-67，如下左图所示。单击渲染查看此时的效果，如下右图所示。

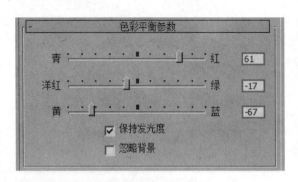

13.2.5 文件输出

【文件输出】可以根据【文件输出】在【渲染效果】堆栈中的位置，在应用部分或所有其他渲染效果之前，获取渲染的"快照"。在渲染动画时，可以将不同的通道保存到独立的文件中。其参数设置面板如右图所示。

- 【文件】按钮：单击该按钮可以打开【保存图像】对话框，在该对话框中可将渲染出来的图像保存为AVI、BMP、EPS、PS、JPG、CIN、MOV、PNG、RLA、RPF、RGB、TGA、VDA、ICB、UST和TIF格式。
- 【设备】按钮：单击该按钮可以打开【选择图像输出设备】对话框。
- 【清除】按钮：单击该按钮可以清除所选择的任何文件或设备。
- 【关于】按钮：单击该按钮可以显示出图像的相关信息。
- 【设置】按钮：单击该按钮可以在弹出的对话框中调整图像的质量、文件大小和平滑度。

13.2.6 胶片颗粒

【胶片颗粒】效果可以模拟渲染画面带有颗粒的效果，其参数设置面板如右图所示。

- 颗粒：设置添加到图像中的颗粒数，取值范围为0~1。
- 忽略背景：屏蔽背景，使颗粒仅应用于场景中的几何体对象。

进阶案例　利用胶片颗粒效果制作复古效果

本案例是室外场景，主要讲解使用胶片颗粒效果模拟复古的感觉，最终效果如下图所示。

场景文件	08.max
案例文件	进阶案例——利用胶片颗粒效果制作复古效果.max
视频教学	视频/Chapter 13/进阶案例——利用胶片颗粒效果制作复古效果.flv
难易指数	★☆☆☆☆
技术掌握	掌握胶片颗粒效果功能

Step 01 打开本书配套光盘中的【场景文件/Chapter 13/08.max】文件，如下图所示。

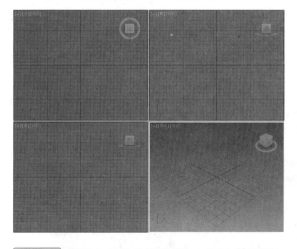

Step 03 按下大键盘上的数字8，打开【环境和效果】面板，单击【效果】选项卡，并单击【添加】按钮，单击【胶片颗粒】，最后单击【确定】，如下图所示。

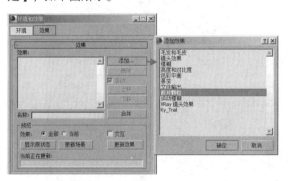

Step 02 单击渲染，查看此时的效果，如下图所示。

Step 04 设置【颗粒】为1.5，单击渲染查看此时的效果，如下图所示。

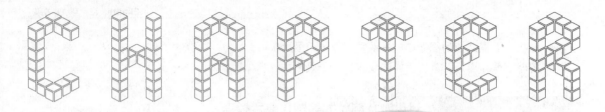

CHAPTER

14

VRay渲染器设置及应用

- 掌握渲染器的基本知识
- 掌握VRay渲染器的参数
- 掌握VRay渲染器的综合使用方法

　　渲染是3ds Max制作中的最后一个流程，这过程直接决定了一幅作品的好坏。渲染器的设置不仅会影响作品的风格（比如卡通风格），而且会影响作品的精细度（比如噪点太多）。本章将重点讲解VRay渲染器的参数及应用，并且会以四个完整的大型案例，分别从材质、摄影机、灯光、渲染器等几个部分进行讲解。

14.1 认识渲染器

　　渲染器可通过对参数的设置，将设置的灯光、所应用的材质及环境设置（如背景和大气）产生的场景，呈现出最终的效果。渲染器的技术相对比较简单，需要熟练使用好其中一款或两款渲染器即可完成优秀的作品。

14.1.1 什么是渲染器

　　使用Photoshop制作作品时，可以实时看到最终的效果，而3ds Max由于是三维软件，对系统要求很高，无法承受实时预览，需要进行一个步骤，才能看到最终效果，这个步骤就是渲染。当然渲染不仅仅是单击渲染这么简单，还需要适当的参数设置，让渲染的速度和质量达到我们的需求。

14.1.2 渲染器的类型

　　渲染器的类型很多，3ds Max 2015自带了5种渲染器，分别是默认扫描线渲染器、NVIDIA iray渲染器、NVIDIA mental ray渲染器、Quicksilver硬件渲染器和VUE文件渲染器。除此之外还有很多外置的渲染器插件，比如VRay渲染器、Brazil渲染器等。

1. 扫描线渲染器

　　默认扫描线渲染器是一种多功能渲染器，可以将场景渲染为从上到下生成的一系列扫描线。默认扫描线渲染器的渲染速度是最快的，但是真实度一般。效果如右图所示。

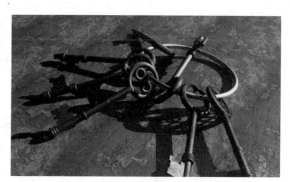

2. NVIDIA iray渲染器

　　NVIDIA iray渲染器通过跟踪灯光路径来创建物理上的精确渲染。与其他渲染器相比，它几乎不需要进行设置。并且该渲染器的特点在于可以指定要渲染的时间长度、要计算的迭代次数，甚至只需启动渲染一段时间后，在对结果外观满意时将渲染停止。下左图和下右图所示为渲染1分钟和5分钟的效果。

3. NVIDIA mental ray渲染器

NVIDIA mental ray渲染器是一种通用渲染器，它可以生成灯光效果的物理校正模拟，包括光线跟踪反射和折射、焦散和全局照明。效果如下图所示。

4. Quicksilver硬件渲染器

Quicksilver硬件渲染器使用图形硬件生成渲染。Quicksilver硬件渲染器的优点是它的速度。默认设置提供快速渲染。下左图和下右图所示为渲染10秒和100秒的对比效果。

5. VUE文件渲染器

VUE 文件渲染器可以创建 VUE (.vue) 文件。VUE 文件使用可编辑的 ASCII 格式。

6. Brazil渲染器

Brazil渲染器是外置的渲染器插件，又称为巴西渲染器。右图所示为其制作的效果。

7. VRay渲染器

VRay渲染器是渲染效果相对比较优质的渲染器，也是本书重点讲解的渲染器。下图所示为其制作的效果。

14.1.3　渲染器的设置方法

渲染器的设置方法很简单。可以在3ds Max界面的右上角单击【渲染设置】按钮，打开渲染器面板。进入【公用】选项卡，展开【指定渲染器】卷展栏，单击【选择渲染器】按钮，即可选择需要的渲染器类型，如右图所示。

🔊 **提示：渲染工具**

【主工具栏】右侧提供了多个渲染工具，如右图所示。

【渲染设置】按钮：单击该按钮可以打开【渲染设置】对话框，基本上所有的渲染参数都在该对话框中完成。

【渲染帧窗口】按钮：单击该按钮可以选择渲染区域、切换通道和储存渲染图像等任务。

【渲染产品】按钮：单击该按钮可以使用当前的产品级渲染设置来渲染场景。

【渲染迭代】按钮：单击该按钮可以在迭代模式下渲染场景。

【ActiveShade（动态着色）】按钮：单击该按钮可以在浮动窗口中执行【动态着色】渲染。

14.2　VRay渲染器

VRay渲染器功能非常强大，参数较多，知识较为琐碎，因此需要反复练习。VRay渲染器参数主要包括【公用】【V-Ray】【GI】【设置】和【Render Elements（渲染元素）】5个选项卡，如下页图所示。

14.2.1 公用

1. 公用参数

"公用参数"卷展栏用来设置所有渲染器的公用参数。其参数设置面板如右图所示。

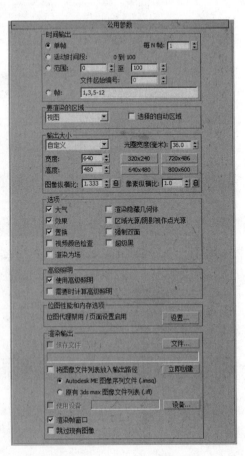

- 单帧：仅当前帧。
- 活动时间段：活动时间段为显示在时间滑块内的当前帧范围。
- 范围：指定两个数字之间（包括这两个数）的所有帧。
- 帧：指定非连续帧，帧与帧之间用逗号隔开（例如3,6）或连续的帧范围，用连字符相连（例如2-9）。
- 要渲染的区域：分为视图、选定对象、区域、裁剪和放大。
- 选择的自动区域：该选项控制选择的自动渲染区域。
- 下拉列表："输出大小"下拉列表中可以选择几个标准的电影和视频分辨率以及纵横比。
- 光圈宽度（毫米）：指定用于创建渲染输出的摄影机光圈宽度。
- 宽度和高度：以像素为单位指定图像的宽度和高度。
- 预设分辨率按钮（320×240、640×480等）：选择预设分辨率。
- 图像纵横比：设置图像的纵横比。
- 像素纵横比：设置显示在其他设备上的像素纵横比。

- ▣ "像素纵横比"左边的锁定按钮：可以锁定像素纵横比。
- 大气和效果：启用此选项后，渲染任何应用的大气效果，如体积雾。
- 效果：启用此选项后，渲染任何应用的渲染效果，如模糊。
- 置换：渲染任何应用的置换贴图。
- 视频颜色检查：检查超出NTSC或PAL安全阈值的像素颜色，标记这些像素颜色并将其改正。
- 渲染为场：为视频创建动画时，将视频渲染为场，而不是渲染为帧。
- 渲染隐藏的几何体：渲染场景中所有的几何体对象，包括隐藏的对象。
- 区域光源/阴影视点光源：将所有的区域光源或阴影当作从点对象发出的进行渲染。
- 强制双面：双面材质渲染可渲染所有曲面的两个面。
- 超级黑：超级黑渲染限制用于视频组合的渲染几何体的暗度。
- 使用高级照明：启用此选项后，3ds Max 在渲染过程中提供光能传递解决方案或光跟踪。
- 需要时计算高级照明：启用此选项后，当需要逐帧处理时，3ds Max 计算光能传递。
- 设置：单击以打开"位图代理"对话框的全局设置和默认值。
- 保存文件：启用此选项后，进行渲染时 3ds Max 会将渲染后的图像或动画保存到磁盘。
- 文件：打开"渲染输出文件"对话框，指定输出文件名、格式以及路径。
- 将图像文件列表放入输出路径：启用此选项可创建图像序列文件，并将其保存。
- 立即创建：单击以"手动"创建图像序列文件。首先必须为渲染自身选择一个输出文件。
- Autodesk ME 图像序列文件 (.imsq)：选中此选项之后（默认值），创建图像序列 (IMSQ) 文件。
- 原有3ds max 图像文件列表 (.ifl)：选中此选项之后，可创建由 3ds Max 旧版本创建的各种图像文件列表 (IFL) 文件。
- 使用设备：将渲染的输出发送到像录像机这样的设备上。
- 渲染帧窗口：在渲染帧窗口中显示渲染输出。
- 网络渲染：启用网络渲染。如果启用"网络渲染"，在渲染时将看到"网络作业分配"对话框。
- 跳过现有图像：启用此选项且启用"保存文件"后，渲染器将跳过序列中已渲染到磁盘中的图像。

2. 电子邮件通知

使用此卷展栏可使渲染作业发送电子邮件通知。其参数设置面板如右图所示。

- 启用通知：启用此选项后将在某些事件发生时发送电子邮件通知。
- 通知进度：发送电子邮件以表明渲染进度。
- 通知故障：出现阻止渲染完成的情况会发送电子邮件通知。
- 通知完成：当渲染作业完成时，发送电子邮件通知。

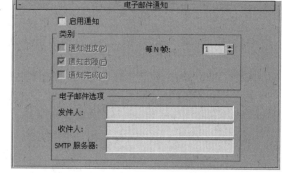

- 发件人：输入启动渲染作业的用户的电子邮件地址。
- 收件人：输入需要了解渲染状态的用户的电子邮件地址。
- SMTP 服务器：输入作为邮件服务器使用的系统的数字 IP 地址。

3. 脚本

使用"脚本"卷展栏可以指定在渲染之前和之后要运行的脚本。其参数设置面板如下页右图所示。

- 启用：启用该选项之后，启用脚本。

- 立即执行：单击可"手动"执行脚本。
- 文件：单击该按钮，选择要运行的预渲染
  脚本。
- ⊠删除文件：单击可删除脚本。

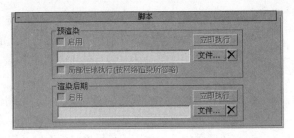

4. 指定渲染器

对于每个渲染类别，该卷展栏显示当前指定的
渲染器名称和可以更改该指定的按钮。其参数设置
面板如右图所示。

- 选择渲染器按钮 ⃞ ：单击带有省略号的按钮
  可更改渲染器指定。
- 产品级：选择用于渲染图形输出的渲染器。
- 材质编辑器：选择用于渲染"材质编辑器"中示例的渲染器。
- 锁定按钮 🔒 ：默认情况下，示例窗渲染器被锁定为与产品级渲染器相同的渲染器。
- ActiveShade：选择用于预览场景中照明和材质更改效果的 ActiveShade 渲染器。
- 保存为默认设置：单击该选项可将当前渲染器指定保存为默认设置，以便下次重新启动 3ds Max
  时它们处于活动状态。

14.2.2 V-Ray

1. 授权

【V-Ray::授权】卷展栏下主要呈现的是VRay
的注册信息，注册文件一般都放置在C:\Program
Files\Common Files\ChaosGroup\vrlclient.xml中，
如右图所示。

2. 关于V-Ray

在【关于V-Ray】展卷栏下，可以看到关于VRay
的官方网站地址、渲染器的版本等，如右图所示。

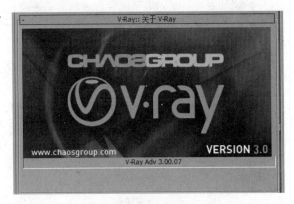

3．帧缓冲区

【帧缓冲区】卷展栏下的参数可以代替3ds Max自身的帧缓冲窗口。这里可以设置渲染图像的大小，以及保存渲染图像等，其参数设置面板如右图所示。

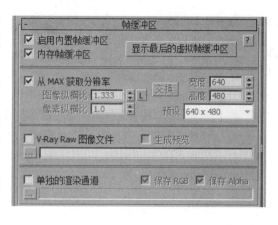

- 启用内置帧缓冲区：可以使用VRay自身的渲染窗口。
- 内存帧缓冲区：勾选该选项，可将图像渲染到内存，再由帧缓冲区窗口显示出来，可以方便用户观察渲染过程。
- 从Max获取分辨率：当勾选该选项时，将从3ds Max的【渲染设置】对话框的【公用】选项卡的【输出大小】选项组中获取渲染尺寸。
- 图像纵横比：控制渲染图像的长宽比。
- 宽度/高度：设置像素的宽度/高度。
- V-Ray Raw图像文件：控制是否将渲染后的文件保存到所指定的路径中。
- 单独的渲染通道：控制是否单独保存渲染通道。
- 保存RGB/Alpha：控制是否保存RGB色彩/Alpha通道。
- ⋯按钮：单击该按钮可以保存RGB和Alpha文件。

4．全局开关

【全局开关】展卷栏下的参数主要用来对场景中的灯光、材质、置换等进行全局设置，比如是否使用默认灯光、是否开启阴影、是否开启模糊等，其参数设置面板如右图所示。

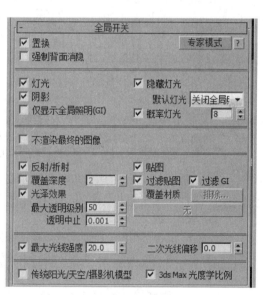

- 置换：控制是否开启场景中的置换效果。
- 强制背面隐藏：【强制背面隐藏】与【创建对象时背面消隐】选项相似，【强制背面隐藏】是针对渲染而言的，勾选该选项后反法线的物体将不可见。
- 灯光：控制是否开启场景中的光照效果。当关闭该选项时，场景中放置的灯光将不起作用。
- 隐藏灯光：控制场景是否让隐藏的灯光产生光照。这个选项对于调节场景中的光照非常方便。
- 阴影：控制场景是否产生阴影。
- 仅显示全局照明：当勾选该选项时，场景渲染结果只显示全局照明的光照效果。
- 概率灯光：控制场景是否使用3ds Max系统中的默认光照，一般情况下都不勾选它。
- 不渲染最终的图像：控制是否渲染最终图像。
- 反射/折射：控制是否开启场景中的材质的反射和折射效果。
- 覆盖深度：控制整个场景中的反射、折射的最大深度，后面的输入框数值表示反射、折射的次数。
- 光泽效果：是否开启反射或折射模糊效果。
- 贴图：控制是否让场景中的物体的程序贴图和纹理贴图渲染出来。
- 过滤贴图：这个选项用来控制VRay渲染时是否使用贴图纹理过滤。

- 过滤GI：控制是否在全局照明中过滤贴图。
- 最大透明级别：控制透明材质被光线追踪的最大深度。值越高，被光线追踪的深度越深，效果越好，但渲染速度会变慢。
- 透明中止：控制VRay渲染器对透明材质的追踪终止值。
- 覆盖材质：当在后面的通道中设置了一个材质后，场景中所有的物体都将使用该材质进行渲染，这在测试阳光的方向时非常有用。
- 二次光偏移：设置光线发生二次反弹时的偏移距离，主要用于检查建模时有无重面。
- 传统阳光/天光/摄影机模型：由于3ds Max存在版本问题，因此该选项可以选择是否启用旧版阳光/天光/摄影机的模型。
- 3ds Max光度学比例：默认情况下是勾选该选项的，也就是默认使用3ds Max光度学比例。

5. 图像采样器（抗锯齿）

抗锯齿在渲染设置中是一个必须调整的参数，其数值的大小决定了图像的渲染精度和渲染时间，但抗锯齿与全局照明精度的高低没有关系，只作用于场景物体的图像和物体的边缘精度，其参数设置面板如右图所示。

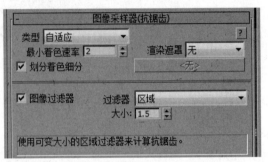

- 类型：设置【图像采样器】的类型，包括【固定】【自适应】和【自适应细分】。

  固定：对每个像素使用一个固定的细分值。

  自适应：可以根据每个像素以及与它相邻像素的明暗差异，使不同像素使用不同的样本数量。

  自适应细分：适用在没有或者有少量的模糊效果的场景中，这种情况下，它的渲染速度最快。

  渐进：这个采样器可以适合渐进的效果，是新增的一个种类。

- 划分着色细分：当关闭抗锯齿过滤器时，常用于测试渲染，渲染速度非常快、质量较差。
- 图像过滤器：设置渲染场景的抗锯齿过滤器。

  区域：用区域大小来计算抗锯齿。

  清晰四方形：来自Neslon Max算法的清晰9像素重组过滤器。

  Catmull-Rom：一种具有边缘增强的过滤器，可以产生较清晰的图像效果。

  图版匹配/MAX R2：使用3ds Max R2将摄影机和场景或【无光/投影】与未过滤的背景图像匹配。

  四方形：和【清晰四方形】相似，能产生一定的模糊效果。

  立方体：基于立方体的25像素过滤器，能产生一定的模糊效果。

  视频：适合于制作视频动画的一种抗锯齿过滤器。

  柔化：用于程度模糊效果的一种抗锯齿过滤器。

  Cook变量：一种通用过滤器，较小的数值可以得到清晰的图像效果。

  混合：一种用混合值来确定图像清晰或模糊的抗锯齿过滤器。

  Blackman：一种没有边缘增强效果的抗锯齿过滤器。

  Mitchell-Netravali：一种常用的过滤器，能产生微量模糊的图像效果。

  VRayLanczos/VRaySincFilter：可以很好地平衡渲染速度和渲染质量。

  VRayBox/VRayTriangleFilter：以【盒子】和【三角形】的方式进行抗锯齿。

- 大小：设置过滤器的大小。

6. 自适应DMC采样器

【自适应】采样器是一种高级抗锯齿采样器。在【图像采样器】选项组下设置【类型】为【自适应】，此时系统会增加一个自适应图像采样器卷展栏，如右图所示。

- 最小细分：定义每个像素使用样本的最小数量。
- 最大细分：定义每个像素使用样本的最大数量。
- 使用确定性蒙特卡洛采样器阈值：若勾选该选项，【颜色阈值】将不起作用。
- 颜色阈值：色彩的最小判断值，当色彩的判断达到这个值以后，就停止对色彩的判断。

7. 环境

【环境】卷展栏分为【全局照明（GI）环境】【反射/折射环境】和【折射环境】3个选项组，如右图所示。

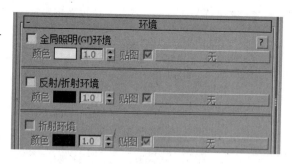

（1）全局照明（GI）环境
- 开启：控制是否开启VRay的天光。
- 颜色：设置天光的颜色。
- 倍增：设置天光亮度的倍增。值越高，天光的亮度越高。
- 贴图　　　无　　　：选择贴图来作为天光的光照。

（2）反射/折射环境
- 开启：当勾选该选项后，当前场景中的反射环境将由它来控制。
- 颜色：设置反射环境的颜色。
- 倍增：设置反射环境亮度的倍增。值越高，反射环境的亮度越高。
- 贴图　　　无　　　：选择贴图来作为反射环境。

（3）折射环境
- 开启：当勾选该选项后，当前场景中的折射环境由它来控制。
- 颜色：设置折射环境的颜色。
- 倍增：设置反射环境亮度的倍增。值越高，折射环境的亮度越高。
- 贴图　　　无　　　：选择贴图来作为折射环境。

8. 颜色贴图

【颜色贴图】卷展栏下的参数用来控制整个场景的色彩和曝光方式，其参数设置面板如右图所示。

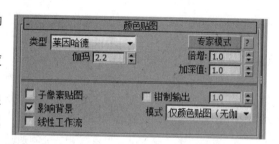

- 类型：包括线性倍增、指数、HSV指数、强度指数、伽马校正、强度伽马、莱因哈德7种模式。
  线性倍增：这种模式将基于最终色彩亮度来进行线性的倍增，容易产生曝光效果，不建议使用。

  指数：这种曝光采用指数模式，可以降低靠近光源处表面的曝光效果，产生柔和效果。

  HSV指数：与【指数】曝光相似，不同在于可保持场景的饱和度。

  强度指数：这种方式是对上面两种指数曝光的结合，既抑制曝光效果，又保持物体的饱和度。

伽马校正：采用伽马来修正场景中的灯光衰减和贴图色彩，其效果和【线性倍增】曝光模式类似。

强度伽马：这种曝光模式不仅拥有【伽马校正】的优点，同时还可以修正场景灯光的亮度。

莱因哈德：这种曝光方式可以把【线性倍增】和【指数】曝光混合起来。

- 子像素贴图：勾选后，物体的高光区与非高光区的界限处不会有明显的黑边。
- 钳制输出：勾选该选项后，在渲染图中有些无法表现出来的色彩会通过限制来自动纠正。
- 影响背景：控制是否让曝光模式影响背景。当关闭该选项时，背景不受曝光模式的影响。
- 不影响颜色（仅自适应）：在使用HDRI和【VR灯光材质】时，若不开启该选项，【颜色贴图】卷展栏下的参数将对这些具有发光功能的材质或贴图产生影响。
- 线性工作流：该选项就是一种通过调整图像的灰度值，来使得图像得到线性化显示的技术流程。

9. 摄影机

【摄影机】是VRay系统里的一个摄影机特效功能。可以制作景深和运动模糊等效果，如下左图所示。

（1）相机类型

【相机类型】选项组用来定义三维场景投射到平面的不同方式，其具体参数设置面板如下右图所示。

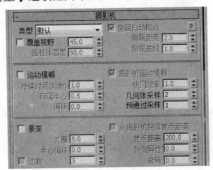

- 类型：VRay支持7种摄影机类型，他们分别是【默认】【球形】【圆柱（点）】【圆柱（正交）】【盒】【鱼眼】和【变形球（旧式）】。
- 覆盖视野：替代3ds Max默认摄影机的视角，这里的视角最大为360°。
- 圆柱体高度：当仅使用【圆柱（正交）】摄影机时，该选项才可用，用于设定摄影机高度。
- 鱼眼自动拟合：当使用【鱼眼】和【变形球（旧式）】摄影机时，该选项才可用。
- 鱼眼距离：当使用【鱼眼】摄影机时，该选项才可用。在关闭【自适应】选项的情况下，【距离】选项用来控制摄影机到反射球之间的距离，值越大，表示摄影机到反射球之间的距离越大。
- 鱼眼曲线：当使用【鱼眼】摄影机时，该选项才可用，主要用来控制渲染图形的扭曲程度。值越小，扭曲程度越大。

（2）景深

【景深】选项组主要来模拟摄影中的景深效果，其参数设置面板如右图所示。

- 景深：控制是否开启景深。
- 从摄影机获得焦点距离：当勾选该选项时，焦点由摄影机的目标点确定。
- 光圈：光圈值越小，景深越大；光圈值越大，景深越小，模糊程度越高。
- 中心偏移：这个参数主要用来控制模糊效果的中心位置，值为0表示以物体边缘均匀向两边模糊；正值表示模糊中心向物体内部偏移；负值则表示模糊中心向物体外部偏移。
- 边数：这个选项用来模拟物理世界中的摄影机光圈的多边形形状。比如6就代表六边形。

- 焦点距离：摄影机到焦点的距离，焦点处的物体最清晰。
- 各向异性：控制多边形形状的各向异性，值越大，形状越扁。
- 旋转：光圈多边形形状的旋转。

（3）运动模糊

【运动模糊】选项组中的参数用来模拟真实摄影机拍摄运动物体所产生的模糊效果，它仅对运动的物体有效，其参数面板如右图所示。

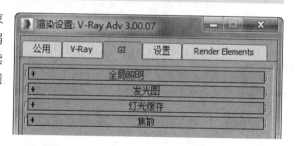

- 运动模糊：勾选该选项后，可以开启运动模糊特效。
- 持续时间（帧数）：控制运动模糊每一帧的持续时间，值越大，模糊程度越强。
- 间隔中心：用来控制运动模糊的时间间隔中心，0表示间隔中心位于运动方向的后面；0.5表示间隔中心位于模糊的中心；1表示间隔中心位于运动方向的前面。
- 偏移：用来控制运动模糊的偏移，0表示不偏移；负值表示沿着运动方向的反方向偏移；正值表示沿着运动方向偏移。
- 快门效率：控制快门的效率。
- 几何体采样：这个值常用在制作物体的旋转动画上。
- 预通过采样：控制在不同时间段上的模糊样本数量。

14.2.3　GI

【GI】可以通俗地理解为间接照明，比如一束光线从窗户照进来，照射到地面上，然后光线减弱并反弹到屋顶，然后继续减弱并反弹到地面，继续反弹到其他位置，反复下去。参数设置面板如右图所示。

1. 全局照明

在修改VRay渲染器时，首先要开启全局照明，这样才能出现真实的渲染效果。开启VRayGI后，光线会在物体与物体间互相反弹，因此光线计算会更准确，图像也更加真实，参数设置面板如右图所示。

- 启用全局照明：勾选该选项后，将开启GI效果。
- 首次反弹/二次反弹：VRay计算的光的方法是真实的，光线发射出来然后进行反弹，再进行反弹。
- 倍增：控制【首次反弹】和【二次反弹】的光的倍增值。
- 折射全局照明（GI）焦散：控制是否开启折射焦散效果。
- 反射全局照明（GI）焦散：控制是否开启反射焦散效果。
- 饱和度：可以用来控制色溢，降低该数值可以降低色溢效果。
- 对比度：控制色彩的对比度。

- 对比度基数：控制【饱和度】和【对比度】的基数。
- 环境阻光（AO）：该选项可以控制AO贴图的效果。
- 半径：控制环境阻光（AO）的半径。
- 细分：环境阻光（AO）的细分。

2. 发光图

在VRay渲染器中，【发光图】是计算场景中物体的漫反射表面发光时采取的一种有效方法。因此在计算GI的时候，并不是场景的每一部分都需要同样的细节表现，它会自动判断在重要的部分进行更加准确的计算，而在不重要的部分进行粗略的计算。发光图是计算3D空间点的集合的GI光。【发光图】是一种常用的全局照明引擎，它只存在于【首次反弹】引擎中，其参数设置面板如下左图所示。

（1）基本参数

【基本参数】选项组下，主要用来选择当前预设的类型及控制样本的数量、采样的分布等，其具体参数如下右图所示。

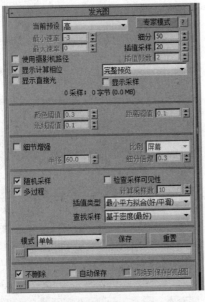
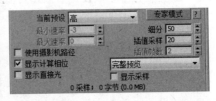

- 当前预设：设置发光图的预设类型，共有以下8种。

  自定义：选择该模式时，可以手动调节参数。

  非常低：这是一种非常低的精度模式，主要用于测试阶段。

  低：一种比较低的精度模式。

  中：一种中级品质的预设模式。

  中-动画：用于渲染动画效果，可以解决动画闪烁的问题。

  高：一种高精度模式，一般用在光子贴图中。

  高-动画：比中等品质效果更好的一种动画渲染预设模式。

  非常高：是预设模式中精度最高的一种，可以用来渲染高品质的效果图。
- 最小/最大速率：主要控制场景中比较平坦面积比较大/细节比较多弯曲较大的面的质量受光。
- 细分：数值越高，表现光线越多，精度也就越高，渲染的品质也越好。
- 插值采样：这个参数是对样本进行模糊处理，数值越大渲染越精细。
- 插值帧数：该数值用于控制插补的帧数。

- 使用摄影机路径：勾选该选项将会使用摄影机的路径。
- 显示计算相位：勾选后，可看到渲染帧里的GI预计算过程，建议勾选。
- 显示直接光：在预计算的时候显示直接光，以方便用户观察直接光照的位置。
- 显示采样：显示采样的分布以及分布的密度，帮助用户分析GI的精度够不够。

（2）选项

【选项】选项组下的参数主要用来控制渲染过程的显示方式和样本是否可见，其参数设置面板如右图所示。

- 颜色阈值：这个值主要是让渲染器分辨哪些是平坦区域，哪些不是平坦区域，它是按照颜色的灰度来区分的。值越小，对灰度的敏感度越高，区分能力越强。
- 法线阈值：这个值主要是让渲染器分辨哪些是交叉区域，哪些不是交叉区域，它是按照法线的方向来区分的。值越小，对法线方向的敏感度越高，区分能力越强。
- 距离阈值：这个值主要是让渲染器分辨哪些是弯曲表面区域，哪些不是弯曲表面区域，它是按照表面距离和表面弧度的比较来区分的。值越高，表示弯曲表面的样本越多，区分能力越强。

（3）细节增强

【细节增强】是使用【高蒙特卡洛积分计算方式】来单独计算场景物体的边线、角落等细节地方，这样就可以在平坦区域不需要很高的GI，总体上来说节约了渲染时间，并且提高了图像的品质，其参数设置面板如右图所示。

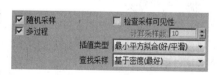

- 细节增强：是否开启【细节增强】功能，勾选后细节非常精细，但是渲染速度非常慢。
- 比例：细分半径的单位依据，有【屏幕】和【世界】两个单位选项。【屏幕】是指用渲染图的最后尺寸来作为单位；【世界】是用3ds Max系统中的单位来定义的。
- 半径：【半径】值越大，使用【细节增强】功能的区域也就越大，渲染时间也越慢。
- 细分倍增：控制细部的细分，但是这个值和【发光图】里的【细分】有关系。值越低，细部就会产生杂点，渲染速度比较快；值越高，细部就可以避免产生杂点，同时渲染速度会变慢。

（4）高级选项

【高级选项】选项组下的参数主要是对样本的相似点进行插值、查找，其参数设置面板如右图所示。

- 随机采样：控制【发光图】的样本是否随机分配。
- 多过程：当勾选该选项时，VRay会根据【最大比率】和【最小比率】进行多次计算。
- 检查采样可见性：在灯光通过比较薄的物体时，很有可能会产生漏光现象，勾选该选项可以解决这个问题。
- 计算采样数：用在计算【发光图】过程中，主要计算已经被查找后的插补样本的使用数量。较低的数值可以加速计算过程，但是渲染质量较低；较高的值计算速度会减慢，渲染质量较好。推荐使用10~25之间的数值。
- 插值类型：VRay提供了4种样本插补方式，为【发光图】样本的相似点进行插补。
- 查找采样：它主要控制哪些位置的采样点是适合用来作为基础插补的采样点。VRay内部提供了4种样本查找方式。

（5）模式

【模式】选项组下的参数主要提供【发光图】的使用模式，其参数设置面板如右图所示。

- 模式：一共有以下8种模式。

单帧：一般用来渲染静帧图像。

多帧增量：用于渲染仅有摄影机移动的动画。当VRay计算完第1帧的光子后，后面的帧根据第1帧里没有的光子信息进行计算，节约了渲染时间。

从文件：当渲染完光子以后，可以将其保存起来，这个选项就是调用保存的光子图进行动画计算。

添加到当前贴图：当渲染完一个角度的时候，可以把摄影机转一个角度再计算新角度的光子，最后把这两次的光子叠加起来，这样的光子信息更丰富、更准确，可以进行多次叠加。

增量添加到当前贴图：这个模式和【添加到当前贴图】相似，只不过它不是重新计算新角度的光子，而是只对没有计算过的区域进行新的计算。

块模式：把整个图分成块来计算，渲染完一个块再进行下一个块的计算，在低GI的情况下，渲染出来的块会出现错位的情况。它主要用于网络渲染，速度比其他方式快一些。

动画（预通过）：适合动画预览，使用这种模式要预先保存好光子贴图。

动画（渲染）：适合最终动画渲染，这种模式要预先保存好光子贴图。

- 保存 按钮：将光子图保存到硬盘。
- 重置 按钮：将光子图从内存中清除。
- 文件：设置光子图所保存的路径。
- 浏览 按钮：从硬盘中调用需要的光子图进行渲染。

（6）渲染结束时光子图处理

【渲染结束后】选项组下的参数主要用来控制光子图在渲染完以后如何处理，其参数设置面板如右图所示。

- 不删除：当光子渲染完以后，不把光子从内存中删掉。
- 自动保存：当光子渲染完以后，自动保存在硬盘中，单击 按钮就可以选择保存位置。
- 切换到保存的贴图：当勾选了【自动保存】选项后，在渲染结束时会自动进入【从文件】模式并调用光子贴图。

3. 穷尽-准蒙特卡罗

【穷尽-准蒙特卡罗】计算方式是由蒙特卡罗积分方式演变过来的，它和蒙特卡罗不同的是多了细分和反弹控制，并且内部计算方式采用了一些优化方式。虽然这样，但是它的计算精度还是相当精确的，但是渲染速度比较慢，在【细分】比较小时，会有杂点产生，其参数面板如右图所示。

- 细分：定义【穷尽-准蒙特卡罗】的样本数量，值越大，效果越好，速度越慢；值越小，效果越差，渲染速度相对快一些。
- 二次反弹：当【二次反弹】也选择【穷尽-准蒙特卡罗】以后，这个选项才被激活，它控制【二次反弹】的次数，值越小，【二次反弹越】不充分，场景越暗。通常在值达到8以后，更高值的渲染效果区别不是很大，同时值越高，渲染速度越慢。

4. 灯光缓存

【灯光缓存】与【发光图】比较相似，都是将最后的光发散到摄影机后得到最终图像，只是【灯光缓存】与【发光图】的光线路径是相反的，【发光图】的光线追踪方向是从光源发射到场景的模型中，最后再反弹到摄影机，而【灯光缓存】是从摄影机开始追踪光线到光源，摄影机追踪光线的数量就是【灯光缓存】的最后精度。其参数设置面板如下页左图所示。

（1）计算参数

【计算参数】选项组用来设置【灯光缓存】的基本参数，比如细分、采样大小、比例等。其参数设置面板如下右图所示。

- 细分：用来决定【灯光缓存】的样本数量。值越高，样本总量越多，渲染效果越好，渲染越慢。
- 采样大小：控制【灯光缓存】的样本大小，小的样本可以得到更多的细节，但是需要更多的样本。
- 比例：在效果图中使用【屏幕】选项，在动画中使用【世界】选项。
- 存储直接光：勾选该选项以后，【灯光缓存】将储存直接光照信息。当场景中有很多灯光时，使用这个选项会提高渲染速度。因为它已经把直接光照信息保存到【灯光缓存】里，在渲染出图时不需要对直接光照再进行采样计算。
- 使用摄影机路径：勾选改选项后将使用摄影机作为计算的路径。
- 显示计算相位：勾选该选项以后，可以显示【灯光缓存】的计算过程，方便观察。

（2）反弹参数

【反弹参数】选项组可以控制反弹、自适应跟踪、仅使用方向的参数。其参数设置面板如右图所示。

- 反弹：控制反弹的数量。
- 自适应跟踪：这个选项的作用在于记录场景中的灯光位置，并在光的位置上采用更多的样本，同时模糊特效也会处理得更快，但是会占用更多的内存资源。
- 仅使用方向：勾选【自适应跟踪】后，该选项被激活。作用在于只记录直接光照信息，不考虑GI，加快渲染速度。

（3）重建参数

【重建参数】选项组主要是对【灯光缓存】的样本以不同的方式进行模糊处理。其参数设置面板如右图所示。

- 预滤器：当勾选该选项以后，可以对【灯光缓存】样本进行提前过滤，它主要是查找样本边界，然后对其进行模糊处理。后面的值越高，对样本进行模糊处理的程度越深。
- 使用光泽光线：是否使用平滑的灯光缓存，开启该功能后会使渲染效果更加平滑，但会影响到细节效果。
- 过滤器：该选项是在渲染最后成图时，对样本进行过滤，其下拉列表中有以下3个选项。

　　无：对样本不进行过滤。

　　最近：当使用这个过滤方式时，过滤器会对样本的边界进行查找，然后对色彩进行均化处理，从而得到一个模糊效果。

　　固定：这个方式和【最近】方式的不同点在于，它采用对距离的判断来对样本进行模糊处理。

- 插值采样：这个参数是对样本进行模糊处理，较大的值可以得到比较模糊的效果，较小的值可以得到比较锐利的效果。
- 折回：控制折回的阈值数值。

（4）模式

该参数与发光图中的光子图使用模式基本一致。其参数设置面板如右图所示。

- 模式：设置光子图的使用模式，有以下4种。

单帧：一般用来渲染静帧图像。

穿行：这个模式用在动画方面，它把第1帧到最后1帧的所有样本都融合在一起。

从文件：使用这种模式，VRay要导入一个预先渲染好的光子贴图，该功能只渲染光影追踪。

渐进路径跟踪：与【自适应】一样是一个精确的计算方式。不同的是，它不停地去计算样本，不对任何样本进行优化，直到样本计算完毕为止。

- <kbd>保存</kbd>按钮：将保存在内存中的光子贴图再次进行保存。
- <kbd>…</kbd>（浏览）按钮：从硬盘中浏览保存好的光子图。

（5）在渲染结束后

【在渲染结束后】主要用来控制光子图在渲染完以后如何处理。其参数设置面板如右图所示。

- 不删除：当光子渲染完以后，不把光子从内存中删掉。
- 自动保存：当光子渲染完以后，自动保存在硬盘中，单击<kbd>…</kbd>（浏览）按钮可以选择保存位置。
- 切换到被保存的缓存：当勾选该选项以后，系统会自动使用最新渲染的光子图来进行大图渲染。

14.2.4 设置

【设置】选项卡主要包括默认置换和系统两个卷展栏。其参数设置面板如右图所示。

1. 默认置换

【默认置换】卷展栏下的参数是用灰度贴图来实现物体表面的凸凹效果，它对材质中的置换起作用，而不作用于物体表面，其参数设置面板如右图所示。

- 覆盖Max设置：控制是否用【默认置换】卷展栏下的参数来替代3ds Max中的置换参数。
- 边长：设置3D置换中产生最小的三角面长度。数值越小，精度越高，渲染速度越慢。
- 依赖于视图：控制是否将渲染图像中的像素长度设置为【边长度】的单位。
- 相对于边界框：控制是否在置换时关联边界。
- 最大细分：设置物体表面置换后可产生的最大细分值。
- 数量：设置置换的强度总量。数值越大，置换效果越明显。
- 紧密边界：控制是否对置换进行预先计算。

2. 系统

　　【系统】卷展栏下的参数不仅对渲染速度有影响，而且还会影响渲染的显示和提示功能，同时还可以完成联机渲染，其参数设置面板如右图所示。

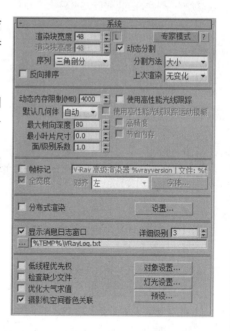

- 渲染块宽度/高度：表示宽度/高度方向的渲染块的尺寸。
- 序列：控制渲染块的渲染顺序，共有以下6种方式，分别是从上–>下、左–>右、棋盘格、螺旋、三角剖分和希尔伯特曲线。
- 反向排序：当勾选该选项以后，渲染顺序将和设定的顺序相反。
- 动态分割：控制是否进行动态的分割。
- 上次渲染：确定在渲染开始时，在3ds Max默认的帧缓冲区框以哪种方式处理渲染图像。
- 动态内存限制：控制动态内存的总量。
- 默认几何体：控制内存的使用方式，共有以下3种方式。
- 最大树向深度：控制根节点的最大分支数量。较高的值会加快渲染速度，同时会占用较多的内存。
- 最小叶片尺寸：控制叶节点的最小尺寸，当达到叶节点尺寸以后，系统停止计算场景。
- 面/级别系数：控制一个节点中的最大三角面数量，当未超过临近点时计算速度快。
- 使用高性能光线跟踪：控制是否使用高性能光线跟踪。
- 使用高性能光线跟踪运动模糊：控制是否使用高性能光线跟踪运动模糊。
- 高精度：控制是否使用高精度效果。
- 节省内存：控制是否需要节省内存。
- 帧标记：当勾选该选项后，就可以显示水印。
- 全宽度：水印的最大宽度。当勾选该选项后，它的宽度和渲染图像的宽度相当。
- 对齐：控制水印里的字体排列位置，有【左】【中】和【右】3个选项。
- 字体 按钮：修改水印里的字体属性。
- 分布式渲染：当勾选该选项后，可以开启【分布式渲染】功能。
- 设置... 按钮：控制网络中的计算机的添加、删除等。
- 显示消息日志窗口：勾选该选项后，可以显示【VRay日志】的窗口。
- 详细级别：控制【VRay日志】的显示内容，共分4个级别。1表示仅显示错误信息；2表示显示错误和警告信息；3表示显示错误、警告和情报信息；4表示显示错误、警告、情报和调试信息。
- ...：可以选择保存【VRay日志】文件的位置。
- 低线程优先权：当勾选该选项时，VRay将使用低线程进行渲染。
- 检查缺少文件：勾选该选项时，VRay会寻找场景中丢失的文件，保存到C:\VRayLog.txt中。
- 优化大气求值：当场景中大气比较稀薄的时候，勾选这个选项可以得到比较优秀的大气效果。
- 摄影机空间着色关联：有些3ds Max插件是采用摄影机空间来进行计算的，因为他们都是针对默认的扫描线渲染器而开发。
- 对象设置... 按钮：单击该按钮会弹出该对话框，在该对话框中可以设置场景物体的局部参数。
- 灯光设置... 按钮：单击该按钮会弹出该对话框，在该对话框中可以设置场景灯光的一些参数。
- 预设 按钮：单击该按钮会打开该对话框，在对话框中可以保持当前VRay渲染参数的属性。

14.2.5 Render Elements（渲染元素）

通过添加【渲染元素】，可以针对某一级别单独进行渲染，并在后期进行调节、合成、处理，非常方便。参数设置面板如右图所示。

- 添加：单击可将新元素添加到列表中。此按钮会显示【渲染元素】对话框。
- 合并：单击可合并来自其他 3ds Max Design 场景中的渲染元素。
- 删除：单击可从列表中删除选定对象。
- 激活元素：启用该选项后，单击【渲染】可分别对元素进行渲染。默认设置为启用。
- 显示元素：启用此选项后，每个渲染元素会显示在各自的窗口中，并且其中的每个窗口都是渲染帧窗口的精简版。
- 元素渲染列表：这个可滚动的列表显示要单独进行渲染的元素，以及它们的状态。要重新调整列表中列的大小，可拖动两列之间的边框。
- 【选定元素参数】：这些控制用来编辑列表中选定的元素。
- 【输出到 Combustion TM】：启用该选项后，会生成包含正进行渲染元素的 Combustion 工作区（CWS）文件。

14.3 综合项目实例应用

VRay渲染器可以完成小型、中型、大型场景的制作，并且效果非常逼真。因此熟练掌握VRay渲染器的最终目的是通过该渲染器强大的材质、灯光、摄影机、渲染器等工具，制作出更好的场景效果。本章将以4个大型综合案例讲解作品的完整制作流程。

综合实战　　简约欧式风格厨房

本例是一个厨房场景，室内明亮灯光表现主要使用目标灯光、VR灯光来制作，使用VRayMtl制作本案例的主要材质，制作完毕之后的渲染效果如下图所示。

场景文件	01.max
案例文件	综合实战——简约欧式风格厨房.max
视频教学	视频/Chapter 14/综合实战——简约欧式风格厨房.flv
难易指数	★★★★☆
技术掌握	掌握目标灯光、VR灯光、VRayMtl材质、衰减贴图的应用

1. 设置VRay渲染器

Step 01 打开本书配套光盘中的【场景文件/Chapter 14/01.max】文件，如右图所示。

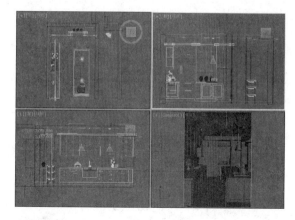

Step 02 按F10，打开【渲染设置】对话框，选择【公用】选项卡，在【指定渲染器】卷展栏下单击…按钮，在弹出的【选择渲染器】对话框中选择【V-Ray Adv 3.00.07】，如下图所示。

Step 03 此时在【指定渲染器】卷展栏的【产品级】后面显示了【V-Ray Adv 3.00.07】，【渲染设置】对话框中出现了【V-Ray】【GI】和【设置】选项卡，如下图所示。

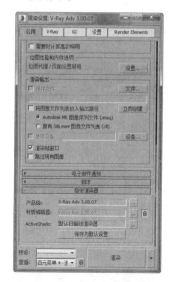

2. 材质的制作

下面就来讲述场景中的主要材质的调节方法，包括地板、橱柜、顶棚、大理石、灯罩和柜门材质等。效果如右图所示。

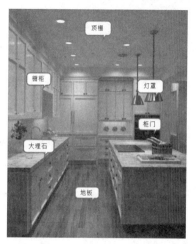

（1）地板材质的制作

Step 01 按M键，打开【材质编辑器】对话框，选择第一个材质球，单击 Standard （标准）按钮，在弹出的【材质/贴图浏览器】对话框中选择【VRayMtl】，如下图所示。

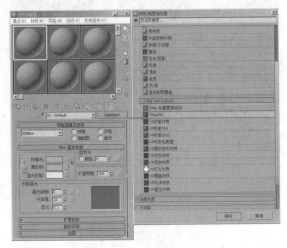

Step 02 将其命名为【地板】，在【漫反射】后面的通道中加载【深色地板.jpg】贴图文件，设置【反射】颜色为浅灰色（红：206，绿：206，蓝：206），勾选【菲涅耳反射】复选框，设置【反射光泽度】为0.9，【细分】为24，如下图所示。

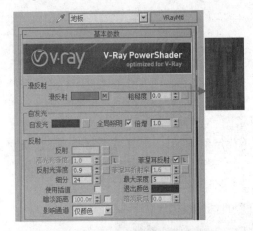

Step 03 将制作完毕的地板材质赋给场景中地面部分的模型，如右图所示。

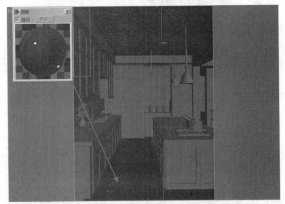

（2）橱柜材质的制作

Step 01 选择一个空白材质球，然后将【材质类型】设置为【VRayMtl】，将其命名为【橱柜】，设置【漫反射】颜色为白色（红：255，绿：255，蓝：255），【反射】颜色为浅灰色（红：183，绿：183，蓝：183），勾选【菲涅耳反射】复选框，【最大深度】为3，设置【反射光泽度】为0.9，【细分】为20，如右图所示。

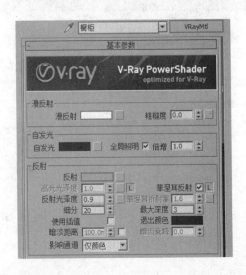

Step 02 将制作完毕的橱柜材质赋给场景中橱柜部分的模型，如右图所示。

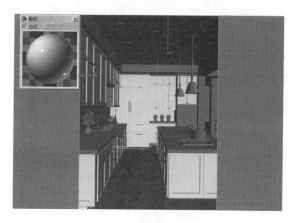

（3）顶棚材质的制作

Step 01 选择一个空白材质球，然后将【材质类型】设置为【VRayMtl】，将其命名为【顶棚】，设置【漫反射】颜色为白色（红：255，绿：255，蓝：255），【最大深度】为3，设置【反射光泽度】为0.9，【细分】为20，如下图所示。

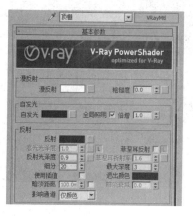

Step 02 将制作完毕的顶棚材质赋给场景中顶棚部分的模型，如下图所示。

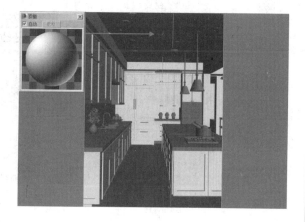

（4）大理石材质的制作

Step 01 选择一个空白材质球，然后将【材质类型】设置为【VRayMtl】，将其命名为【大理石】，在【漫反射】后面的通道中加载【001.jpg】贴图文件，展开【坐标】卷展栏，设置【瓷砖U】为0.2，设置【反射】颜色为浅灰色（红：203，绿：203，蓝：203），勾选【菲涅耳反射】复选框，设置【反射光泽度】为0.8，【细分】为24，如下图所示。

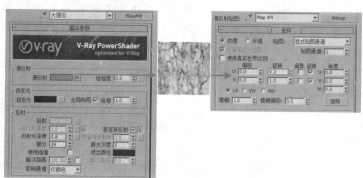

Step 02 将制作完毕的大理石材质赋给场景中大
理石部分的模型，如右图所示。

（5）灯罩材质的制作

Step 01 选择一个空白材质球，然后将【材质类型】设置为【VRayMtl】，将其命名为【灯罩】，设置
【漫反射】颜色为黑色（红：23，绿：21，蓝：8），【反射】颜色为浅灰色（红：116，绿：116，
蓝：116），设置【反射光泽度】为0.8，【细分】为24，如下左图所示。

Step 02 将制作完毕的灯罩材质赋给场景中灯罩部分的模型，如下右图所示。

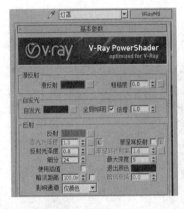
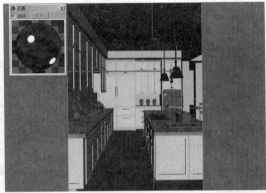

（6）柜门材质的制作

Step 01 选择一个空白材质球，然后将【材质类型】设置为【VRayMtl】，将其命名为【柜门】，在【漫
反射】后面的通道中加载【无标题-2.jpg】贴图文件，设置【反射】颜色为灰色（红：32，绿：32，
蓝：32），勾选【菲涅耳反射】复选框，设置【反射光泽度】为0.8，【细分】为24，如下左图所示。

Step 02 将制作完毕的柜门材质赋给场景中柜门部分的模型，如下右图所示。

3. 设置摄影机

Step 01　单击 （创建）|（摄影机）| 目标 按钮，如下左图所示。在顶视图中拖曳创建一台摄影机，如下右图所示。

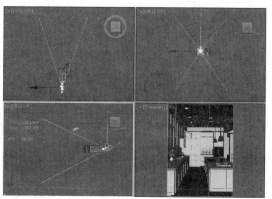

Step 02　选择刚创建的摄影机，单击进入修改面板，并设置【镜头】为51，【视野】为39，最后设置【目标距离】为5462mm，如下左图所示。

Step 03　此时选择刚创建的摄影机，单击鼠标右键，在弹出的菜单中选择【应用摄影机校正修改器】命令，如下右图所示。

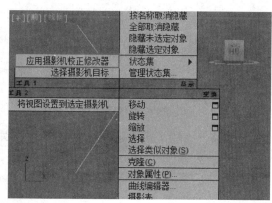

Step 04　此时我们看到【摄影机校正】修改器被加载到了摄影机上，设置【数量】为1.4，【方向】为90，如下左图所示。

Step 05　此时的摄影机视图效果，如下右图所示。

4. 设置灯光并进行草图渲染

在这个厨房场景中，使用两部分灯光照明来表现，一部分使用了环境光效果，另外一部分使用了室内灯光的照明。也就是说想得到好的灯光效果，必须配合室内的一些照明，最后设置一下辅助光源就可以了。

（1）设置目标灯光

Step 01 在【创建面板】下单击 【灯光】，并设置【灯光类型】为【光度学】，最后单击【目标灯光】按钮，如下左图所示。

Step 02 使用【目标灯光】在前视图中创建14盏灯光，如下右图所示。

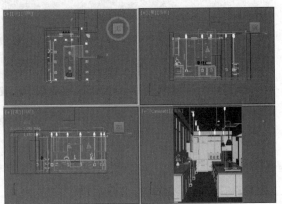

Step 03 选择上一步创建的目标灯光，然后在【阴影】选项组下勾选【启用】复选框，并设置【阴影类型】为【VRay阴影】，设置【灯光分布（类型）】为【光度学Web】，接着展开【分布（光度学Web）】卷展栏，并在通道中加载【SD006.IES】文件。设置【颜色】为浅黄色（红：255，绿：247，蓝：232），【强度】为12000，勾选【区域阴影】复选框，设置【U/V/W大小】为100mm，如右图所示。

Step 04 继续使用【目标灯光】在前视图中创建两盏灯光，如下页左图所示。

Step 05 选择上一步创建的目标灯光，然后在【阴影】选项组下勾选【启用】复选框，并设置【阴影类型】为【阴影贴图】，设置【灯光分布（类型）】为【光度学Web】，接着展开【分布（光度学Web）】卷展栏，并在通道中加载【SD006.IES】文件。设置【颜色】为黄色（红：254，绿：255，蓝：153），设置【强度】为6000，如下页右图所示。

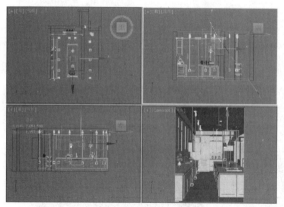

Step 06 按F10，打开【渲染设置】对话框。首先设置一下【VRay】和【GI】选项卡下的参数，刚开始设置的是一个草图设置，目的是进行快速渲染，来观看整体的效果，参数设置如下图所示。

Step 07 按快捷键Shift+Q，快速渲染摄影机视图，其渲染的效果如右图所示。

（2）设置VR灯光

Step 01 在【创建面板】下单击【灯光】按钮，并设置【灯光类型】为【VRay】，最后单击【VR灯光】按钮，如右图所示。

Step 02 在顶视图中拖曳并创建一盏VR灯光，如下左图所示。

Step 03 选择上一步创建的VR灯光，然后设置类型为【平面】，设置【颜色】为黄色（红：254，绿：255，蓝：183），设置【1/2长】为781mm，【1/2宽】为95mm。勾选【不可见】复选框，如下右图所示。

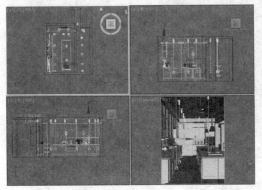 

Step 04 继续在顶视图中拖曳并创建一盏VR灯光，如下左图所示。

Step 05 选择上一步创建的VR灯光，然后设置类型为【平面】，设置【倍增器】为4，设置【颜色】为黄色（红：254，绿：255，蓝：183），设置【1/2长】为487mm，【1/2宽】为90mm。勾选【不可见】复选框，如下右图所示。

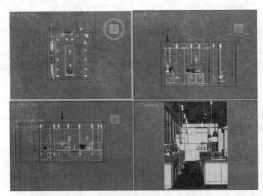 

Step 06 继续在顶视图中拖曳并创建一盏VR灯光，如下左图所示。

Step 07 选择上一步创建的VR灯光，然后设置类型为【平面】，设置【倍增器】为4.5，【颜色】为黄色（红：252，绿：231，蓝：197），设置【1/2长】为327mm，【1/2宽】为117mm。勾选【不可见】复选框，设置【细分】为24，如下右图所示。

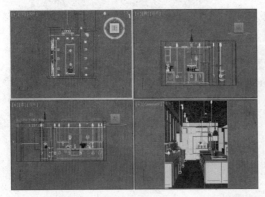 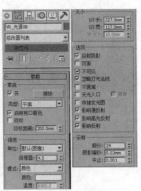

Step 08 继续在顶视图中拖曳并创建一盏VR灯光，如下左图所示。

Step 09 选择上一步创建的VR灯光，然后设置类型为【平面】，设置【倍增器】为0.85，【颜色】为黄色（红：251，绿：225，蓝：185），设置【1/2长】为2233mm，【1/2宽】为2236mm。勾选【不可见】复选框，设置【细分】为24，如下右图所示。

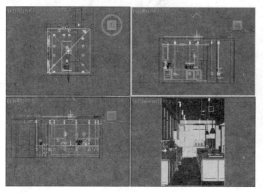 

Step 10 继续在前视图中拖曳并创建一盏VR灯光，如下左图所示。

Step 11 选择上一步创建的VR灯光，然后设置类型为【平面】，设置【倍增器】为0.5，【颜色】为黄色（红：251，绿：229，蓝：195），设置【1/2长】为2533mm，【1/2宽】为1511mm。勾选【不可见】复选框，设置【细分】为24，如下右图所示。

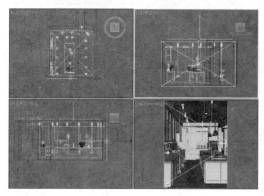 

5. 设置成图渲染参数

经过前面的操作，已经将大量繁琐的工作完成了，下面需要做的就是把渲染的参数设置高一些，再进行渲染输出。

Step 01 重新设置一下渲染参数，按F10，在打开的【渲染设置】对话框中，切换到【V-Ray】选项卡，展开【图形采样器（抗锯齿）】卷展栏，设置【类型】为【自适应】，接着勾选【图像过滤器】复选框，并选择【Catmull-Rom】，展开【自适应图像采样器】卷展栏，设置【最小细分】为1，【最大细分】为4，展开【颜色贴图】卷展栏，设置【类型】为【指数】，勾选【子像素贴图】和【钳制输出】复选框，如下页左图所示。

Step 02 切换到【GI】选项卡，展开【发光图】卷展栏，设置【当前预设】为【低】，设置【细分】为50，【插值采样】为20，勾选【显示计算相位】和【显示直接光】复选框，展开【灯光缓存】卷展栏，设置【细分】为1000，勾选【存储直接光】和【显示计算相位】复选框，如下页右图所示。

Step 03 切换到【设置】选项卡，展开【系统】卷展栏，设置【序列】为【三角剖分】，然后取消勾选【显示消息日志窗口】复选框，如下左图所示。

Step 04 切换到【公用】选项卡，展开【公用参数】卷展栏，设置输出的尺寸为1200×1472，如下右图所示。

Step 05 等待一段时间后渲染就完成了，最终效果如右图所示。

综合实战	室外简约别墅夜景

本例是一个室外简约别墅夜景场景，室外明亮灯光表现主要使用了目标灯光和VR灯光来制作，使用VRayMtl制作本案例的主要材质，制作完毕之后的渲染效果如下图所示。

场景文件	02.max
案例文件	综合实战——室外简约别墅夜景.max
视频教学	视频/Chapter 14/综合实战——室外简约别墅夜景.flv
难易指数	★★★★★
技术掌握	掌握目标灯光、VR灯光、VRayMtl材质、衰减贴图的应用

1. 设置VRay渲染器

Step 01 打开本书配套光盘中的【场景文件/Chapter 14/02.max】文件，如右图所示。

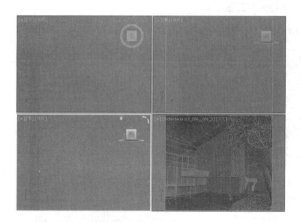

Step 02 按F10，打开【渲染设置】对话框，选择【公用】选项卡，在【指定渲染器】卷展栏下单击 按钮，在弹出的【选择渲染器】对话框中选择【V-Ray Adv 3.00.07】，如右图所示。

Step 03 此时在【指定渲染器】卷展栏的【产品级】后面显示了【V-Ray Adv 3.00.07】，【渲染设置】对话框中出现了【V-Ray】【GI】和【设置】选项卡，如右图所示。

2. 材质的制作

下面就来讲述场景中主要材质的调节方法，包括天空、地面、白墙、玻璃、木纹、草地材质等，效果如右图所示。

（1）天空材质的制作

Step 01 按M键，打开【材质编辑器】对话框，选择第一个材质球，单击 Standard （标准）按钮，在弹出的【材质/贴图浏览器】对话框中选择【VR灯光材质】，如下左图所示。

Step 02 将其命名为【天空】，在【颜色】后面的通道中加载【archexteriors11_006_sky.jpg】贴图文件，设置【强度】为140，如下右图所示。

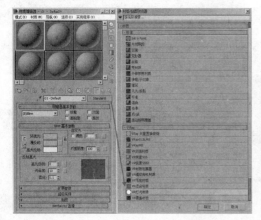

Step 03 将制作完毕的天空材质赋给场景中天空部分的模型，如右图所示。

（2）地面材质的制作

Step 01 按M键，打开【材质编辑器】对话框，选择第一个材质球，单击 `Standard` （标准）按钮，在弹出的【材质/贴图浏览器】对话框中选择【VRayMtl】，如右图所示。

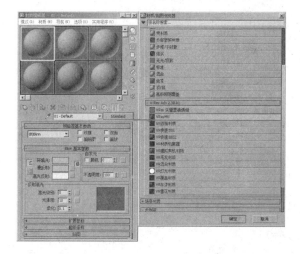

Step 02 将其命名为【地面】，设置【漫反射】颜色为白色（红：254，绿：254，蓝：254），在【反射】和【反射光泽度】后面的通道中分别加载【archexteriors11_006_Stone Disp map.jpg】贴图文件，展开【坐标】卷展栏，设置【模糊】为0.1，设置【反射光泽度】为0.8，勾选【菲涅耳反射】复选框，如下图所示。

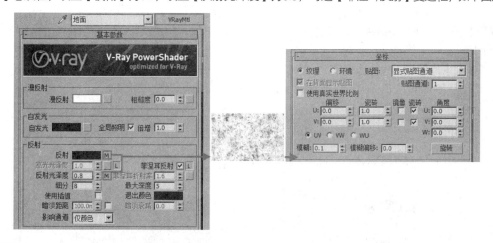

Step 03 展开【贴图】卷展栏，设置【反射】数量为30，【反射光泽】数量为20，如下页左图所示。

Step 04 将制作完毕的地面材质赋给场景中地面部分的模型，如下页右图所示。

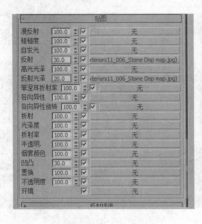 

（3）白墙材质的制作

Step 01 选择一个空白材质球，然后将【材质类型】设置为【VRayMtl】，将其命名为【白墙】，设置【漫反射】颜色为白色（红：240，绿：240，蓝：240），如下左图所示。

Step 02 将制作完毕的白墙材质赋给场景中白墙部分的模型，如下右图所示。

（4）玻璃材质的制作

Step 01 选择一个空白材质球，然后将【材质类型】设置为【VRayMtl】，将其命名为【玻璃】，设置【漫反射】颜色为黑色（红：1，绿：1，蓝：1），在【反射】后面的通道中加载【衰减】程序贴图，展开【衰减参数】卷展栏，设置【颜色1】颜色为灰色（红：50，绿：50，蓝：50），【颜色2】颜色为浅灰色（红：99，绿：99，蓝：99），设置【衰减类型】为Fresnel，如下图所示。

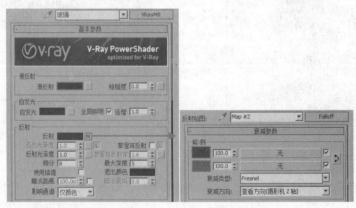

Step 02 设置【折射】颜色为白色（红：255，绿：255，蓝：255），设置【折射率】为1.56，勾选【影响阴影】复选框，如下左图所示。

Step 03 将制作完毕的玻璃材质赋给场景中玻璃部分的模型，如下右图所示。

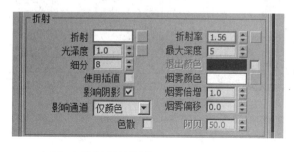

（5）木纹材质的制作

Step 01 选择一个空白材质球，然后将【材质类型】设置为【VRayMtl】，将其命名为【木纹】，在【漫反射】后面的通道中加载【archexteriors11_010_Rust column.jpg】贴图文件，展开【坐标】卷展栏，设置【模糊】为0.1，如下图所示。

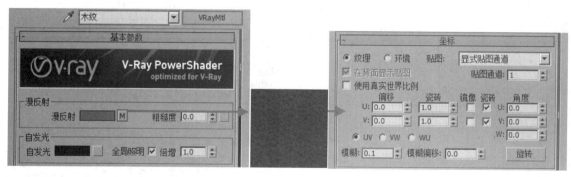

Step 02 展开【贴图】卷展栏，在【凹凸】后面的通道中加载【archexteriors11_010_Column rust bump.jpg】贴图文件，展开【坐标】卷展栏，设置【模糊】为0.1，设置【凹凸】数量为45，如下图所示。

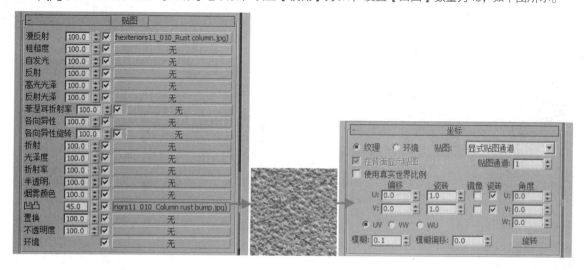

Step 03 将制作完毕的木纹材质赋给场景中木纹部分的模型，如右图所示。

（6）草地材质的制作

Step 01 按M键，打开【材质编辑器】对话框，选择第一个材质球，单击 [Standard]（标准）按钮，在弹出的【材质/贴图浏览器】对话框中选择【VR覆盖材质】，如下图所示。

Step 02 将其命名为【草地】，在【基本材质】后面的通道中加载【VRayMtl】材质，在【全局照明材质】后面的通道中加载【VRayMtl】材质，如下图所示。

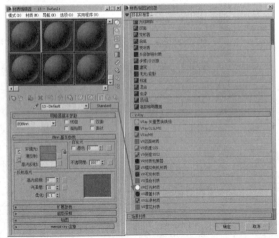

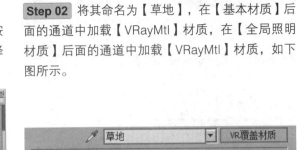

Step 03 进入【基本材质】后面的通道中，在【漫反射】后面的通道中加载【archexteriors11_006_grass 01.jpg】贴图文件，展开【坐标】卷展栏，设置【模糊】为0.1，如下图所示。

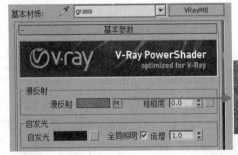

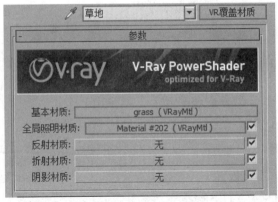

Step 04 进入【全局照明材质】后面的通道中，设置【漫反射】颜色为白色（红：223，绿：223，蓝：223），如下页图所示。

Step 05 将制作完毕的草地材质赋给场景中草地部分的模型，如下页图所示。

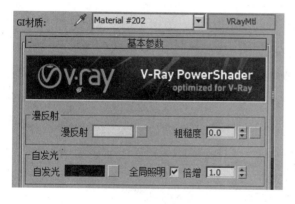

3. 设置摄影机

Step 01 单击■（创建）｜■（摄影机）｜ VRay ▼ ｜ VR物理摄影机 按钮，如右1图所示。在顶视图中拖曳创建一台摄影机，如右2图所示。

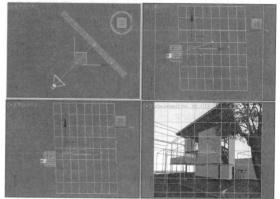

Step 02 选择刚创建的摄影机，单击进入修改面板，设置【胶片规格（mm）】为36，【焦距（mm）】为25，【纵向移动】为0.15，【白平衡】为自定义，【快门速度为（s^-1）】为240，【胶片速度（ISO）】为65，如右1图所示。

Step 03 此时的摄影机视图效果如右2图所示。

4. 设置灯光并进行草图渲染

在这个室外简约别墅夜景场景中，使用两部分灯光照明来表现，一部分使用了环境光效果，另外一部分使用了室内灯光照明。要想得到好的灯光效果，必须配合室内的一些照明，最后设置一下辅助光源就可以了。

（1）设置自由灯光

Step 01 在【创建面板】下单击■【灯光】，并设置【灯光类型】为【光度学】，最后单击【自由灯光】按钮，如右图所示。

Step 02 使用【自由灯光】在前视图中创建5盏灯光，如下左图所示。

Step 03 选择上一步创建的自由灯光，然后设置【灯光分布（类型）】为【光度学Web】，接着展开【分布（光度学Web）】卷展栏，并在通道中加载【wall lamp.ies】文件。展开【强度/颜色/衰减】卷展栏设置，【颜色】为黄色（红：234，绿：161，蓝：113），设置【强度】为853，如下右图所示。

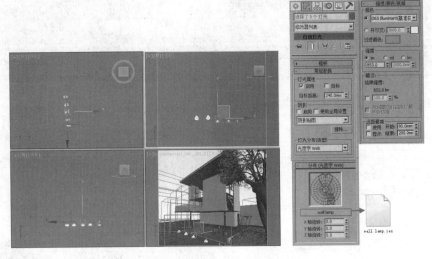

Step 04 继续使用【自由灯光】在前视图中创建4盏灯光，如下左图所示。

Step 05 选择上一步创建的自由灯光，然后在【修改】面板下展开【常规参数】卷展栏，设置【灯光分布（类型）】为【光度学Web】，接着展开【分布（光度学Web）】卷展栏，并在通道中加载【wall lamp.ies】文件。展开【强度/颜色/衰减】卷展栏，调节【颜色】为黄色（红：225，绿：143，蓝：37），设置【强度】为853，如下右图所示。

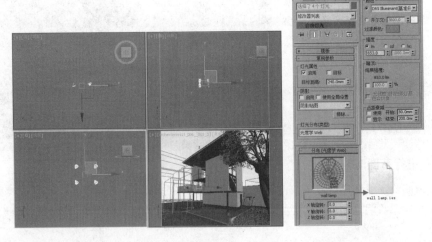

Step 06 继续使用【自由灯光】在前视图中创建4盏灯光，如下页左图所示。

Step 07 选择上一步创建的自由灯光，然后在【修改】面板下展开【常规参数】卷展栏，设置【灯光分布（类型）】为【光度学Web】，接着展开【分布（光度学Web）】卷展栏，并在通道中加载【wall 01.ies】文件。展开【强度/颜色/衰减】卷展栏，调节【颜色】为黄色（红：225，绿：236，蓝：180），设置【强度】为853，如下页右图所示。

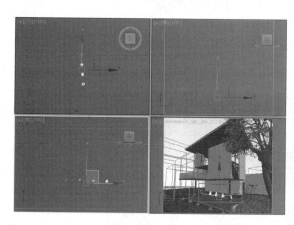
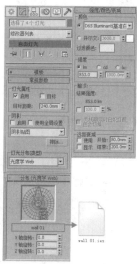

Step 08 按F10，打开【渲染设置】对话框。首先设置一下【VRay】和【GI】选项卡下的参数，刚开始设置的是一个草图设置，目的是进行快速渲染，来观看整体的效果，参数设置如下图所示。

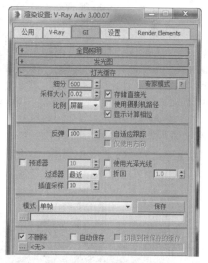

Step 09 按快捷键Shift+Q，快速渲染摄影机视图，其渲染的效果如右图所示。

（2）设置VR灯光

Step 01 在【创建面板】下单击 【灯光】，并设置【灯光类型】为【VRay】，然后单击【VR灯光】按钮，如下左图所示。

Step 02 在顶视图中拖曳并创建5盏VR灯光，如下中图所示。

Step 03 选择上一步创建的VR灯光，然后在【修改】面板下展开【参数】卷展栏，在【常规】选项组下设置类型为【平面】，在【强度】选项组下设置【倍增器】为650，调节【颜色】为黄色（红：255，绿：204，蓝：94），在【大小】选项组下设置【1/2长】为400mm，【1/2宽】为400mm。在【选项】组下勾选【不可见】复选框，如下右图所示。

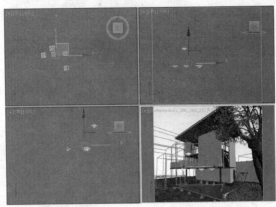
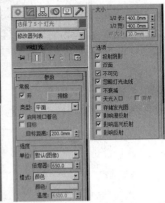

Step 04 继续在顶视图中拖曳并创建一盏VR灯光，如下左图所示。

Step 05 选择上一步创建的VR灯光，然后在【修改】面板下展开【参数】卷展栏，在【常规】选项组下设置类型为【平面】，在【强度】选项组下设置【倍增器】为450，调节【颜色】为黄色（红：244，绿：198，蓝：100），在【大小】选项组下设置【1/2长】为1987mm，【1/2宽】为58mm。在【选项】组下勾选【不可见】复选框，如下右图所示。

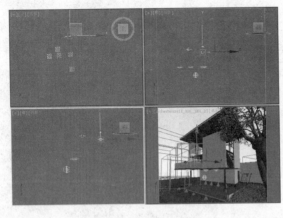
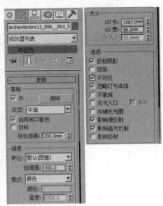

Step 06 继续在顶视图中拖曳并创建两盏VR灯光，如下页左图所示。

Step 07 选择上一步创建的VR灯光，然后在【修改】面板下展开【参数】卷展栏，在【常规】选项组下设置类型为【球体】，在【强度】选项组下设置【倍增器】为200，调节【颜色】为黄色（红：255，绿：218，蓝：160），在【大小】选项组下设置【半径】为400mm，在【选项】组下勾选【不可见】复选框，在【采样】组下设置【细分】为15，如下页右图所示。

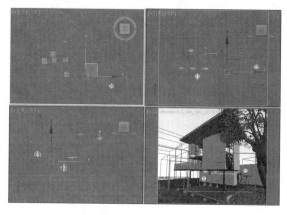

Step 08　继续在顶视图中拖曳并创建一盏VR灯光，如下左图所示。

Step 09　选择上一步创建的VR灯光，设置类型为【平面】，设置【倍增器】为650，【颜色】为黄色（红：244，绿：204，蓝：94），设置【1/2长】为3000mm，【1/2宽】为2800mm。勾选【不可见】复选框，如下右图所示。

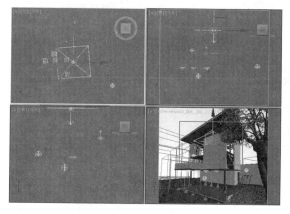

Step 10　继续在顶视图中拖曳并创建一盏VR灯光，如下左图所示。

Step 11　选择上一步创建的VR灯光，设置类型为【平面】，设置【倍增器】为1000，设置【1/2长】为3800mm，【1/2宽】为4136mm。勾选【不可见】复选框，如下右图所示。

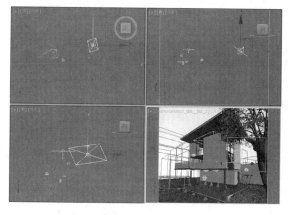

5. 设置成图渲染参数

经过前面的操作，已经将大量繁琐的工作完成了，下面需要做的就是把渲染的参数设置得高一些，再进行渲染输出。

Step 01 重新设置一下渲染参数，按F10，在打开的【渲染设置】对话框中，切换到【V-Ray】选项卡，展开【图形采样器（抗锯齿）】卷展栏，设置【类型】为【自适应】，勾选【图像过滤器】复选框，并选择【Catmull-Rom】，展开【自适应图像采样器】卷展栏，设置【最小细分】为1，【最大细分】为4，展开【颜色贴图】卷展栏，设置【类型】为【指数】，勾选【子像素贴图】和【钳制输出】复选框，如下左图所示。

Step 02 切换到【GI】选项卡，展开【发光图】卷展栏，设置【当前预设】为【低】，设置【细分】为50，【插值采样】为20，勾选【显示计算相位】和【显示直接光】复选框，展开【灯光缓存】卷展栏，设置【细分】为1000，勾选【存储直接光】和【显示计算相位】复选框，如下右图所示。

Step 03 切换到【设置】选项卡，展开【系统】卷展栏，设置【序列】为【三角剖分】，然后取消勾选【显示消息日志窗口】，如下左图所示。

Step 04 切换到【公用】选项卡，设置输出的尺寸为1000×859，如下右图所示。

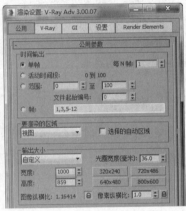

Step 05 等待一段时间后渲染就完成了，最终的效果如右图所示。

综合实战	家具商业艺术展厅

本例是一个展厅场景，室内明亮灯光表现主要使用了目标灯光、VR灯光来制作，使用VRayMtl制作本案例的主要材质，制作完毕之后的渲染效果如下图所示。

场景文件	03.max
案例文件	综合实战——家具商业艺术展厅.max
视频教学	视频/Chapter 14/综合实战——家具商业艺术展厅.flv
难易指数	★★★★★
技术掌握	掌握目标灯光、VR灯光、VRayMtl材质、衰减贴图的应用

1. 设置VRay渲染器

Step 01 打开本书配套光盘中的【场景文件/Chapter 14/03.max】文件，如右图所示。

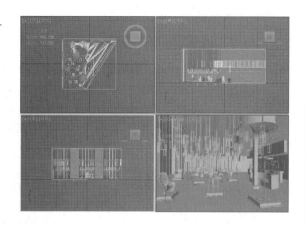

Step 02 按F10，打开【渲染设置】对话框，切换到【公用】选项卡，在【指定渲染器】卷展栏下单击按钮 ，选择【V-Ray Adv 3.00.07】，如下页左图所示。

Step 03 此时在【指定渲染器】卷展栏的【产品级】后面显示了【V-Ray Adv 3.00.07】，【渲染设置】对话框中出现了【V-Ray】【GI】和【设置】选项卡，如下右图所示。

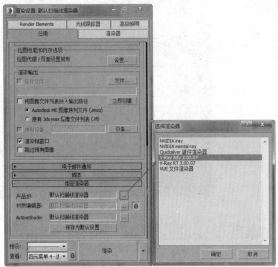

2. 材质的制作

下面就来讲述场景中的主要材质的调节方法，包括地砖、绿色顶棚、黑色椅子、椅子、白色顶棚、沙发、金属、墙面、牌子、吊灯材质等。效果如右图所示。

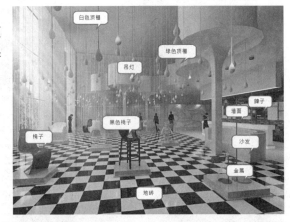

（1）地砖材质的制作

Step 01 按M键，打开【材质编辑器】对话框，选择第一个材质球，单击 Standard （Standard）按钮，在弹出的【材质/贴图浏览器】对话框中选择【VRayMtl】，如右图所示。

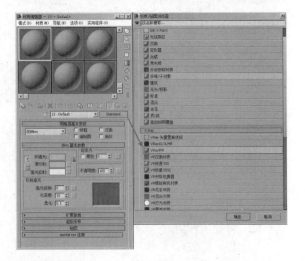

Step 02 将其命名为【地砖】，在【漫反射】后面的通道中加载【棋盘格】程序贴图，设置【瓷砖U】为16，【瓷砖V】为25，【反射】颜色为灰色（红：190，绿：190，蓝：190），勾选【菲涅耳反射】复选框，设置【反射光泽度】为0.95，【细分】为30，如下图所示。

Step 03 展开【贴图】卷展栏，在【凹凸】后面的通道中加载【衰减】程序贴图，展开【衰减参数】卷展栏，在【颜色1】后面的通道中加载【20100718120418ref2x.jpg】贴图文件，展开【坐标】卷展栏，设置【瓷砖U】为6.7，【瓷砖V】为9，设置【颜色2】颜色为深红色（红：43，绿：9，蓝：7），设置【凹凸】数量为30，如下图所示。

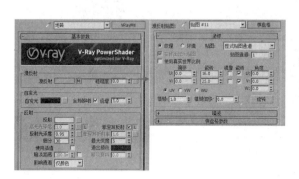

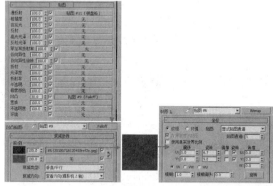

Step 04 将制作完毕的地砖材质赋给场景中地砖部分的模型，如右图所示。

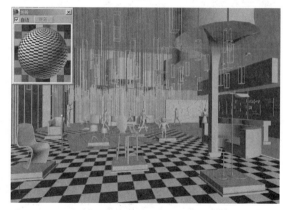

（2）绿色顶棚材质的制作

Step 01 选择一个空白材质球，将【材质类型】设置为【VRayMtl】，将其命名为【绿色顶棚】，设置【漫反射】颜色为绿色（红：165，绿：206，蓝：0），【反射】颜色为白色（红：255，绿：255，蓝：255），勾选【菲涅耳反射】复选框，设置【反射光泽度】为0.9，【细分】为20，如下左图所示。

Step 02 将制作完毕的绿色顶棚材质赋给场景中顶棚部分的模型，如下右图所示。

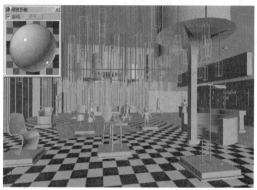

（3）黑色椅子材质的制作

Step 01 选择一个空白材质球，将【材质类型】设置为【VRayMtl】，将其命名为【黑色椅子】，设置【漫反射】颜色为黑色（红：3，绿：3，蓝：3），在【反射】后面的通道中加载【衰减】程序贴图，展开【衰减参数】卷展栏，设置【颜色2】颜色为蓝色（红：116，绿：176，蓝：201），设置【衰减类型】为Fresnel，设置【折射率】为1.8，设置【高光光泽度】为0.7，【反射光泽度】为0.8，如下左图所示。

Step 02 将制作完毕的黑色椅子材质赋给场景中黑色椅子部分的模型，如下右图所示。

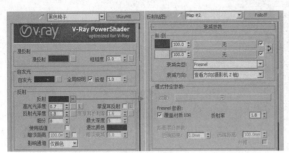 

（4）椅子材质的制作

Step 01 选择一个空白材质球，将【材质类型】设置为【VRayMtl】，将其命名为【椅子】，设置【漫反射】颜色为黄色（红：215，绿：162，蓝：2），【反射】颜色为白色（红：255，绿：255，蓝：255），勾选【菲涅耳反射】，设置【细分】为20，如下左图所示。

Step 02 将制作完毕的椅子材质赋给场景中椅子部分的模型，如下右图所示。

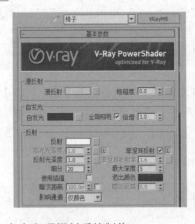 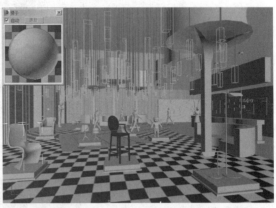

（5）白色顶棚材质的制作

Step 01 选择一个空白材质球，将其命名为【白色顶棚】，设置【漫反射】颜色为白色（红：242，绿：242，蓝：242），如下页左图所示。

Step 02 将制作完毕的白色顶棚材质赋给场景中顶棚部分的模型，如下页右图所示。

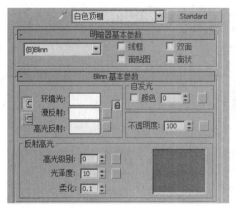
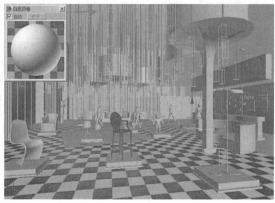

（6）沙发材质的制作

Step 01 选择一个空白材质球，将【材质类型】设置为【VRayMtl】，将其命名为【沙发】，设置【漫反射】颜色为白色（红：243，绿：243，蓝：243），【反射】颜色为白色（红：255，绿：255，蓝：255），勾选【菲涅耳反射】复选框，设置【反射光泽度】为0.9，【细分】为20，如下左图所示。

Step 02 将制作完毕的沙发材质赋给场景中沙发部分的模型，如下右图所示。

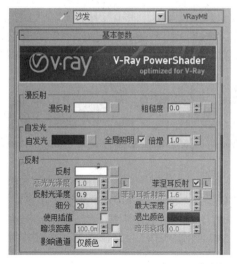
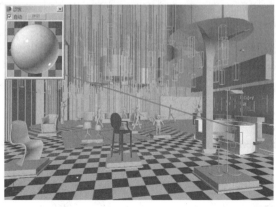

（7）金属材质的制作

Step 01 选择一个空白材质球，将【材质类型】设置为【VRayMtl】，将其命名为【金属】，在【漫反射】后面的通道中加载【衰减】程序贴图，展开【衰减参数】卷展栏，设置【颜色1】颜色为浅灰色（红：34，绿：34，蓝：34），设置【颜色2】颜色为灰色（红：17，绿：17，蓝：17），设置【反射】颜色为白色（红：255，绿：255，蓝：255），勾选【菲涅耳反射】复选框，设置【菲涅耳折射率】为3.5，设置【反射光泽度】为0.9，【细分】为20，如右图所示。

Step 02 将制作完毕的金属材质赋给场景中金属部分的模型，如右图所示。

（8）墙面材质的制作

Step 01 选择一个空白材质球，将【材质类型】设置为【VRayMtl】，将其命名为【墙面】，在【漫反射】后面的通道中加载【砖.jpg】贴图文件，如下图所示。

Step 02 将制作完毕的墙面材质赋给场景中墙面部分的模型，如下图所示。

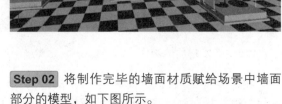

（9）牌子材质的制作

Step 01 选择一个空白材质球，将【材质类型】设置为【VRayMtl】，将其命名为【牌子】，设置【漫反射】颜色为紫色（红：42，绿：18，蓝：57），【反射】颜色为白色（红：255，绿：255，蓝：255），勾选【菲涅耳反射】复选框，设置【细分】为15，如下左图所示。

Step 02 将制作完毕的牌子材质赋给场景中牌子部分的模型，如下右图所示。

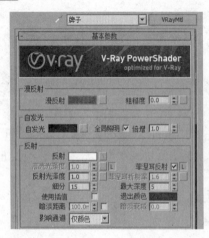

（10）吊灯材质的制作

Step 01 选择一个空白材质球，将【材质类型】设置为【VRayMtl】，将其命名为【吊灯】，设置【漫反射】颜色为白色（红：255，绿：255，蓝：255），【反射】颜色为白色（红：79，绿：79，蓝：79），勾选【菲涅耳反射】复选框，设置【反射光泽度】为0.84，【细分】为22，如下左图所示。

Step 02 将制作完毕的吊灯材质赋给场景中吊灯部分的模型，如下右图所示。

3. 设置灯光并进行草图渲染

在这个展厅场景中，使用两部分灯光照明来表现，一部分使用了环境光效果，另外一部分使用了室内灯光的照明。要想得到好的灯光效果，必须配合室内的一些照明，最后设置一下辅助光源就可以了。

（1）设置目标灯光

Step 01 单击 【创建】|【灯光】，设置【灯光类型】为【光度学】，然后单击【目标灯光】，如右图所示。

Step 02 在前视图中拖曳并创建44盏目标灯光，如下左图所示。在【阴影】选项组中勾选【启用】复选框，设置【阴影类型】为【VRay阴影】，在【灯光分布（类型）】选项组下设置类型为【光度学Web】，展开【分布（光度学Web）】卷展栏，在后面的通道中加载【灯光.IES】光域网文件，展开【强度/颜色/衰减】卷展栏，设置【过滤颜色】为黄色（红：228，绿：167，蓝：134），设置【强度】为1000，如下右图所示。

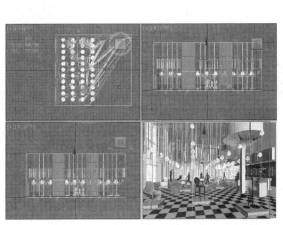 

Step 03 在前视图中拖曳并创建22盏目标灯光，如下左图所示。在【阴影】选项组中勾选【启用】复选框，设置【阴影类型】为【VRay阴影】，在【灯光分布（类型）】选项组下设置类型为【光度学Web】，展开【分布（光度学Web）】卷展栏，在后面的通道中加载【灯光.IES】光域网文件，展开【强度/颜色/衰减】卷展栏，设置【过滤颜色】为黄色（红：228，绿：167，蓝：134），设置【强度】为1500，如下右图所示。

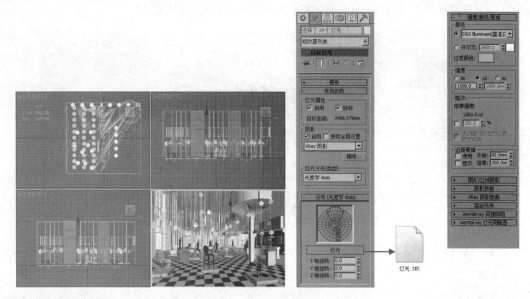

Step 04 在前视图中拖曳并创建8盏目标灯光，如下左图所示。在【阴影】选项组中勾选【启用】复选框，设置【阴影类型】为【VRay阴影】，在【灯光分布（类型）】选项组下设置类型为【光度学Web】，展开【分布（光度学Web）】卷展栏，在后面的通道中加载【灯光.IES】光域网文件，展开【强度/颜色/衰减】卷展栏，设置【过滤颜色】为黄色（红：210，绿：110，蓝：55），设置【强度】为398，如下右图所示。

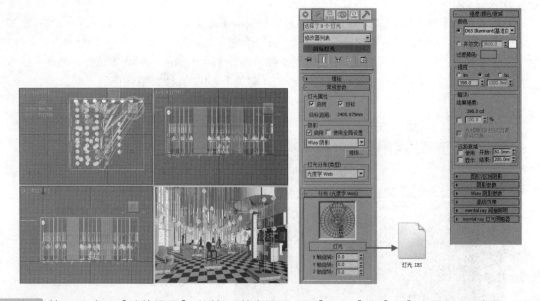

Step 05 按F10，打开【渲染设置】对话框。首先设置一下【VRay】和【GI】选项卡下的参数，刚开始设置的是一个草图设置，目的是进行快速渲染，来观看整体的效果，参数设置如下页图所示。

  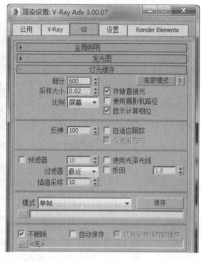

Step 05 按快捷键Shift＋Q，快速渲染摄影机视图，其渲染的效果如右图所示。

（2）设置VR灯光

Step 01 在【创建面板】下单击 【灯光】，并设置【灯光类型】为【VRay】，然后单击【VR灯光】按钮，如下左图所示。

Step 02 在顶视图中拖曳并创建一盏VR灯光，并使用【选择并旋转】 工具调整位置，如下中图所示。

Step 03 选择上一步创建的VR灯光，然后设置类型为【平面】，设置【倍增器】为2，调节【颜色】为浅粉色（红：247，绿：156，蓝：151），设置【1/2长】为5036mm，【1/2宽】为592mm。勾选【不可见】复选框，如下右图所示。

Step 04 继续在顶视图中创建一盏VR灯光，如右1图所示。

Step 05 选择上一步创建的VR灯光，设置类型为【平面】，设置【倍增器】为10，【颜色】为浅黄色（红：223，绿：189，蓝：161），【1/2长】为160mm，【1/2宽】为4000mm，如右2图所示。

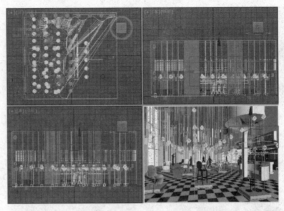

Step 06 继续在左视图中拖曳并创建一盏VR灯光，并使用【选择并移动】工具调整位置，此时VR灯光的位置如右1图所示。

Step 07 选择上一步创建的VR灯光，设置类型为【平面】，设置【倍增器】为5，调节【颜色】为蓝色（红：111，绿：140，蓝：234），设置【1/2长】为11894mm，【1/2宽】为4960mm。勾选【不可见】复选框，如右2图所示。

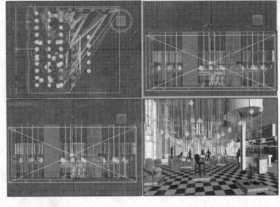

4. 设置成图渲染参数

经过前面的操作，已经将大量繁琐的工作完成了，下面需要做的就是把渲染的参数设置得高一些，再进行渲染输出。

Step 01 重新设置一下渲染参数，按F10，在打开的【渲染设置】对话框中，切换到【VRay】选项卡，展开【图形采样器（抗锯齿）】卷展栏，设置【类型】为【自适应】，勾选【图像过滤器】复选框，并选择【Catmull-Rom】，展开【自适应图像采样器】卷展栏，设置【最小细分】为1，【最大细分】为4，展开【颜色贴图】卷展栏，设置【类型】为【指数】，勾选【子像素贴图】和【钳制输出】复选框，如右1图所示。

Step 02 切换到【GI】选项卡，展开【发光图】卷展栏，设置【当前预设】为【低】，设置【细分】为50，【插值采样】为20，勾选【显示计算相位】和【显示直接光】复选框，展开【灯光缓存】卷展栏，设置【细分】为1000，勾选【存储直接光】和【显示计算相位】复选框，如上右图所示。

Step 03　切换到【设置】选项卡，展开【系统】卷展栏，设置【序列】为【三角剖分】，然后取消勾选【显示消息日志窗口】复选框，如右1图所示。

Step 04　切换到【公用】选项卡，展开【公用参数】卷展栏，设置输出的尺寸为1200×900，如右2图所示。

Step 05　切换到【Render Elements】选项卡，展开【渲染元素】卷展栏，单击 添加... 按钮，在弹出的【渲染元素】对话框中选择【VRayWireColor】和【VRayZDepth】，然后单击【确定】，如下左图所示。效果如下右图所示。

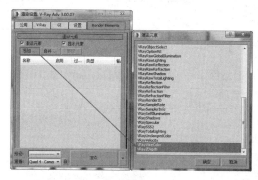

Step 06　等待一段时间后渲染就完成了，最终效果如右图所示。

综合实战　科技型大型接待室

本例是一个接待室场景，室内明亮灯光表现主要使用了VR灯光、目标灯光来制作，使用VRayMtl制作本案例的主要材质，制作完毕之后的渲染效果如下图所示。

场景文件	04.max	
案例文件	综合实战——科技型大型接待室.max	
视频教学	视频/Chapter 14/综合实战——科技型大型接待室.flv	
难易指数	★★★★★	
技术掌握	掌握目标灯光、VR灯光、VRayMtl材质、衰减贴图的应用	

1. 设置VRay渲染器

Step 01 打开本书配套光盘中的【场景文件/Chapter 14/04.max】文件，如右图所示。

Step 02 按F10，打开【渲染设置】对话框，选择【公用】选项卡，在【指定渲染器】卷展栏下单击 ⋯ 按钮，在弹出的【选择渲染器】对话框中选择【V-Ray Adv 3.00.07】，如下左图所示。

Step 03 此时在【指定渲染器】卷展栏的【产品级】后面显示了【V-Ray Adv 3.00.07】，【渲染设置】对话框中出现了【V-Ray】【GI】和【设置】选项卡，如下右图所示。

2. 材质的制作

下面就来讲述场景中的主要材质的调节方法，包括地面、白色墙面、奇幻顶棚、吊灯、自发光、展示台、不锈钢、柜台、白色椅子材质等，效果如右图所示。

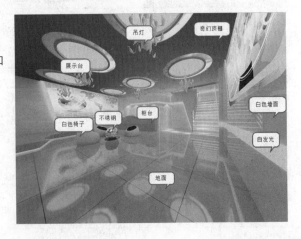

（1）地面材质的制作

Step 01 按M键，打开【材质编辑器】对话框，选择第一个材质球，单击 Standard （Standard）按钮，在弹出的【材质/贴图浏览器】对话框中选择【VRayMtl】，如右图所示。

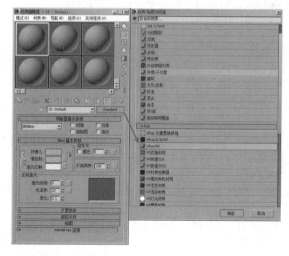

Step 02 将其命名为【地面】，在【漫反射】后面的通道中加载【地面.jpg】贴图文件，设置【反射】颜色为灰色（红：59，绿：59，蓝：59），设置【反射光泽度】为0.96，【细分】为30，如下图所示。

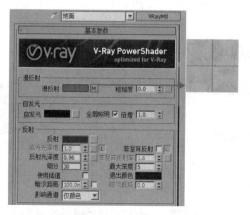

Step 03 将制作完毕的地面材质赋给场景中地面部分的模型，如下图所示。

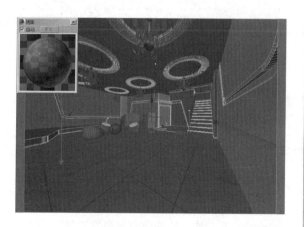

（2）白色墙面材质的制作

Step 01 选择一个空白材质球，然后将【材质类型】设置为【VRayMtl】，将其命名为【白色墙面】，设置【漫反射】颜色为白色（红：255，绿：255，蓝：255），【反射】颜色为灰色（红：174，绿：174，蓝：174），勾选【菲涅耳反射】复选框，设置【细分】为30，如右图所示。

Step 02 将制作完毕的白色墙面材质赋给场景中墙面部分的模型，如右图所示。

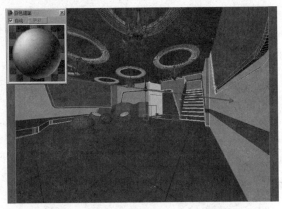

（3）奇幻顶棚材质的制作

Step 01 按M键，打开【材质编辑器】对话框，选择第一个材质球，单击 Standard （Standard）按钮，在弹出的【材质/贴图浏览器】对话框中选择【VR灯光材质】，如下图所示。

Step 02 将其命名为【奇幻顶棚】，在【颜色】后面的通道中加载【untitled.jpg】贴图文件，设置【强度】为4，如下图所示。

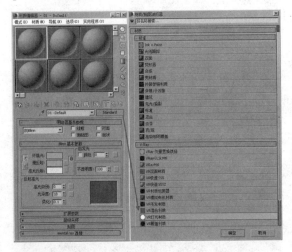

Step 03 将制作完毕的奇幻顶棚材质赋给场景中顶棚部分的模型，如右图所示。

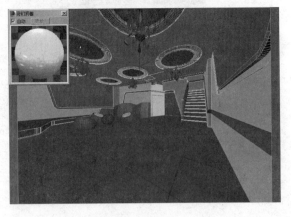

（4）吊灯材质的制作

Step 01 选择一个空白材质球，将【材质类型】设置为【VRayMtl】，将其命名为【吊灯】，设置【漫反射】颜色为白色（红：255，绿：255，蓝：255），【反射】颜色为白色（红：255，绿：255，蓝：255），勾选【菲涅耳反射】复选框，设置【细分】为20，如下页左图所示。

Step 02 将制作完毕的吊灯材质赋给场景中吊灯部分的模型，如下页右图所示。

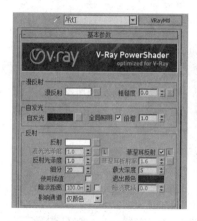

（5）自发光材质的制作

Step 01　选择一个空白材质球，将【材质类型】设置为【VR灯光材质】，将其命名为【自发光】，设置【颜色】为蓝色（红：0，绿：101，蓝：253），设置【强度】为8，如下左图所示。

Step 02　将制作完毕的自发光材质赋给场景中自发光部分的模型，如下右图所示。

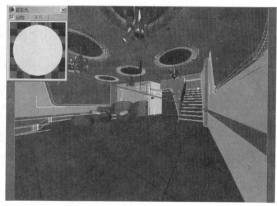

（6）展示台材质的制作

Step 01　选择一个空白材质球，将【材质类型】设置为【VR灯光材质】，将其命名为【展示台】，在【颜色】后面的通道中加载【3.jpg】贴图文件，设置【强度】为3，如下左图所示。

Step 02　将制作完毕的展示台材质赋给场景中展示台部分的模型，如下右图所示。

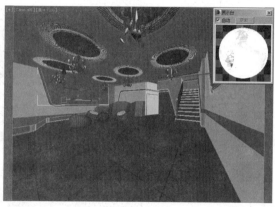

（7）不锈钢材质的制作

Step 01 选择一个空白材质球将【材质类型】设置为【VRayMtl】，将其命名为【不锈钢】，设置【漫反射】颜色为白色（红：221，绿：221，蓝：221），【反射】颜色为白色（红：220，绿：220，蓝：220），设置【高光光泽度】为0.9，【细分】为5，【最大深度】为1，如下左图所示。

Step 02 展开【双向反射分布函数】卷展栏，设置【类型】为沃德，如下右图所示。

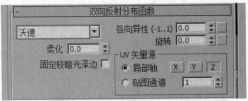

Step 03 将制作完毕的不锈钢材质赋给场景中不锈钢部分的模型，如右图所示。

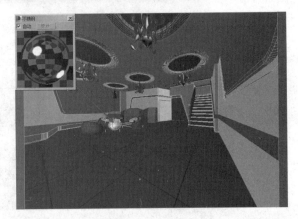

（8）柜台材质的制作

Step 01 选择一个空白材质球，将【材质类型】设置为【VRayMtl】，命名为【柜台】，设置【漫反射】颜色为蓝色（红：119，绿：187，蓝：240），【反射】颜色为灰色（红：126，绿：126，蓝：126），勾选【菲涅耳反射】复选框，设置【反射光泽度】为0.8，【细分】为20，如下左图所示。

Step 02 将制作完毕的柜台材质赋给场景中柜台部分的模型，如下右图所示。

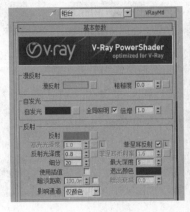
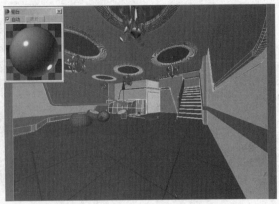

（9）白色椅子材质的制作

Step 01 选择一个空白材质球，将【材质类型】设置为【VRayMtl】，将其命名为【白色椅子】，设置【漫反射】颜色为白色（红：255，绿：255，蓝：255），【反射】颜色为灰色（红：35，绿：35，蓝：35），设置【反射光泽度】为0.9，如下左图所示。

Step 02 将制作完毕的白色椅子材质赋给场景中白色椅子部分的模型，如下右图所示。

 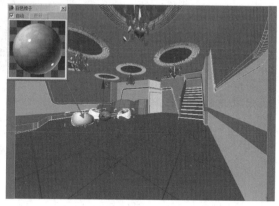

至此场景中主要模型的材质已经制作完毕，其他材质的制作方法这里就不再详述了。

3. 设置摄影机

Step 01 单击 ✤（创建）|📷（摄影机）|　目标　（目标）按钮，如下左图所示。在顶视图中拖曳创建一台摄影机，如下右图所示。

 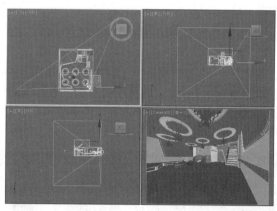

Step 02 选择刚创建的摄影机，单击进入修改面板，设置【镜头】为11，【视野】为116，设置【目标距离】为10144mm，如右图所示。

Step 03 此时的摄影机视图效果如右图所示。

4. 设置灯光并进行草图渲染

在这个接待室场景中，使用两部分灯光照明来表现，一部分使用了环境光效果，另外一部分使用了室内灯光的照明。要想得到好的效果，必须配合室内的一些照明，最后设置一下辅助光源就可以了。

（1）设置目标灯光

Step 01 单击 【创建】|（灯光）按钮，设置【灯光类型】为【光度学】，然后单击【目标灯光】按钮，如右图所示。

Step 02 在前视图中拖曳并创建14盏目标灯光，如下左图所示。然后在【阴影】选项组下勾选【启用】复选框，设置【阴影类型】为【VRay阴影】，在【灯光分布（类型）】选项组下设置类型为【光度学Web】，展开【分布（光度学Web）】卷展栏，在后面的通道中加载【中间亮.IES】光域网文件，展开【强度/颜色/衰减】卷展栏，设置【过滤颜色】为浅黄色（红：251，绿：238，蓝：198），设置【强度】为34000，展开【VRay阴影参数】卷展栏，勾选【区域阴影】复选框，设置【细分】为20，如下右图所示。

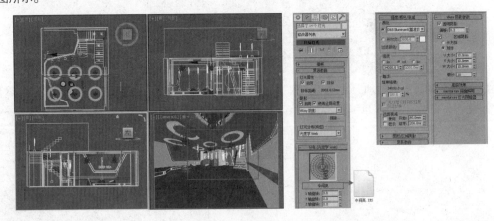

Step 03 按F10，打开【渲染设置】对话框。首先设置一下【VRay】和【GI】选项卡下的参数，刚开始设置的是一个草图设置，目的是进行快速渲染，来观看整体的效果，参数设置如下页图所示。

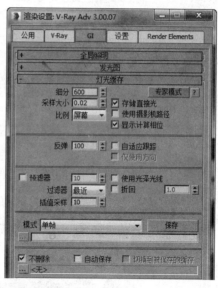

Step 04 按快捷键Shift＋Q，快速渲染摄影机视图，其渲染效果如右图所示。

（2）设置VR灯光

Step 01 在【创建】面板下单击 【灯光】按钮，并设置【灯光类型】为【VRay】，然后单击【VR灯光】按钮，如下左图所示。

Step 02 在前视图中拖曳并创建3盏VR灯光，如下中图所示。

Step 03 选择上一步创建的VR灯光，在【修改】面板下展开【参数】卷展栏，在【常规】选项组下设置类型为【平面】，在【强度】选项组下设置【倍增器】为1，调节【颜色】为浅黄色（红：254，绿：222，蓝：166），在【大小】选项组下设置【1/2长】为1685mm，【1/2宽】为1161mm，如下右图所示。

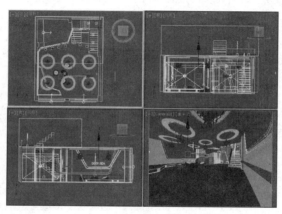

5. 设置成图渲染参数

经过前面的操作，已经将大量繁琐的工作完成了，下面需要做的就是把渲染的参数设置得高一些，再进行渲染输出。

Step 01 重新设置一下渲染参数，按F10，在打开的【渲染设置】对话框中，切换到【V-Ray】选项卡，展开【图形采样器（抗锯齿）】卷展栏，设置【类型】为【自适应】，勾选【图像过滤器】复选框，并选择【Catmull-Rom】，展开【自适应图像采样器】卷展栏，设置【最小细分】为1，【最大细分】为4。展开【全局确定性蒙特卡洛】卷展栏，设置【自适应数量】为0.85，【噪波阈值】为0.005。展开【颜色贴图】卷展栏，设置【类型】为【指数】，勾选【子像素贴图】和【钳制输出】复选框，如下左图所示。

Step 02 切换到【GI】选项卡，展开【发光图】卷展栏，设置【当前预设】为【低】，设置【细分】为50，【插值采样】为20，勾选【显示计算相位】和【显示直接光】复选框，展开【灯光缓存】卷展栏，设置【细分】为1500，勾选【存储直接光】和【显示计算相位】复选框，如下右图所示。

Step 03 切换到【设置】选项卡，展开【系统】卷展栏，设置【序列】为【三角剖分】，然后取消勾选【显示消息日志窗口】复选框，如下左图所示。

Step 04 切换到【公用】选项卡，展开【公用参数】卷展栏，设置输出的尺寸为1200×900，如下右图所示。

Step 05 切换到【Render Elements】选项卡，展开【渲染元素】卷展栏，单击 添加... 按钮，在弹出的【渲染元素】对话框中选择【VRayWireColor】，然后单击【确定】，如下左图所示。效果如下右图所示。

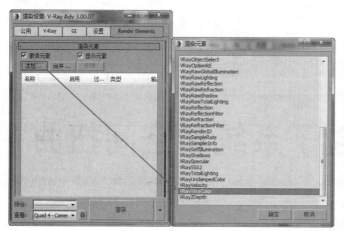

Step 06 等待一段时间后渲染就完成了，最终效果如右图所示。

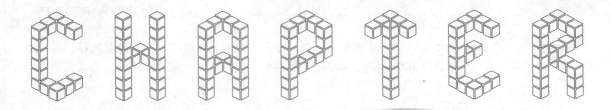

CHAPTER

15 粒子系统和空间扭曲

本章学习要点

- 掌握粒子系统的参数和使用方法
- 掌握空间扭曲的参数和使用方法
- 掌握粒子系统和空间扭曲的结合

　　粒子系统和空间扭曲的关系是密不可分的。粒子系统主要用来模拟粒子效果，如下雨、下雪、暴风等，常用来在3ds Max中制作特效效果。而空间扭曲是用来辅助粒子系统的，可以让粒子系统产生变化，比如让下雨产生风的效果，让风变成龙卷风等。本章节不同于其他章节内容，本章知识比较特殊，但是非常有趣、生动。下图所示为利用粒子系统和空间扭曲制作的优秀作品。

15.1 粒子系统

粒子系统用于各种动画任务，可以在3ds Max中创建很多常用的动画效果，如创建暴风雪、水流或爆炸等。3ds Max 2015包含7种粒子，分别是【粒子流源】【喷射】【雪】【超级喷射】【暴风雪】【粒子阵列】和【粒子云】，这7种粒子在视图中的显示效果如右图所示。

15.1.1 喷射

【喷射】粒子可以模拟下雨、喷泉等喷水或水滴效果，如下左图所示。模拟的效果如下中图所示。其参数设置面板如下右图所示。

- 视口/渲染计数：设置视图中显示的最大粒子数量/最终渲染的数量。
- 水滴大小：设置粒子的大小。
- 速度：设置每个粒子离开发射器时的初始速度。
- 变化：控制粒子初始速度和方向。
- 水滴/圆点/十字叉：设置粒子在视图中的显示方式。
- 四面体/面：将粒子渲染为四面体/面。
- 开始：设置第1个出现的粒子的帧的编号。
- 寿命：设置每个粒子的寿命。
- 出生速率：设置每一帧产生的新粒子数。
- 恒定：启用该选项后，【出生速率】选项将不可用，此时的【出生速率】等于最大可持续速率。
- 宽度/长度：设置发射器的长度和宽度。
- 隐藏：启用该选项后，发射器将不会显示在视图中。

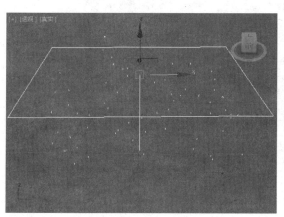

进阶案例	利用喷射制作下雨

本案例是一个使用喷射粒子模拟下雨的效果，最终效果如下图所示。

场景文件	01.max
案例文件	进阶案例——喷射制作下雨.max
视频教学	视频/Chapter 15/进阶案例——喷射制作下雨.flv
难易指数	★★☆☆☆
技术掌握	掌握喷射功能

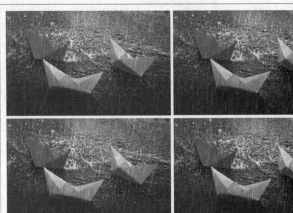

Step 01 打开本书配套光盘中的【场景文件/Chapter 15/01.max】文件，如右图所示。

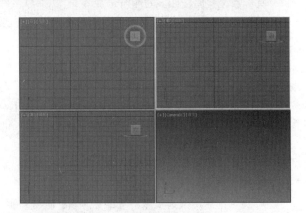

Step 02 单击【创建面板】，单击【几何体】按钮，设置【几何体类型】为【粒子类型】，然后单击【喷射】按钮，如下左图所示。在视图中拖曳创建一个喷射粒子，如下右图所示。

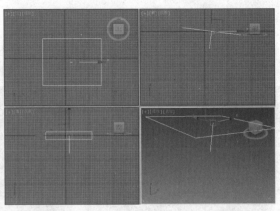

Step 03 在【修改】面板中设置【视口计数】为2000，【渲染计数】为2000，【水滴大小】为5，【速度】为8，【变化】为0.5，选【水滴】，设置【渲染类型】为【四面体】，设置【计时】的【开始】为-50，【寿命】为70，如下页左图所示。此时场景如下页右图所示。

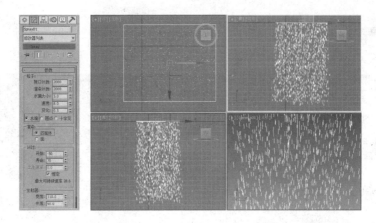

Step 04 单击【选择并旋转】工具 ⭕ ，并沿Y轴旋转一定的角度，使得喷射略微倾斜，这样看起来会更像雨天雨滴被风吹的感觉。如下左图所示。

Step 05 按下数字8键，打开【环境和效果】面板，在通道上加载贴图文件【背景.jpg】，如下右图所示。

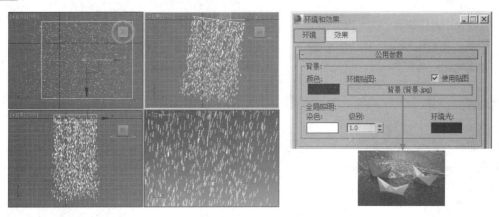

Step 06 选择动画效果最明显的一些帧，然后单独渲染出这些单帧动画，最终效果如下图所示。

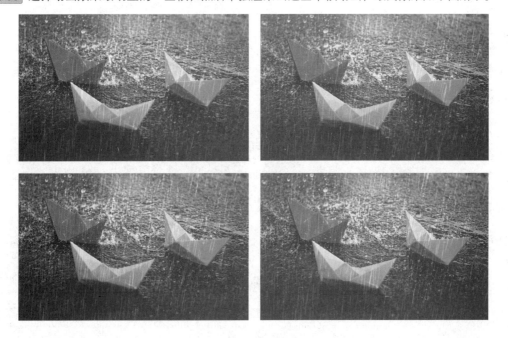

15.1.2 雪

【雪】通常用来模拟下雪效果，其参数与【喷射】类似，如下左图所示。模拟效果如右图所示。

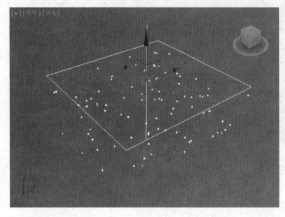 

其参数设置面板如右图所示。

- 雪花大小：设置粒子的大小。
- 翻滚：设置雪花粒子的随机旋转量。
- 翻滚速率：设置雪花的旋转速度。
- 雪花/圆点/十字叉：设置粒子在视图中的显示方式。
- 六角形：将粒子渲染为六角形。
- 三角形：将粒子渲染为三角形。
- 面：将粒子渲染为正方形面。

 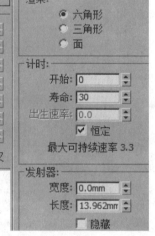

进阶案例 | **利用雪制作雪花动画**

本案例是一个雪地场景，主要讲解利用粒子系统下的雪制作雪花动画场景，最终渲染效果如下图所示。

场景文件	02.max
案例文件	进阶案例——利用雪制作雪花动画.max
视频教学	视频/Chapter 15/进阶案例——利用雪制作雪花动画.flv
难易指数	★★☆☆☆
技术掌握	掌握粒子系统下雪功能

Step 01 打开本书配套光盘中的【场景文件/Chapter 15/02.max】文件，如下左图所示。

Step 02 在创建面板下，单击【几何体】按钮 ，并设置【类型】为【粒子系统】，单击【雪】按钮，如下右图所示。

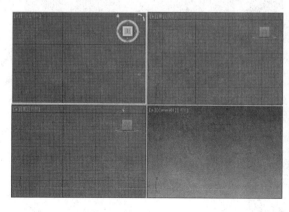

Step 03 单击鼠标左键拖曳创建一个雪，如下左图所示。

Step 04 设置【视口计数】为300，【渲染计数】为3000，【雪花大小】为0.3，【速度】为8，【变化】为15，设置类型为【雪花】，设置【渲染类型】为【三角形】，并设置【计时】的【开始】为-30，【寿命】为30，如下右图所示。

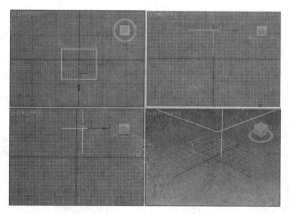

Step 05 此时场景如下左图所示。

Step 06 按下数字8键，打开【环境和效果】面板，在通道上加载贴图文件【背景.jpg】，如下右图所示。

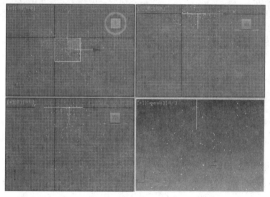
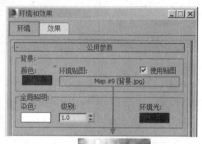

Step 07 选择动画效果最明显的一些帧，单独渲染出这些单帧动画，最终效果如下图所示。

15.1.3 超级喷射

【超级喷射】是3ds Max中较为常用的粒子类型。通常用来模拟喷泉、烟花等效果，也常用来模拟电视包装等特殊效果，如下左图所示。模拟效果如下右图所示。

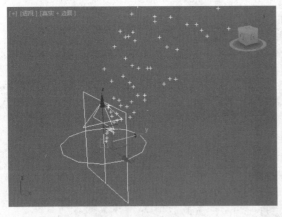

其参数设置面板如下页右图所示。

● 轴偏离：设置粒子流与z轴的夹角量。

● 扩散：设置粒子远离发射向量的扩散量。

● 平面偏离：设置围绕z轴的发射角度量。如果【轴偏离】设置为0，那么该选项不起任何作用。

● 使用速率：指定每一帧发射的固定粒子数。

● 使用总数：指定在寿命范围内产生的总粒子数。

● 速度：设置粒子在出生时沿法线的速度。

● 变化：设置每个粒子的发射速度应用的变化百分比。

- 显示时限：设置所有粒子将要消失的帧。
- 变化：设置每个粒子的寿命可以从标准值变化的帧数。
- 大小：根据粒子的类型来指定所有粒子的目标大小。
- 种子：设置特定的种子值。

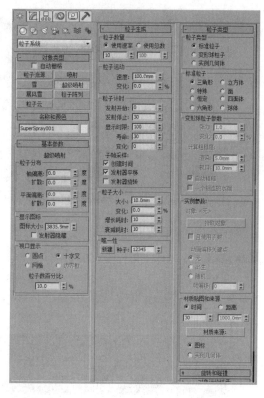

进阶案例　利用超级喷射制作立方体飞舞

本案例主要讲解利用超级喷射制作立方体飞舞的效果，最终效果如下图所示。

场景文件	03.max
案例文件	进阶案例——超级喷射制作立方体飞舞.max
视频教学	视频/Chapter 15/进阶案例——超级喷射制作立方体飞舞.flv
难易指数	★★☆☆☆
技术掌握	掌握超级喷射和风功能

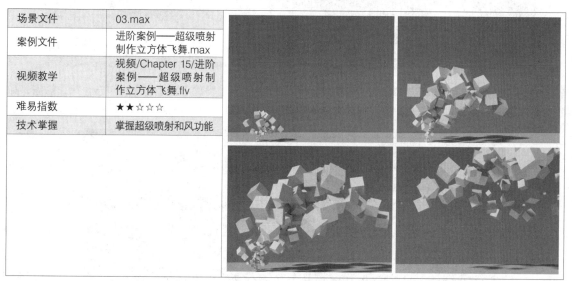

Step 01 打开本书配套光盘中的【场景文件/Chapter 15/03.max】文件，如下页左图所示。

Step 02 单击【创建】面板，然后单击【几何体】按钮 ，并设置【几何体类型】为【粒子类型】，然后单击【超级喷射】按钮，如下页右图所示。

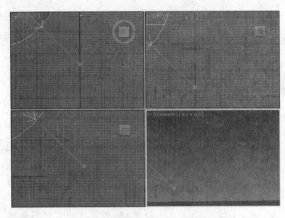

Step 03 在视图中拖曳创建一个超级喷射粒子，如下左图所示。

Step 04 在【修改】面板中设置【粒子分布】下的【轴偏离】为17，【扩散】为40，【平面偏离】为77，【扩散】为180，设置【图标大小】为1460mm，设置【视口显示】为【网格】，【粒子数百分比】为100，设置【粒子运动】速度为254mm，设置【粒子计时】下的【发射停止】为30，【显示时限】为100，【寿命】为30，设置【粒子大小】为500mm，设置【标准粒子】为立方体，如下右图所示。

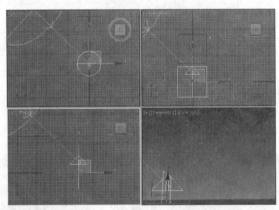
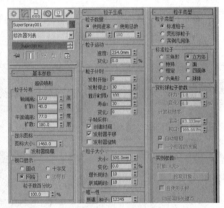

Step 05 在【创建】面板下，单击【空间扭曲】按钮，设置【类型】为【力】，单击【风】按钮，如下左图所示。在场景中创建风，其位置如下右图所示。

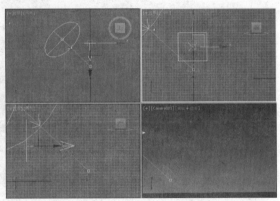

Step 06 选择【wind 001】单击修改，设置【强度】为0.5，如下页左图所示。

Step 07 选择已创建的超级喷射粒子，然后单击（绑定到空间扭曲），绑定到风上，如下页右图所示。

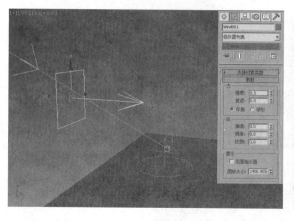
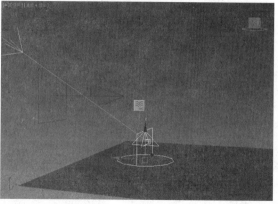

Step 08 拖动时间线滑块得到的效果如下图所示。

进阶案例 利用超级喷射制作飞舞的树叶

本案例主要讲解利用超级喷射粒子制作出飞舞的树叶的效果，最终效果如下图所示。

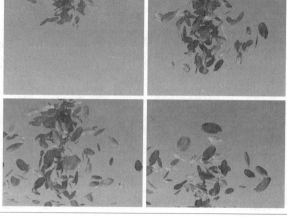

场景文件	04.max
案例文件	进阶案例——超级喷射制作飞舞的树叶.max
视频教学	视频/Chapter 15/进阶案例——超级喷射制作飞舞的树叶.flv
难易指数	★★☆☆☆
技术掌握	掌握超级喷射功能

Step 01 打开本书配套光盘中的【场景文件/Chapter 15/04.max】文件，如下左图所示。

Step 02 单击【创建】面板，单击【几何体】按钮◎，设置【几何体类型】为【粒子类型】，然后单击【超级喷射】按钮，如下右图所示。

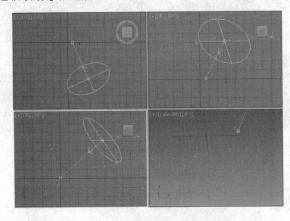
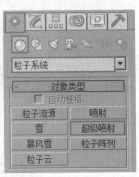

Step 03 在视图中拖曳创建一个超级喷射粒子，如下左图所示。

Step 04 在【修改】面板中设置【粒子分布】下的【轴偏离】为11，【扩散】为20，【平面偏离】为17，【扩散】为180，设置【图标大小】为71mm，设置【视口显示】为【网格】，设置【粒子计时】下的【发射停止】为80，【寿命】为100，设置【粒子类型】为【实例几何体】，在实例参数下单击【拾取对象】，拾取场景中的【树叶】模型，如下右图所示。

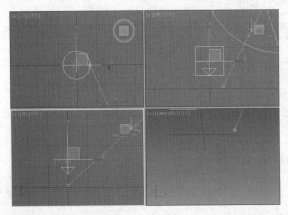
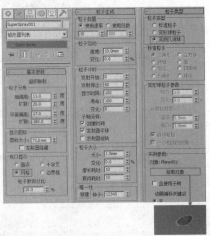

Step 05 拖动时间线滑块得到的效果如下图所示。

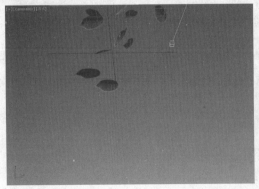

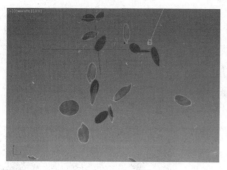 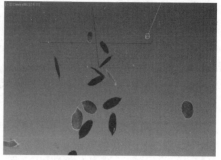

Step 06 选择动画效果最明显的一些帧，然后单独渲染出这些单帧动画，最终效果如下图所示。

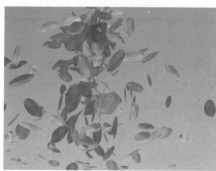 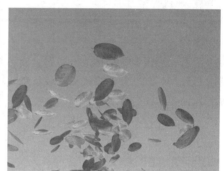

15.1.4 暴风雪

　　【暴风雪】粒子与【雪】粒子有所不同，常用来模拟制作暴风雪等较为高级复杂的动画效果，如下左图所示。模拟效果如下右图所示。

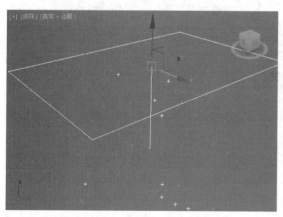 

其参数设置面板如右图所示。

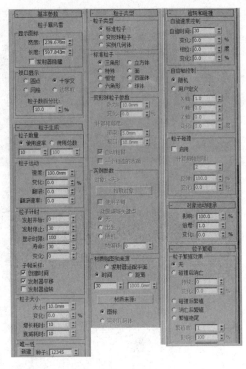

- 圆点/十字叉/网格/边界框：设置发射器在视图中的显示方式。
- 使用速率：指定每一帧发射的固定粒子数。
- 使用总数：指定在寿命范围内产生的总粒子数。
- 显示时限：指定所有粒子将消失的帧。
- 大小：根据粒子的类型来指定所有粒子的目标大小。
- 增长耗时：设置粒子从很小增长到很大过程中所经历的帧数。
- 衰减耗时：设置粒子在消亡之前缩小到其1/10大小时所经历的帧数。
- 标准粒子：使用标准粒子类型中的一种。
- 变形球粒子：使用变形球粒子。
- 实例几何体：使用对象的碎片来创建粒子。
- 三角形、立方体、特殊、面、恒定、四面体、六角形、球体：将每个粒子渲染为三角形、立方体、特殊、面、恒定、四面体、六角形、球体。
- 自动粗糙：启用该选项后，设置粒子在视图中显示的粗糙度。
- 一个相连的水滴：启用该选项，仅计算和显示彼此相连或邻近的粒子。
- 拾取对象按钮：可在场景中选择要作为粒子使用的对象。
- 时间、距离：设置粒子从出生开始到生成完整的粒子的一个贴图所需的帧数、距离。
- 材质来源按钮：更新粒子系统携带的材质。
- 图标：将粒子图标设置为指定材质的图标。
- 实例几何体：将粒子与几何体进行关联。

15.1.5 粒子流源

【粒子流源】粒子是粒子系统中最为强大、复杂的粒子类型，可以对粒子的效果进行更精细的设置，如下左图所示。模拟效果如下右图所示。

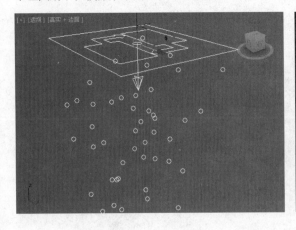

其参数设置面板包括【设置】【发射】【选择】【系统管理】和【脚本】5个卷展栏，如下左图所示。

- 【粒子视图】按钮：单击该按钮可以打开【粒子视图】对话框。
- 图标类型：主要用来设置图标在视图中的显示方式，有【长方形】【长方体】【圆形】和【球体】4种方式，默认为【长方形】。
- 长度：当【图标类型】设置为【长方形】或【长方体】时，显示的是【长度】参数；当【图标类型】设置为【圆形】或【球体】时，显示的是【直径】参数。
- 宽度：用来设置【长方形】和【长方体】图标的宽度。
- 高度：用来设置【长方体】图标的高度。
- 显示：主要用来控制是否显示标志或图标。
- 视口%：主要用来设置视图中显示的粒子数量，该参数的值不会影响最终渲染的粒子数量，其取值范围从0~10000。
- 渲染%：主要用来设置最终渲染的粒子的数量百分比，该参数的大小会直接影响到最终渲染的粒子数量，其取值范围从0~10000。
- 粒子：用于通过单击粒子或拖动一个区域来选择粒子。
- 事件：用于按事件选择粒子。
- ID：使用此控件可设置要选择的粒子的 ID 号。
- 添加：设置要选择的粒子的 ID 号，单击【添加】可将其添加到选择中。
- 清除选择：启用后，单击【添加】选择粒子会取消选择所有其他粒子。
- 从事件级别获取：单击可将【事件】级别选择转化为【粒子】级别。仅适用于【粒子】级别。
- 按事件选择：该列表显示粒子流中的所有事件，并高亮显示选定事件。
- 上限：用来限制粒子的最大数量。

单击【设置】卷展栏下的【粒子视图】按钮，即可打开【粒子视图】对话框，如下右图所示。

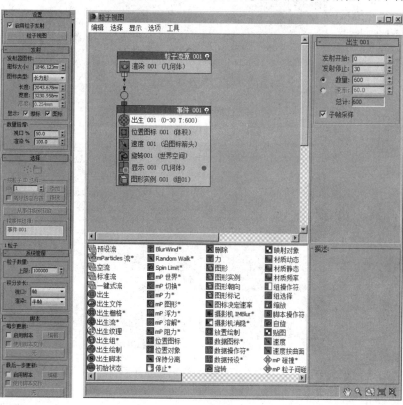

进阶案例 利用粒子流源制作球体动画

本案例是一个球体动画的场景，主要讲解PFSource的使用方法，最终渲染效果如下图所示。

场景文件	05.max
案例文件	进阶案例——粒子流源制作球体动画.max
视频教学	视频/Chapter 15/进阶案例——粒子流源制作球体动画.flv
难易指数	★★★☆☆
技术掌握	掌握粒子流源功能

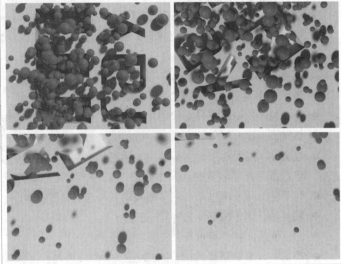

Step 01 打开本书配套光盘中的【场景文件/Chapter 15/05.max】文件，如右1图所示。

Step 02 在【创建】面板下，单击【几何体】按钮◎，并设置【类型】为【粒子系统】，然后单击【粒子流源】按钮，如右2图所示。

Step 03 在视图中单击鼠标左键拖曳创建粒子流源，如右1图所示。

Step 04 选择【PF Source 001】，然后展开【发射】卷展栏，设置【徽标大小】为95mm，设置【长度】为475mm，【宽度】为575mm，如右2图所示。

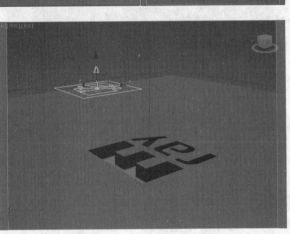

Step 05 单击【粒子视图】按钮，如下页左图所示。弹出【粒子视图】对话框，如下页右图所示。

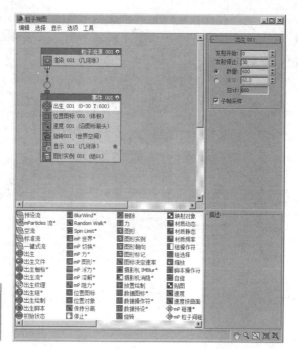

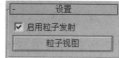

Step 06 在【粒子视图】对话框中单击【Birth 001】，展开【Birth 001】卷展栏，然后设置【发射开始】为-11，【发射停止】为4，【数量】为2000，如下左图所示。

Step 07 在【粒子视图】对话框中单击【Speed 001】，然后设置【速度】为300mm，如下右图所示。

Step 08 单击【粒子视图】按钮，弹出【粒子视图】对话框，接着单击【Event 001】下的【形状 001（立方体 3D）】选项，并单击右键，选择【删除】，如下页左图所示。

Step 09 单击【Display 001（几何体）】，并设置【类型】为【几何体】，设置【颜色】为蓝色，如下页右图所示。

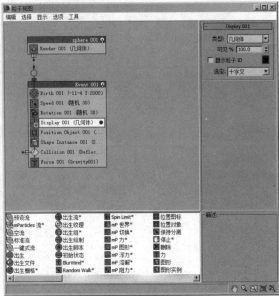

Step 10 在粒子视图空白处单击鼠标右键，在弹出的菜单中选择【新建】|【操作符事件】|【图形实例】命令，然后将【图形实例】拖曳到事件中，如下左图所示。展开【图形实例】卷展栏，并将其拾取场景中的球体模型，设置【比例】为100，【变化】为50，如下右图所示。

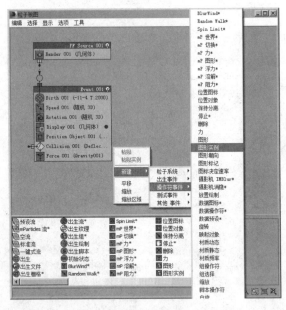
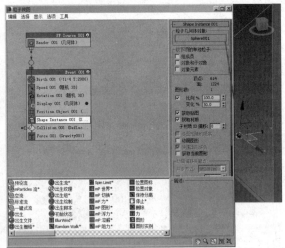

提示：根据场景按事件选择粒子

默认情况下，粒子流源喷射出的粒子是系统自带的非实体粒子，而更多时候我们需要将默认粒子更换为场景中的模型，比如球体、树叶、文字等，这样会产生更加奇妙的效果。因此本案例使用了【图形实例】事件，这个事件可以替换粒子效果。

Step 11 在【创建】面板下，单击【空间扭曲】按钮，并将【类型】设置为【导向器】，接着单击【导向板】按钮，如下页左图所示。展开【参数】卷展栏，设置【宽度】为2500mm，【长度】为2500mm，如下右图所示。

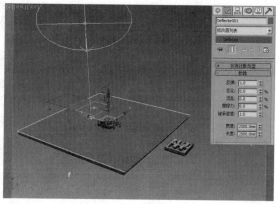

Step 12 返回粒子视图，在粒子视图空白处单击鼠标右键，在弹出的菜单中选择【新建】|【测试事件】|【碰撞】命令，如下左图所示。最后将【Collision 001】拖曳到事件中。

Step 13 选择【Collision 001】，并单击【添加】按钮，接着在视图中选择刚才创建的导向板Deflector 001，最后设置【速度】为【随机】，如下右图所示。

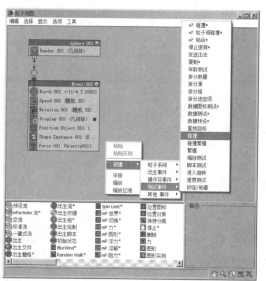

Step 14 在【创建】面板下，单击【空间扭曲】按钮，并设置【类型】为【力】，接着单击【重力】按钮，如下左图所示。接着在场景中创建重力，其位置如下右图所示。

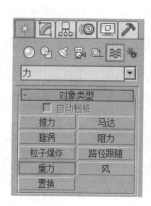

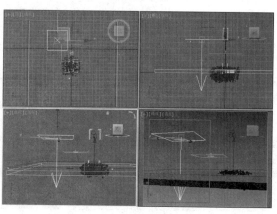

Step 15 选择【Gravity001】单击修改，设置【强度】为1，如右图所示。

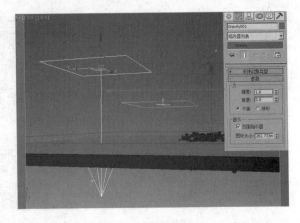

Step 16 返回粒子视图，在粒子视图空白处单击鼠标右键，在弹出的菜单中选择【新建】|【操作符事件】|【力】命令，如下左图所示。最后将【Force 001】拖曳到事件中。

Step 17 选择【Force 001】，并单击【添加】按钮，拾取【Gravity 001】，设置【影响%】为100，如下右图所示。

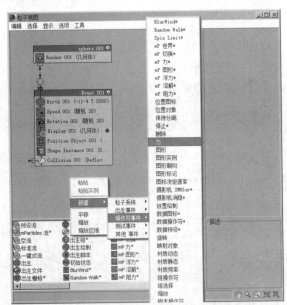 

Step 18 拖动时间线滑块查看此时的动画效果，如下图所示。

Step 19 选择动画效果最明显的一些帧，单独渲染出这些单帧动画，最终效果如下图所示。

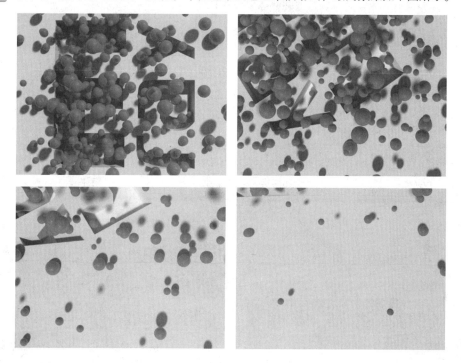

15.1.6 粒子云

　　【粒子云】粒子可以模拟类似体积雾效果的粒子群。【粒子云】能够将粒子限定在一个长方体、球体、圆柱体之内，或限定在场景中拾取的对象的外形范围之内，如下左图所示。模拟效果如下右图所示。

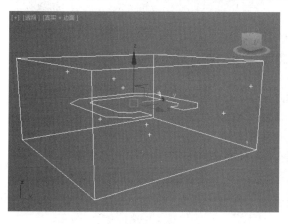

其参数设置面板如右图所示。

- 长方体发射器：设置发射器为长方体形状的发射器。
- 球体发射器：设置发射器为球体形状的发射器。
- 圆柱体发射器：设置发射器为圆柱体形状的发射器。
- 基于对象的发射器：将选择的对象作为发射器。
- 半径/长度：【半径】用于调整【球体发射器】或【圆柱体发射器】的半径；【长度】用于调整【长方体发射器】的长度。
- 宽度：设置【长方体发射器】的宽度。
- 高度：设置【长方体发射器】或【圆柱体发射器】的高度。

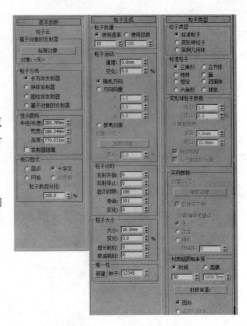

15.1.7 粒子阵列

【粒子阵列】粒子系统可将粒子分布在几何体对象上，也可用于创建复杂的对象爆炸效果，如下左图所示。其参数设置面板如下右图所示。

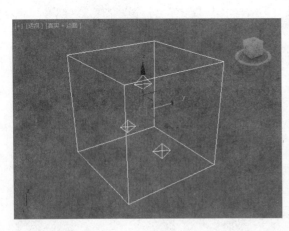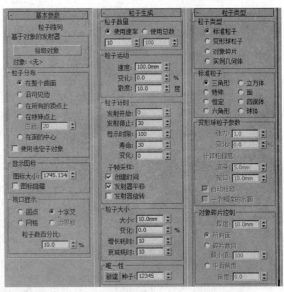

15.2 空间扭曲

【空间扭曲】无法单独使用，需要配合粒子系统并进行绑定，使粒子系统产生空间扭曲效果（如风吹粒子、导向板反弹粒子等）。空间扭曲产生的作用类似于修改器，如下页图所示。

【空间扭曲】包括5种类型，分别是【力】【导向器】【几何/可变形】【基于修改器】和【粒子和动力学】，如右图所示。

15.2.1　力

【力】的类型共有9种，分别是【推力】【马达】【漩涡】【阻力】【粒子爆炸】【路径跟随】【重力】【风】和【置换】，如右图所示。

1. 推力

【推力】可以为粒子系统提供正向或负向的均匀单向力，如下左图所示。模拟效果如下右图所示。

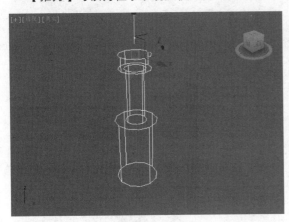
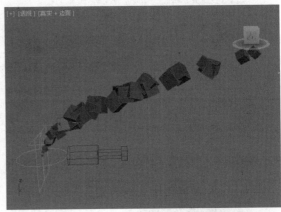

其参数设置面板如右图所示。

- 开始/结束时间：空间扭曲效果开始和结束时所在的帧编号。
- 基本力：空间扭曲施加的力的量。
- 牛顿/磅：该选项用来指定【基本力】微调器使用的力的单位。
- 启用反馈：打开该选项时，力会根据受影响粒子相对于指定【目标速度】的速度而变化。
- 可逆：打开该选项时，若粒子速度超出【目标速度】设置，力会发生逆转。
- 目标速度：以每帧的单位数指定【反馈】生效前的最大速度。
- 增益：指定以何种速度调整力以达到目标速度。
- 启用：启用周期变化。
- 周期1：噪波变化完成整个循环所需的时间。
- 幅度1：变化强度。该选项使用的单位类型和【基本力】微调器相同。
- 相位1：偏移变化模式。
- 周期2：提供额外的变化模式来增加噪波。
- 启用：打开该选项时，会将效果范围限制为一个球体，显示为一个带有3个环箍的球体。
- 范围：以单位数指定效果范围的半径。
- 图标大小：设置推力图标的大小。

2. 马达

【马达】空间扭曲的工作方式类似于推力，但前者对受影响的粒子或对象应用的是转动扭矩而不是定向力，马达图标的位置和方向都会对围绕其旋转的粒子产生影响。下页左图所示为马达影响的效果。模拟效果如下页右图所示。

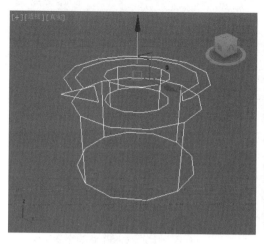
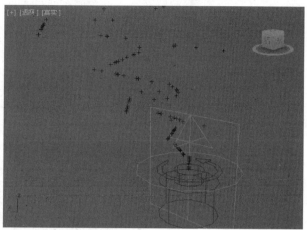

其参数设置面板如右图所示。

- 开始/结束时间：设置空间扭曲开始和结束时所在的帧编号。
- 基本扭矩：设置空间扭曲对物体施加的力的量。
- N-m/Lb-ft/Lb-in（牛顿-米/磅力-英尺/磅力-英寸）：指定【基本扭矩】的度量单位。
- 启用反馈：启用该选项后，力会根据受影响粒子相对于指定的【目标转速】而发生变化；若关闭该选项，不管受影响对象的速度如何，力都保持不变。
- 可逆：开启该选项后，如果对象的速度超出了【目标转速】，那么力会发生逆转。
- 目标转速：指定反馈生效前的最大转数。
- RPH/RPM/RPS（每小时/每分钟/每秒）：以每小时、每分钟或每秒的转数来指定【目标转速】的度量单位。
- 增益：指定以何种速度来调整力，以达到【目标转速】。
- 周期1：设置噪波变化完成整个循环所需的时间。例如20表示每20帧循环一次。

3. 漩涡

【漩涡】可以将力应用于粒子，使粒子在急转的漩涡中进行旋转，然后让它们向下移动成一个长而窄的喷流或漩涡井，常用来创建黑洞、涡流和龙卷风，如下左图所示。其参数设置面板如下右图所示。

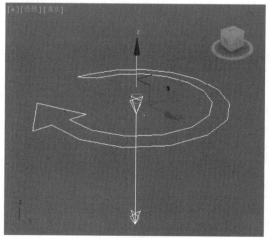

4. 阻力

【阻力】是一种在指定范围内按照指定量来降低粒子速率的粒子运动阻尼器。应用阻尼的方式可以是【线性】【球形】或【圆柱形】，如下左图所示。其参数设置面板如下右图所示。

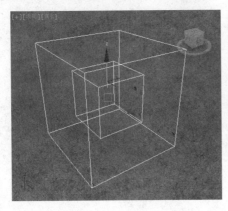

5. 粒子爆炸

使用【粒子爆炸】可以创建一种使粒子系统发生爆炸的冲击波，如下左图所示。其参数设置面板如下右图所示。

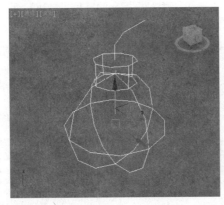

6. 路径跟随

【路径跟随】可以强制粒子沿指定的路径进行运动。路径通常为单一的样条线，也可以是具有多条样条线的图形，但粒子只会沿着其中一条样条曲线进行运动，如下左图所示。其参数设置面板如下右图所示。

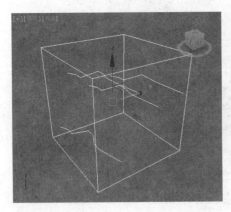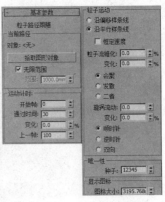

进阶案例　利用路径跟随制作星形跟随粒子

本案例是一个路径跟随效果的制作，主要讲解路径跟随效果，最终效果如下图所示。

场景文件	06.max
案例文件	进阶案例——路径跟随制作星形跟随粒子.max
视频教学	视频/Chapter 15/进阶案例——路径跟随制作星形跟随粒子.flv
难易指数	★★★☆☆
技术掌握	掌握超级喷射和路径跟随功能

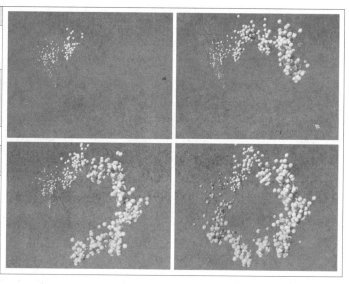

Step 01 打开本书配套光盘中的【场景文件/Chapter 15/06.max】文件，如下左图所示。

Step 02 单击 ☀ （创建）|◎（图形）| 样条线 ▼ | 线 按钮，在透视图中创建如下右图所示的样条线。

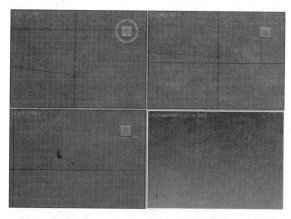

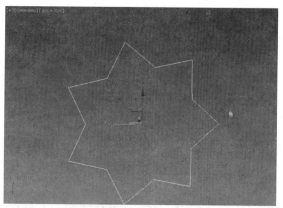

Step 03 单击【创建面板】，单击【几何体】按钮 ◎ ，设置【几何体类型】为【粒子类型】，然后单击【超级喷射】按钮，如右1图所示。在视图中拖曳创建一个超级喷射粒子，如右2图所示。

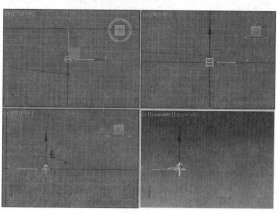

Step 04 在【修改】面板中设置【粒子分布】下的【轴偏离】为17，【扩散】为40，【平面偏离】为77，【扩散】为180，设置【图标大小】为1460mm，设置【视口显示】为【网格】，【粒子数百分比】为100，在【使用速率】下设置为50，设置【粒子运动】速度为3000mm，设置【粒子计时】下的【发射停止】为30，【显示时限】为100，【寿命】为30，设置【粒子大小】为1000mm，设置【标准粒子】为球体，如右图所示。

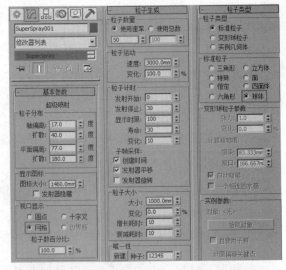

Step 05 在【创建】面板下，单击【空间扭曲】按钮，设置【类型】为【力】，单击【路径跟随】按钮，如右1图所示。在场景中创建路径跟随，其位置如右2图所示。

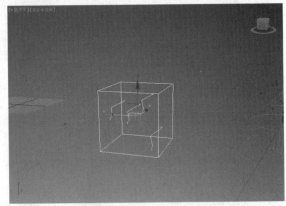

Step 06 选择【PathFollowObject001】单击修改，单击 拾取图形对象 按钮，拾取场景中已创建的样条线，如下左图所示。

Step 07 选择已创建的超级喷射粒子，然后单击【绑定到空间扭曲】按钮，绑定到路径跟随上，如下右图所示。

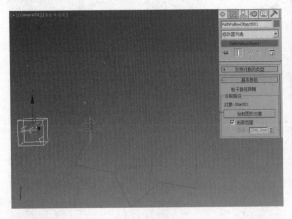

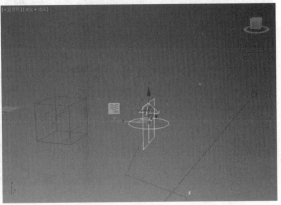

Step 08 拖动时间线滑块得到的效果如下页图所示。

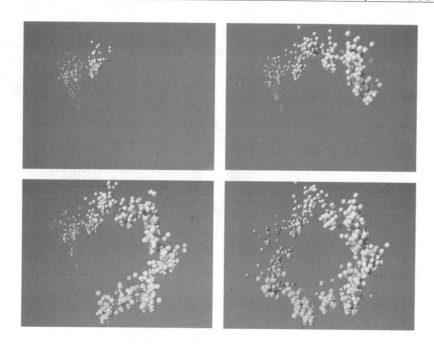

7. 重力

【重力】可以用来模拟粒子受到的自然重力。重力具有方向性，沿重力箭头方向的粒子为加速运动，沿重力箭头逆向的粒子为减速运动，如下左图所示。其参数设置面板如下右图所示。

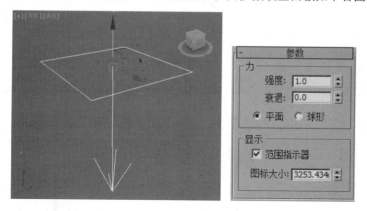

8. 风

【风】可以用来模拟风吹动粒子所产生的飘动效果，如下左图所示。其参数设置面板如下右图所示。

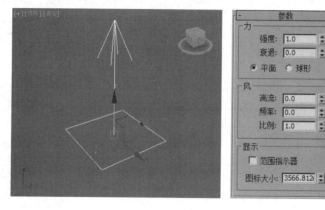

9. 置换

【置换】是以力场的形式推动和重塑对象的几何外形，对几何体和粒子系统都会产生影响，如右1图所示。其参数设置面板如右2图所示。

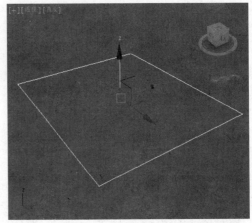

15.2.2 导向器

【导向器】共有6种类型，分别是【泛方向导向板】【泛方向导向球】【全泛方向导向】【全导向器】【导向球】和【导向板】，如右图所示。

1. 【泛方向导向板】是空间扭曲的一种平面泛方向导向器类型。它能提供比原始导向器空间扭曲更强大的功能，包括折射和繁殖能力，如下左图所示。

2. 【泛方向导向球】是空间扭曲的一种球形泛方向导向器类型。它提供的选项比原始的导向球更多，如下右图所示。

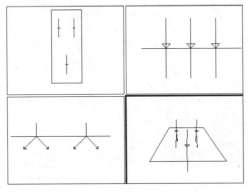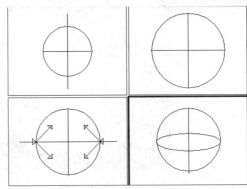

3. 【全泛方向导向器】提供的选项比原始的【全导向器】更多，如下左图所示。

4. 【全导向器】是一种能让您使用任意对象作为粒子导向器的全导向器，如下右图所示。

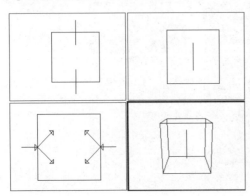

5.【导向球】空间扭曲起着球形粒子导向器的作用，如下左图所示。

6.【导向板】空间扭曲可以模拟反弹、静止等效果（比如雨滴滴落并弹起），如下右图所示。

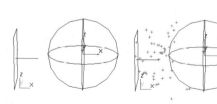

进阶案例	粒子流源制作汽车飞驰树叶飞舞

本案例是一个汽车飞驰树叶飞舞的场景，主要讲解粒子流源的使用方法，最终渲染效果如下图所示。

场景文件	07.max
案例文件	进阶案例——粒子流源制作汽车飞驰树叶飞舞.max
视频教学	视频/Chapter 15/进阶案例——粒子流源制作汽车飞驰树叶飞舞.flv
难易指数	★★★☆☆
技术掌握	掌握粒子流源和导向球功能

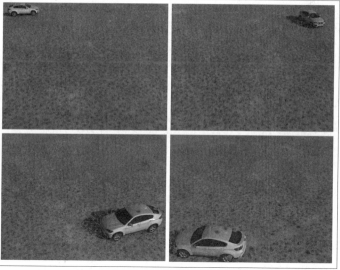

Step 01 打开本书配套光盘中的【场景文件/Chapter 15/07.max】文件，如下左图所示。

Step 02 单击 ■（创建）| ☑（图形）| ［样条线 ▼］| ［线］按钮，在顶视图中创建下右图所示的样条线。

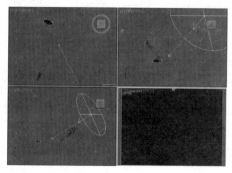
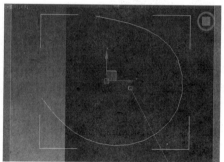

Step 03 在创建面板下，单击
【空间扭曲】按钮，将【类
型】设置为【导向器】，单击
【导向球】按钮，如右1图所示。
展开【参数】卷展栏，设置【反
弹】为3，【直径】为300mm，
如右2图所示。

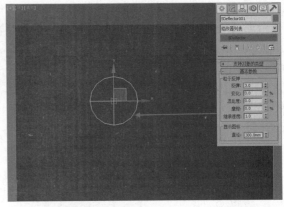

Step 04 使用【选择并均匀缩放】工具 将导向球进行缩放，效果如下左图所示。

Step 05 选择场景中的导向球，执行【动画】|【约束】|【路径约束】，拾取场景中已创建的样条线路
径，效果如下右图所示。

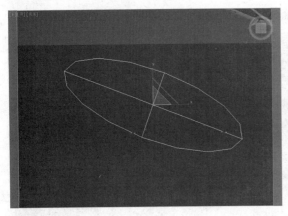

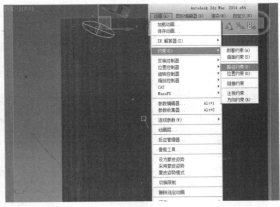

Step 06 选择场景中的汽车，执行【动画】|【约束】|【路径约束】，拾取场景中已创建的样条线路
径，效果如下左图所示。

Step 07 选择场景中的汽车，单击【选择并链接】按钮，链接到已创建的导向球，效果如下右图所示。

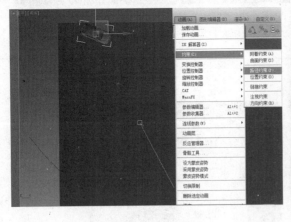

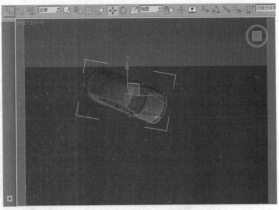

Step 08 单击【运动】面板按钮 ◎，在路径参数下勾选【跟随】，效果如右1图所示。

Step 09 选择【PF Source 001】，展开【发射】卷展栏，设置【徽标大小】为1424mm，设置【长度】为1988mm，【宽度】为2080mm，如右2图所示。

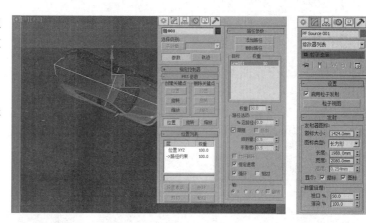

Step 10 单击【粒子视图】按钮，如右1图所示。弹出【粒子视图】对话框，如右2图所示。

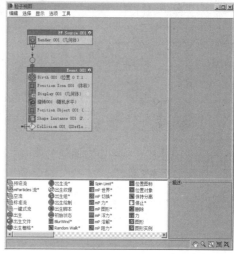

Step 11 在【粒子视图】对话框中单击【Birth 001】，展开【Birth 001】卷展栏，设置【发射开始】为0，【发射停止】为0，【数量】为15000，如下左图所示。

Step 12 单击【粒子视图】按钮，弹出【粒子视图】对话框，接着单击事件 001下的【速度 001】选项，然后单击右键，选择【删除】，如下右图所示。

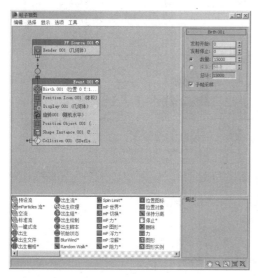

Step 13 单击【Display 001（几何体）】，并设置【类型】为【几何体】，设置【颜色】为黄色，如
下左图所示。

Step 14 在【粒子视图】对话框中单击【旋转001】，设置【方向矩阵】为【随机水平】，如下右图
所示。

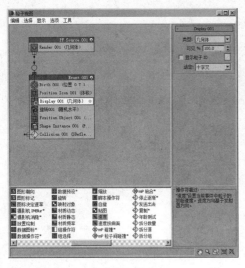 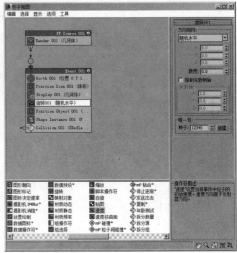

Step 15 在【粒子视图】对话框中单击【Position Object 001】，然后单击【添加】，添加场景中的平
面，效果如下左图所示。

Step 16 单击【粒子视图】按钮，弹出【粒子视图】对话框，接着单击Event 001下的【形状 001（立
方体 3D）】选项，然后单击右键，选择【删除】，如下右图所示。

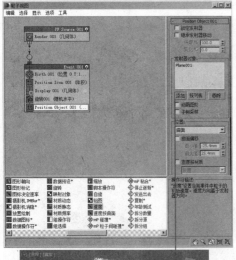 

Step 17 在粒子视图空白处单击右键，执行【新建】|【操作符事件】|【图形实例】，然后将【图形实例】拖曳到事件中，如下左图所示。展开【图形实例】卷展栏，并将其拾取场景中的树叶模型，设置【比例】为100，【变化】为0，如下右图所示。

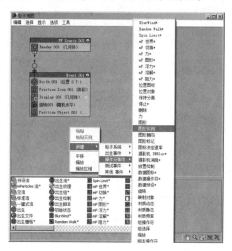
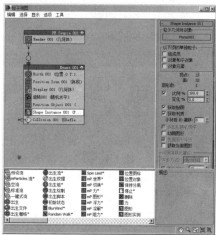

Step 18 返回粒子视图，在粒子视图空白处单击右键，执行【新建】|【测试事件】|【碰撞】，如下左图所示。最后将【Collision 001】拖曳到事件中。

Step 19 单击【Collision 001】，并单击【添加】按钮，在视图中选择已创建的导向球SDeflector001，设置【速度】为【随机】，如下右图所示。

Step 20 拖动时间线滑块查看此时的动画效果，如下图所示。

Step 21 选择动画效果最明显的一些帧，单独渲染出这些单帧动画，最终效果如下图所示。

进阶案例 | 粒子流源和导向板制作飞舞的字母

本案例是一个粒子流源和导向板制作飞舞的字母的场景，主要讲解PFSource的使用方法，最终渲染效果如下图所示。

场景文件	08.max	
案例文件	进阶案例——粒子流源和导向板制作飞舞的字母.max	
视频教学	视频/Chapter 15/进阶案例——粒子流源和导向板制作飞舞的字母.flv	
难易指数	★★★☆☆	
技术掌握	掌握粒子流源和导向板功能	

Step 01 打开本书配套光盘中的【场景文件/Chapter 15/08.max】文件，如右1图所示。

Step 02 在创建面板下，单击【几何体】按钮 ，设置【类型】为【粒子系统】，然后单击【粒子流源】按钮，如右2图所示。

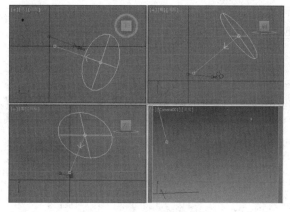

🔊 **提示：粒子流源的工作原理**

粒子流源是粒子系统中最为复杂的种类，其工作原理类似于"节点式"，由一个一个的节点进行事件的连接，最终产生效果。很多非常精彩的粒子动画效果，都是由粒子流源制作的。初学该粒子知识难度较大，需反复练习，加强对各个参数的理解。

Step 03 在视图中单击鼠标左键拖动创建粒子流源，如右1图所示。

Step 04 选择【粒子流源001】，然后展开【发射】卷展栏，设置【徽标大小】为55mm，设置【长度】为77mm，【宽度】为80mm，如右2图所示。

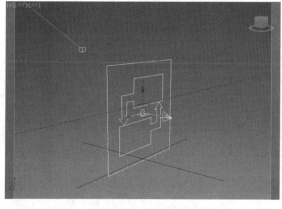

Step 05 单击【粒子视图】按钮，如右1图所示。弹出【粒子视图】对话框，如右2图所示。

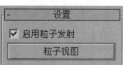

Step 06 在【粒子视图】对话框中单击【出生001】，展开【出生001】卷展栏，然后设置【发射开始】为0，【发射停止】为30，【数量】为200，如下左图所示。

Step 07 在【粒子视图】对话框中单击【速度001】，设置【速度】为300mm，如下右图所示。

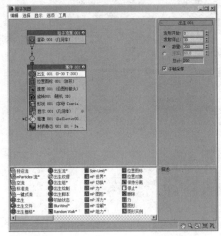

Step 08 在【粒子视图】对话框中单击【形状001】，然后设置【3D】为字母Courier，如下左图所示。

Step 09 单击【显示001（几何体）】，并设置【类型】为【几何体】，设置【颜色】为浅紫色，如下右图所示。

Step 10 在创建面板下，单击【空间扭曲】按钮，将【类型】设置为【导向器】，然后单击【导向板】按钮，如右1图所示。展开【参数】卷展栏，设置【宽度】为204mm，【长度】为158mm，如右2图所示。

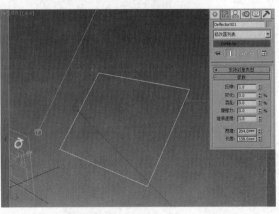

Step 11　选择上一步创建的导向板，并使用 ⊞（选择并移动）工具按住Shift键进行复制，在弹出的【克隆选项】对话框中选择【复制】，单击确定，效果如下左图所示。

Step 12　返回粒子视图，在粒子视图空白处单击右键，执行【新建】|【测试事件】|【碰撞】，如下右图所示。将【碰撞 001】拖曳到事件中。

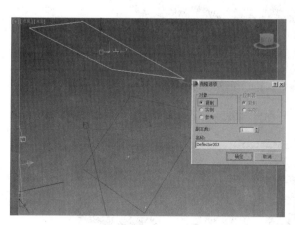
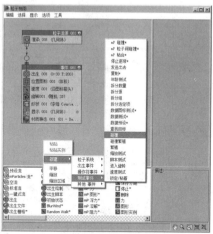

Step 13　单击【碰撞 001】，单击【添加】按钮，在视图中选择刚才创建的导向板Deflector001和Deflector002，设置【速度】为【反弹】，如下左图所示。

Step 14　返回粒子视图，在粒子视图空白处单击右键，执行【新建】|【操作符事件】|【材质静态】，如下右图所示。将【材质静态 001】拖曳到事件中。

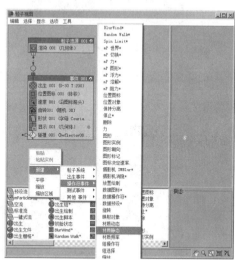

🔊 **提示：粒子流源的材质**

　　粒子流源虽然不是模型对象，但是仍然可以被赋予材质。方法较为特殊，可以通过在事件中添加【材质静态】来加载并赋予材质。当然还可以在事件中添加很多操作符事件，比如力、删除等。

Step 15　单击【材质静态 001】，按M键弹出材质编辑器，将第一个材质球拖曳到【指定材质】下面的按钮上，在弹出的对话框中选择【实例】，然后单击【确定】，如下页图所示。

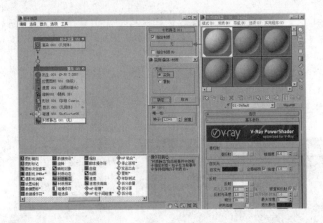

Step 16 拖动时间线滑块查看此时的动画效果，如下图所示。

Step 17 选择动画效果最明显的一些帧，单独渲染出这些单帧动画，最终效果如下图所示。

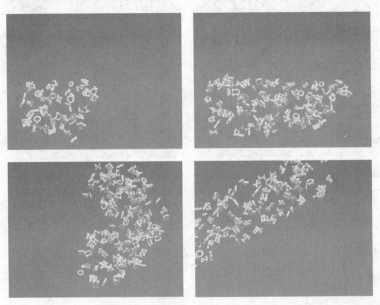

15.2.3 几何/可变形

【几何/可变形】空间扭曲可以对几何体进行变形。包括7种类型，分别是【FFD（长方体）】【FFD（圆柱体）】【波浪】【涟漪】【置换】【一致】和【爆炸】，如右图所示。

📢 **提示：绑定到空间扭曲很重要**

【几何/可变形】空间扭曲是针对几何体模型的类型，而不是针对粒子系统，因此不会作用于粒子系统。并且【几何/可变形】空间扭曲必须与几何体模型进行【绑定到空间扭曲】▓，才可以产生作用。

1. FFD（长方体）和FFD（圆柱体）

自由形式变形（FFD）提供了一种通过调整晶格的控制点使对象发生变形的方法。下左图所示为创建一个模型和一个FFD（长方体）空间扭曲。

单击【绑定到空间扭曲】按钮▓，然后单击FFD（长方体）空间扭曲，此时出现一条虚线并将其拖曳到模型上，如下右图所示。

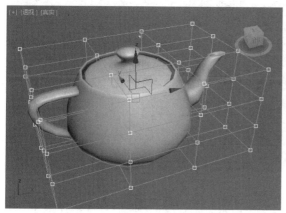
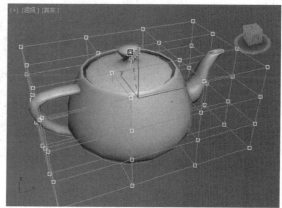

此时即可进入【控制点】级别，选择并拖曳控制点即可控制模型的外形，如下左图所示。FFD（长方体）和FFD（圆柱体）的参数面板，如下中图和下右图所示。

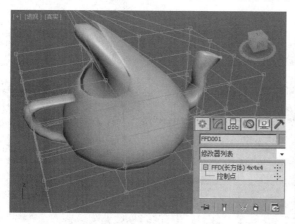

2. 波浪

使用【波浪】空间扭曲可以用来制作线性波浪，下页左图所示为创建了一个平面模型和一个波浪空间扭曲。

单击【绑定到空间扭曲】按钮▓，然后单击波浪空间扭曲，此时出现一条虚线并将其拖曳到平面模型上，如下右图所示。

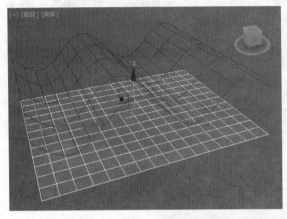 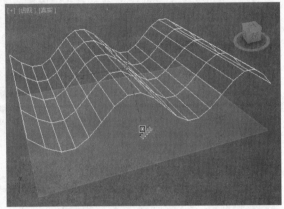

绑定后出现的效果，如右1图所示。其参数面板如右2图所示。

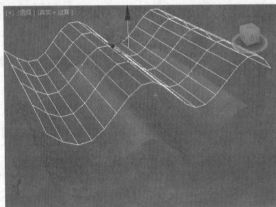 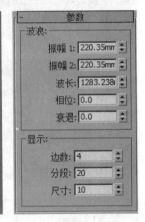

3. 涟漪

使用【涟漪】空间扭曲可以用来制作涟漪效果，下左图所示为创建了一个平面模型和一个涟漪空间扭曲。

单击【绑定到空间扭曲】按钮▓，然后单击涟漪空间扭曲，此时出现一条虚线并将其拖曳到平面模型上，如下右图所示。

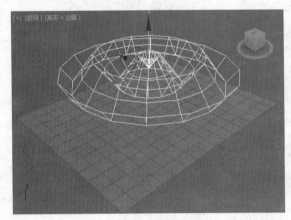 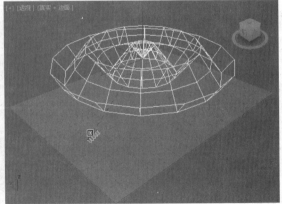

绑定后出现的效果，如右1图所示。其参数面板如右2图所示。

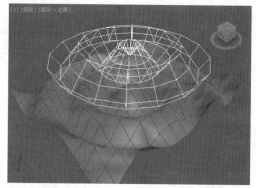
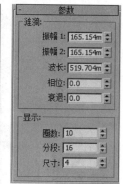

4. 置换、一致、爆炸

【置换】空间扭曲可以制作置换效果，其参数设置面板如右1图所示。

【一致】空间扭曲修改绑定对象的方法是按照空间扭曲图标所指示的方向推动其顶点，直至这些顶点碰到指定目标对象，或从原始位置移动到指定距离。其参数设置面板如右2图所示。

【爆炸】空间扭曲能把对象爆炸，并产生很多单独的面。其参数设置面板如右3图所示。

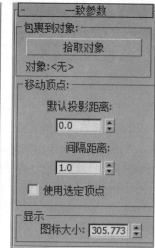

15.2.4　基于修改器

【基于修改器】类空间扭曲和标准对象修改器的效果完全相同。和其他空间扭曲一样，它们必须和对象绑定在一起，并且它们是在世界空间中发生作用。想对散布得很广的"对象"组应用诸如扭曲或弯曲等效果时，它们非常有用。【基于修改器】类空间扭曲包括【弯曲】【扭曲】【锥化】【倾斜】【噪波】和【拉伸】6种类型，如右图所示。

15.2.5　粒子和动力学

【粒子和动力学】空间扭曲只有【向量场】一种。向量场是一种特殊类型的空间扭曲，群组成员使用它来围绕不规则对象移动。向量场这个小插件是个方框形的格子，其位置和尺寸可以改变，以便围绕要避开的对象。通过格子交叉生成向量，如右1图所示。其参数面板如右2图所示。

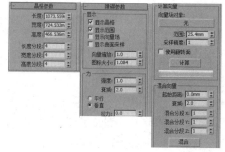

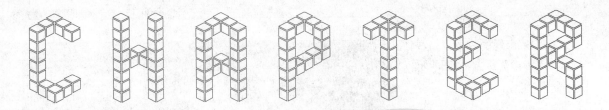

CHAPTER

16

动力学

CHAPTER

本章学习要点

- 掌握刚体的创建方法及使用方法
- 掌握约束的创建方法及使用方法
- 掌握mCloth的创建方法及使用方法
- 掌握碎布玩偶的创建方法及使用方法

　　动力学是理论力学的一个分支学科，它主要研究作用于物体的力与物体运动的关系。动力学是物理学和天文学的基础，也是许多工程学科的基础。动力学是物体和物体之间直接的、自然的、真实的作用，而非虚幻的、不切实际的。在3ds Max 2015版本中MassFX就是指动力学模块。

　　本章将重点针对刚体、mCloth对象、约束、碎布玩偶等知识进行讲解。熟练掌握本章知识，可以模拟真实的动力学运算（比如物体碰撞、物体下落、布料覆盖物体等）。如图所示为优秀作品。

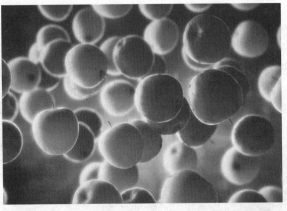

16.1 什么是MassFX

MassFX是3ds Max中的动力学模块，在早期的3ds Max版本中并没有MassFX，而是叫做reactor。两者的区别是MassFX的动力学运算更真实、速度更快，当然MassFX由于存在于3ds Max的时间较短，很多功能还不算全面，但我们相信在3ds Max未来的版本中会对该模块进行较大的升级和改进。

在3ds Max中默认界面是找不到MassFX面板的，需要在主工具栏空白位置单击右键并选择【Mass FX工具栏】选项，如下左图所示。

此时将会弹出MassFX工具栏的窗口，接下来的所有内容都将会使用到该工具栏，如下中图所示。

- MassFX工具：该选项下面包含很多参数，如【世界】【工具】【编辑】和【显示】。
- 刚体：在创建完成物体后，可以为物体添加刚体，在这里分为3种，分别是动力学刚体、运动学刚体和静态刚体。
- mCloth：可以模拟真实的布料效果，是新增的一个重要功能。
- 约束：可以创建约束对象，包括6种，分别是刚性、滑块、转轴、扭曲、通用、球和套管约束。
- 碎布玩偶：可以模拟碎布玩偶的动画效果。
- 重置模拟：单击该按钮可以将之前的模拟重置，回到最初状态。
- 模拟：单击该按钮可以开始进行模拟。
- 步阶模拟：单击或多次单击该按钮可以按照步阶进行模拟，方便查看每时每刻的状态。

在MassFX工具栏的窗口中并不是仅有这7个按钮，长时间单击按钮会发现还有下拉菜单提供更多选项，如下右图所示。

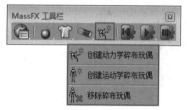

16.2 MassFX工具

在3ds Max中可以使用动力学，主要的参数设置都需要在【MassFX 工具】面板中进行，因此【MassFX 工具】面板是非常重要的，包含世界参数、模拟工具、多对象编辑器和显示选项。单击【MassFX 工具】按钮可以调出其面板，如右图所示。

16.2.1 世界参数

【世界参数】面板包含3个卷展栏，分别是【场景设置】【高级设置】和【引擎】，如右图所示。

- 使用地平面碰撞：如果启用此选项，MassFX 将使用无限静态刚体。
- 地面高度：启用"使用地面碰撞"时地面刚体的高度。
- 平行重力：应用 MassFX 中的内置重力。
- 轴：应用重力的全局轴。对于标准上/下重力，将【方向】设置为 Z。
- 无加速：以单位/平方秒为单位指定的重力。
- 强制对象的重力：可以使用重力空间扭曲将重力应用于刚体。
- 拾取重力：使用"拾取重力"按钮将其指定为在模拟中使用。
- 没有重力：选择时，重力不会影响模拟。
- 子步数：每个图形更新之间执行的模拟步数。
- 解算器迭代数：全局设置，约束解算器强制执行碰撞和约束的次数。
- 使用高速碰撞：全局设置，用于切换连续的碰撞检测。
- 使用自适应力：该选项默认情况下是勾选的，控制是否使用自适应力。
- 按照元素生成图形：该选项控制是否按照元素生成图形。
- 睡眠设置：在模拟中移动速度低于某个速率的刚体将自动进入【睡眠】模式，从而使 MassFX 关注其他活动对象，提高性能。
  睡眠能量：在其运动低于"睡眠能量"阈值时将对象置于睡眠模式。
- 高速碰撞：当启用时，这些设置确定了MassFX计算此类碰撞的方法。
- 接触壳：使用这些设置确定周围的体积，其中 MassFX 在模拟的实体之间检测到碰撞。
  接触距离：允许移动刚体重叠的距离。

16.2.2 模拟工具

【模拟工具】面板包含3个卷展栏，分别是【模拟】【模拟设置】和【实用程序】，如右图所示。

- ■（重置模拟）：停止模拟，将时间滑块移动到第一帧，并将任意动力学刚体设置为其初始变换。
- ■（开始模拟）：从当前帧运行模拟。时间滑块为每个模拟步长前进一帧，从而导致运动学刚体作为模拟的一部分进行移动。如果模拟正在运行（如高亮显示的按钮所示），单击【播放】可以暂停模拟。
- ■（开始无动画模拟）：同【开始模拟】，只是模拟运行时时间滑块不会前进。
- ■（步长模拟）：运行一个帧的模拟并使时间滑块前进相同量。
- 烘焙所有：可以将动画烘焙生成到时间线上，并产生关键帧。
- 烘焙选定项：与【烘焙所有】类似，只是烘焙仅应用于选定的动力学刚体。
- 捕获变换：将每个选定的动力学刚体的初始变换设置为其变换。
- 继续模拟：即使时间滑块到达最后一帧，也继续运行模拟。
- 停止模拟：当时间滑块到达最后一帧时，停止模拟。
- 循环动画并且…：选择此选项，将在时间滑块到达最后一帧时重复播放动画或继续模拟。

- 浏览场景：打开【MassFX 资源管理器】对话框。
- 验证场景：确保各种场景元素不违反模拟要求。

16.2.3　多对象编辑器

　　【多对象编辑器】面板包含7个卷展栏，分别是【刚体属性】【物理材质】【物理材质属性】【物理网格】【物理网格参数】【力】和【高级】，如右图所示。

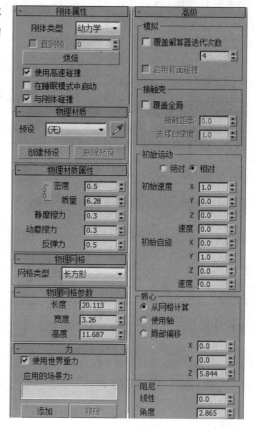

- 刚体类型：可用的选择有动力学、运动学和静态。
- 直到帧：启用此选项，MassFX会在指定帧处将选定的运动学刚体转换为动态刚体。
- 烘焙或未烘焙：将未烘焙的选定刚体的模拟运动转换为标准动画关键帧。
- 使用高速碰撞：如果启用此选项，【高速碰撞】设置将应用于选定刚体。
- 在睡眠模式中启动：启用此选项，选定刚体将使用全局睡眠设置以睡眠模式开始模拟。
- 与刚体碰撞：启用此选项，选定的刚体将与场景中的其他刚体发生碰撞。
- 预设：将【物理材质属性】卷展栏上的数值设置为预设中保存的值，并将这些值应用到选择内容。
- 创建预设：基于当前值创建新的物理材质预设。
- 密度/质量：控制刚体的密度/质量。
- 静摩擦力/动摩擦力：控制两个刚体静摩擦力/动摩擦力系数。
- 反弹力：对象撞击到其他刚体时反弹的轻松程度和高度。
- 网格类型：选定刚体物理网格的类型。可用类型有【球体】【长方体】【胶囊】【凸面】【合成】【原始】和【自定义】。

16.2.4　显示选项

　　【显示选项】面板包含两个卷展栏，分别是【刚体】和【MassFX 可视化工具】，如右图所示。

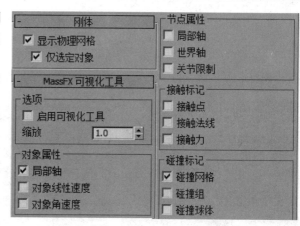

- 显示物理网格：启用时，物理网格显示在视口中，可以使用【仅选定对象】开关。
- 仅选定对象：启用时，仅选定对象的物理网格显示在视口中。
- 启用可视化工具：启用时，此卷展栏上的其余设置生效。
- 缩放：基于视口的指示器的相对大小。

📢 提示：MassFX中要注意水平面的位置

在进行MassFX动力学运算时，其实世界坐标的"水平面"就是对象可以进行碰撞但却无法穿透的"钢板"，可以理解为"地面"，是一个无形的静态刚体。

比如创建一个模型，并将选定项设置为动力学刚体。如下左图所示。

单击【开始模拟】按钮■，可以看到模型下落到了水平面上，如下右图所示。

即使我们创建了一个平面模型，并将选定项设置为静态刚体，如下左图所示。

此时单击【开始模拟】按钮■，可以看到模型下落并与平面模型碰撞，但是最终还是滚动到了水平面上，如下右图所示。

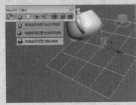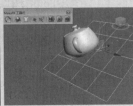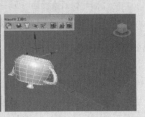

16.3 动力学刚体、运动学刚体、静态刚体

刚体是指选定刚体的模拟类型。在MassFX动力学中，刚体类型分为3种，分别是【将选定项设置为动力学刚体】■、【将选定项设置为运动学刚体】■和【将选定项设置为静态刚体】■，如右图所示。

16.3.1 动力学刚体

【动力学刚体】可以让对象受到重力空间扭曲和被模拟中其他对象（包括布料对象）的撞击而产生的力的作用。如右图所示，将球体和长方体设置为【将选定项设置为动力学刚体】。

单击【开始模拟】按钮■，观察动画效果，如下图所示。

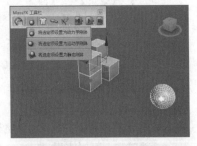

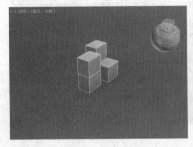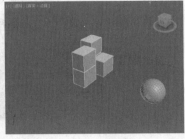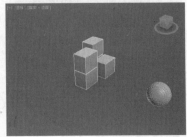

16.3.2 运动学刚体

运动学刚体与动力学刚体是不同的，运动学刚体最大的特点是需要对象本身带有动画，在进行模拟时被设置为运动学刚体的对象会将本身的动画参与到模拟中。如右图所示，将长方体设置为【将选定项设置为动力学刚体】，将球体设置为【将选定项设置为运动学刚体】。

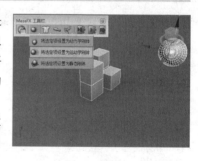

要想使用运动学刚体，需要设置物体的运动动画，因此设置球体的移动动画，如下左图所示。为了让小球在惯性的作用下飞出去，需要勾选【直到帧】，并设置合理的数值，如下右图所示。

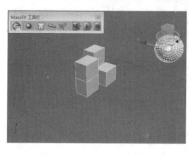

最后单击【开始模拟】按钮，如下图所示。

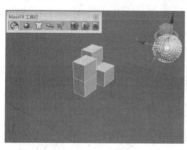
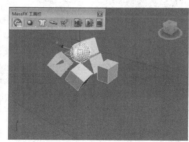
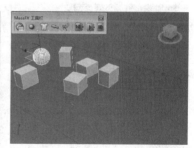

16.3.3 静态刚体

静态刚体可以理解为静止，常将地面等静止不动的对象设置为【将选定项设置为静态刚体】，如右图所示。

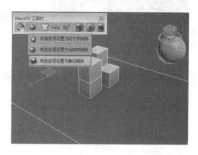

进阶案例 　动力学刚体制作下落的积木

本例使用动力学刚体制作下落的积木动画，效果如下页图所示。

场景文件	01.max
案例文件	进阶案例——动力学刚体制作下落的积木.max
视频教学	视频/Chapter 16/进阶案例——动力学刚体制作下落的积木.flv
难易指数	★★☆☆☆
技术掌握	掌握利用动力学刚体制作下落的积木动画

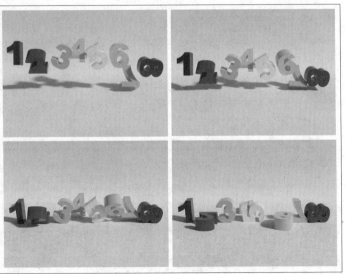

Step 01 打开本书配套光盘中的【场景文件/Chapter 16/01.max】文件，如下左图所示。

Step 02 在【主工具栏】的空白处单击鼠标右键，在弹出的对话框中选择【MassFX 工具栏】，如下右图所示。

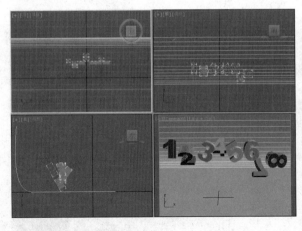

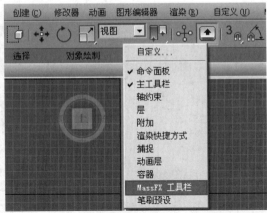

Step 03 此时将会弹出【MassFX】窗口，如下左图所示。

Step 04 选择场景中所有的数字模型，单击【将选定项设置为动力学刚体】按钮，如下右图所示。

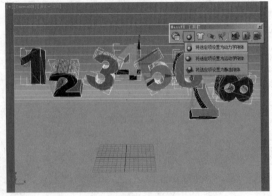

Step 05 选择场景中所有的数字模型，单击【多对象编辑器】按钮，如右1图所示。

Step 06 在弹出的对话框中展开【物理材质属性】卷展栏，设置【静摩擦力】为1，【反弹力】为1，如右2图所示。

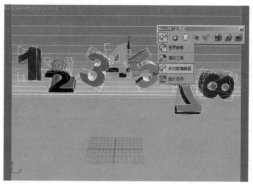

Step 07 单击【开始模拟】按钮，观察动画效果，如下图所示。

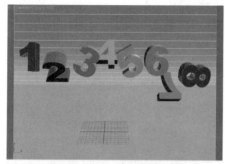

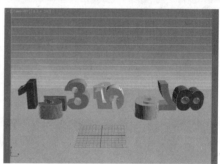

Step 08 单击【MassFX】面板中的【工具】选项卡，然后单击【模拟烘焙】下的【烘焙所有】选项，此时就会看到MassFX正在烘焙的过程，如下左图所示。

Step 09 此时自动在时间线上生成了关键帧动画，拖动时间线滑块可以看到动画的整个过程，如下右图所示。

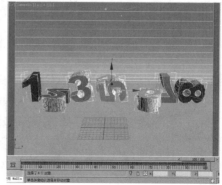

Step 10 选择动画效果最明显的一些帧，单独渲染出这些单帧动画，最终效果如下图所示。

提示：刚体中的【图形类型】参数很重要

比如创建球体模型和弧形地面模型，并且将球体设置为动力学刚体，弧形地面设置为静态刚体。
假如默认设置弧形地面的【图形类型】为【凸面】时，如下左图所示。此时的弧形地面如下中图所示。

单击【开始模拟】按钮，观察动画效果，发现球体没有与弧形地面接触，如下右图所示。

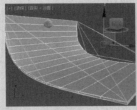  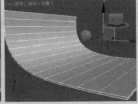 

假如默认设置弧形地面的【图形类型】为【原始的】时，如右图所示。此时的弧形地面，如下左图所示。

单击【开始模拟】按钮，观察动画效果，效果是正确的，如下右图所示。

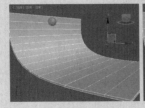 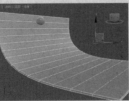 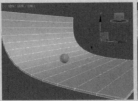 

进阶案例	运动学刚体制作趣味碰撞动画

本例利用运动学刚体制作趣味碰撞动画，效果如下图所示。

场景文件	02.max
案例文件	进阶案例——运动学刚体制作趣味碰撞动画.max
视频教学	视频/Chapter 16/进阶案例——运动学刚体制作趣味碰撞动画.flv
难易指数	★★★☆☆
技术掌握	掌握利用运动学刚体制作趣味碰撞动画

Step 01 打开本书配套光盘中的【场景文件/Chapter 16/02.max】文件，如下左图所示。

Step 02 在【主工具栏】的空白处单击鼠标右键，在弹出的对话框中选择【MassFX 工具栏】，如下右图所示。

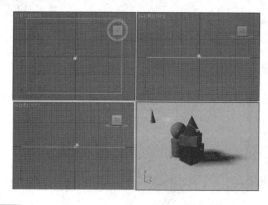

Step 03 此时将会弹出【MassFX】窗口，如下左图所示。

Step 04 选择这些模型，单击【将选定项设置为动力学刚体】按钮，如下右图所示。

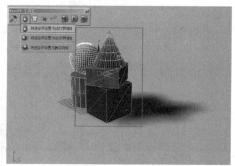

Step 05 选择圆锥模型，单击【将选定项设置为运动学刚体】按钮，如下左图所示。

Step 06 选择圆锥模型，在第0帧时，单击【自动关键点】按钮，将圆锥放置到下右图所示的位置。

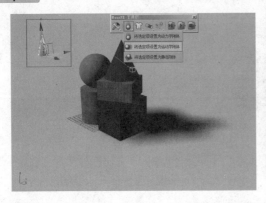 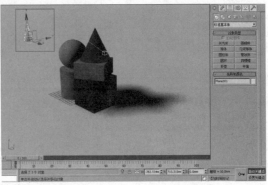

Step 07 拖动时间滑块到第14帧，单击【选择并移动】和【选择并旋转】按钮，并将圆锥模型移动到合适位置，如下左图所示。拖动时间滑块到第100帧，最后单击【选择并移动】和【选择并旋转】按钮，并将圆锥模型移动到合适位置，如下右图所示。

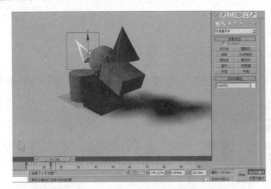 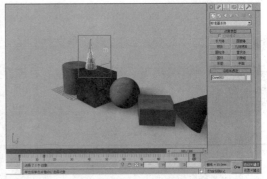

Step 08 再次单击【自动关键点】按钮，将其关闭。接着单击【开始模拟】按钮，观察动画的效果，如下图所示。

Step 09 单击【MassFX】面板中的【工具】选项卡，单击【模拟烘焙】下的【烘焙所有】选项，此时就会看到MassFX正在烘焙的过程，如下左图所示。

Step 10 此时自动在时间线上生成了关键帧动画，拖动时间线滑块可以看到动画的整个过程，如下右图所示。

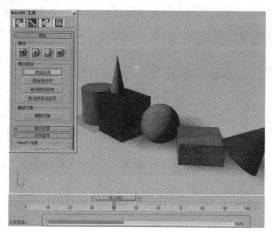 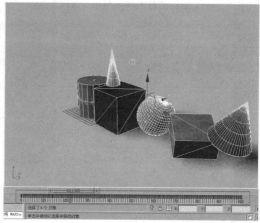

Step 11 选择动画效果最明显的一些帧，单独渲染出这些单帧动画，最终效果如下图所示。

进阶案例　　运动学刚体和静态刚体制作小球滚动动画

本例利用动力学制作小球滚动动画，效果如下页图所示。

场景文件	03.max
案例文件	进阶案例——运动学刚体和静态刚体制作小球滚动动画.max
视频教学	视频/Chapter 16/进阶案例——运动学刚体和静态刚体制作小球滚动动画.flv
难易指数	★★☆☆☆
技术掌握	掌握利用动力学刚体和静态刚体制作小球滚动动画

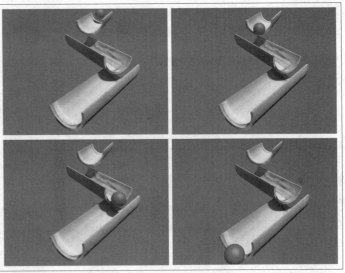

Step 01 打开本书配套光盘中的【场景文件/Chapter 16/03.max】文件，如下左图所示。

Step 02 在【主工具栏】的空白处单击鼠标右键，在弹出的对话框中选择【MassFX 工具栏】，如下右图所示。

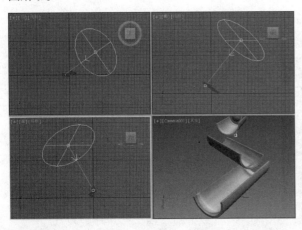

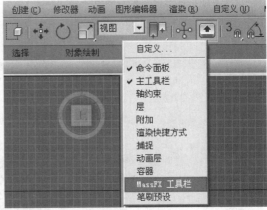

Step 03 此时将会弹出【MassFX】窗口，如下左图所示。

Step 04 选择小球模型，单击【将选定项设置为动力学刚体】按钮，如下右图所示。

Step 05 选择其他模型，单击【将选定项设置为静态刚体】按钮，如右1图所示。

Step 06 进入修改面板，展开【物理图形】卷展栏，设置【图形类型】为原始的，如右2图所示。

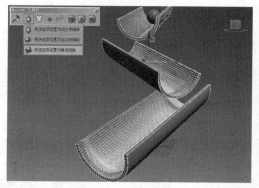

Step 07 接着单击【开始模拟】按钮，观察动画的效果，如下图所示。

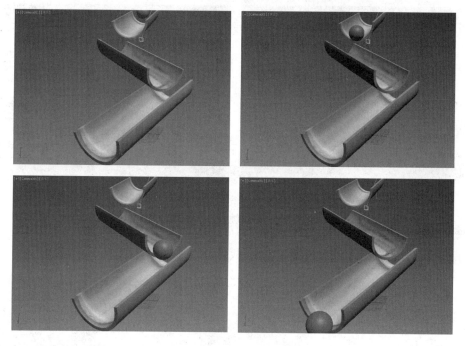

Step 08 单击【MassFX】面板中的【工具】选项卡，单击【模拟烘焙】下的【烘焙所有】选项，此时就会看到MassFX正在烘焙的过程，如下左图所示。

Step 09 此时自动在时间线上生成了关键帧动画，拖动时间线滑块可以看到动画的整个过程，如下右图所示。

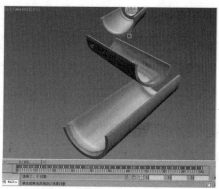

Step 10 选择动画效果最明显的一些帧，单独渲染出这些单帧动画，最终效果如下图所示。

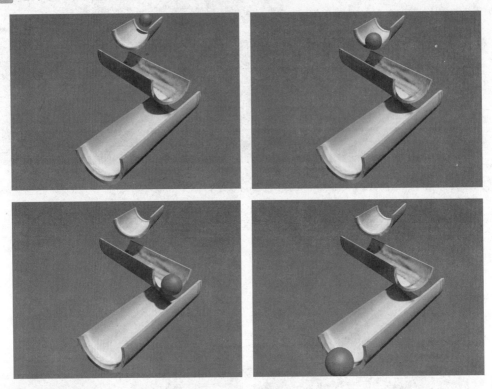

进阶案例	运动学刚体制作球体撞击文字

本例使用运动学刚体制作球体撞击文字动画，效果如下图所示。

场景文件	04.max
案例文件	进阶案例——运动学刚体制作球体撞击文字.max
视频教学	视频/Chapter 16/进阶案例——运动学刚体制作球体撞击文字.flv
难易指数	★★☆☆☆
技术掌握	掌握利用运动学刚体制作球体撞击文字动画

Step 01 打开本书配套光盘中的【场景文件/Chapter 16/04.max】文件，如下页左图所示。

Step 02 在【主工具栏】的空白处单击鼠标右键，在弹出的对话框中选择【MassFX 工具栏】，如下页右图所示。

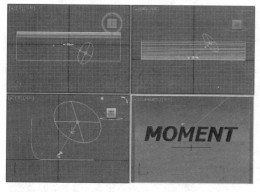 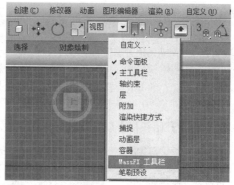

Step 03 此时将会弹出【MassFX】窗口，如下左图所示。

Step 04 选择场景中所有的文字模型，单击【将选定项设置为动力学刚体】按钮，如下右图所示。

Step 05 进入修改面板中，设置【质量】为0.01，如右1图所示。

Step 06 选择场景中的球体模型，单击【将选定项设置为运动学刚体】按钮，如右2图所示。

 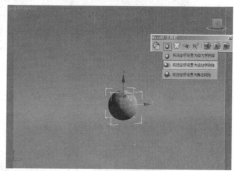

Step 07 选择场景中的球体模型，单击【自动关键点】按钮，拖动时间滑块到第20帧，单击【选择并移动】，将模型移动调整到合适位置，如右图所示。

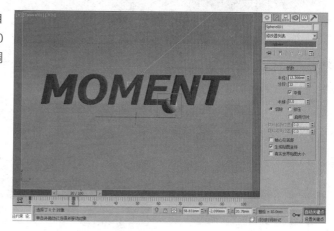

🔊 **提示：刚体的两个注意事项**

1. 刚体是物理模拟中的对象，其形状和大小不会更改。例如，如果场景中的圆柱体变成了刚体，它可能会反弹、滚动和四处滑动，但无论施加了多大的力，它都不会弯曲或折断。

2. 要把模型设置为刚体之前，一定要检查一下模型的多边形个数，假如模型多边形个数特别多，那么就需要将模型进行优化之后，再设置模型为刚体，否则可能会导致3ds Max运算占用较大内存而出现问题。

Step 08 单击【开始模拟】按钮，观察动画效果，如下图所示。

Step 09 单击【MassFX】面板中的【工具】选项卡，单击【模拟烘焙】下的【烘焙所有】选项，此时就会看到MassFX正在烘焙的过程，如下左图所示。

Step 10 此时自动在时间线上生成了关键帧动画，拖动时间线滑块可以看到动画的整个过程，如下右图所示。

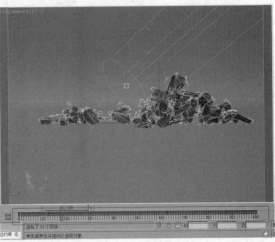

Step 11 选择动画效果最明显的一些帧，单独渲染出这些单帧动画，最终效果如下图所示。

16.4　创建mCloth对象

　　mCloth对象可以模拟布料的真实动力学效果，并且可以让mCloth对象与刚体对象一起参与运算。mCloth对象常用来模拟布料自由下落制作床单、布料悬挂制作毛巾、布料撕裂制作碎裂动画等。下图所示为优秀作品。

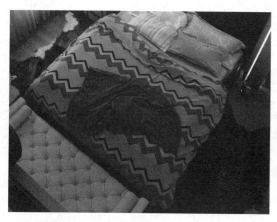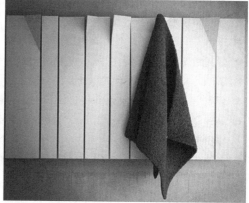

16.4.1　将选定对象设置为mCloth对象

　　mCloth对象的参数设置面板如下页右图所示。

- 布料行为：确定 mCloth 对象如何参与模拟。
- 直到帧：启用后，会在指定帧处将选定的运动学 Cloth 转换为动力学 Cloth。
- 烘焙/取消烘焙：烘焙可以将 mCloth 对象的模拟运动转换为标准动画关键帧以进行渲染。

- 继承速度：启用后，mCloth 对象可通过使用动画从堆栈中的 mCloth 对象下面开始模拟。
- 动态拖动：不使用动画即可模拟，且允许拖动 Cloth 以设置其姿势或测试行为。
- 使用全局重力：启用后，mCloth 对象将使用 MassFX 全局重力设置。
- 应用的场景力：列出场景中影响模拟中此对象的力空间扭曲。
- 添加：将场景中的力空间扭曲应用于模拟中的对象。
- 捕捉初始状态：将所选 mCloth 对象缓存的第一帧更新到当前位置。
- 捕捉目标状态：抓取 mCloth 对象的当前变形，并使用该网格来定义三角形之间的目标弯曲角度。
- 显示：显示 Cloth 的当前目标状态，即所需的弯曲角度。
- 加载：用于从保存的文件中加载"纺织品物理特性"设置。
- 保存：打开一个小对话框，用于将"纺织品物理特性"设置保存到预设文件。
- 重力缩放：使用全局重力处于启用状态时重力的倍增。
- 密度：Cloth 的权重，以克每平方厘米为单位。
- 延展性/弯曲度：拉伸/折叠 Cloth 的难易程度。
- 使用正交弯曲：计算弯曲角度，而不是弹力。
- 阻尼：Cloth 的弹性，影响在摆动或捕捉后其还原到基准位置所经历的时间。
- 摩擦力：Cloth 在其与自身或其他对象碰撞时抵制滑动的程度。
- 限制：Cloth 边可以压缩或折皱的程度。
- 刚度：Cloth 边抵制压缩或折皱的程度。
- 启用气泡式行为：模拟封闭体积，如轮胎或垫子。
- 压力：该参数控制 Cloth 的充气效果。
- 自相碰撞：启用后，mCloth 对象将尝试阻止自相交。
- 自厚度：用于自碰撞的 mCloth 对象的厚度。
- 刚体碰撞：启用后，mCloth 对象可以与模拟中的刚体碰撞。
- 厚度：用于与模拟中的刚体碰撞的 mCloth 对象的厚度。
- 推刚体：启用后，mCloth 对象可以影响与其碰撞的刚体的运动。
- 推力：mCloth 对象对与其碰撞的刚体施加的推力的强度。
- 附加到碰撞对象：启用后，mCloth 对象会黏附与其碰撞的对象。
- 影响：mCloth 对象对其附加到的对象的影响。
- 分离后：与碰撞对象分离前 Cloth 的拉伸量。
- 高速精度：启用后，mCloth 对象将使用更准确的碰撞检测方法。这样会降低模拟速度。
- 允许撕裂：启用后，Cloth 中的预定义分割将在受到充足力的作用时撕裂。
- 撕裂后：Cloth 边在撕裂前可以拉伸的量。
- 撕裂之前焊接：选择在出现撕裂之前 MassFX 如何处理预定义撕裂。
- 张力：启用后，通过顶点着色的方法显示纺织品中的压缩和张力。
- 抗拉伸：启用后，帮助防止低解算器迭代次数值的过度拉伸。
- 限制：允许的过度拉伸范围。
- 使用 COM 阻尼：影响阻尼，但使用质心，从而获得更硬的 Cloth。
- 硬件加速：启用后，模拟将使用 GPU。
- 解算器迭代：每个循环周期内解算器执行的迭代次数。

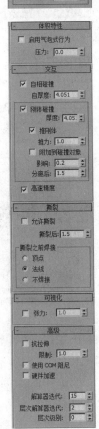

- 层次解算器迭代：层次解算器的迭代次数。
- 层次级别：力从一个顶点传播到相邻顶点的速度。增加该值可增加力在 Cloth 上扩散的速度。

16.4.2 从选定对象中移除mCloth

选择刚才的mCloth对象，并单击【从选定对象中移除mCloth】选项，如右1图所示。

当然也可以在修改器面板中选择mCloth修改器后单击【删除】按钮 ，如右2图所示。

| 进阶案例 | mCloth对象制作衣服下落 |

本案例主要讲解如何制作衣服下落的效果，最终效果如下图所示。

场景文件	05.max
案例文件	进阶案例——mCloth对象制作衣服下落.max
视频教学	视频/Chapter 16/进阶案例——mCloth对象制作衣服下落.flv
难易指数	★★☆☆☆
技术掌握	掌握mCloth对象

Step 01 打开本书配套光盘中的【场景文件/Chapter 16/05.max】文件，如下页左图所示。

Step 02 在【主工具栏】的空白处单击鼠标右键，在弹出的对话框中选择【MassFX 工具栏】，如下页右图所示。

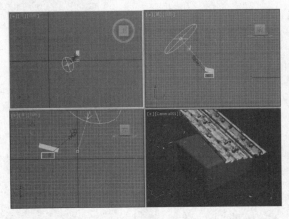
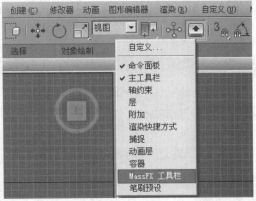

Step 03 此时将会弹出【MassFX】窗口，如右图所示。

Step 04 选择场景中的衣服模型，单击【将选定对象设置为mCloth对象】按钮，如下左图所示。

Step 05 选择衣服模型单击修改，在mCloth模拟下设置【布料行为】为运动学，交互下设置【自厚度】为1.479，【厚度】为1.479，在高级下设置【解算器迭代】为45，如下右图所示。

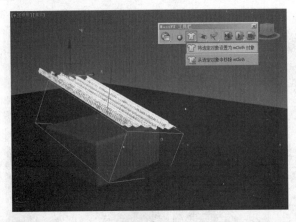

Step 06 选择场景中的长方体模型，单击【将选定项设置为静态刚体】按钮，如下左图所示。

Step 07 选择长方体模型单击修改，在物理图形下设置【图形类型】为凸面，如下右图所示。

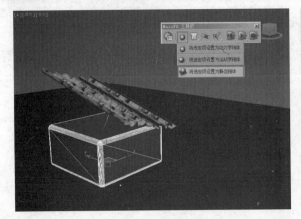

Step 08 单击【开始模拟】按钮 ，观察动画的效果，如下图所示。

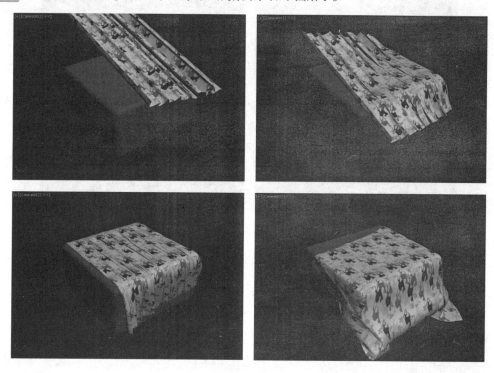

Step 09 单击【MassFX】面板中的【工具】选项卡，单击【模拟烘焙】下的【烘焙所有】选项，此时就会看到MassFX正在烘焙的过程，如下左图所示。

Step 10 此时自动在时间线上生成了关键帧动画，拖动时间线滑块可以看到动画的整个过程，如下右图所示。

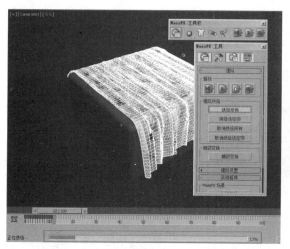
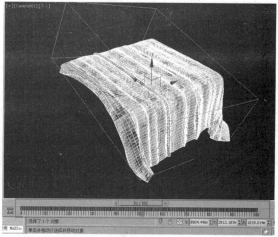

Step 11 选择动画效果最明显的一些帧，单独渲染出这些单帧动画，最终效果如下页图所示。

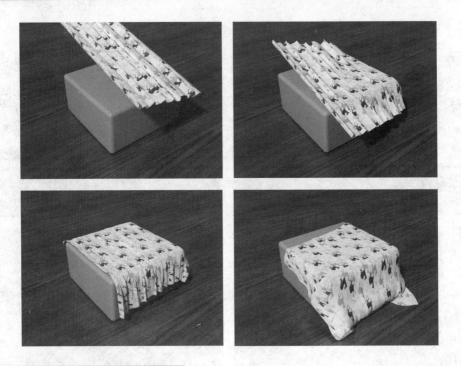

对于要黏附到刚体的布料，MassFX 必须至少将一个子步数用于模拟中的刚体，且布料必须直接与其物理图形接触。为获得最佳结果，请遵循以下条件。

1. 使用大于 0 的"刚体 /子步数"值。使用不同的值实验；后续值的结果可能存在很大变化。

2. 稍微增加刚体物理图形的大小。使用"物理网格参数"卷展栏上的设置。

3. 使用较低的布料厚度值。从 0.0 开始，在调整刚体物理图形大小的同时逐渐增加该值，直到获得满意且不穿透的黏附。

进阶案例 　mCloth对象制作变形的茶壶

本例利用mCloth制作变形的茶壶，效果如下图所示。

场景文件	06.max
案例文件	进阶案例——mCloth对象制作变形的茶壶.max
视频教学	视频/Chapter 16/进阶案例——mCloth对象制作变形的茶壶.flv
难易指数	★★☆☆☆
技术掌握	掌握利用mCloth对象制作变形的茶壶

Step 01 打开本书配套光盘中的【场景文件/Chapter 16/06.max】文件，如下左图所示。

Step 02 在【主工具栏】的空白处单击鼠标右键，在弹出的对话框中选择【MassFX 工具栏】，如下右图所示。

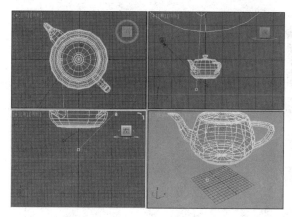

Step 03 此时将会弹出【MassFX】窗口，如右图所示。

Step 04 选择茶壶模型，并单击【将选定对象设置为mCloth对象】按钮，如下左图所示。

Step 05 进入修改面板，在【纺织品物理特性】下设置【重力比】为2，【密度】为10，【延展性】为0.003，如下右图所示。

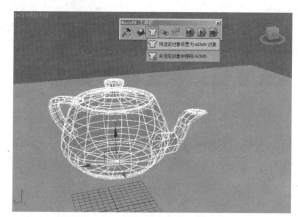
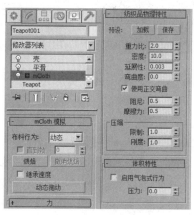

Step 06 单击【开始模拟】按钮，观察动画的效果，如下图所示。

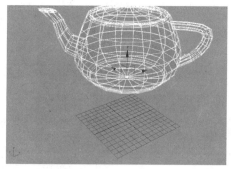
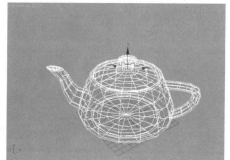

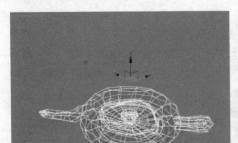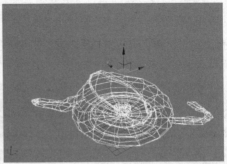

Step 07 单击【MassFX】面板中的【工具】选项卡，单击【模拟烘焙】下的【烘焙所有】选项，此时就会看到MassFX正在烘焙的过程，如下左图所示。

Step 08 此时自动在时间线上生成了关键帧动画，拖动时间线滑块可以看到动画的整个过程，如下右图所示。

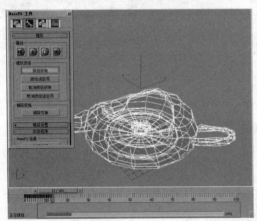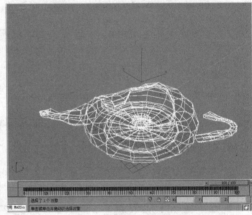

Step 09 选择动画效果最明显的一些帧，单独渲染出这些单帧动画，最终效果如下图所示。

进阶案例　mCloth对象制作悬挂的布料

本例利用mCloth制作悬挂的布料，效果如下图所示。

场景文件	07.max
案例文件	进阶案例——mCloth对象制作悬挂的布料.max
视频教学	视频/Chapter 16/进阶案例——mCloth对象制作悬挂的布料.flv
难易指数	★★★☆☆
技术掌握	掌握利用mCloth制作悬挂的布料

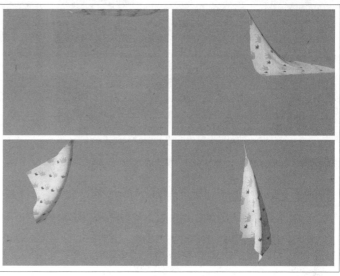

Step 01 打开本书配套光盘中的【场景文件/Chapter 16/07.max】文件，如下左图所示。

Step 02 在【主工具栏】的空白处单击鼠标右键，在弹出的对话框中选择【MassFX 工具栏】，如下右图所示。

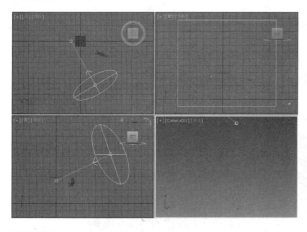

Step 03 此时将会弹出【MassFX】窗口，如右图所示。

Step 04 选择布料模型，单击【将选定对象设置为mCloth对象】按钮[T]，如下页左图所示。

Step 05 在修改面板下，单击mCloth的【顶点】子级别，按F3，场景中的模型显示线框状态，选择下页右图所示的顶点，单击【设定组】，在弹出的对话框中单击【确定】，此时下方显示出【组001（未指定）】。

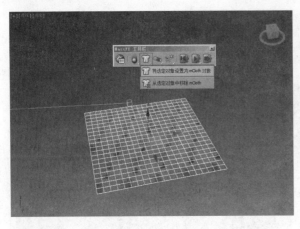
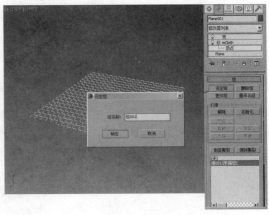

Step 06 在修改面板下，单击【枢轴】，此时下方显示出【组001（端号）】，如下左图所示。

Step 07 在修改面板下，返回到【mCloth】命令下，展开【纺织品物理特性】卷展栏，设置【重力比】为0.1，展开【高级】卷展栏，设置【解算器迭代】为14，如下右图所示。

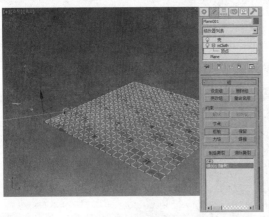
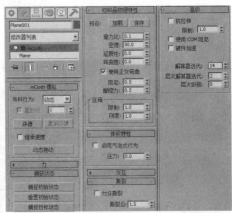

Step 08 单击【开始模拟】按钮，观察动画效果，如下图所示。

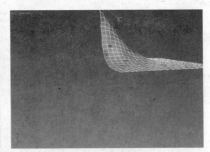

Step 09 单击【MassFX】面板中的【工具】选项卡，单击【模拟烘焙】下的【烘焙所有】选项，此时就会看到MassFX正在烘焙的过程，如下左图所示。

Step 10 此时自动在时间线上生成了关键帧动画，拖动时间线滑块可以看到动画的整个过程，如下右图所示。

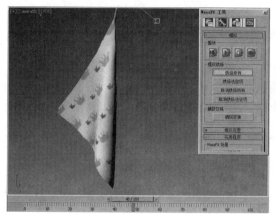
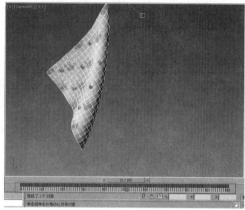

Step 11 选择动画效果最明显的一些帧，单独渲染出这些单帧动画，最终效果如下图所示。

16.5 创建约束

　　刚体和约束都是MassFX模拟的核心组件。约束限制刚体在模拟中的移动。比如机械的转枢、钉子、索道和轴。可以将两个刚体链接在一起，也可以将单个刚体定位到全局空间中的某个固定位置。约束组成了一个层次关系：子对象必须是动力学刚体，而父对象可以是动力学刚体、运动学刚体或为空。约束包括6种，分别为刚体约束、滑块约束、枢轴约束、扭曲约束、通用约束、球和套管约束。下页图所示为优秀作品。

提示：父对象和子对象

大多数约束连接两个刚体。约束作为父刚体（随约束一起移动和旋转）的子对象链接，并作为子刚体（约束将父刚体运动传输到的对象）的父对象链接。例如，在模拟中，可以通过转枢约束连接汽车及其门的模型，其中汽车作为父对象，门作为子对象。打开和关闭门的距离限制不会在汽车旋转时发生更改，但是与汽车的方向相关。

16.5.1 创建刚性约束

将新MassFX约束辅助对象添加到带有适合于刚体约束的设置的项目中。刚体约束使平移、摆动和扭曲全部锁定，尝试在开始模拟时保持两个刚体在相同的相对变换中。其参数面板如下左图所示，刚性约束如下右图所示。

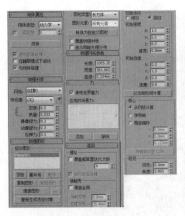
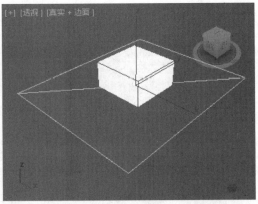

16.5.2 创建滑块约束

将新MassFX约束辅助对象添加到带有适合于滑块约束的设置的项目。滑块约束类似于刚体约束，但是启用受限的 Y 变换。其参数面板如下左图所示，滑块约束如下右图所示。

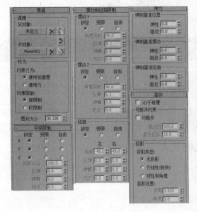
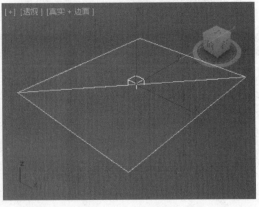

16.5.3 创建转枢约束

将新MassFX约束辅助对象添加到适合转枢约束的设置的项目。转枢约束类似刚体约束，但是【摆动1】限制为100度。其参数面板如下左图所示，转枢约束如下右图所示。

 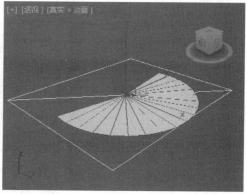

16.5.4 创建扭曲约束

将新MassFX约束辅助对象添加到带有适合于扭曲约束的设置的项目中。扭曲约束类似于刚体约束，但是【扭曲】设置为自由。其参数面板如下左图所示，扭曲约束如下右图所示。

 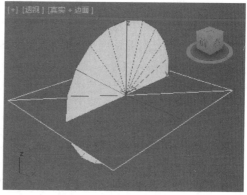

16.5.5 创建通用约束

将新MassFX约束辅助对象添加到带有适合于通用约束的设置的项目中。通用约束类似于刚体约束，但【摆动1】和【摆动2】限制为45度。其参数面板如下左图所示，通用约束如下右图所示。

 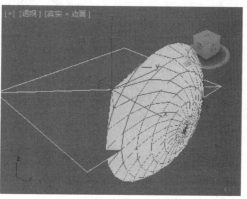

16.5.6 创建球和套管约束

将新MassFX约束辅助对象添加到带有适合于球和套管约束的设置的项目中。球和套管约束类似于刚体约束，但【摆动1】和【摆动2】限制为80度，且【扭曲】设置为无限制。其参数面板如下左图所示，球和套管约束如下右图所示。

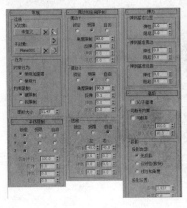 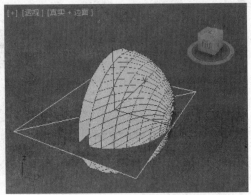

16.6 创建碎布玩偶

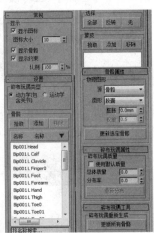

动画角色可以作为动力学和运动学刚体参与MassFX动力学的模拟，可以模拟真实的角色动画（比如角色跌倒）。要实现这一效果，就需要应用碎布玩偶对象。角色可以是骨骼系统或 Biped，以及使用蒙皮的关联网格。右图所示为参数设置面板。

- 显示图标：切换碎布玩偶对象的显示图标。
- 图标大小：碎布玩偶辅助对象图标的显示大小。
- 显示骨骼：切换骨骼物理图形的显示。
- 显示约束：切换连接刚体的约束的显示。
- 比例：约束的显示大小。增加此值可以更容易地在视口中选择约束。
- 碎布玩偶类型：确定碎布玩偶如何参与模拟的步骤。
- 拾取：将角色的骨骼与碎布玩偶关联。
- "骨骼属性"卷展栏：使用这些设置可指定 MassFX 如何将物理图形应用到碎布玩偶组件。这些设置适用于列表中高亮显示的所有骨骼。更改设置后，使用更新选定骨骼可应用更改后的设置。

下左图所示为Biped对象创建动力学碎布玩偶，此时Biped对象顶部产生一个图标，如下右图所示。

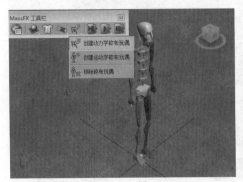 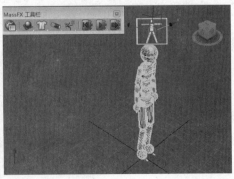

单击【开始模拟】按钮，观察动画的效果，如下图所示。

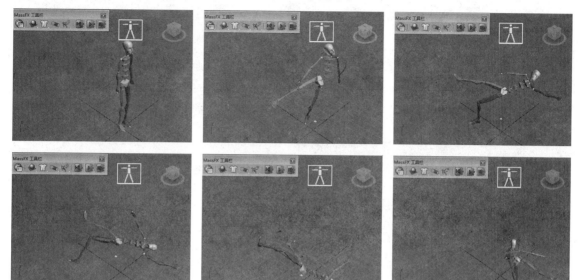

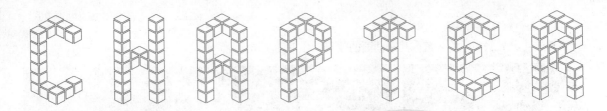

CHAPTER 17

毛发技术

本章学习要点

- 掌握Hair和Fur（WSM）修改器的技巧
- 掌握VR毛皮的技巧

　　毛发是指各种带有毛发状的效果，比如人的头发、动物的皮毛、牙刷的毛刷、地毯等，这类效果几乎覆盖了我们生活的方方面面。在3ds Max中也可以模拟这类效果，它不是普通的模型，而是承载在模型上进行"生长的"。如图所示为优秀作品。

17.1 什么是毛发

现实中存在很多带有"毛发"的物体，我们的头发、玩偶玩具等。这些看似精细的模型效果，在3ds Max中都可以轻松地模拟出来。毛发系统也是3ds Max制作游戏动画中非常重要的一个部分。在3ds Max中默认的毛发工具是Hair和Fur（WSM）修改器，当然在安装VRay渲染器后，也可以找到VR毛皮。

因此在3ds Max中有两种毛发，分别是Hair和Fur（WSM）修改器和VR毛皮。

Hair和Fur（WSM）修改器的参数非常多，卷展栏有十多个，但是都比较简单，只需要手动设置一下某个参数，就可以发现其作用。右1图所示为Hair和Fur（WSM）修改器的参数，右2图所示为VR毛皮对象的参数。

从外观来看，Hair和Fur（WSM）修改器和VR毛皮对象是有一些区别的。下左图所示为Hair和Fur（WSM）修改器的毛发效果，下右图所示为VR毛皮对象的毛发效果。

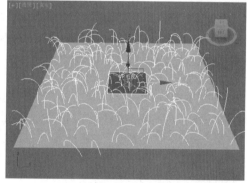

17.2 Hair和Fur（WSM）修改器

【Hair 和 Fur】是3ds Max的一个修改器，专门用来模拟制作毛发效果，功能非常强大，不仅可以制作静态的毛发，而且可以模拟真实的毛发运动。右图所示为一个模型加载Hair和Fur（WSM）修改器的效果。

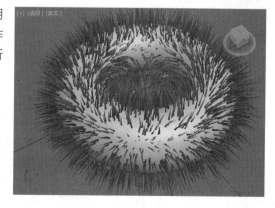

17.2.1 选择

【选择】卷展栏提供了各种工具，用于访问不同的子对象层级和显示设置以及创建与修改选定内容，此外还显示了与选定实体有关的信息。其参数设置面板如右图所示。

- 【导向】按钮 ：子对象层级，单击该按钮后，【设计】卷展栏中的 设计发型 按钮将自动启用。
- 【面】按钮 、【多边形】按钮 、【元素】按钮 ：子对象层级，可以选择三角形面、多边形、元素。
- 按顶点：启用该选项后，只需要选择子对象的顶点就可以选中子对象。
- 忽略朝后部分：启用该选项后，选择子对象时只影响面对着用户的面。
- 复制 按钮、 粘贴 按钮：复制、粘贴选择集。

17.2.2 工具

此卷展栏提供了使用"头发"完成各种任务所需的工具，包括从现有的样条线对象创建发型、重置头发，以及为修改器和特定发型加载并保存一般预设。其参数设置面板如右图所示。

- 从择条统重梳 按钮：使用样条线来设计头发样式。
- 样条线变形：可以允许用线来控制发型与动态效果。
- 置置其余 按钮：在曲面上重新分布头发的数量，以得到较为均匀的结果。
- 重生毛发 按钮：忽略全部样式信息，将头发复位到默认状态。
- 加载 按钮、 保存 按钮：加载、保存预设的毛发样式。
- 无 按钮：如果要指定毛发对象，可以单击该按钮，然后选择要使用的对象。
- 按钮：如果要停止使用实例节点，可以单击该按钮。
- 混合材质：启用该选项后，应用于生长对象的材质以及应用于毛发对象的材质将合并为单一的多子对象材质，并应用于生长对象。
- 导向->样条线 按钮：将所有导向复制为新的单一样条线对象。
- 头发->样条线 按钮：将所有毛发复制为新的单一样条线对象。
- 头发->网格 按钮：将所有毛发复制为新的单一网格对象。

17.2.3 设计

使用"Hair 和 Fur"修改器的"导向"子对象层级，可以在视口中交互设计发型。交互式发型控件位于"设计"卷展栏中。该卷展栏提供了"设计发型"按钮，如下页右图所示。

- 设计发型 按钮：单击该按钮可以设计毛发的发型。
- 【由头梢选择头发/选择全部顶点/选择导向顶点/由根选择导向】按钮 / / / ：选择头发的方式，用户可以根据实际需求来选择采用何种方式。
- 顶点显示下拉列表 长方体标记 ：指定顶点在视图中的显示方式。
- 【反选/轮流选/展开选择】按钮 / / ：指定选择对象的方式。
- 【隐藏选定对象/显示隐藏对象】按钮 / ：隐藏或显示选定的导向头发。
- 【发梳】按钮 ：在该模式下，可以通过拖曳光标来梳理毛发。

- 【剪头发】按钮：在该模式下可以修剪导向头发。
- 【选择】按钮：单击该按钮可以进入选择模式。
- 距离褪光：启用该选项时，边缘产生褪光现象，产生柔和的边缘效果。
- 忽略背面毛发：启用该选项时，背面的毛发将不受画刷的影响。
- 画刷大小滑块：通过拖曳滑块来更改画刷的大小。
- 【平移】按钮、【站立】按钮、【蓬松发根】按钮：进行平移、站立、蓬松发根的操作。
- 【丛】按钮：强制选定的导向之间相互更加靠近或更加分散。
- 【旋转】按钮：以光标位置为中心来旋转导向毛发的顶点。
- 【比例】按钮：执行放大或缩小操作。
- 【衰减】按钮：将毛发长度制作成衰减效果。
- 【重疏】按钮：使用引导线对毛发进行梳理。
- 【重置其余】按钮：在曲面上重新分布数量，得到均匀的结果。
- 【切换头发】按钮：切换头发在视图中显示方式。
- 【锁定/解除锁定】按钮／：锁定或解除锁定导向头发。
- 【拆分选定头发组/合并选定头发组】按钮／：将头发组拆分或合并。

17.2.4 常规参数

此卷展栏允许在根部和梢部设置头发数量和密度、长度、厚度以及其他各种综合参数。其参数设置面板如右图所示。

- 毛发数量、毛发段：设置生成的毛发总数、每根毛发的分段。
- 毛发过程数：设置毛发过程数。
- 密度、比例：设置毛发的密度、缩放比例。
- 剪切长度：设置将整体的毛发长度进行缩放的比例。
- 随机比例：设置在渲染毛发时的随机比例。
- 根厚度、梢厚度：设置发根的厚度、梢的厚度。
- 位移：设置毛发从根到生长对象曲面的置换量。

17.2.5 材质参数

该卷展栏上的参数均应用于由 Hair 生成的缓冲渲染毛发。如果是几何体渲染的毛发，则毛发颜色派生自生长对象。其参数设置面板如右图所示。

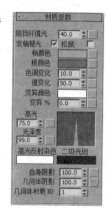

- 阻挡环境光：在照明模型时，控制环境或漫反射对模型影响的偏差。
- 发梢褪光：开启该选项后，毛发将朝向梢部而产生淡出到透明的效果。
- 梢/根颜色：设置距离生长对象曲面最远或最近的头发梢部/根部的颜色。
- 色调/值变化：设置头发颜色或亮度的变化量。
- 变异颜色：设置变异毛发的颜色。
- 变异%：设置接受【变异颜色】的毛发的百分比。
- 高光：设置在毛发上高亮显示的亮度。

- 光泽度：设置在毛发上高亮显示的相对大小。
- 高光反射染色：设置反射高光的颜色。
- 自身阴影：设置自身阴影的大小。
- 几何体阴影：设置头发从场景中的几何体接收到的阴影的量。

17.2.6 海市蜃楼、成束、卷发参数

海市蜃楼、成束、卷发参数可以控制毛发是否产生束状、卷曲等效果。右图所示为参数设置面板。

- 百分比：控制海市蜃楼的百分比。
- 强度：控制海市蜃楼的强度。
- 束：相对于总体毛发数量，设置毛发束数量。
- 强度："强度"越大，束中各个梢彼此之间的吸引越强。
- 不整洁：值越大，越不整洁地向内弯曲束，每个束的方向是随机的。
- 旋转：扭曲每个束。
- 旋转偏移：从根部偏移束的梢。较高的"旋转"和"旋转偏移"值使束更卷曲。
- 颜色：非零值可改变束中的颜色。
- 随机：控制随机的效果。
- 平坦度：控制平坦的程度。
- 卷发根：设置头发在其根部的置换量。
- 卷发梢：设置头发在其梢部的置换量。
- 卷发X/Y/Z频率：控制在3个轴中的卷发频率。
- 卷发动画：设置波浪运动的幅度。
- 动画速度：设置动画噪波场通过空间时的速度。
- 卷发动画方向：设置卷发动画的方向向量。

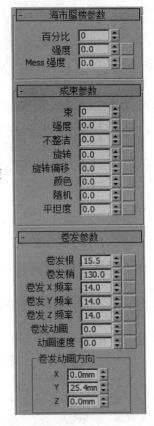

17.2.7 纽结、多股参数

扭结、多股参数可以控制毛发的扭曲、多股分支效果。右图所示为参数设置面板。

- 纽结根/梢：设置毛发在其根部/梢部的扭结置换量。
- 纽结X/Y/Z频率：设置在3个轴中的扭结频率。
- 数量：设置每个聚集块的头发数量。
- 根展开：设置为根部聚集块中的每根毛发提供的随机补偿量。
- 梢展开：设置为梢部聚集块中的每根毛发提供的随机补偿量。

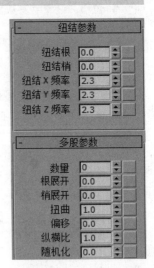

进阶案例	Hair和Fur制作草地

本例利用Hair和Fur（WSN）修改器制作草地，最终效果如下图所示。

场景文件	01.max	
案例文件	进阶案例——Hair和Fur制作草地.max	
视频教学	视频/Chapter 17/进阶案例——Hair和Fur制作草地.flv	
难易指数	★★☆☆☆	
技术掌握	掌握Hair和Fur(WSN)修改器功能	

Step 01 打开本书配套光盘中的【场景文件/Chapter 17/01.max】文件，如下左图所示。

Step 02 选择场景中的模型，然后在修改面板下加载【Hair和Fur(WSN)】修改器，展开【常规参数】卷展栏，设置【比例】为53，【根厚度】为17，展开【材质参数】卷展栏，设置【阻挡环境光】为60，【梢颜色】为绿色，【根颜色】为深绿色，设置【卷发梢】为307，【卷发X频率】为17，【卷发Y频率】为24，【卷发Z频率】为22，【卷发动画】为100，【动画速度】为0.5，在【卷发动画方向】下设置【Y】轴为10mm，展开【多股参数】卷展栏，设置【数量】为10，【根展开】为0.07，【梢展开】为0.3，【随机化】为20，如下右图所示。

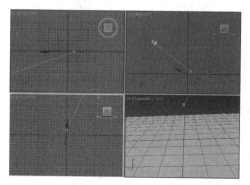

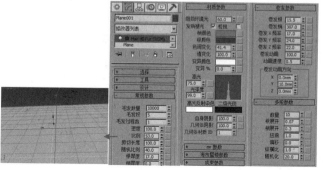

Step 03 切换到摄影机视图，按下F9渲染当前场景，渲染效果如下图所示。

| 进阶案例 | Hair和Fur制作地毯 |

本例利用Hair和Fur（WSN）修改器制作地毯，最终效果如下图所示。

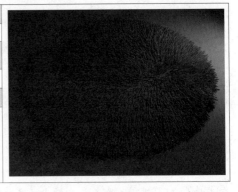

场景文件	02.max
案例文件	进阶案例——Hair和Fur制作地毯.max
视频教学	视频/Chapter 17/进阶案例——Hair和Fur制作地毯.flv
难易指数	★★☆☆☆
技术掌握	掌握Hair和Fur(WSN)修改器功能

Step 01 打开本书配套光盘中的【场景文件/Chapter 17/02.max】文件，如下左图所示。

Step 02 选择场景中的模型，然后在修改面板下加载【Hair和Fur(WSN)】修改器，展开【常规参数】卷展栏，设置【比例】为15，【根厚度】为10，【梢厚度】为5，展开【材质参数】卷展栏，设置【阻挡环境光】为100，取消勾选【松鼠】，【梢颜色】为黄色（红=236，绿=80，蓝=4），【根颜色】为黄色（红=236，绿=80，蓝=4），【色调变化】为5，【值变化】为3，展开【卷发参数】卷展栏，设置【卷发根】为0，【卷发梢】为50，【卷发X频率】为10，【卷发Y频率】为10，【卷发Z频率】为10，展开【纽结参数】卷展栏，【纽结X频率】为50，【纽结Y频率】为50，【纽结Z频率】为50，如下右图所示。

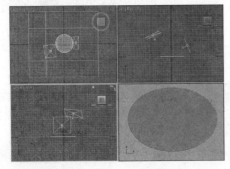
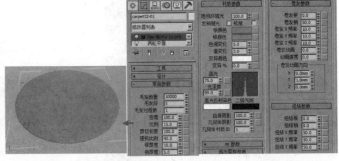

Step 03 接着切换到透视图，展开【设计】卷展栏，单击 设计发型 按钮，将鼠标移动到透视图中，如下左图所示。在地毯上单击鼠标左键并移动，制作出地毯的效果，如下右图所示。

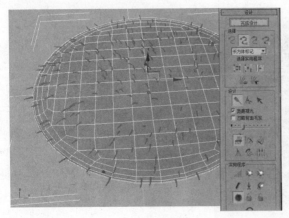

Step 04 按下大键盘上的数字8，打开【环境和效果】面板，接着单击【效果】选项卡，在【效果】下单击【毛发和毛皮】，展开【毛发和毛皮】卷展栏，设置【毛发类型】为【几何体】，如右1图所示。

Step 05 切换到摄影机视图，按F9渲染当前场景，渲染效果如右2图所示。

进阶案例　　Hair和Fur制作玩偶

本例利用Hair和Fur（WSN）修改器制作玩偶，最终效果如下图所示。

场景文件	03.max
案例文件	进阶案例——Hair和Fur制作玩偶.max
视频教学	视频/Chapter 17/进阶案例——Hair和Fur制作玩偶.flv
难易指数	★★☆☆☆
技术掌握	掌握Hair和Fur(WSN)修改器功能

Step 01 打开本书配套光盘中的【场景文件/Chapter 17/03.max】文件，如下图所示。

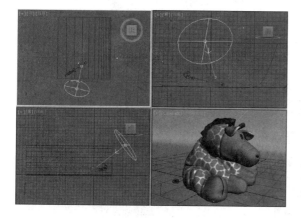

Step 02 选择场景中的模型，然后在修改面板下加载【Hair和Fur（WSN）】修改器，展开【常规参数】卷展栏，设置【梢颜色】为橘黄色（红=191，绿=112，蓝=38），【根颜色】为棕色（红=104，绿=51，蓝=0），如下图所示。

Step 03 接着切换到透视图，展开【设计】卷展栏，单击 设计发型 按钮，将鼠标移动到透视图中。在玩偶上单击鼠标左键并移动，制作出玩偶毛发的效果，如下图所示。

Step 04 切换到摄影机视图，按F9渲染当前场景，此时渲染效果如下图所示。

> 💡 提示：【Hair和Fur(WSN)】修改器的两种渲染效果

1. 在场景中创建一盏灯光，如下左图所示。
2. 为地面模型加载【Hair和Fur(WSN)】修改器，如下右图所示。

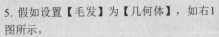

3. 选择灯光，并在【环境和效果】面板中进入【效果】选项卡。设置【毛发】为【缓冲】，并且单击【添加毛发属性】按钮，如右1图所示。
4. 此时的毛发效果如右2图所示。

5. 假如设置【毛发】为【几何体】，如右1图所示。
6. 那么渲染毛发会出现另外一种效果，如右2图所示。

17.3 VR毛皮对象

【VR毛皮】是VRay渲染器附带的工具，因此在使用之前一定要查看一下是否成功安装了VRay渲染器。【VR毛皮】可以模拟多种毛发的效果，其参数更为直观、简单，常用来模拟制作地毯、草地、皮毛等毛发效果。

首先设置一下渲染器，将其设置为VRay渲染器，如下左图所示。单击【VR毛皮】按钮，如下右图所示。

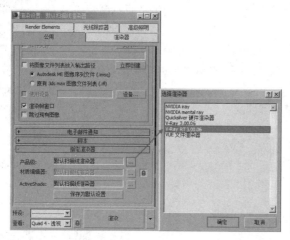

提示：【VR毛皮】怎么修改毛发个数

在VR毛皮中可以使用两种方法设置毛发个数。

方法1：可以设置原始模型的多边形个数，多边形个数越多，产生的毛发个数越多，如下左图和下中图所示。

方法2：设置【分配】下的【每区域】的参数，数值越大毛发越多，如下右图所示。

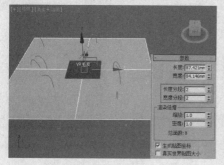
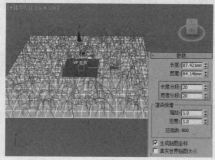

17.3.1 参数

展开【参数】卷展栏，如下页右图所示。

- 源对象：指定需要添加毛发的物体。
- 长度：设置毛发的长度。
- 厚度：设置毛发的厚度。该选项只有在渲染时才会看到变化。
- 重力：控制毛发在z轴方向被下拉的力度，也就是通常所说的【重量】。
- 弯曲：设置毛发的弯曲程度。
- 锥度：用来控制毛发锥化的程度。

- 边数：当前这个参数还不可用，在以后的版本中将开发多边形的毛发。
- 结数：用来控制毛发弯曲时的光滑程度。
- 平面法线：这个选项用来控制毛发的呈现方式。
- 方向参量：控制毛发在方向上的随机变化。
- 长度参量：控制毛发长度的随机变化。
- 厚度参量：控制毛发粗细的随机变化。
- 重力参量：控制毛发受重力影响的随机变化。
- 每个面：用来控制每个面产生的毛发数量，因为物体的每个面不都是均匀的，所以渲染出来的毛发也不均匀。
- 每区域：用来控制每单位面积中的毛发数量。
- 折射帧：指定源物体获取到计算面大小的帧，获取的数据贯穿整个动画。

17.3.2 贴图

展开【贴图】卷展栏，如右图所示。

- 基本贴图通道：选择贴图的通道。
- 弯曲方向贴图（RGB）：用彩色贴图来控制毛发的弯曲方向。
- 初始方向贴图（RGB）：用彩色贴图来控制毛发根部的生长方向。
- 长度贴图（单色）：用灰度贴图来控制毛发的长度。
- 厚度贴图（单色）：用灰度贴图来控制毛发的粗细。
- 重力贴图（单色）：用灰度贴图来控制毛发受重力的影响。
- 弯曲贴图（单色）：用灰度贴图来控制毛发的弯曲程度。
- 密度贴图（单色）：用灰度贴图来控制毛发的生长密度。

17.3.3 视口显示

展开【视口显示】卷展栏，如右图所示。

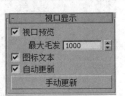

- 视口预览：当勾选该选项时，可以在视图中预览毛发的大致情况。
- 自动更新：当勾选该选项时，改变毛发参数的时候，系统会在视图中自动更新毛发的显示情况。
- ▨手动更新▨按钮：单击该按钮可以手动更新毛发在视图中的显示情况。

| 进阶案例 | VR毛皮制作毛毯 |

本案例是一个室内场景，主要讲解利用VR毛皮制作毛毯，最终渲染效果如下图所示。

场景文件	04.max
案例文件	进阶案例——VR毛皮制作毛毯.max
视频教学	视频/Chapter 17/进阶案例——VR毛皮制作毛毯.flv
难易指数	★★☆☆☆
技术掌握	掌握【VR毛皮】的运用

Step 01 打开本书配套光盘中的【场景文件/Chapter 17/04.max】文件，如下图所示。

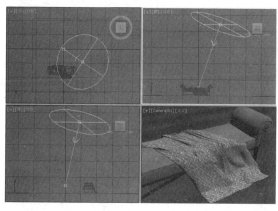

Step 03 选择毛毯模型，在创建面板下单击【几何体】按钮，设置【几何体】类型为【VRay】，然后单击【VR毛皮】按钮，如右1图所示。此时效果如右2图所示。

Step 02 按F10，打开渲染器，单击【指定渲染器】卷展栏中的█按钮，设置渲染器为VRay渲染器，如下图所示。

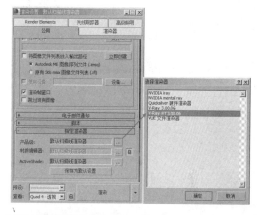

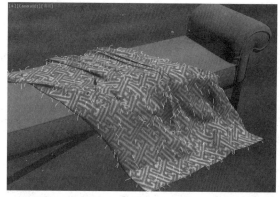

Step 04 单击修改，展开【参数】卷展栏，在【源对象】选项组下拾取毛毯模型，设置【长度】为40mm，【厚度】0.5mm，【重力】为-5mm，在【变化】下设置【方向参量】为0.4，【长度参量】为0.4，【厚度参量】为0.2，【重力参量】为0.4，如下页图所示。

Step 05 按F9渲染当前场景，最终渲染效果如下页图所示。

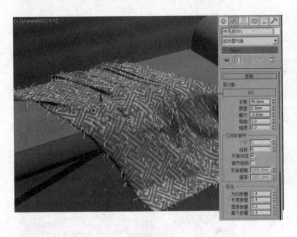 

进阶案例　　VR毛皮制作植物

　　本案例是一个室内场景，主要讲解利用VR毛皮制作植物，最终渲染效果如下图所示。

场景文件	05.max
案例文件	进阶案例——VR毛皮制作植物.max
视频教学	视频/Chapter 17/进阶案例——VR毛皮制作植物.flv
难易指数	★★☆☆☆
技术掌握	掌握【VR毛皮】的运用

Step 01　打开本书配套光盘中的【场景文件/Chapter 17/05.max】文件，如下图所示。

Step 02　按F10，打开渲染器，单击【指定渲染器】卷展栏中的▇按钮，设置渲染器为VRay渲染器，如下图所示。

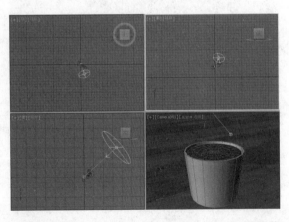 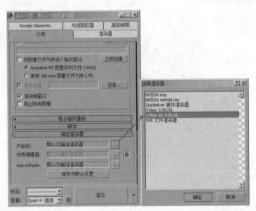

Step 03　选择毛毯模型，在创建面板下单击【几何体】按钮，设置【几何体】类型为【VRay】，然后单击【VR毛皮】按钮，如下页左图所示。此时效果如下页右图所示。

Step 04 单击修改，展开【参数】卷展栏，在【源对象】选项组下拾取花盆，设置【长度】为35mm，【厚度】2mm，【重力】为23mm，【弯曲】为0.4，【锥度】为1，设置【方向参量】为0.8，【长度参量】为1，【厚度参量】为0.6，【重力参量】为0.6，如下图所示。

Step 05 按F9渲染当前场景，最终渲染效果如下图所示。

🔊 **提示：毛发类效果，还能用什么方法模拟？**

　　VR毛皮制作毛发效果是非常真实的，但是相对来说渲染速度也是比较慢的。要想得到毛发效果还有其他几种方法，当然效果不如VR毛发真实。比如使用贴图的方法，如下左图和下中图所示。也可以使用修改器，如下右图所示。

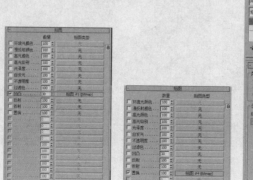

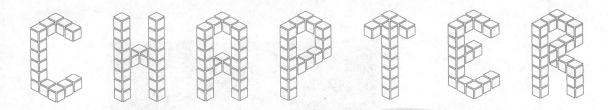

CHAPTER

18

3ds Max动画技术

本章学习要点

- 掌握关键帧动画
- 掌握动画控制器和动画约束器
- 层次和运动学
- 轨迹视图
- 骨骼和Biped动画
- CAT动画和动画工具

动画是3ds Max中难度较大的一个模块，通过学习3ds Max动画技术，可以创建多种动画效果，包括关键帧动画、骨骼动画、Biped动画、CAT角色动画等。这些动画技术可以应用于广告设计、动画设计、游戏设计、建筑浏览动画等行业中。如图所示为优秀作品。

18.1　什么是动画

　　动画的英文翻译为Animation，它是一种综合的艺术，包括了绘画、漫画、电影、数字媒体、摄影、音乐、文学等众多艺术门类。动画的原理非常简单，可以将动画理解为一张张的照片，通过快速播放而产生连贯的动画错觉，如下图所示。

18.1.1　传统动画

　　传统动画包括全动作动画和有限动画。

1. 全动作动画（Full Animation）

　　又称全动画，是传统动画中的一种制作和表现手段。作品有《铁巨人》等，如下左图所示。

2. 有限动画（Limited Animation）

　　也有将其称为限制性动画，这是一种有别于全动画的动画制作和表现形式。作品有《猫和老鼠》等，如下右图所示。

18.1.2　定格动画

　　定格动画包括黏土动画、剪纸动画、实体动画等。

1. 黏土动画（Clay Animation）

　　使用黏土，或橡皮泥甚至是口香糖这些可塑形的材质来制作的定格动画，如下页左图所示。

2. 剪纸动画（Cutout Animation）

以纸或衣料为材质制作的定格动画，在视觉上通常表现为二维平面，如下右图所示。

3. 实体动画（Object animation）

使用积木、玩具、娃娃等制作的定格动画，如右图所示。

18.1.3　电脑动画

电脑动画包括二维动画和三维动画。

1. 二维动画

二维动画也称为2D动画。借助计算机2D位图或矢量图形来创建、修改或编辑动画。下图所示为二维动画作品《千与千寻》和《龙猫》。

2. 三维动画

也称为3D动画，基于3D电脑图形来表现。有别于二维动画，三维动画提供三维数字空间利用数字模型来制作动画。右图所示为三维动画作品《飞屋环游记》。

18.1.4　动画运动规律

1. 挤压和拉伸

　　挤压和拉伸人物或物体会产生灵活性、趣味性，产生更滑稽的效果。当一个对象的宽度增加，高度必须减少相同数量，如下左图所示。

2. 直走行动或人物姿态

　　真实人物的行走运动应符合自然规律，而且要保持正确的比例和反复的循环动作，如下右图所示。

3. 准备

　　很多运动在运动之前需要有一段准备时间，比如人物跳跃时，会先奔跑然后跳跃，这类动画可以理解为准备，如下左图所示。

4. 跟进和重叠的行动

　　有助于使运动更加现实。进一步帮助角色或物体遵循物理定律，从而更接近于现实世界。即使一部分已经停止运动，身体的另外部分也会根据真实的惯性等规律继续运动，如下右图所示。

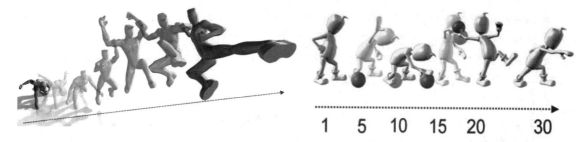

5. 二次操作

　　是指在运动时有一个主要的动作，同时伴随有二次动作，也就是辅助动作。比如人物行走时，走路是主要动作，而抽烟是辅助动作，如下左图所示。

6. 弧

　　很多物体动画、人物动画会产生弧形轨迹，这包括抛出的物体沿抛物线轨迹移动，如下右图所示。

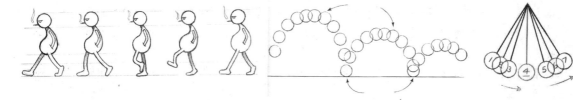

18.2 关键帧动画

【帧】是动画中最小单位的单幅影像画面，相当于电影胶片上的每一格镜头。在动画软件的时间轴上帧表现为一格或一个标记。关键帧动画是指通过在某些时刻创建关键帧而产生动画的效果。并且这些时刻的中间会自动添加过渡动画。

任何动画要表现运动或变化，至少前后要给出两个不同的关键状态。关键帧动画的原理很简单：一定的时间内，对象的属性产生了变化。这一段时间内发生的变化就是动画，如右图所示。

关键帧动画相关工具

1. 关键帧设置

在3ds Max 2015界面的右下角可以看到设置关键帧动画的相关工具，如下左图所示。

- 自动关键点按钮：单击该按钮可以记录关键帧。在该状态下，物体的模型、材质、灯光和渲染都将被记录为不同属性的动画。启用【自动关键点】功能后，时间线会变成红色，拖曳时间线滑块可以控制动画的播放范围和关键帧等，如下右图所示。

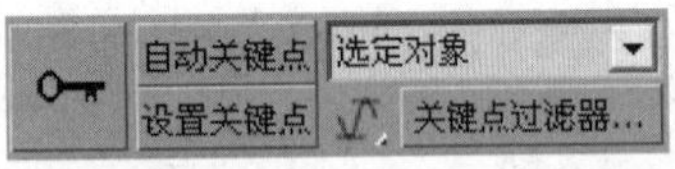

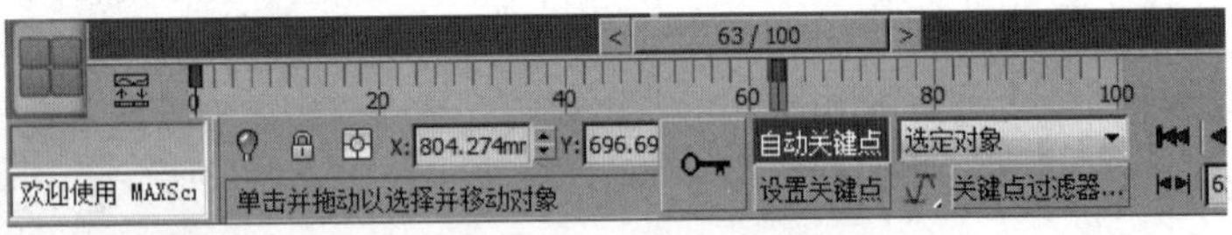

- 设置关键点按钮：激活该按钮后，可以对关键点设置动画。
- 【设置关键点】按钮：如果对当前的效果比较满意，可以单击该按钮（快捷键为K键）设置关键点。
- 选定对象按钮：使用“设置关键点”动画模式时，可快速访问命名选择集和轨迹集。使用此选项可在不同的选择集和轨迹集之间快速切换。
- 【新建关键点的默认内/外切线】按钮：该弹出按钮可为新的动画关键点提供快速设置默认切线类型的方法，这些新的关键点是用设置关键点模式或者自动关键点模式创建的。
- 关键点过滤器...按钮：打开“设置关键点过滤器”对话框，在其中可以指定使用“设置关键点”时创建关键点所在的轨迹。

2. 动画控件

3ds Max 2015还提供了一些控制动画播放的相关工具，如右图所示。

- 【转至开头】按钮：如果当前时间线滑块没有处于第0帧位置，那么单击该按钮可以跳转到第0帧。
- 【上一帧】按钮：将当前时间线滑块向前移动一帧。
- 【播放动画】按钮/【播放选定对象】按钮：单击【播放动画】按钮可以播放整个场景中的所有动画；单击【播放选定对象】按钮可以播放选定对象的动画，而未选定的对象将静止不动。
- 【下一帧】按钮：将当前时间线滑块向后移动一帧。
- 【转至结尾】按钮：如果当前时间线滑块没有处于结束帧位置，那么单击该按钮可以跳转到最后一帧。
- 【时间跳转输入框】：在这里可以输入数字来跳转时间线滑块，比如输入60，按Enter键就可以将时间线滑块跳转到第60帧。

3. 时间控件

● 【关键点模式切换】按钮：单击该按钮可以切换到关键点设置模式。
● 【时间配置】按钮：单击该按钮可以打开【时间配置】对话框，该对话框中的参数将在后面的内容中进行讲解。

4. 时间配置

【时间配置】对话框提供了帧速率、时间显示、播放和动画的设置。可以使用此对话框更改动画的长度或者拉伸或重缩放。还可用于设置活动时间段和动画的开始帧和结束帧。

单击【时间配置】按钮，打开【时间配置】对话框，如右图所示。

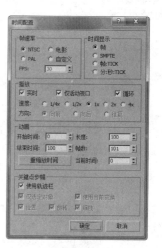

● 帧速率：共有NTSC（30帧/秒）、PAL（25帧/秒）、Film（电影24帧/秒）和Custom（自定义）4种方式可供选择，但一般情况都采用PAL（25帧/秒）方式。

● 时间显示：共有【帧】【SMPTE】【帧:TICK】和【分:秒:TICK】4种方式可供选择。

● 实时：使视图中播放的动画与当前【帧速率】的设置保持一致。

● 仅活动视口：使播放操作只在活动视口中进行。

● 循环：控制动画只播放一次或者循环播放。

● 方向：指定动画的播放方向。

● 开始时间/结束时间：设置在时间线滑块中显示的活动时间段。

● 长度：设置显示活动时间段的帧数。

● 帧数：设置要渲染的帧数。

● 当前时间：指定时间线滑块的当前帧。

● 重缩放时间 按钮：拉伸或收缩活动时间段内的动画，以匹配指定的新时间段。

● 使用轨迹栏：启用该选项后，可使关键点模式遵循轨迹栏中的所有关键点。

● 仅选定对象：在使用【关键点步幅】模式时，该选项仅考虑选定对象的变换。

● 使用当前变换：禁用【位置】【旋转】和【缩放】选项时，该选项可以在关键点模式中使用当前变换。

● 位置/旋转/缩放：指定关键点模式所使用的变换模式。

进阶案例　　关键帧动画制作台灯晃动

本例利用关键帧动画制作台灯晃动的动画，效果如下图所示。

场景文件	01.max
案例文件	进阶案例——关键帧动画制作台灯晃动.max
视频教学	视频/Chapter 18/进阶案例——关键帧动画制作台灯晃动.flv
难易指数	★★★☆☆
技术掌握	掌握自动关键帧的应用

Step 01 打开本书配套光盘中【场景文件/Chapter 18/01.max】，此时场景效果如下左图所示。

Step 02 切换到摄影机视图，选择台灯模型，单击【自动关键点】按钮，拖动时间滑块到第100帧，单击【选择并旋转】工具◎，旋转台灯模型，制作出台灯晃动的动画，如下右图所示。

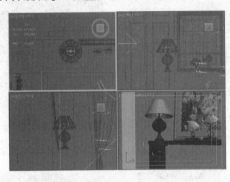
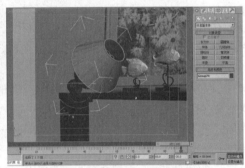

Step 03 切换到摄影机视图，单击【播放动画】按钮▶，观察动画效果，如下图所示。

Step 04 选择动画效果最明显的一些帧，单独渲染出这些单帧动画，最终效果如下图所示。

进阶案例　　楼房生长动画

本例利用切片制作楼房生长动画，效果如下图所示。

场景文件	02.max
案例文件	进阶案例——楼房生长动画.max
视频教学	视频/Chapter 18/进阶案例——楼房生长动画.flv
难易指数	★★★☆☆
技术掌握	掌握切片的应用

Step 01 打开本书配套光盘中【场景文件/Chapter 18/02.max】，此时场景效果如右图所示。

Step 02 切换到摄影机视图，选择楼房模型，在修改面板下加载【切片】修改器，展开【切片】层级，单击【切片平面】　　切片平面　次物体级别，设置【切片类型】为【移除顶部】，单击【自动关键点】按钮，拖动时间滑块到第100帧，单击【选择并移动】工具，向上移动切片平面，制作楼房生长动画，如下图所示。

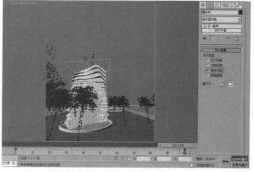

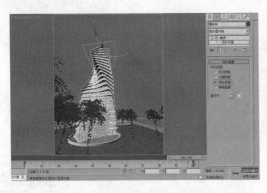 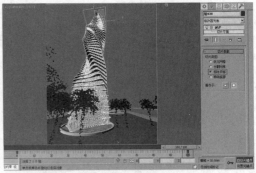

Step 03 切换到摄影机视图，单击【播放动画】按钮▶，观察动画效果，如下图所示。

Step 04 选择动画效果最明显的一些帧，单独渲染出这些单帧动画，最终效果如下图所示。

进阶案例	摄影机动画

本例利用摄影机制作动画，效果如下图所示。

场景文件	03.max
案例文件	进阶案例——摄影机动画.max
视频教学	视频/Chapter 18/进阶案例——摄影机动画.flv
难易指数	★★★☆☆
技术掌握	掌握摄影机动画的应用

Step 01 打开本书配套光盘中【场景文件/Chapter 18.max】，此时场景效果如下左图所示。

Step 02 在创建面板下，单击【摄影机】按钮，设置【摄影机类型】为【标准】，然后单击【目标】按钮，如下右图所示。

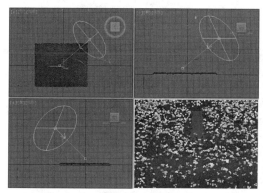

Step 03 选择【摄影机】和【目标】，执行【组】|【组】，在弹出的对话框中单击【确定】，如下左图所示。

Step 04 使用【线】工具，在场景中创建一条下右图所示的线。

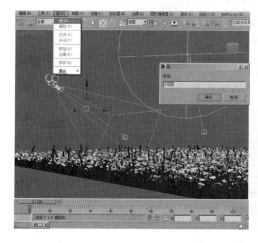
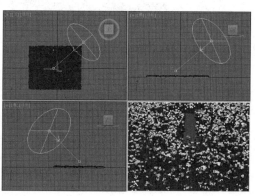

Step 05 选择摄影机，执行【动画】|【约束】|【路径约束】，拾取上一步创建的线，如下左图所示。

Step 06 选择摄影机，单击【运动】面板 ⊙，勾选【跟随】，如下右图所示。

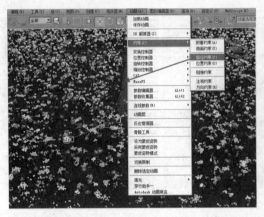 

Step 07 切换到摄影机视图，单击【播放动画】按钮 ▶，观察动画效果，如下图所示。

Step 08 选择动画效果最明显的一些帧，单独渲染出这些单帧动画，最终效果如下图所示。

18.3 动画控制器

　　像约束这样的控制器用于处理场景中的动画任务。这些控制器将存储动画关键点值和程序动画设置，并且在动画关键点值之间插值。动画控制器分为以下几种类别。

　　1. 位置控制器：用于设置对象和选择集位置的动画。

　　2. 旋转控制器：用于设置对象和选择集旋转的动画。

　　3. 缩放控制器：用于设置对象和选择集缩放的动画。

　　"缩放 XYZ"控制器为对象变换的每个缩放轴使用独立的浮点控制器。使用三个单独的缩放轨迹，可单独为每个轴创建缩放关键点，更改单个轴的插值设置或指定轴上的控制器。例如，应用"缩放 XYZ"控制器后，可对轴应用"噪波"或"波形"控制器，以便单独设置该轴的动画。

提示：3ds Max的动画控制器

用于变换动画的默认控制器包括位置、旋转、缩放。要快速访问关键点信息或控制器参数，需要双击"运动"面板或"轨迹视图"层次窗口中的控制器轨迹名称。

虽然3ds Max包含多个不同类型的控制器，但大部分动画还是通过 Bezier 控制器处理。Bezier 控制器在平滑曲线的关键帧之间进行插补。可以通过轨迹栏上的关键点或在"轨迹视图"中调整这些插值的关键点插值。这是控制加速、延迟和其他类型运动的方法。

18.4　动画约束

动画约束是可以帮助自动化动画过程的控制器的特殊类型。通过动画约束可以让一个对象对另外一个对象产生约束效果。比如纸飞机按照一个路径方向跟随、眼球注视物体运动而旋转。选择【动画】|【约束】命令，共包括7个选项，分别是【附着约束】【曲面约束】【路径约束】【位置约束】【链接约束】【注视约束】和【方向约束】，如右图所示。

18.4.1　附着约束

附着约束是一种位置约束，它将一个对象的位置附着到另一个对象的面上（目标对象不用必须是网格，但必须能够转化为网格）。

Step 01 选择长方体模型，执行【附着约束】，如右图所示。

Step 02 此时出现一条虚线，单击平面模型，如下左图所示。

Step 03 最终可以看到长方体被附着到了平面模型表面，如下右图所示。

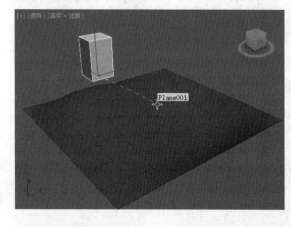
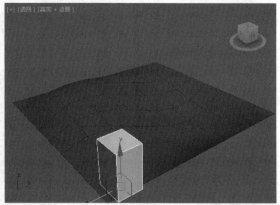

18.4.2　曲面约束

曲面约束能将对象限制在另一对象的表面上。其控件包括"U 向位置"和"V向位置"设置以及对齐选项。

Step 01 选择星形模型，执行【曲面约束】，如右图所示。

Step 02 此时出现一条虚线，单击球体模型，如下页左图所示。

Step 03 最终可以看到星形模型被约束到了球体的曲面表面，如下页右图所示。

  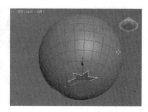 

18.4.3　路径约束

使用路径约束可限制对象的移动：使其沿样条线移动，或在多个样条线之间以平均间距进行移动。

Step 01　选择球体模型，执行【路径约束】，如右图所示。

Step 02　此时出现一条虚线，单击路径的线，如下左图所示。

Step 03　最终可以看到球体沿着路径进行运动，如下右图所示。

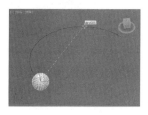 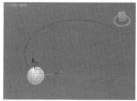 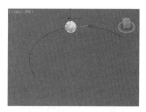 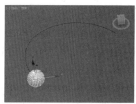

18.4.4　位置约束

位置约束可以根据目标对象的位置或若干对象的加权平均位置对某一对象进行定位。

Step 01　选择球体模型，执行【位置约束】，如右图所示。

Step 02　此时出现一条虚线，单击长方体，如下左图所示。

Step 03　最终可以看到球体被约束到了长方体的位置，如下右图所示。

  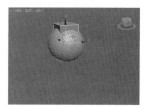 

18.4.5　链接约束

链接约束可以使对象继承目标对象的位置、旋转度以及比例。实际上，这允许您设置层次关系的动画，这样场景中的不同对象便可以在整个动画中控制应用了"链接"约束的对象的运动了，如下页图所示。

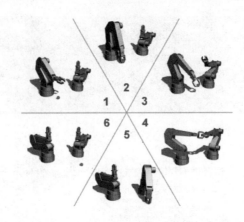

18.4.6　注视约束

注视约束会控制对象的方向，使它一直注视另外一个或多个对象。它还会锁定对象的旋转，使对象的一个轴指向目标对象或目标位置的加权平均值。注视轴指向目标，而上方向节点轴定义了指向上方的轴。如果这两个轴重合，可能会产生翻转的行为。这与指定一个目标摄影机直接向上相似。

附着约束(A)
曲面约束(S)
路径约束(P)
位置约束(O)
链接约束
注视约束
方向约束(R)

Step 01　选择辅助对象【点】，执行【注视约束】，如右图所示。

Step 02　此时出现一条虚线，单击球体，如下左图所示。

Step 03　球体跟随点的位置运动而旋转，类似人的眼球转动效果，如下右图所示。

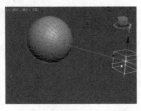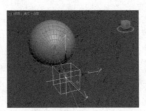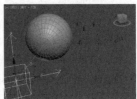

18.4.7　方向约束

方向约束会使某个对象的方向沿着目标对象的方向或若干目标对象的平均方向运动，如右图所示。

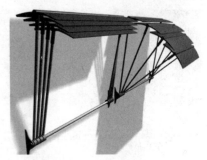

18.5　层次和运动学

当设置角色（人体形状或其他）、机械装置或复杂运动的动画时，可以通过将对象链接在一起以形成层次或链来简化过程。在已链接的链中，其中链的运动可能会带动其他的链一起运动。

其中存在两种类型的运动学，分别是正向运动学（FK）和反向运动学（IK）。

正向运动学（FK），可以变换父对象来移动它的派生对象（它的子对象，它们的子对象等）。

反向运动学（IK），可以变换子对象来移动它的祖先（位于链上方的父对象等）。可以使用 IK 将对象粘在地面上或其他曲面上，同时允许链脱离对象的轴旋转。

18.5.1　层次

生成计算机动画时，最有用的工具之一是将对象链接在一起以形成链的功能。通过将一个对象与另一个对象相链接，可以创建父子关系。应用于父对象的变换同时将传递给子对象。链也称为层次，如右图所示。

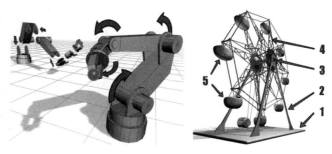

提示：链接对象

使用"选择并链接"按钮▨和"断开选择"▨按钮可以在场的对象之间创建和断开链接。

18.5.2　正向运动学（FK）

从父对象传递到子对象的仅有变换。使用移动、旋转或缩放设置父对象动画的同时，也设置了附加到父对象上的子树动画。父对象修改器或创建参数的动画不会影响其派生对象。

例如，考虑下图中的两个长方体。较大的长方体是较小长方体的父对象。轴和长方体之间的链接表明了链接是如何工作的。链接从父对象的轴延伸并连接到子对象的轴。可以将子对象的轴视为父对象和子对象之间的关节。

1. 父对象和子对象通过它们的轴点链接到一起，如下左图所示。

2. 旋转父对象将影响子对象的位置和方向，如下中图所示。

3. 旋转子对象不影响父对象。

链接作为一个单向的管道将父对象的变换传输到子对象。如果移动、旋转或缩放父对象，子对象将以相同的量移动、旋转或缩放。由于层次是单向的，因此移动、旋转或缩放子对象不会影响父对象，如下右图所示。

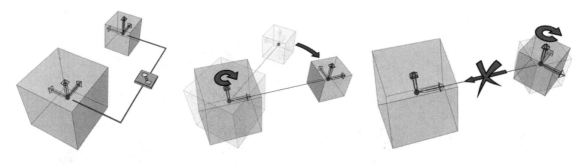

4. 操纵层次。

子对象继承父对象的变换，父对象沿着层次向上继承其祖先对象的变换，直到根节点。由于正向运动学使用这样的一种继承方式，所以必须以从上到下的方式设置层次的位置和动画，如下页图所示。

18.5.3 反向运动学（IK）

反向运动学（IK）也是一种设置动画的方法，它是从叶子而不是根开始进行工作的。下面以使用IK设置腿部动画为例进行介绍。

选择顶端的一个骨骼，执行【动画】|【IK 解算器】|【IK肢体解算器】，如下左图所示。此时出现一条虚线，单击脚部的骨骼，如下右图所示。

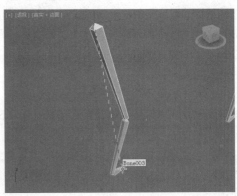

此时会出现一个十字形的图标，选择该图标进行移动可以看到产生了类似人物抬腿的动作，如下左图和下右图所示。

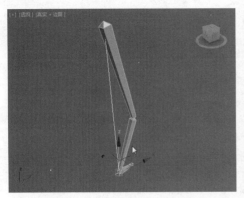

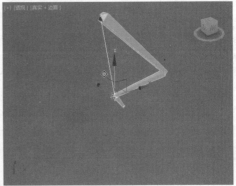

18.5.4　层次面板命令

如果使用"选择并链接"命令或系统（如骨骼）设置层次，则可以使用"层次"面板对其进行管理。

1. 轴：每个对象都具有代表其局部坐标中心和局部坐标系统的轴点。如下左图所示。

● "调整轴"卷展栏：随时可以使用"调整轴"卷展栏中的工具来调整对象轴点的位置和方向。调整对象的轴点不会影响链接到该对象的任何子对象。

● "工作轴"卷展栏：作为备选的对象自有轴，可以使用工作轴来为场景中的任意对象应用变换。例如，可以在场景中旋转有关层次、持久点的对象，而不会干扰对象的自有轴。

● "调整变换"卷展栏：使用"调整变换"卷展栏中的按钮可以变换对象及其轴，而不会影响其子对象。调整对象的变换不会影响链接到该对象的任何子对象。

● "蒙皮姿势"卷展栏：这些控制的功能与用于设置角色动画的复制/粘贴系统一样。

2. IK："IK"卷展栏包含用于继承 IK 和 HD IK 解算器的控件。如下中图所示。

● "反向运动学"卷展栏基于对选定层次应用的 IK 解算器显示不同控件。

● 使用"对象参数"卷展栏可以设置整个层次链的 IK 参数。

● "自动终结"控件向终结点临时指定从选定对象开始特定数量的上行层次链链路。

● "位置 XYZ 参数"控制器将 X、Y 和 Z 组件分为三个单独轨迹，与 Euler XYZ 旋转控制器相似。

● "关键点信息(基本)"卷展栏和对话框更改一个或多个选定关键点的动画值、时间和插值方法。

● "关键点信息(高级)"卷展栏和对话框包含除"关键点信息(基本)"卷展栏和对话框上的关键点设置以外的其他关键点设置。

● "转动关节卷展栏"在反向运动学中，操作关节的方法是在一根或更多的轴上允许运动，在其余的轴上限制运动。

3. 链接信息：此部分的"层次"面板包含两个卷展栏。"锁定"卷展栏具有可以限制对象在特定轴中移动的控件。"继承"卷展栏具有可以限制子对象继承其父对象变换的控件。如下右图所示。

● "锁定"卷展栏："锁定"卷展栏将锁定对象所具有的沿着特定局部轴变换的功能。

● "继承"卷展栏："继承"卷展栏限制子对象继承的变换。

18.6　轨迹视图

【轨迹视图】在3ds Max中用于显示和修改场景中的动画数据。另外，可以使用【轨迹视图】来指定动画控制器，以便插补或控制场景中对象的所有关键点和参数。包括两部分，分别是【曲线编辑器】和【摄影表】，如右图所示。

18.6.1　曲线编辑器

【曲线编辑器】是动画制作中非常重要的知识，它的工作原理是通过曲线的形式更为直观地展示各个变换轴向中对象的动画曲线，并且可以进行调整，让动画转折更为柔和、真实。单击主工具栏中的【曲线编辑器（打开）】按钮，打开【轨迹视图-曲线编辑器】对话框，如下页图所示。

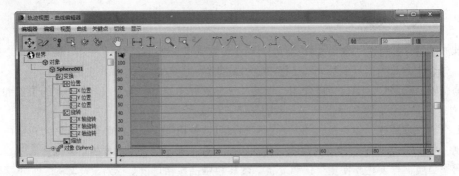

可以选择某些属性，如X位置、Y位置、Z位置，在【轨迹视图-曲线编辑器】对话框中就会有与之相对应的曲线，下图所示为【位置】属性的【x位置】【y位置】和【z位置】曲线。

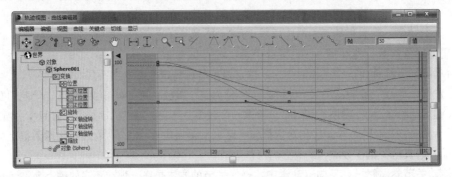

使用曲线编辑器，可以将动画中的关键帧前和后的动作设计得更连贯。下图所示为修改之前的曲线，转折强烈。

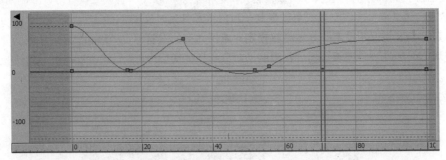

下图所示为修改后的曲线很平顺。

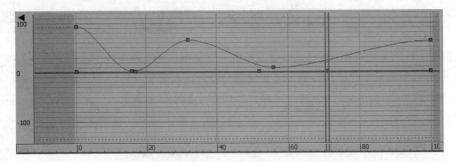

1. 关键点控制工具

【关键点控制：轨迹视图】工具栏中的工具主要用来调整曲线基本形状，同时也可以调整关键帧和添加关键点，如下页右图所示。

- 【移动关键点】按钮 /【水平移动关键点】按钮 /【垂直移动关键点】按钮 ：在函数曲线图上任意、水平或垂直移动关键点。

- 【绘制曲线】按钮 ：可使用该选项绘制新曲线，或直接在函数曲线图上绘制草图来修改已有曲线。
- 【插入关键点】按钮 ：在现有曲线上创建关键点。
- 【区域工具】按钮 ：使用此工具可以在矩形区域中移动和缩放关键点。
- 【调整时间工具】按钮 ：使用该工具可以进行时间的调节。
- 【对全部对象从定时工具】按钮 ：使用该工具可以对全部对象进行从定时间。

2. 导航工具

【导航：轨迹视图】工具栏中的工具可以控制平移、水平方向最大化显示、最大化显示值、缩放、缩放区域、孤立曲线工具，如右图所示。

- 【平移】按钮 ：该选项可以控制平移轨迹视图。
- 【框显水平范围】按钮 ：该选项用来控制水平方向的最大化显示效果。
- 【框显值范围】按钮 ：该选项用来控制最大化显示数值。
- 【缩放】按钮 ：该选项用来控制轨迹视图的缩放效果。
- 【缩放区域】按钮 ：该选项可以通过拖动鼠标左键对区域进行缩放。
- 【孤立曲线】按钮 ：该选项用来控制孤立的曲线。

3. 关键点切线工具

【关键点切线：轨迹视图】工具栏中的工具主要用来调整曲线的切线，如右图所示。

- 【将切线设置为自动】按钮 ：选择关键点后，单击该按钮可以切换为自动切线。
- 【将切线设置为自定义】按钮 ：将关键点设置为自定义切线。
- 【将切线设置为快速】按钮 ：将关键点切线设置为快速内切线或快速外切线，也可以设置为快速内切线兼快速外切线。
- 【将切线设置为慢速】按钮 ：将关键点切线设置为慢速内切线或慢速外切线，也可以设置为慢速内切线兼慢速外切线。
- 【将切线设置为阶跃】按钮 ：将关键点切线设置为阶跃内切线或阶跃外切线，也可以设置为阶跃内切线兼阶跃外切线。
- 【将切线设置为线性】按钮 ：将关键点切线设置为线性内切线或线性外切线，也可以设置为线性内切线兼线性外切线。
- 【将切线设置为平滑】按钮 ：将关键点切线设置为平滑切线。

4. 切线动作工具

【切线动作：轨迹视图】工具栏中提供的工具可用于统一和断开动画关键点切线，如右图所示。

- 【断开切线】按钮 ：允许将两条切线（控制柄）连接到一个关键点，使其能够独立移动，以便不同的运动能够进出关键点。选择一个或多个带有统一切线的关键点，然后单击"断开切线"。
- 【统一切线】按钮 ：如果切线是统一的，按任意方向移动控制柄，从而控制柄之间保持最小角度。选择一个或多个带有断开切线的关键点，然后单击"统一切线"。

5. 关键点输入工具

【关键点输入：轨迹视图】工具栏中包含用于从键盘编辑单个关键点的字段，如右图所示。

- 帧：显示选定关键点的帧编号。可以输入新的帧数或输入一个表达式，以将关键点移至其他帧。
- 值：显示高亮显示的关键点的值。可以输入新的数值或表达式来更改关键点的值。

使用【曲线编辑器】之前，首先要创建一个动画。下图所示可以为模型创建一个球体下落并弹起的动画。

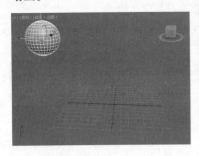  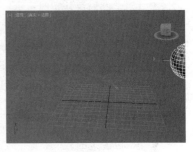

此时打开曲线编辑器，可以看到球体在X、Y、Z三个轴向的位置的曲线，选择顶点并调整曲线的效果，如下图所示。

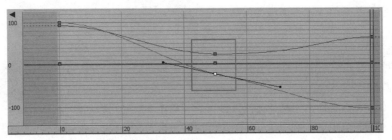

18.6.2 摄影表

"摄影表"编辑器使用"轨迹视图"在水平图形上显示随时间变化的动画关键点。这种以图形的方式显示调整动画计时的简化操作，可以在一个类似电子表格中看到所有的关键点，如下图所示。

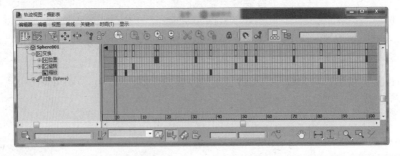

【编辑关键点模式】按钮 ：："编辑关键点"处于活动状态时，关键帧以矩形内的长方体显示在栅格上。代码带有颜色的关键点显示哪一帧被设置为关键帧（位置是红色、比例是蓝色、旋转是绿色），如下页左图所示。

【编辑范围模式】按钮 ："编辑范围"处于活动状态时，动画轨迹会以范围栏显示出来，且单独的关键点均不可见。当您仅要更改操作执行时间或操作开始和结束的时间，而不是动画范围内的特定关键点时，请使用此模式，如下页右图所示。

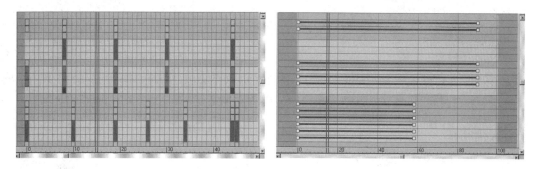

【修改子树】按钮 ![] | 【修改子关键点】按钮 ![]：在摄影表模式下工作时，可以切换修改子树和修改子关键点，可用来分别自动移动子树的轨迹和子对象的关键点。如果在使用"摄影表"时体验一下减速，请尝试禁用这些选项并手动移动关键点。在"摄影表"中，"修改子树"默认为启用，但"修改子对象关键点"则为禁用。下图所示为修改子树的效果。

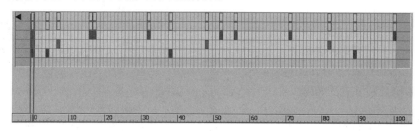

下图所示为修改子关键点的效果。

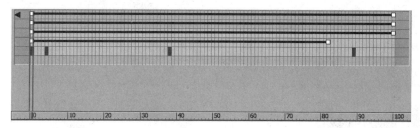

18.7　骨骼

骨骼系统是骨骼对象的一个有关节的层次链接，可用于设置其他对象或层次的动画。在3ds Max中常使用骨骼系统为角色创建骨骼动画。执行【创建】 ![] | 【系统】 ![] | 标准 ![▼] | ![骨骼] ，如下左图所示。

鼠标左键单击4次，鼠标右键单击1次，即可完成下中图所示的创建。

单击 ![骨骼] 按钮时，可以看到【IK链指定】卷展栏，如下右图所示。

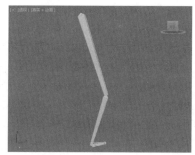

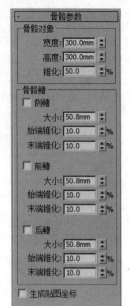

- "IK 解算器"下拉列表：如果启用了"指定给子对象"，则指定要自动应用的 IK 解算器的类型。
- 指定给子对象：如果启用，则将在 IK 解算器列表中命名的 IK 解算器指定给最新创建的所有骨骼（除第一个根骨骼之外）。如果禁用，则为骨骼指定标准的"PRS 变换"控制器。默认设置为禁用状态。
- 指定给根：如果启用，则为最新创建的所有骨骼（包括第一个根骨骼）指定IK解算器。

选择骨骼，单击修改，可以看到其参数设置面板，如右图所示。

- 宽度：设置骨骼的宽度。
- 高度：设置骨骼的高度。
- 锥化：调整骨骼形状的锥化。值为 0 的锥化可以生成长方体形状的骨骼。
- 侧鳍：向选定骨骼添加侧鳍。
- 大小：控制鳍的大小。
- 始端锥化：控制鳍的始端锥化。
- 末端锥化：控制鳍的末端锥化。
- 前鳍：向选定骨骼添加前鳍。
- 后鳍：向选定骨骼的后面添加鳍。

通过修改参数，可以让骨骼产生更多的变化，如下左图和下右图所示。

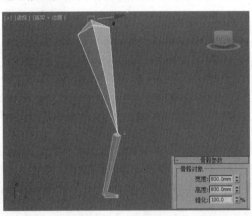

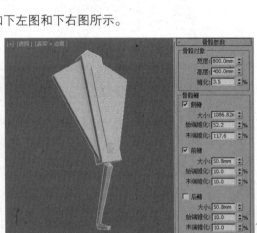

只要未给骨骼指定 IK 解算器或方法，即可对骨骼应用约束。如果骨骼具有指定的 IK 控制器，则只能约束层次或链的根。不过，对链接的骨骼应用位置控制器或约束会产生意外的影响，如使骨骼链断裂，如右图所示。

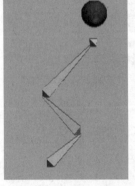

为避免此问题，不要直接对子级骨骼应用位置控制器，而应创建一个 IK 链，然后对 IK 链的终端效应器应用控制器，如下页图所示。

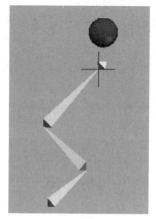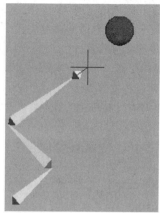

18.8　Biped对象动画

Biped是一个3ds Max组件，可以从"创建"面板访问。在创建Biped后，使用"运动"面板中的"Biped 控制"可对其进行相关设置。通过 Biped 提供的工具，可以设计角色的体形和运动并设置其动画。参数设置面板如右图所示。

18.8.1　创建Biped对象

在视图中拖曳即可创建一个Biped，如右1图所示。

单击【运动】面板，其中包括13个卷展栏，分别是【指定控制器】【Biped应用程序】【Biped】【轨迹选择】【四元数/Euler】【扭曲姿势】【弯曲链接】【关键点信息】【关键帧工具】【复制/粘贴】【层】【运动捕捉】和【动力学和调整】，如右2图所示。

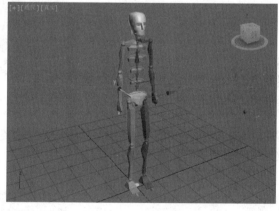

18.8.2　修改Biped对象

单击【体型模式】按钮，可以切换并看到结构的参数。此时即可调整骨骼的基本参数，如下页右图所示。

- 手臂：手臂和肩部是否包含在 Biped 中。
- 颈部链接：Biped 颈部的链接数。默认设置为 1。范围从 1 到 25。
- 脊椎链接：Biped 脊椎上的链接数。默认设置为 4。范围从 1 到 10。
- 腿链接：Biped 腿部的链接数。默认设置为 3。范围从 3 到 4。
- 尾部链接：Biped 尾部的链接数。值0表明没有尾部。

- 马尾辫1/2链接：马尾辫链接的数目。
- 手指：Biped手指的数目。默认设置为1。范围从0到5。
- 手指链接：每个手指链接的数目。
- 脚趾：Biped脚趾的数目。
- 脚趾链接：每个脚趾链接的数目。
- 小道具 1/2/3：至多可以打开三个小道具，这些道具可以用来表示附加到 Biped 的工具或武器。
- 踝部附着：踝部沿着相应足部块的附着点。
- 高度：当前 Biped 的高度。
- 三角形骨盆：附加"Physique"后，启用该选项可以创建从大腿到 Biped 最下面一个脊椎对象的链接。
- 三角形颈部：启用此选项后，将锁骨链接到顶部脊椎链接，而不链接到颈部。
- 指节：启用该选项后，将使用符合解剖学特征的手部结构，每个手指均有指骨。

在【结构】卷展栏中可以设置每个部分的参数，因此不仅可以制作出人类的骨骼效果，也可以模拟抽象角色的骨骼效果。参数如下左图所示，效果如下右图所示。

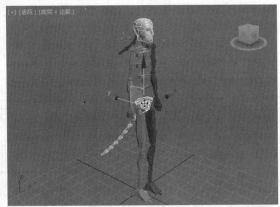

18.8.3 调整Biped姿态

设置完成Biped的基本参数后，当然还可以调整Biped的姿态。同样需要单击【体型模式】按钮，此时就可以对部分骨骼对象进行移动、旋转、缩放等操作。选择脊柱最下方的骨骼，并可以进行旋转，如下左图和下右图所示。

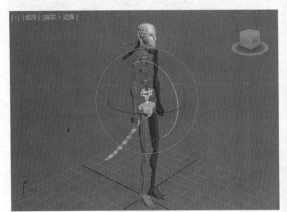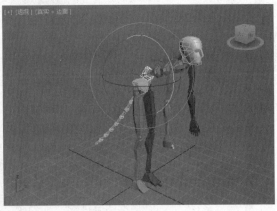

选择小腿的骨骼对象，可以进行移动，可以看到Biped产生了抬腿的动作，如下左图和下右图所示。

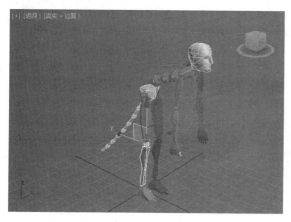 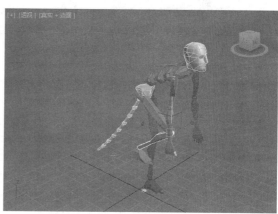

选择脚部的骨骼对象，继续进行移动，如下左图和下右图所示。

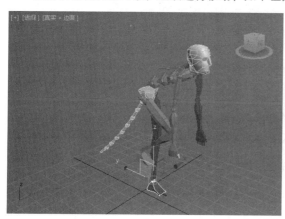 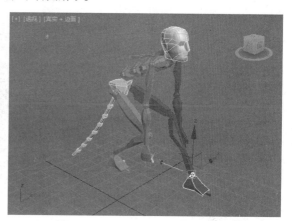

选择大脚部的骨骼对象，进行缩放，可以将该部分骨骼缩放大小尺寸，如下左图和下右图所示。

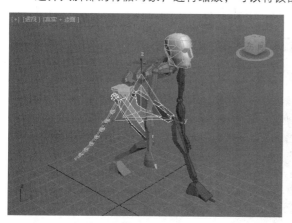 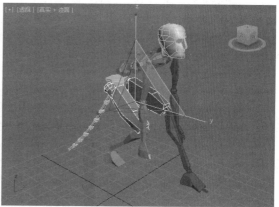

18.8.4　足迹模式

单击【足迹模式】按钮，即可切换参数。其参数设置面板如下页右图所示。

● 创建足迹（附加）：启用“创建足迹”模式。通过在任意视口上单击手动创建足迹。

- 创建足迹（在当前帧上）：在当前帧创建足迹。
- 创建多个足迹：自动创建行走、跑动或跳跃的足迹图案。在使用"创建多个足迹"之前选择步态类型。
- 行走：将 Biped 的步态设置为行走。添加的任何足迹都含有行走特征，直到更改为其他模式（跑动或跳跃）。
- 跑动：将 Biped 的步态设为跑动。添加的任何足迹都含有跑动特征，直到更改为其他模式（行走或跳跃）。
- 跳跃：将 Biped 的步态设为跳跃。添加的任何足迹都含有跳跃特征，直到更改为其他模式（行走或跑动）。
- 行走足迹（仅用于行走）：指定在行走期间新足迹着地的帧数。
- 双脚支撑（仅用于行走）：指定在行走期间双脚都着地的帧数。

Step 01 单击【创建足迹（在当前帧上）】按钮，如下左图所示。

Step 02 切换到顶视图，此时会出现一个脚部的图标，说明可以创建脚部了，如下右图所示。

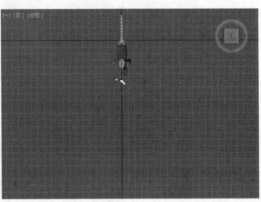

Step 03 单击鼠标左键即可创建脚部，而且需要注意的是需要一左一右地创建脚部，如下左图所示。

Step 04 最后单击【为非活动足迹创建关键点】按钮，如下右图所示。

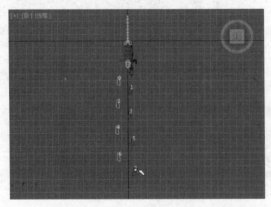

Step 05 此时Biped对象的前方已经出现了脚部，并且Biped对象的姿态是准备走路的效果，如下页左图所示。

Step 06 拖动时间线即可观看人物行走的动画，如下页右图所示。

18.8.5 保存和加载BIP动画

单击【保存文件】按钮■，即可将当前制作的动画保存为一个.bip格式的文件，如下左图所示。

单击【加载文件】按钮■，即可加载.bip格式的动作文件，如下右图所示。

 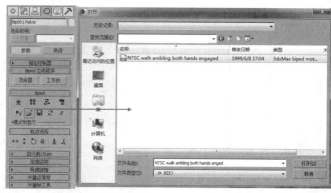

加载完成后，拖动时间线可以看到人物产生了加载的动画效果，如下图所示。

 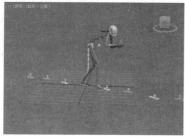 

进阶案例	加载BIP文件制作动画

本例利用加载BIP文件制作动画，效果如下图所示。

场景文件	04.max	
案例文件	进阶案例——加载BIP 文件制作动画.max	 
视频教学	视频/Chapter 18/进阶 案例——加载BIP文件 制作动画.flv	
难易指数	★★★☆☆	
技术掌握	掌握【BIP动作库】的 应用	

Step 01 打开本书配套光盘中的【场景文件/Chapter 18/04.max】文件，如右1图所示。

Step 02 在【创建】面板中单击【系统】按钮，设置系统类型为【标准】，单击【Biped】按钮，如右2图所示。

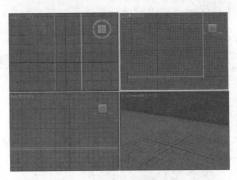

Step 03 在场景中拖曳创建一个Biped，如右1图所示。

Step 04 选择上一步创建的Biped，单击进入【运动】面板，展开【Biped】卷展栏，单击【加载文件】按钮，如右2图所示。

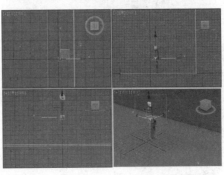

Step 05 此时在场景中弹出【打开】面板，然后找到本书配套光盘中的【NTSC walk ambling both hands engaged.bip】文件，如下左图所示。在弹出的对话框中单击【确定】按钮，如下右图所示。

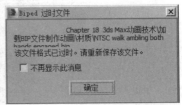

Step 06 拖动时间线滑块，在摄影机视图中出现了人物行走的动画，如下页图所示。

Step 07 此时渲染效果如下图所示。

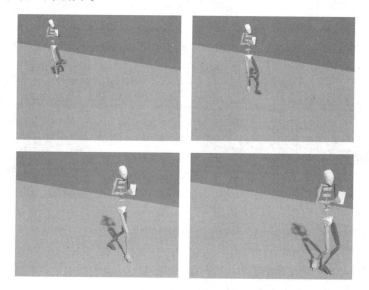

18.9　CAT对象动画

CATRig 是定义CAT骨骼动画系统的层次。它是一个快速、复杂而又灵活多变的角色装备，旨在用于创建需要的角色，而不必编写脚本。其参数设置面板如右1图所示。

- **CAT 肌肉** 按钮：属于非渲染、多段式辅助对象，最适合用于在拉伸和变形时需要保持相对一致的大面积，如肩膀和胸部，如右2图所示。

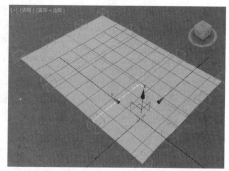

- 肌肉股 按钮：肌肉股是一种用于角色蒙皮的非渲染辅助对象，其作用类似于两个点之间的 Bezier 曲线，如下左图所示。
- CAT父对象 按钮：每个CATRig都有一个CAT父对象。CAT父对象是在创建装备时在每个装备下显示的带有箭头的三角形符号，可将此符号视为装备的角色节点，如下右图所示。

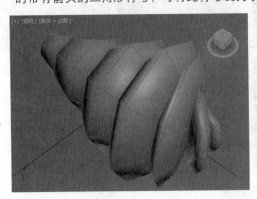
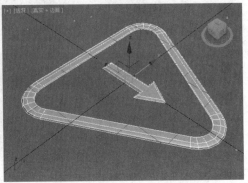

单击【CAT父对象】，即可选择合适的CATRig类型，如下左图所示。

下右图所示为几种CATRig类型的效果。

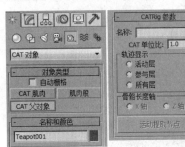

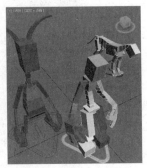

进阶案例 利用CAT对象制作行走动画

本案例是利用CAT对象制作行走动画，最终效果如下图所示。

场景文件	05.max
案例文件	进阶案例——CAT对象制作行走动画.max
视频教学	视频/Chapter 18/进阶案例——CAT对象制作行走动画.flv
难易指数	★★★☆☆
技术掌握	掌握CAT对象的使用

操作步骤

Part 1　创建CAT对象

Step 01 打开本书配套光盘中【场景文件/Chapter 18/05.max】，此时场景效果如下左图所示。

Step 02 在【创建面板】下单击【辅助对象】按钮，设置【辅助对象类型】为【CAT对象】，单击【CAT父对象】按钮，展开【CATRig加载保存】卷展栏，单击【Ape】，如下右图所示。

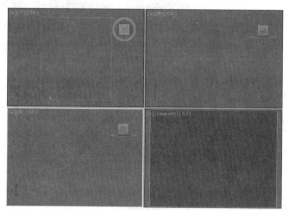 

Step 03 在场景中拖曳进行创建，如右1图所示。

Step 04 单击【修改】面板图标，展开【CATRig参数】卷展栏，设置【CAT单位比】为0.3，如右2图所示。

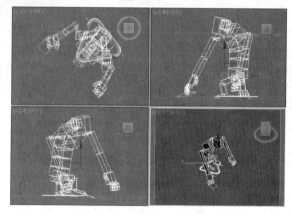 

Part 2　创建动画

Step 01 将此时的CAT移动到下左图所示的位置。

Step 02 使用【线】工具，在场景中创建一条下右图所示的线。

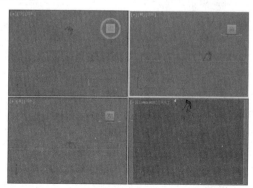 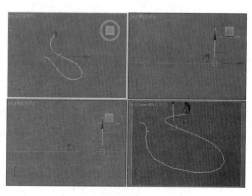

Step 03 在【创建面板】中单击【辅助对象】按钮，设置【辅助对象类型】为【标准】，单击【点】按钮，如右1图所示。

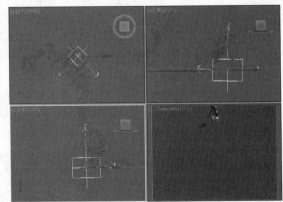

Step 04 单击拖曳创建一个节点，位置如右2图所示。

Step 05 选择上一步创建的节点，然后单击修改，勾选【中心标记】【三轴架】【交叉】和【长方体】，并设置【大小】为20mm，如右1图所示。

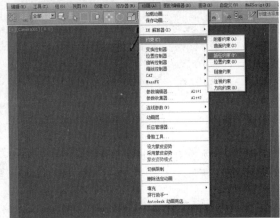

Step 06 选择刚才创建节点，执行【动画】|【约束】|【路径约束】，最后单击刚才创建的线，如右2图所示。

Step 07 此时节点已经产生了一个路径约束动画效果。选择骨骼的底座，单击【运动】按钮，展开【层管理器】卷展栏，单击按钮，如右1图所示。

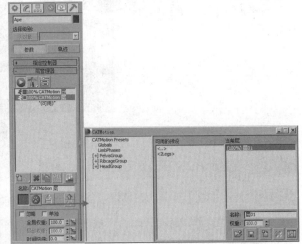

Step 08 单击按钮，此时会弹出【CATMotion】对话框，如右2图所示。

Step 09 在【CATMotion】对话框中单击【Globals】，并在【行走模式】选项组中单击【路径节点】按钮，最后单击拾取场景中的节点，如下页左图所示。

Step 10 此时将【行走模式】选择为【路径节点行走】，如下页右图所示。

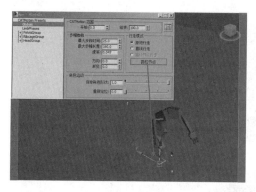 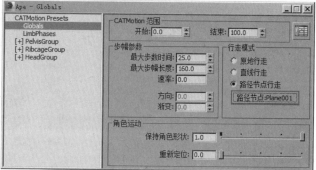

Step 11 在【层管理器】卷展栏中单击 按钮，如右1图所示。此时会并变成 按钮，CAT模型已经变成运动形式，拖动时间线滑块可以看到CAT已经产生了行走的动画效果，但是身体是平躺的，如右2图所示。

Step 12 选择节点，单击【运动】面板，接着勾选【跟随】，设置【轴】为【Y】，如下左图所示。

Step 13 此时可以看到CAT的位置产生了变化，如下中图所示。

Step 14 选择节点，使用【选择并旋转】工具 ，沿Y轴旋转90°，此时CAT的位置是正确的，如下右图所示。

 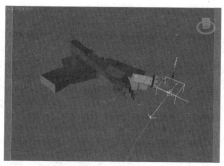 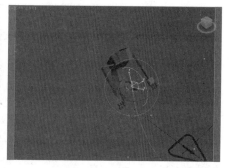

Step 15 拖动时间线滑块查看动画效果，如下图所示。

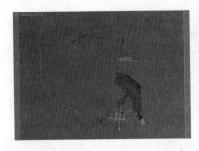

Step 16 最终渲染效果如下图所示。

🔊 **提示：调整CAT单位比的大小**

创建不同大小的装备时，先创建一个装
备，然后在调整属性之前使用CAT单位
比重新调整大小，这是一种比较简单的方
法。采用这种方法，在绑定之间传输动画
设置时更容易获得正确缩放的数值。右
图所示为不同的CAT单位比的效果。

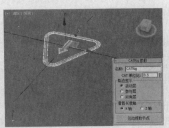

18.10 动画工具

3ds Max提供了许多实用程序（在"实用程序"面板中），用于帮助
设置场景动画。其中包括蒙皮工具、运动捕捉工具、摄影机跟踪器工具和
MACUtilitise工具等。右图所示为实用程序工具。

18.10.1 蒙皮工具

蒙皮修改器可以添加到模型上，并拾取骨骼，使得骨骼在产生运动时带动模型进行运动。蒙皮的原理就是将骨骼和皮肤进行蒙皮绑定。其参数设置面板如右图所示。

- 编辑封套 按钮：激活该按钮可以进入子对象层级，进入子对象层级后可以编辑封套和顶点的权重。

- 顶点：启用该选项后可以选择顶点，并且可以使用 收缩 工具、 扩大 工具、 环 工具和 循环 工具来选择顶点。

- 添加 按钮/ 移除 按钮：使用 添加 工具可以添加一个或多个骨骼；使用 移除 工具可以移除选中的骨骼。

- 半径：设置封套横截面的半径大小。

- 挤压：设置所拉伸骨骼的挤压倍增量。

- 【绝对/相对】按钮 A / R ：用来切换计算内外封套之间的顶点权重的方式。

- 【封套可见性】按钮 ✓ / ✓ ：用来控制未选定的封套是否可见。

- 【缓慢衰减】按钮 ↙ ：为选定的封套选择衰减曲线。

- 【复制】按钮 ▣ /【粘贴】按钮 ▣ ：使用【复制】工具 ▣ 可以复制选定封套的大小和图形；使用【粘贴】工具 ▣ 可以将复制的对象粘贴到所选定的封套上。

- 绝对效果：设置选定骨骼相对于选定顶点的绝对权重。

- 刚性：启用该选项后，可以使选定顶点仅受一个最具影响力的骨骼的影响。

- 刚性控制柄：启用该选项后，可以使选定面片顶点的控制柄仅受一个最具影响力的骨骼的影响。

- 规格化：启用该选项后，可以强制每个选定顶点的总权重合计为1。

- 【排除/包含选定的顶点】按钮 ⊘ / ⊙ ：将当前选定的顶点排除/添加到当前骨骼的排除列表中。

- 【选定排除的顶点】按钮 ⊘ ：选择所有从当前骨骼排除的顶点。

- 【烘焙选定顶点】按钮 ▣ ：单击该按钮可以烘焙当前的顶点权重。

- 【权重工具】按钮 ⚬ ：单击该按钮可以打开【权重工具】对话框。

- 权重表 按钮：单击该按钮可以打开【蒙皮权重表】对话框，在该对话框中可以查看和更改骨架结构中所有骨骼的权重。

- 绘制权重 按钮：使用该工具可以绘制选定骨骼的权重。

- 【绘制选项】按钮 ⋯ ：单击该按钮可以打开【绘制选项】对话框，在该对话框中可以设置绘制权重的参数。

- 绘制混合权重：启用该选项后，通过均分相邻顶点的权重，可以基于笔刷强度来应用平均权重，这样可以缓和绘制的值。

- 镜像模式 按钮：将封套和顶点从网格的一个侧面镜像到另一个侧面。

- 【镜像粘贴】按钮 ▣ ：将选定封套和顶点粘贴到物体的另一侧。

- 【将绿色粘贴到蓝色骨骼】按钮 ▷ ：将封套设置从绿色骨骼粘贴到蓝色骨骼上。

- 【将蓝色粘贴到绿色骨骼】按钮 ◁ ：将封套设置从蓝色骨骼粘贴到绿色骨骼上。

- 【将绿色粘贴到蓝色顶点】按钮 ▷ ：将各个顶点从所有绿色顶点粘贴到对应的蓝色顶点上。

● 【将蓝色粘贴到绿色顶点】按钮 ▣ ：将各个顶点从所有蓝色顶点粘贴到对应的绿色顶点上。

● 镜像平面：用来选择镜像的平面是左侧平面还是右侧平面。

● 镜像偏移：设置沿【镜像平面】轴移动镜像平面的偏移量。

● 镜像阈值：在将顶点设置为左侧或右侧顶点时，使用该选项可设置镜像工具能观察到的相对距离。

18.10.2 "运动捕捉"工具

使用外部设备（如MIDI键盘、游戏杆和鼠标），"运动捕捉"工具可以驱动动画。驱动动画时，可以对其进行实时记录。

单击【实用程序】 ↗ | 运动捕捉 按钮，如右1图所示。此时可以打开运动【捕捉面板】的参数，如右2图所示。

● 开始/停止/测试：控制运动捕捉的开始、停止、测试。

● 测试期间播放：启用并单击"测试"后，场景中的动画将会在测试运动期间循环播放。

● 开始/停止：显示"开始/停止触发器设置"对话框。

● 启用：使用指定的 MIDI 设备而不使用"开始""停止"和"测试"按钮进行记录。

● 全部：向"记录控制"组分配所有轨迹。

● 反转：选定轨迹后，将会向"记录控制"区域分配未选定的轨迹。

● 无：不向"记录控制"组分配轨迹。

● 预卷：指定按下"开始"按钮时开始播放动画所在的帧编号。

● 输入/输出：指定单击"开始"后记录开始/结束所在的帧编号。

● 预卷期间激活：激活该选项时，运动捕捉在整个预卷帧期间都处于活动状态。

● 每帧：使用这两个单选按钮，每帧可以选择一个或两个采样。

● 减少关键点：减少捕捉运动时生成的关键点。

18.10.3 摄影机跟踪器工具

"摄影机跟踪器"工具通过设置3ds Max中摄影机运动的动画来同步背景，以便与用于拍摄影片的真实摄影机的运动相匹配，如右1图和右2图所示。

18.10.4 MACUtilities工具

　　可以使用Motion Analysis Corporation工具将最初以TRC格式记录的运动数据转换为Character Studio标记（CSM）格式。这样允许轻松将运动映射到Biped上，如右1图和右2图所示。

<table>
<tr><td>进阶案例</td><td>金鱼骨骼动画</td></tr>
</table>

　　本案例是利用骨骼对象制作金鱼骨骼动画，最终效果如下图所示。

场景文件	06.max
案例文件	进阶案例——金鱼骨骼动画.max
视频教学	视频/Chapter 18/进阶案例——金鱼骨骼动画.flv
难易指数	★★★★★
技术掌握	掌握骨骼对象的使用

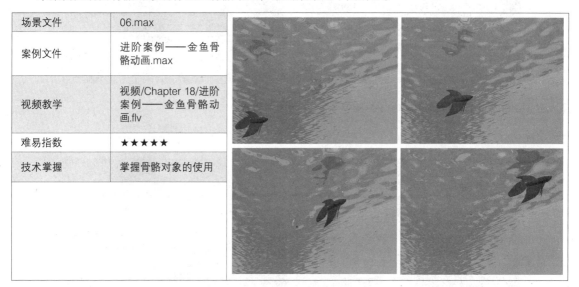

操作步骤

Part 1　创建骨骼和建立父子关系

Step 01　打开本书配套光盘中【场景文件/Chapter 18/06.max】，此时场景效果，如下页左图所示。

Step 02　在【创建】面板中单击【系统】按钮，设置系统类型为【标准】，单击【骨骼】按钮，如下页右图所示。

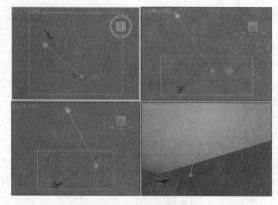

Step 03 在视图中单击一次鼠标左键，再单击一次鼠标右键完成创建，此时的鱼头骨骼效果如下左图所示。

Step 04 选择骨骼，单击【修改】，对骨骼参数进行设置，具体参数设置如下右图所示。

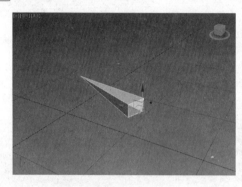
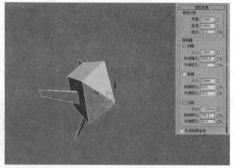

Step 05 使用同样的方法继续为鱼身创建骨骼，如下左图所示。

Step 06 选择骨骼，单击【修改】，对骨骼参数进行设置，具体参数设置如下右图所示。

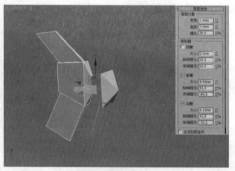

Step 07 为了使鱼头部的骨骼运动时带动全身运动，需要为骨骼建立父子关系。很明显，鱼的头部骨骼是【父】，而鱼身骨骼是【子】。首先选择鱼身骨骼，然后单击主工具栏中的【选择并链接】工具，最后将鼠标移动到头部骨骼上方，并单击鼠标左键，此时即可完成链接，如右图所示。

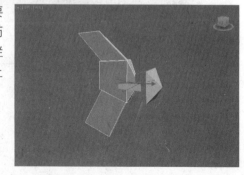

Part 2　为鱼模型蒙皮

Step 01　选择鱼模型，单击【修改】，为其加载【蒙皮】修改器，单击【添加】按钮，在列表中选择所有的骨骼，并进行添加，如右1图所示。

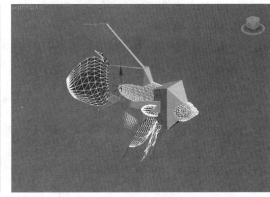

Step 02　此时的场景效果如右2图所示。

Part 3　制作鱼游动动画

Step 01　制作鱼的游动动画，单击打开【自动关键点】按钮，此时拖动时间滑块到第0帧，选择鱼的头部骨骼，然后使用【选择并移动】工具❖将鱼的头部骨骼移动到右图所示的位置。

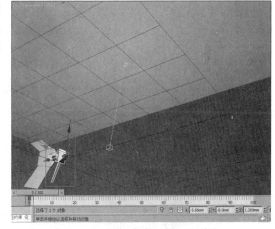

Step 02　拖动时间滑块到第20帧，选择鱼的头部骨骼，使用【选择并移动】工具❖将鱼的头部骨骼移动到下左图所示的位置。然后选择鱼的身部骨骼，使用【选择并旋转】◐工具将鱼的身部骨骼旋转到下右图所示的位置。

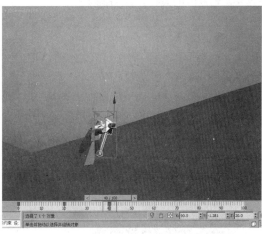

Step 03 拖动时间滑块到第40帧，选择鱼的头部骨骼，使用【选择并移动】工具■■将鱼的头部骨骼移动到下左图所示的位置。然后选择鱼的身部骨骼，使用【选择并旋转】◎工具将鱼的身部骨骼旋转到下右图所示的位置。

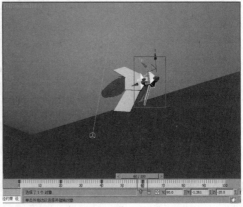

Step 04 拖动时间滑块到第60帧，选择鱼的头部骨骼，使用【选择并移动】工具■■将鱼的头部骨骼移动到下左图所示的位置。然后选择鱼的身部骨骼，使用【选择并旋转】◎工具将鱼的身部骨骼旋转到下右图所示的位置。

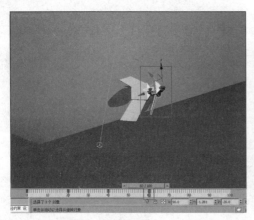
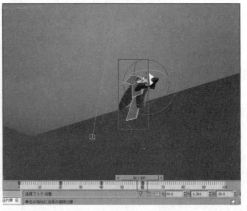

Step 05 拖动时间滑块到第80帧，选择鱼的头部骨骼，使用【选择并移动】工具■■将鱼的头部骨骼移动到下左图所示的位置。然后选择鱼的身部骨骼，使用【选择并旋转】◎工具将鱼的身部骨骼旋转到下右图所示的位置。

Step 06　拖动时间滑块到第100帧，选择鱼的头部骨骼，使用【选择并移动】工具■将鱼的头部骨骼移动到下左图所示的位置。然后选择鱼的身部骨骼，使用【选择并旋转】◎工具将鱼的身部骨骼旋转到下右图所示的位置。

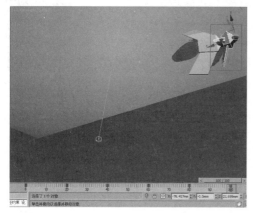 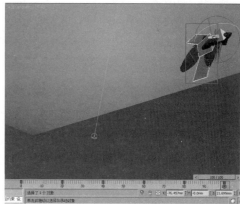

Step 07　单击关闭【自动关键点】按钮，拖曳时间线滑块查看动画效果，如下图所示。

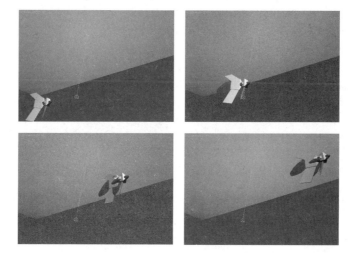

Step 08　动画制作完成后将所有骨骼隐藏，最终渲染效果如下图所示。

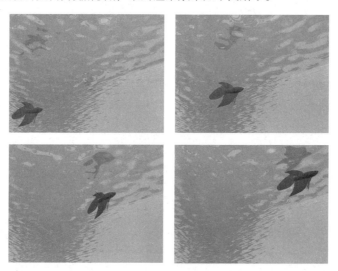